超超临界机组施工组织

——濮阳龙丰 2×660MW 机组工程

郭俊义　编著

中国电力出版社

CHINA ELECTRIC POWER PRESS

内 容 提 要

本书介绍了河南濮阳龙丰电厂"上大压小"2×660MW 超超临界机组工程的施工技术及管理。主要内容包括工程概况，施工总平面布置，施工进度，建筑施工方案，锅炉施工方案，汽轮机施工方案，电气、热工施工方案，调整试验，工程管理。

本书可作为参与火力发电建设项目的技术人员的参考资料。

图书在版编目（CIP）数据

超超临界机组施工组织：濮阳龙丰 2×660MW 机组工程 / 郭俊义编著．—北京：中国电力出版社，2023.12

ISBN 978-7-5198-8304-1

Ⅰ.①超⋯　Ⅱ.①郭⋯　Ⅲ.①超临界机组—工程施工—研究　Ⅳ.① TM621.3

中国国家版本馆 CIP 数据核字（2023）第 215615 号

出版发行：中国电力出版社
地　　址：北京市东城区北京站西街 19 号（邮政编码 100005）
网　　址：http://www.cepp.sgcc.com.cn
责任编辑：畅　舒　（010-63412312）
责任校对：黄　蓓　常燕昆
装帧设计：赵丽媛
责任印制：吴　迪

印　　刷：北京九天鸿程印刷有限责任公司
版　　次：2023 年 12 月第一版
印　　次：2023 年 12 月北京第一次印刷
开　　本：787 毫米 ×1092 毫米　16 开本
印　　张：25.75
字　　数：474 千字
印　　数：0001—1000 册
定　　价：198.00 元

前　言

　　濮阳龙丰"上大压小"2×660MW 超超临界机组工程，由河南投资集团有限公司投资建设。

　　主厂区总平面布置采用四列式布置格局：厂区由东向西依次右置冷却塔、220kV 配电装置及出线通道、主厂房及脱硫设施区、储煤场区；卸煤区位于晋豫鲁铁路柳屯站北侧，布置有翻车机室、碎煤机室、筒仓、燃料管理楼等建筑物，该区通过运煤管带机（长度约 5.5km）与主厂区相连。

　　主厂房采用钢结构双向支撑 – 刚接框架结构形式、外除氧间、侧煤仓三列式布置。由东向西依次为除氧间、汽机房、锅炉房，煤仓间布置在两炉中间，扩建方向为右扩建（向北），最后一段输煤栈桥布置于 1 号炉前烟道支架之上。汽轮机为纵向顺列布置，机头朝向扩建端。汽机房固定端设一座生产综合楼，内设集控室、化水取样间等。汽轮机房跨度为 29m，长度方向共有 19 挡，总长 183.5m。

　　机组采用带自然通风冷却塔的二次循环供水系统，设有两座淋水面积为 9000m² 的冷却塔。冷却塔通风筒为双曲线型现浇钢筋混凝土壳体结构，人字形支柱支撑。烟囱采用套筒结构形式，烟囱外筒为钢筋混凝土结构，内筒为钛 – 钢复合板结构。烟囱外筒高 232.50m，出口外直径为 14.40m；钢内筒顶标高为 240m，出口直径为 10.0m。

　　锅炉为东方锅炉股份有限公司生产的 DG–2055/29.4–M 型超超临界参数、变压直流炉，单炉膛、一次中间再热、平衡通风、露天岛式布置、固态排渣、全钢构架、全悬吊结构、对冲燃烧方式，Π 型锅炉。汽轮机为东方汽轮机有限公司生产的 NCC660/597–28/1.3/0.4/600/620 型超超临界、单轴、一次中间再热、四缸四排汽、双抽凝汽式汽轮机。发电机为东方电机股份有限公司生产的 QFSN–660–2–22B 型水氢氢汽轮发电机。

　　施工区域根据地形特点及厂区布置分为三大部分，即东北部施工区、南部施工区和厂内施工区。东北部施工区在主进场道路以东部分自北向南依次布置有：施工单位生活办公区、主厂房施工单位配制场、混凝土搅拌站、水塔淋水构件加工及堆放区；2 号冷却塔以北布置冷却塔施工标段的办公、生活区及配制场；2 号冷却塔以西布置土建实验室和保安宿舍区。南部施工区位于主厂区以南，该区域被东西走向的水渠分割为南、北两部分：水渠以北主要布置 1 号机组安装施工场地、土方周转堆放场；水渠以南布置 2 号机组安装施工场地、脱硫标段施工场地、附属标段施工场地、设备堆放场地。厂内施工区内布置有建设单位的基建办公区和输煤土建施工场地。

工程原计划于 2015 年 10 月主厂房基础浇筑第一罐混凝土，两台机组分别于 2017 年 7 月和 9 月完成 168h 试运行。但工程在 2016~2017 年受国家对在建燃煤火电工程进度调控的影响，最终投产时间未能按照预期计划完成。工程实际于 2015 年 10 月开工建设，1 号机组于 2018 年 3 月 17 日通过 168h 试运行，2 号机组于 2018 年 8 月 13 日通过 168h 试运行。

本书在施工总平面布置、施工进度两部分除常规的内容外，增加了"施工总平面管理及得失""进度管理思考"两节内容与读者分享；第四~七章由于篇幅的原因选取了主要及有特点的施工方案；调整试验部分选取了汽轮机、锅炉、电气、热控主要方案；第九章工程管理除包含"职业健康、安全、环境管理""工程质量管理""工程技术管理"外，还增加了"达标创优规划"一节的内容。

该工程于建设前期即确定了建设"**技术先进、节能高效、环保和谐、效益显著**"的现代化发电厂的总体目标，以及**达标投产、创建鲁班奖**的质量总目标。工程建设初期即与中国电力建设企业协会联系创优事宜，为工程的全过程质量控制和创优"把脉"。在所有参建单位的共同努力下，濮阳龙丰电厂工程在安全、质量、技术管理等各方面均取得了优异的成绩。工程最终于 2021 年 12 月 14 日获得中国建筑业协会颁发的"2020—2021 年度中国建设工程鲁班奖"。

本书由孟俊亚、张国顺审稿，在此表示感谢。

限于作者水平，书中疏漏之处在所难免，恳请广大读者批评指正。

编著者

2023 年 8 月

目 录
CONTENTS

第八章
调整试验

第九章
工程管理

附录
施工总平面布置图

第一章 工程概况

一、厂址简述

1.厂址地理位置

电厂厂址位于濮阳市东部，距城市中心（市政府）约 20km。厂址主厂区南距柳屯镇约 4km，东距金堤河约 5km，东南距国铁晋豫鲁铁路约 1km，西距濮阳工业园区边界约 4km，西北距潴龙河约 3.5km，北距 S101 省道约 400m，东北距度母寺村约 270m，东南距曲六店村约 500m。电厂卸煤区位于晋豫鲁铁路柳屯车站北侧，卸煤区东侧距 S209 省道约 120m，北侧紧邻城市道路。

2.交通运输

濮阳市位于河南省东北部，境内铁路、公路交通便利。境内东北部有京九铁路通过，中部有国铁晋豫鲁铁路贯穿东西。境内公路有鹤濮、大广、安南、濮范、德商高速，106 国道，6 条省道，以及众多通往各县市的县乡公路。

电厂铁路专用线从晋豫鲁铁路柳屯站接轨，主厂区进厂道路由北部的 S101 省道引接。

3.工程地质条件

该工程厂址处于黄河中下游冲洪积平原上，厂址区域地势平坦开阔，自然地面高程为 48.0~50.0m（1985 年国家高程基准），可利用范围东西约 1km，南北约 1km，面积约 1km^2。

场地内地基土主要由第四系冲洪积的粉土、黏性土及粉砂、细砂层组成。根据地基土物理性质和工程特性差异，在勘探 60m 深度范围内自上而下可分为 9 个主层（层①~层⑨）和 5 个亚层（层②1、层②2、层⑦1、层⑧1、层⑨1）。

厂址场地地下水为第四系孔隙潜水。地下水水质清洁，无臭无味。勘测期间，厂址地下水初见水位埋深为 7.0~8.0m，稳定水位埋深为 7.8~9.6m，标高为 39.23~40.76m。场地地下水水量丰富，水位变化与大气降水密切相关，一般年变幅在 2.0~3.0m。场地环境类型为 Ⅱ 类，地下水及浅层地基土对混凝土结构和钢筋混凝土结构中的钢筋均具微腐蚀性。

厂址工程场地 50 年超越概率 10% 的地震动峰值加速度为 231.0gal，换算后为 0.236g（重力加速度，$g=9.81m/s^2$），相应的地震基本烈度为 8 度；地震动反应谱特征周期为 0.55s。根据 GB 50011—2010《建筑抗震设计规范》，设计地震分组为第二组。场地土类型为中软场地土，建筑场地类别为 Ⅲ 类。由于场地地基土存在着可液化的土层，拟建场地处于对抗震不利地段。

4. 水文气象

厂址区域地势平坦、开阔，场地原始自然地面高程在 48.0~50.0m（黄海高程）之间，由于取土烧砖，所以地面较四周乡村道路整体下降约 1m，基本上形成了由道路封闭的低洼区域。当发生 100 年一遇的暴雨洪水时，潴泷河洪水将漫溢，与地面雨水连成一片，受此影响厂址附近区域将产生洪涝灾害。结合现状排水条件，经分析厂址处百年一遇洪水位 49.9m，厂址应考虑相应的防洪措施。排水方向设计为西向东排入幸福渠（渠宽约 5m）。

根据濮阳市气象站实测 1971~2012 年长系列资料统计得出各气象参数见表 1-1。

▼ 表 1-1　　　　　　　　　　濮阳气象站气象特征值表

序号	项目	单位	数值	出现时间
1	多年平均气温	℃	13.3	—
2	多年平均气压	hPa	1010.4	—
3	多年平均风速	m/s	2.8	—
4	多年平均降水量	mm	612.9	—
5	多年平均相对湿度	%	67	—
6	多年平均蒸发量	mm	1530.2	—
7	历年极端最高气温	℃	42.6	2009-06-25
8	历年极端最低气温	℃	-20.7	1971-12-28
9	历年定时最大风速	m/s	24.0	1963-04-05
10	最大一日降水量	mm	276.9	1960-07-28
11	历年最大积雪深度	cm	22.7	2009-11-10~12
12	历年最大冻土深度	cm	41.0	1967-01-06

5. 煤水供应

该工程设计煤种燃煤低位发热量按 21400kJ/kg、年利用小时数按 5500h 计，需燃

煤量约 291.7×10^4 t/a。拟采用山西省吕梁、忻州地区洗混煤作为锅炉的设计煤种和校核煤种 1，陕西榆林地区洗混煤为校核煤种 2。

电厂生产用水补充水采用濮阳市污水处理厂、中原油田污水处理厂处理后的中水，备用水源取自中原油田柳屯水厂处理后的黄河水，生活用水采用城市自来水。

6. 电厂接入系统及启动备用电源

该期机组以发电机—变压器—线路组单元接线、220kV 电压等级接入系统。电厂出线 2 回，1 回至 220kV 澶都变电站，全线新建线路约 1km；1 回至 220kV 岳村变电站，全线新建线路约 11km。

启动备用电源采用 110kV 电压等级，由 220kV 澶都变电站引接，全线新建线路约 1km，采用高压电缆引接；澶都变电站扩建 1 个 110kV 出线间隔。

7. 除灰

该期工程不设储灰场，厂内也不设灰库。电厂灰渣用输灰管道直接输送到位于厂址东部的建材厂。

二、厂区及主厂房布置

(一) 厂区总平面布置

厂区分为各自独立的主厂区和卸煤区两个部分。

主厂区总平面布置采用四列式布置格局，厂区由东向西依次布置冷却塔、220kV 配电装置及出线通道、主厂房及脱硫设施区、储煤场区。全厂共分为 7 个功能区：冷却塔区、220kV 配电装置出线通道区、主厂房及脱硫设施区、储煤场区、化学水处理区、生产管理及生活服务区、附属及辅助生产区等。

厂区主出入口设在生产管理及生活服务区（大门朝南）。主进厂道路由厂区北侧的 S101 省道引接，由厂区东围墙外向南、然后沿厂区南围墙向西至主出入口，道路长度为 1219m。厂区货物出入口设在厂区北围墙中部，货运道路由厂区北侧的 S101 省道引接，道路长度为 624m。

卸煤区位于晋豫鲁铁路柳屯站北侧，布置有翻车机室、碎煤机室、筒仓、燃料管理楼等建筑物，该区通过运煤管带机与主厂区相连。卸煤区北侧紧邻城市道路，进厂道路由该道路引接。

(二) 主厂房布置

1. 汽机房布置

主厂房采用钢结构双向支撑－刚接框架结构形式、外除氧间　侧煤仓三列式布置，由东向西依次为除氧间—汽机房—锅炉，煤仓间布置在两炉中间，扩建方向为右扩建（向北），最后一段输煤栈桥布置于1号炉前烟道支架之上。汽轮机为纵向顺列布置，机头朝向扩建端。汽机房固定端设一座生产综合楼，内设集控室、化水取样间等。

汽机房跨度为29m，长度方向共有19挡，采用不等柱距，中间留1.5m的伸缩缝，总长183.5m。汽机房分三层，即0.00m层、中间层6.90m和运转层13.70m。除氧间跨度为9.5m，柱距及长度与汽机房相同。除氧间分4层，即0.00m层、中间层6.90m、运转层13.70m和顶层22.00m。

2. 锅炉房布置

锅炉采用露天岛式布置，运转层以下不封闭，炉顶设有轻型钢屋盖。锅炉钢架K1~K6范围内运转层（标高13.70m）设置钢格栅大平台。锅炉前后柱距K1至K7为66.5m（含脱硝钢架），锅炉前部左右柱距G1至G7为49m，锅炉后部左右柱距G01至G71为60m，两炉中心线间距为91.5m，锅炉最后一排柱K7至烟囱中心线距离112.41m。

炉前与汽机房间距为11.5m（B列柱至锅炉K1柱轴线距离），在炉前与汽机房之间沿主厂房纵向布置一通长的综合建筑，该综合建筑仅在两炉间及煤仓间端部为多层建筑（分6层布置，即0.00、6.90、10.50、13.7、17.30、20.50m层），其余部分均为一层（即0.00m层，屋面为4.90m层）。该综合建筑与锅炉炉前及煤仓间之间留有净空为3.8m的纵向运行维护通道。

3. 侧煤仓间布置

煤仓间端部第一排柱中心线与锅炉K1柱中心线相距1.8m。煤仓间为两炉中间侧煤仓间布置，两台炉煤仓间合并为多框架钢结构，跨距为5.90+7.60+5.90=19.40（m）。每台炉煤仓间共占8个柱距，6台磨煤机占6个10m柱距，检修场地占1个8.4m柱距，煤仓间尾部占1个9.4m柱距，煤仓间总长77.8m。最后一段输煤栈桥联合1号炉前烟道支架，高位布置于前烟道之上与煤仓间尾部连接。

4. 炉后布置

炉后按烟气流程，分别布置电袋除尘器（其零米地坪布置气力除灰设备）、汽动引风机、电动启动引风机、低温省煤器、烟囱（两炉共用一座单管套筒烟囱）和脱硫设施。汽动引风机及其附属设备、电动启动引风机布置在引风机框架下层四周封闭的引风机室内。

烟气脱硫吸收塔沿烟囱中心线布置，净烟气烟道采用高位布置，布置于烟囱及脱硫吸收塔之间的脱硫工艺楼上部。净烟气烟道预留有湿式除尘器建设条件。两炉电袋除尘器外侧各布置一套集装箱式柴油发电机组，两炉之间靠近烟囱位置布置空气压缩机机房和静电除尘器配电间联合建筑。空气压缩机机房两侧与汽动引风机间靠近汽动引风机处布置低温省煤器的升压泵等附属设施。

三、主要设备及系统

（一）三大主机

（1）锅炉。东方锅炉股份有限公司生产，DG-2055/29.4-M 型超超临界参数、变压直流炉、单炉膛、一次再热、平衡通风、露天岛式布置、固态排渣、全钢构架、全悬吊结构、对冲燃烧方式，Ⅱ 型锅炉。锅炉设计时同步安装脱硝装置。

（2）汽轮机。东方汽轮机有限公司生产，NCC660/597-28/1.3/0.4/600/620 型超超临界、单轴、一次中间再热、四缸四排汽、双抽凝汽式汽轮机。

（3）发电机。东方电机股份有限公司生产，QFSN-660-2-22B 型水氢氢汽轮发电机。

（二）热力系统

机组的热力系统，除辅助蒸汽系统为两机公用外，其他系统均为单元制。

1. 主蒸汽、再热蒸汽及旁路系统

主蒸汽管道从锅炉过热器出口集箱的左右侧分两路引出，到汽轮机前分别接入汽轮机头部左右侧主汽关断阀。再热冷段、热段蒸汽管道均采用二一二布置。冷再热蒸汽系统除供给 2 号高压加热器用汽之外，还为辅助蒸汽系统、引风机汽轮机提供汽源。

旁路系统为高、低压二级串联简化系统，容量为 45% BMCR。

2. 给水系统

每台机组配置 2 台 50% 容量的汽动给水泵，两台机组共用 1 台 25% 容量的电动启动给水泵。正常运行时给水由除氧器水箱经前置泵升压后进入汽动给水泵，再经高压加热器加热后进入锅炉省煤器。启动时采用电动给水泵，机组达到一定负荷时切换至汽动给水泵。

系统设三台全容量、单列、卧式、双流程高压加热器和一台蒸汽冷却器，给水采用大旁路系统。

3. 抽汽系统

汽轮机回热系统设有九级抽汽：一至三段抽汽向三个高压加热器和蒸冷器供汽，冷段（二段抽汽）向引风机汽轮机供汽，三段抽汽经过蒸冷器后向工业负荷供汽；四段抽汽供至给水泵汽轮机、热网循环泵汽轮机、除氧器、辅助蒸汽系统；五至九段抽汽向五个低压加热器供汽，五段抽汽同时在采暖期向热网加热器提供采暖用汽。

给水泵汽轮机的正常工作汽源引自四级抽汽管道，在低负荷运行时给水泵汽轮机自动切换使用辅助汽源。给水泵汽轮机排汽口垂直向下，然后排入主机凝汽器。引风机汽轮机的正常工作汽源引自冷段抽汽管道，在调试阶段使用辅助汽源。

4. 辅助蒸汽系统

每台机组设置一套辅助蒸汽系统，并通过管道连通。机组正常运行时，该系统蒸汽来源主要为四段抽汽。当机组负荷降低时，汽轮机的高压缸排汽作为辅助蒸汽的备用汽源。辅助蒸汽管道的设计参数为：1.3MPa、404℃。设置2台容量为35t/h的启动锅炉，出口蒸汽参数为：1.27MPa、350℃。

5. 凝结水系统

凝汽器热井中的凝结水由凝结水泵升压后，经中压凝结水精处理装置、汽封加热器和五台低压加热器后进入除氧器（有效容积为220m³）。

系统中配置2台100％容量的凝结水泵（带变频调速），一运一备。系统设置一台全容量汽封冷却器、五台表面式低压加热器、一台内置式除氧器和三台引风机汽轮机排汽换热器。5~7号低压加热器为卧式、双流程形式，采用小旁路系统。8、9号低压加热器置于凝汽器喉部，采用大旁路系统。引风机汽轮机排汽换热器串联在7号低压加热器后。

凝结水精处理装置出口的凝结水，在进入汽封冷却器前，将供给各辅助系统的减温水、辅助系统的补充水，以及设备的密封水。汽封冷却器出口的部分凝结水经烟气余热加热器加热后回至7号低压加热器出口凝结水管路中。凝结水系统设有最小流量再循环管路，自汽封冷却器出口的凝结水管道引出回到凝汽器。

系统补充水直接由化水专业提供，向凝汽器提供补充水和启动注水，启动时还可向除氧器上水。

6. 高、低压加热器疏水及放水系统

高压加热器疏水在正常运行时采用逐级串联疏水方式，最后一级（3号高压加热器）疏至除氧器。每台高压加热器均设有事故疏水管道，分别接至凝汽器。高压加热器汽侧设有放气管道及停机期间充氮保护管道接口。高压加热器连续运行排汽接至除氧器。

5、6号低压加热器疏水至疏水闪蒸箱，疏水闪蒸箱排水接至7号低压加热器壳侧下部疏水口，疏水闪蒸箱排汽接至7号低压加热器壳侧上部接口。7号低压加热器疏水经疏水泵升压后接至6号低压加热器入口的凝结水管道。8号低压加热器疏水至9号低压加热器，9号低压加热器疏水疏至凝汽器。每台低压加热器均设有单独的事故疏水接

口接至凝汽器。

7. 主厂房内循环水系统

该工程采用带冷却塔的单元制二次循环供水系统，循环水泵站位于主厂房外冷却塔附近。冷却水通过两根 DN2200 的循环水管先进入低背压凝汽器，然后流经高背压凝汽器后排至冷却塔。凝汽器循环水管进、出口电动蝶阀均布置在汽机房循环水蝶阀坑内。胶球清洗系统设有两套，布置在汽机房内循环水管坑中。循环水系统还向开式循环冷却水系统提供冷却水。

8. 开、闭式循环冷却水系统

开式循环冷却水系统分为升压系统和不升压系统，冷却水取自循环水在进入主厂房之前的管道上。不升压系统为汽机房内零米布置的设备提供冷却水，排水排至循环水泵前池。升压系统为满足氢冷设备及锅炉房设备对冷却水压力的要求，在该系统中设置了 2 台 100% 容量的开式循环冷却水泵，排水排至循环水回水管。

闭式循环冷却水系统采用除盐水作为冷却水，向对冷却水质要求高的设备提供冷却水。汽机房内设 2 台 100% 容量的闭式循环冷却水泵、1 台 $10m^3$ 膨胀水箱和 2 台 100% 容量的闭式循环冷却水热交换器，用于汽机房、锅炉房、脱硫等设备冷却。空气压缩机机房内闭式水系统设 2 台 100% 容量的闭式循环冷却水泵、1 台 $10m^3$ 膨胀水箱和 2 台 100% 容量的闭式循环冷却水热交换器，用于空气压缩机机房设备冷却。

9. 凝汽器抽真空系统

凝汽器汽侧抽真空系统设置 3 套 50% 容量的水环式真空泵。机组启动时，3 台泵同时投入运行；正常运行时，2 运 1 备。每个凝汽器壳侧接 1 个真空破坏阀。

10. 锅炉启动清洗系统

该系统设一体式启动疏水扩容器和 2 台 30% 容量启动疏水泵。当锅炉启动清洗水水质达标时，由疏水扩容器下的排水管经疏水泵送入凝汽器，水质未达标时由疏水泵送入化学系统再处理。

11. 引风机汽轮机有关系统

每台炉设置两台 50% 容量的汽动引风机和一台 30% 容量的电动引风机，每台汽动引风机由一台给水泵汽轮机通过减速齿轮箱驱动。引风机汽轮机正常进汽汽源取自主机冷段抽汽，排汽至排汽换热器。

2 台给水泵汽轮机设置 3 台容量为 VWO 工况下凝结水量 55% 的排汽换热器，2 台运行，1 台备用。引风机汽轮机排汽换热器的疏水进入疏水箱，疏水箱的水通过疏水泵升压后接入凝结水管道。

12. 烟气余热加热器系统

烟气余热换热器采用单级布置，安装于引风机之后、脱硫吸收塔之前的水平烟道中，换热管组前后两级布置。换热器的水取自9号低压加热器入口的凝结水，经两台增压水泵后进入换热器。大部分加热后的凝结水回至7号低压加热器出口凝结水管道中，少部分加热后的凝结水回至热水泵进口。

13. 热网系统

采暖热负荷供热介质为热水，由汽轮机采暖抽汽经设在汽机房扩建端换热首站的汽–水加热器将水加热后，供给热用户或二级换热站。热水管网供水温度约130℃，回水温度为70℃。

换热首站中设有4台热网加热器、3台热网加热器疏水泵、3台汽动热网循环水泵和1台电动热网循环水泵。

14. 工业供热系统

工业热负荷供热介质为蒸汽，由汽轮机三级抽汽（蒸冷器后）向工业集箱供汽。为保证供汽温度，设置混温管道，混温管道从三级抽汽（蒸冷器前）接出，混温后向工业集箱供汽。由工业集箱向工业蒸汽管网供汽。工业抽汽补水由凝汽器喉部喷入凝汽器。

（三）燃烧制粉系统

1. 制粉系统及设备

制粉系统采用中速磨煤机冷一次风机正压直吹式系统。每台锅炉配6台MPS200HP–Ⅱ型中速磨煤机（5运1备），配动静组合式旋转分离器（含变频器及电动机）。1号炉配6台左装磨煤机，2号炉配6台右装磨煤机。

每台磨煤机配1个原煤斗（容积为650m³），每炉共设置6个钢结构的圆筒仓型原煤斗。每台锅炉配6台称重式计量给煤机（1号机组配置6台左装给煤机，2号机组配置6台右装给煤机），每台磨煤机配1台给煤机，每台给煤机出力为10~100t/h。

每台磨煤机分离器出口的6根煤粉管道分别送至炉膛同一层燃烧器的6个一次风口。燃烧方式采用前后墙对冲，低NO_x旋流煤粉燃烧器。锅炉本体燃烧系统共布置有16只燃尽风喷口，36只煤粉燃烧器喷口。煤粉燃烧器前、后墙分3层布置，每层6只，前、后墙各布置18只。

在每台煤粉燃烧器入口送粉管道上设置一套冷却风系统，当该煤粉燃烧器停运时，利用炉膛的负压从大气中吸取冷空气对该煤粉燃烧器进行冷却。

2. 烟风系统及设备

烟风系统按平衡通风方式设计，主要分为一次风、二次风和烟气系统等三个部分。

一次风系统主要提供磨煤机原煤干燥和输送煤粉所需的热风、磨煤机调温风（冷风）、磨煤机密封风（经密封风机升压后接入）和给煤机密封风。一次风冷风经一次风机升压后一部分进入三分仓式空气预热器，经空气预热器加热后进入磨煤机；另一部分冷风直接进入磨煤机前的冷风母管，与进入磨煤机前的热风混合形成磨煤机的干燥风。每台炉设 2 台 50% 容量的动叶可调轴流式一次风机。

二次风系统提供锅炉燃烧所需的空气。二次风冷风经送风机升压后进入三分仓式空气预热器，经空气预热器加热后的热二次风进入锅炉的二次风大风箱。每台炉设 2 台 50% 容量的动叶可调轴流式送风机。

每台燃烧器均设有火焰检测装置，每炉设两台 100% 容量的火焰检测冷却风机对其进行冷却，一运一备。为提高该系统的可用率，另外接一路一次冷风管道连接火检冷却风机出口管道。

密封风机进口接自一次风机出口的母管上，密封风经增压后进入各台磨煤机、给煤机需设密封风的地方。每台炉设两台密封风机，一运一备。

炉膛中的烟气经过尾部受热面、烟气脱硝装置、空气预热器、电袋复合除尘器、引风机、低温省煤器、脱硫系统后经烟囱排向大气。脱硫系统不设烟气旁路和增压风机。

每台锅炉配 2 台三分仓回转式空气预热器，2 台电袋复合除尘器。除尘器后设有 3 台引风机：2 台 50% 容量的静叶可调轴流式引风机，给水泵汽轮机驱动；1 台 30%~35% BMCR 容量的电动机驱动的启动引风机。低温省煤器为单级，布置在脱硫吸收塔之前、引风机之后的水平烟道内，每台引风机出口烟道各 1 套（共 2 套）。

两台炉合用一座出口内径为 10.0m、高度为 240m 的单管套筒（内筒为复合钛板）烟囱。

3. 锅炉吹灰系统

锅炉炉膛及尾部受热面（含烟气脱硝系统 SCR 反应器、空气预热器）均采用蒸汽吹灰系统，在空气预热器冷端设置有双介质吹灰器及其配套的高压冲洗水清洗装置。

（四）燃油系统

锅炉点火及助燃油系统按常规点火油系统和微油点火系统分别设置。锅炉正常启动时，采用微油点火系统点火，常规点火油系统作为锅炉点火的备用系统。燃油区配置 2 座 300m³ 钢制油罐，采用汽车卸油方式。安装 2 台 100% 容量齿轮式卸油泵（1 运 1 备），3 台 50% 容量离心式供油泵（2 运 1 备，变频控制）。设置 1 套污油处理系统，厂区油管道架空敷设。

（五）烟气脱硝系统

烟气脱硝系统采用选择性催化还原法（SCR）工艺，100%烟气脱硝（不设烟气旁路）。SCR脱硝系统的还原剂采用尿素，设计效率大于等于90%，催化剂采用"3+1"层布置，3层运行，1层预留。尿素区布置在启动锅炉房西部。

（六）脱硫系统

锅炉引风机出口的全部烟气分别经水平烟道从进口挡板门进入脱硫系统，汇流后进入吸收塔，在塔内洗涤脱硫后的烟气经除雾器除去雾滴，从出口挡板门经烟囱排入大气。脱硫系统由石灰石浆液制备与供应、SO_2吸收系统、石膏浆液脱水、脱硫废水处置、工艺水和工业水供应、排放系统、压缩空气系统等分系统构成。

（七）运煤系统

运煤系统分为厂外卸煤区、沿途管带及主厂区三部分。

1. 厂外卸煤区

卸煤装置采用2台双车翻车机，车型为C60~C80，主力车型为C70普通敞车。每台翻车机下设有4个出料口为长方形的受煤斗，每个受煤斗下设出力为250~800t/h的活化给煤机1套。

设置一个直径为22m的筒仓（可储煤约11000t，满足机组1天的耗煤量）。来煤经翻车机接卸后，通过1~4号带式输送机送入筒仓暂存。筒仓上部4号带采用两条双向运行的皮带机，设4个落煤点将3号带输送的煤均匀地送入筒仓。火车卸车后可将煤送入筒仓缓存，待筒仓充满后，启动管带机将煤送入主厂区煤场储存或直接输送至锅炉原煤斗。

筛碎系统采用一级筛分和一级破碎，单路配置。筛分设备采用变倾角滚轴筛，出力为Q=1000t/h。碎煤机采用环锤式破碎机，出力为Q=800t/h。经筛、碎设备后的燃煤粒度小于等于30mm，满足管带安全运行及制粉系统的要求。燃煤在碎煤机室被破碎后进入管带机头部。

筒仓前（含筒仓上部）带式输送机出力与卸煤设施出力相匹配，包括1~4号带式输送机，其参数为：B=1600mm，V=3.15m/s，Q=2800t/h；筒仓下部到碎煤机室的带式输送机出力与主厂区锅炉燃煤需求相匹配，包括5、6号带式输送机，参数为：B=1200mm，V=2.80m/s，Q_e（额定出力）=1000t/h，Q_{max}（最大出力）=1200t/h。带式输送机均为双路系统，可一路运行、一路备用，并具备双路同时运行的条件。

2. 管带

从卸煤区至主厂区距离约5.5km，采用管状带式输送机将煤送入厂区内煤场储存或送入锅炉原煤斗。管带机为单路设置，主要参数为：管径为400mm，带速为4.0m/s，

Q_e=1000t/h，Q_{max}=1200t/h，与系统出力一致。

3. 厂内运煤系统

储煤场采用网架式封闭双条形煤场，每个条形煤场内各设一台悬臂式斗轮堆取料机及地面带式输送机，堆取料出力均为 1000t/h。储煤量约 17×10^4，满足 2 台机组 15 天耗煤量。

燃煤经管带输送至主厂区后可直接送入锅炉原煤斗，也可送入条形煤场储存。厂内上煤系统的带式输送机出力与锅炉燃煤需求相匹配，包括 7 段带式输送机，参数为：B=1200mm，V=2.50m/s，Q=1000t/h。除煤场斗轮堆取料机带式输送机为单路布置、煤仓间为三路布置外，其余均为双路系统。可一路运行，一路备用，并具备同时运行的条件。

（八）除灰渣部分

厂内除灰渣系统按灰渣分除、粗细分排、干灰干排的原则设计。除灰系统采用正压气力输送系统，厂内不再设灰库，直接将灰送至厂区东侧的建材厂灰库。磨煤机石子煤采用等压密封排放系统。

（九）电厂化学系统

锅炉补给水处理系统、循环水处理系统和工业废水集中处理系统设备集中布置在厂区东南部一个综合性区域内。

锅炉补给水处理系统出力为170t/h，水源为经循环水旁流石灰处理系统软化后的循环水排污水。采用预处理 + 一级反渗透 + 一级除盐 + 混床处理系统。热网补给水处理系统出力为38t/h，水源采用一级反渗透装置出水。

循环冷却水处理系统方面，循环水采用循环水补充水（城市中水）石灰软化处理 + 循环水旁流石灰软化处理系统（夏季进行部分旁流水反渗透软化处理）。

中压凝结水精处理系统采用前置过滤器 + 体外再生混床。两台机组共用一套再生设备。

工业废水集中处理系统将全厂的工业废水收集后集中处理，处理后的废水全部回用。电厂工业废水包括：化学水处理各系统排水、锅炉化学清洗排水、空气预热器冲洗排水等主厂房排水。工业废水处理系统的出力为 80~120t/h。

机组用氢采用社会采购，厂内设储氢库。锅炉给水及凝结水采用加氨和加氧处理。

（十）电气部分

1. 电气主接线

该期 2×660MW 机组均以发电机—变压器—线路组单元接线接入系统，厂内不设

220kV 母线。分别通过 1 回 220kV 线路接入澶都变电站 220kV 母线，线路长约 1km；1 回 220kV 线路接入岳村变电站 220kV 母线，线路长约 11km。该期启动 / 备用电源从 220kV 澶都变电站 110kV 母线引接。

2. 高压厂用电接线

每台机组设 1 台高压厂用工作变压器，采用 70/42-42MVA 分裂变压器，电压为 22 ± 2 × 2.5%/6.3 ~ 6.3kV，变压器电源由发电机出口引接。每台机组设两段 6kV 工作母线，电源从高压厂用变压器低压侧引接。不设主厂房 6kV 公用段，主厂房 6kV 公用负荷分别接至 2 台机组的工作母线上。脱硫高压负荷随机炉供电，将每台炉单元的脱硫高压负荷分接在对应机组的 6kV 工作母线上。

在煤场区域设置 2 段 6kV 输煤母线，电源由 2 台机组对应 6kV 工作母线引接，互为备用。厂外煤场区域设置 2 段 6kV 输煤母线，互为备用。电源由厂内输煤 6kV 工作母线引接，在厂内升压到 35kV，经 35kV 电缆至厂外输煤区域再降压到 6kV。

2 台机组设一台高压启动备用变压器，采用 70/42-42MVA 分裂变压器，有载调压，电压为 115 ± 8 × 1.25%/6.3 ~ 6.3kV。其 6kV 侧通过共箱母线与主厂房 6kV 工作段连接。

3. 低压厂用电接线

主厂房采用动力与照明分开的三相四线制，厂区辅助车间采用动力与照明共用的中性点直接接地三相四线制。每台机组设汽轮机 380/220V PC 段，锅炉 380/220V PC 段，两机公用 PC 段。每段 PC 设 A、B 两段，配置 A、B 两台变压器。低压厂用变压器从对应的两段 6kV 母线引接电源。

主厂房每台机组设 1 台照明变压器，两台机组设 1 台检修变压器，检修变压器作为照明变压器的备用。主厂房每台机炉各设一段事故保安 PC，分 A、B 两段，电源从对应的锅炉 PC A、B 段引接。在全厂失电时，由柴油发电机组供电。辅助车间根据负荷分布情况设置 380/220V 动力中心（PC）。

4. 事故保安、不停电电源及直流电源

每台机组设置一台 1200kW 柴油发电机组作为事故保安电源。每台机组装设一套交流不停电电源装置，机组设置三组阀控铅酸蓄电池。其中两组 110V 蓄电池组向控制、保护、测量及其他控制等负荷供电；一组 220V 蓄电池组向事故照明、动力负荷和交流不停电电源等负荷供电。

5. 发电机励磁系统

发电机励磁系统采用自并励静止励磁系统。

6. 电气控制方式

集中控制室采用"两机一控"的布置方式。发电机—变压器组、启动备用变压器及厂用电系统全部纳入 DCS 控制。

7. 脱硫电气系统设置

脱硫系统不设置 6kV 高压段，脱硫岛浆液循环泵、脱硫变压器、湿式球磨机、氧化风机、真空泵负荷由主机相应 6kV 段引接。脱硫岛设置 380/220V 工作段，380V 低压配电系统采用 380V 动力中心（PC）、380V 电动机控制中心（MCC）两级供电方式。每台机组设置 1 台低压工作变压器，2 台机组低压工作变压器互为备用。脱硫岛设置两段保安 MCC 段，每段保安 MCC 电源分别取自对应的 PC 段及主厂保安 MCC 段。

每台炉脱硫动力中心设一台 2000kVA 变压器，共两台脱硫干式变压器。两台脱硫干式变压器采用暗备方式，两段 PC 段之间采用母线连接开关进行切换。

（十一）仪表与控制部分

全厂自动化系统按照分级的原则设置，厂级监控系统由厂级监控信息系统（SIS）和管理信息系统（MIS）组成；控制级由机组 DCS 控制网络和辅控网组成；现场级由各类现场监测仪表和受控设备组成；各系统通过通信连接，构成全厂自动化系统网络。

四、建筑结构

1. 地基与基础

主厂房、锅炉、烟囱采用后注浆灌注桩桩基方案，化学水处理设施区域、冷却塔采用 CFG 复合地基，丙类建构筑物采用天然地基。

2. 结构选型

汽机房横向及纵向结构体系为框架—中心支撑钢结构。汽机房屋盖采用工字型焊接实腹钢梁屋面承重系统，屋面板为复合压型钢板。汽机房、除氧间各层平台、楼面为钢框架、钢梁–压型钢板底膜的现浇混凝土板组合结构。汽机房固定端、扩建端山墙采用钢结构轻型封闭，吊车梁采用焊接工字型钢梁。集控楼为钢筋混凝土框架–剪力墙结构，各层楼面和屋面均采用现浇钢筋混凝土结构。

侧煤仓横向、纵向结构体系是由各列柱、纵梁组成的框架–中心支撑钢结构。每台炉设六座圆形钢煤斗，煤斗内衬不锈钢耐磨层，采用支承式结构。锅炉运转层炉前平台为钢梁–现浇钢筋混凝土板组合结构。

汽轮发电机基座为现浇钢筋混凝土框架式结构，整体式底板；四周设变形缝与周围结构隔开。风机基础和磨煤机采用大块式基础形式，与主厂房基础用橡胶垫隔开。

3. 主厂房围护结构

主厂房、运煤栈桥侧、电梯井道等外围护采用洁面彩色镀锌复合压型钢板。主厂房内墙一般采用复合压型钢板和压型钢板。其他建筑承重墙一般采用MU10灰渣砖，填充墙一般采用250厚加气混凝土砌块，刷乳胶漆装饰。

五、水工结构及系统

（一）冷却水系统布置

每台机配置1座9000m²自然通风冷却塔和2台循环水泵（露天布置），冷却塔及循环水泵站布置在主厂房A列外。循环水母管规格为DN3000。

（二）冷却塔结构

冷却塔风筒为双曲线型现浇钢筋混凝土壳体结构，人字形支柱（44对）支撑。通风筒基础采用环板基础，淋水装置采用独立现浇钢筋混凝土基础，整体式底板。

（三）厂外供水系统

在中原油田污水处理厂排水口附近设中水升压泵站，站内布置有调蓄水池、升压泵房、阀门井、配电间及值班室等。两污水处理厂的中水混合调蓄后用泵升压，经2根DN700管道（补充水主管）送至厂区。升压泵布置3台，2运1备，管道地埋敷设，长约2×20km。

中原油田柳屯水厂（水厂来水为黄河水）现有一8000m³蓄水池和一座泵房，将其改造后用作备用水源的供水设施。黄河水在柳屯水厂升压后经1根DN800管道送至厂区，长度约3km。

（四）给水、排水部分

1. 厂区生活给水系统

厂区生活供水采用变频调速供水设备1套（Q=60m³/h，H=60m），含水泵3台，2运1备。

2. 服务水系统

服务水包括栈桥冲洗水、栈桥喷雾水、斗轮机喷雾水、煤场喷洒用水等。该期工程在输煤系统的建、构筑物设置水冲洗系统清扫煤尘；在煤场设喷洒水系统抑制煤尘并防止煤的氧化。

服务水补水取自循环水回水。正常情况下水源采用处理过的工业废水、含煤废水、含油废水等。供水量Q=200m³/h，供水压力H=0.9MPa。含水泵3台，2运1备。

3. 排水系统

雨水排放系统，用来收集排放厂区的雨水和未被污染的工业水。厂区内采用自流排放，雨水管采用钢筋混凝土管，主干管径为 DN1800mm。厂区雨水提升后排入第二濮清南干渠内，厂外压力排水管道采用 2 根 DN700 钢管，长度约 2×1500m。厂区设置排水泵房一座，排水泵房建在地下，上部仅有一间电气设备用房。雨水调节池设置雨水泵 4 台。

生活污水排放系统用来收集排放厂区的生活污水。厂区的生活污水由管网汇集后，排至生活污水处理站，经处理后用于厂区绿化或回收利用。生活污水管采用 UPVC 管，主干管径为 DN300mm。

4. 污水处理

在厂区设一座生活污水处理站。采用 2 套一体化地埋式污水处理设备，其处理能力为 $Q=10\text{m}^3/\text{h}$。厂内含煤污水处理设施选用 2 套煤水一体化处理设备，单台处理量为 $20\text{m}^3/\text{h}$。处理后的达标水回收用作冲洗喷洒水。厂区的含油污水处理主要处理油泵房排水和油罐区地面冲洗、油罐降温喷淋排水，以及主厂房的含油污水，处理装置的出力为 $10\text{m}^3/\text{h}$。

（五）消防系统

1. 消防给水和灭火设施

厂区消防水源分别接自 2 条循环水回水管，并另有一路工业补充水作为备用水源，来水管径为 DN300mm。厂区消防水管道系统为独立设置，在厂区布置成环网，并在主厂房、油罐区、储煤场周围敷设环状消防给水管道。

厂区消防水泵房（与生活供水泵房合用）内设消防水泵 2 台，1 台工作，1 台备用，其中 1 台由柴油机驱动。在泵房外设容量为 1000m^3 的单独的消防蓄水池。

在主变压器、厂用高压变压器、高压启动变压器、主厂房中的汽轮机油箱、电液装置、给水泵油箱、发电机密封油装置、磨煤机润滑油箱等处设水喷雾消防系统；在主厂房的油管路系统、锅炉本体燃烧器、回转式空气预热器、煤仓间等处设自动喷淋消防系统；在输煤系统的各连接处设有水幕消防系统。

在机炉间相对集中的电子设备间、继电器室、电缆夹层、配电间等设有全淹没的管网气体消防系统。主厂房煤仓间原煤斗气体消防采用组合分配系统，为全淹没式惰化设计，采用低压 CO_2 系统。

2. 火灾报警及控制系统

设计全厂火灾自动报警及消防联动控制系统。火灾自动报警和消防联动系统采用集中火灾自动报警控制方式。两机一控的集中控制室是全厂的消防控制中心，其内布置火灾自动报警及消防联动控制盘。

3. 油罐区消防

油罐区设有 2 座 $300m^3$ 的油罐，盛装锅炉点火用的轻型柴油。根据规范，采用泡沫灭火系统，设置 1 套 5t 的泡沫比例混合器及 2 个 PC8 的泡沫产生器。在油罐区设置室外泡沫消火栓 4 套，并形成环网。油罐设有喷淋冷却系统，水源取自消防水，管道采用 DN150 无缝钢管。

第二章 施工总平面布置

一、施工总平面布置原则、依据

施工总平面布置是施工组织设计的重要组成部分，是施工组织设计在平面上的综合反映。科学、合理的施工总平面布置直接关系到施工进度、质量、安全、职业健康、环保和文明施工的要求，有利于各标段和各专业之间合理交叉及配合。工程管理部负责进行施工平面布置的具体实施和控制管理。各施工单位要严格按照施工组织总设计所确定的区域进行平面布置，不得随意变动。随着工程的进展，在施工准备期、土建施工高峰期、安装高峰期、调整试运期，根据工程实际情况及时调整各施工场地的使用功能，以提高场地利用率，减少临时用地。机组投产后力争在最短的时间内清理临时占地上的各种设施，退耕还田或恢复原使用功能。

施工总平面布置的一般规定可参照 DL/T 5706—2014《火力发电工程施工组织设计导则》中的 6.1 执行。

二、施工区域划分及临建布置

（一）厂区及施工区特点

1. 厂址地形地貌

主厂区原为农用地，厂址区域地势平坦开阔，自然地面高程为 48.0~50.0m（1985 国家高程基准）。可利用范围东西约 1km，南北约 1km，面积约 1km²。

厂址以北与 S101 省道之间是 220kV 澶都变电站，以西有工厂和中原油田的油井，东南方向有一条西南—东北走向的地埋天然气管道，以东有数条澶都变电站的 110kV 出线。以上这些都限制了施工场地的布置。

卸煤区位于国铁晋豫鲁铁路柳屯车站北侧，东侧距 S209 省道约 120m，北侧紧邻城市道路。卸煤区范围内有一条 110kV 线路、一条地埋油气管道、数条地埋输水管道。

2. 主厂区周边环境对施工布置的影响

主厂房北部厂区围墙外区域布置有该工程的 2 条架空 220kV 出线和 2 条地埋对外供热管道，这使得这个区域无法作为施工区域来使用。

濮阳市东部为平原，这一地区挖掘有许多排涝及灌溉的沟渠。主厂区东部有 3 条东西走向的水渠在施工布置时应予考虑，在本文中将这 3 条水渠由北向南以北水渠、中水渠、南水渠来命名。北水渠的西末端临近澶都变电站东南角，中水渠的西末端在两座水塔之间，南水渠位于南部施工区中部偏北。三条水渠均向东至渡母寺村附近与一南北向主渠相连。

南部施工区内有一条西南—东北走向的地埋天然气管道，在进行施工区布置时需避开并保护这条天然气管道。

3. 卸煤区周边环境对施工布置的影响

卸煤区范围内的一条 110kV 线路、一条地埋油气管道、数条地埋输水管道需要迁移。这需要与这些管道、线路的产权单位进行沟通、协调。

（二）施工区域划分

主厂区的施工区域划分为三大部分，即东北部施工区、南部施工区和厂内施工区。

1. 东北部施工区布置

电厂主进场道路由北部的 S101 省道引接，位于澶都变电站以东，自北向南到达厂区东南角后向西进入厂前区。施工期间临时大门设在主进厂道路经过的北水渠以南。

东北部施工区在主进场道路以东部分自北向南依次布置有：施工单位生活办公区（北水渠以北）、主厂房施工单位生活办公区、主厂房施工单位配制场、混凝土搅拌站、水塔淋水构件加工及堆放区。2 号冷却塔以北、厂区临时大门以南布置冷却塔施工标段的办公、生活区及配制场。2 号冷却塔以西布置土建实验室和保安宿舍区。

（1）施工单位生活办公区布置。施工单位生活办公区位于主进厂道路以东、北水渠以北。该区域东西长约 151m，南北宽约 167m，平面形状呈斜梯形，占地面积为 32400m²。该区域自西向东依次布置有：1 号机组安装标段生活办公区、2 号机组安装标段生活办公区、输煤建筑标段生活办公区和烟囱施工标段生活办公区。

每个标段的生活办公区内布置有：项目部办公室、职工宿舍、食堂、澡堂等公共设施。各标段的区域内还留有一定的职工活动场地（见表 2-1）。

▼ 表2-1　　　　　　　　　施工单位生活办公区占地面积一览表

标段名称	功能区名称	占地面积（m²）	标段名称	功能区名称	占地面积（m²）
1号机组安装标段	项目部办公区	1330	2号机组安装标段	项目部办公区	1330
	职工食堂	1340		职工食堂	900
	职工澡堂	800		职工澡堂	530
	球场	610		球场	760
	职工宿舍	5430		职工宿舍	4285
	道路及空地	735		道路及空地	830
	总面积	10245		总面积	8635
输煤建筑标段	项目部办公区	1165	烟囱施工标段	项目部办公区	775
	职工食堂	675		职工食堂	335
	球场	1060		职工宿舍	2910
	职工宿舍	2560		道路及空地	650
	道路及空地	1150		总面积	4670
	总面积	6610	—	—	—

注 四个标段的生活办公区南部为公用道路，占地面积为2240m²。该区域总面积为32400m²。

（2）主厂房建筑标段生活、办公区及配制场。主厂房建筑标段位于主进厂道路以东、北水渠与中水渠之间。该区域东西长约195m，南北宽约153m，平面形状呈不规则的五边形，占地面积为26950m²。这一区域也分为南、北两部分，北部为生活、办公区，南部为配制场。生活、办公区与配制场之间被一条东西向的道路分开，道路西端与主进厂道路相接。道路占地面积为2105m²。

生活、办公区的西部为项目部办公室和项目部管理人员宿舍。这一部分独立成院，占地面积为2910m²。生活、办公区的东部为职工宿舍，占地面积为7250m²。配制场按照功能划分为：钢筋加工区、钢筋原材堆放区、仓库区、水电加工区、铁件加工区、钢结构加工区，总占地面积为14685m²。配制场内在钢筋加工区及钢筋原材堆放区布置一台10t龙门式起重机。

（3）混凝土搅拌站。混凝土搅拌站位于主厂房建筑标段配制场以南，平面形状为四边形，东西宽102m、南北长119m，面积为12220m²。混凝土搅拌站布置两条混凝土生产线。

（4）冷却塔标段生活、办公区及配制场。冷却塔施工标段施工区分为2号冷却塔以北和混凝土搅拌站以南两个区域。

2号冷却塔以北、厂区临时大门以南、主进厂道路以西布置冷却塔施工标段的办公、生活区及配制场。这一区域的占地面积为14850m²。

项目部办公室位于该区域西部，占地面积为1380m²；职工生活区位于东北部分，占地面积为3745m²；东区南部为加工配制场，占地面积为9725m²。加工配制场内布置有：钢筋加工区、钢筋原材堆放区、木工加工区、铁件加工区、周转材料堆场。在钢筋加工区和钢筋原材堆放区布置一台10t龙门式起重机。

混凝土搅拌站以南区域布置冷却塔淋水构件加工区。该区域东西长102m，南北宽54m，占地面积为5500m²。两台冷却塔四周的空地也可作为淋水构件的堆放场地。

（5）其他功能区。2号冷却塔西部南北道路以西自北向南布置有：建设单位保安队宿舍区、土建实验室、环网柜、箱式变压器等，占地面积为4780m²。

2. 南部施工区布置

南部施工区位于行政办公区和化学水区以南，总面积约194550m²。该区域被东西走向的南水渠分割为南、北两部分。南水渠以北布置1号机组安装施工场地、土方周转堆放场和脱硫标段项目部。南水渠以南布置2号机组安装施工场地、脱硫标段施工场地、附属标段施工场地、设备堆放场地。

（1）南水渠以北施工场地布置。南水渠以北施工场地内布置1号机组安装施工场地、土方周转堆放场和脱硫标段项目部办公区（位于南水渠以北，面积为2500m²）。

场地被南北向的3条临时道路分为3个近方形的区域。西区为1号锅炉加热面组合场和各专业工地现场办公场地，面积为19300m²。中区自北向南布置有：大型施工机械停放场（面积为2630m²），物资管理办公区及库房、钢材露天堆放场（面积为5100m²），以及六道配制场地（面积为7900m²）。加热面组合场布置2台40t/42m龙门式起重机，六道配制场布置1台40t/42m龙门式起重机。

东区北部为循环水管道配制场（面积为6970m²），南部为土方周转堆放场（面积为18200m²）。土方周转堆放场地下部埋设有中原油田的天然气管道，对其采取相应的保护措施：①在天然气管道部位的地面上设置警示标牌；②土方运输车辆通过的位置在地面铺设路基板等。

（2）南水渠以南施工场地布置。南水渠以南施工场地内布置2号机组安装施工场地、脱硫施工场地、附属标段施工场地和设备堆放场。场地内修建了2条南北向的施工道路和1条东西向的施工道路。2条南北向施工道路将施工场地划分为西、中、东3个区域。

南部施工区内有一条西南—东北走向的地埋天然气管道。按照《中华人民共和国石油天然气管道保护法》的相关要求，在管道两侧各不少于5m的距离平行于管道设置保护围栏。保护围栏区域内不得设置任何施工设施。

西部施工区地埋天然气管道以北为脱硫标段施工场地，占地面积为19540m²，场地内布置2台共轨的20t/32m龙门式起重机。天然气管道以南为附属标段施工场地，占地面积为13300m²。

中部施工区地埋天然气管道以北布置有：2号机组现场休息室及工器具室、钢材露天堆放场、物资管理办公区及库房，占地面积为10610m²。地埋天然气管道以南布置有：2号机组钢构件配制场及钢材露天堆放场、六道配制场，占地面积为12300m²。六道配制场布置1台40t/42m龙门式起重机。

东部施工区为2号机组锅炉加热面组合场，占地面积为19500m²，场地内布置2台40t/42m龙门式起重机。

南部区域为设备堆放场，占地面积为32500m²。

（3）南部施工区面积统计见表2-2。

▼ 表2-2　　　　　　　　南部施工区占地面积一览表

南水渠北施工区			南水渠南施工区		
标段名称	功能区名称	占地面积（m²）	标段名称	功能区名称	占地面积（m²）
脱硫标段	项目部办公区	2500	脱硫标段	施工场地	19540
1号机组安装标段	锅炉加热面组合场、专业工地现场办公室	19300	2号机组安装标段	专业工地现场办公室	3000
	物资管理办公区及库房、钢材露天堆放场	5100		物资管理办公区及库房、钢材露天堆放场	7610
	大型施工机械停放场	2630		配制场及钢材露天堆放场	5000
	六道配制场地	7900		六道配制场地	7300
	循环水管道配制场	697		锅炉加热面组合场	19500
公用	土方周转堆放场	18200	附属标段	施工场地	13300
—	—	—	公用	设备堆放场	32500

注　南部施工总占地面积为194550m²，其中施工占地170350m²，其余24200m²为道路、水渠、天然气管道保护区等占地。

3.厂内施工区

厂区内布置有建设单位的基建办公区和输煤土建施工场地。

在厂区南侧中部启动锅炉房以南区域布置建设单位的基建办公区，占地面积约5000m²。该区域内建有一座2层的办公楼，包括食堂、餐厅、门卫室等。在该区域内还布置有施工电源系统的环网柜和1台施工变压器。基建办公区在电厂投产后仍继续保留，在机组大、小修期间作为检修单位的办公及员工居住之用。

在厂区西南角备用场地布置有输煤土建施工场地，占地面积约6200m²。该区域内布置有钢筋加工区、钢筋原材堆放区、木工加工区、铁件加工区等。在钢筋加工区和钢筋原材堆放区布置1台10t龙门式起重机。

4. 施工区占地面积汇总统计

（1）办公区。包括施工单位办公区、建设单位的基建办公区，总占地面积为16390m²。主厂房建筑标段、冷却塔施工标段、脱硫标段的办公区兼做其管理人员的生活区。

（2）生活区。在1号机组安装标段、2号机组安装标段、主厂房建筑标段、冷却塔施工标段、输煤建筑标段、烟囱施工标段分配了生活区，总占地面积为36555m²。脱硫等其他标段在附近村庄租房解决职工居住问题。

（3）施工区。建筑单位施工区（包括主厂房、冷却塔、输煤）占地面积为36110m²；安装单位施工区占地面积为96280m²；脱硫、附属标段施工区占地面积为32840m²。烟囱施工标段施工区占用1号煤场东半区域。

（4）公共使用区。土方周转堆放场和设备堆放场总占地面积为50700m²，其中混凝土搅拌站占地面积为12220m²，地埋天然气管道保护区占地面积为3800m²。

（5）道路。施工道路总长1480m，占地面积为14800m²。

（6）南水渠。南水渠占地面积为7710m²，该区域为施工不可用地。

三、大型施工机械布置

1. 主厂房结构施工大型起重机的选择及布置

250t履带吊1台、150t履带吊1台，主要负责主体钢结构吊装；70t汽车吊和50t汽车吊各1台，为辅助吊装机械；50、25t汽车吊和15t平板车负责钢结构件的卸车、倒运。

在A0列外侧9m处，3~4轴线间布置1台Q6012型的塔式起重机（臂长为54m、自由高度H=42.6m）；12~13轴线间布置1台Q6513型塔式起重机（臂长为53m、自由高度H=52.0m）。两台塔机主要负责主厂房基础、汽轮机基础、集控楼、大平台楼层板结构用物料的吊装。

煤仓间钢结构吊装使用 1 台 250t 履带吊。构件倒运使用 50、25t 汽车吊和 25t 低架平板车。

2. 锅炉吊装大型起重机布置

（1）1 号锅炉大型起重机布置。1 号锅炉左外侧布置一台 D1400-84/84t 平臂吊作为锅炉吊装主吊车。84t 平臂吊中心正对锅炉钢架 K3~K4 之间，距炉外侧柱中心 6.5m。塔身高度为 136m，有效起升高度为 131m；最小工作半径为 6.5m，最大作业半径为 70m。

锅炉大板梁的吊装由 84t 平臂吊和布置于炉后的 1 台 QUY650/650t 履带吊共同完成。

锅炉钢架具备承载条件后在炉顶安装 1 台 16t 平臂塔吊作为炉顶吊使用。炉顶吊站位于锅炉中心线偏左 3.775m，K5 板梁中心线偏向炉前 3.5m。炉顶吊有效起升高度为 26m，最大作业半径为 60m，臂端额定起重量为 4.3t。

（2）2 号锅炉大型起重机布置。2 号锅炉右外侧布置 1 台 BTQ2900/125t 电动轨道式塔吊。轨道呈南北走向，位于锅炉钢架 K2~K4 之间。轨道中心线位于 K3 排柱中心向炉后方向 1000mm。BTQ2900 塔吊采用塔式工况，主臂长度为 69.2m，副臂根据吊装任务的不同使用 30、36、42、51m 等工况。

大板梁的吊装由 BTQ2900/125t 塔吊和布置于炉后的 1 台 CC2500-1/500t 履带吊共同完成。

锅炉钢架具备承载条件后在炉顶安装 1 台 25t 平臂塔吊作为炉顶吊使用。炉顶吊站位于锅炉中心线偏左 9.49m，K5 板梁中心线偏向炉前 1.15m。炉顶吊有效起升高度为 42m，最大作业半径为 60m，臂端额定起重量为 5.2t。

3. 炉后区域施工起重机布置

4 号运煤转运站位于 1 号炉前烟道支架左侧。在其南侧布置 1 台 QTZ-40 塔式起重机，作业半径为 2.5~40m，最大起重量为 4t，最大作业半径时起重量为 0.7t。

1 号机组除尘器吊装使用 1 台 TC7525/16t 塔式起重机，布置于 1 号引风机房南侧，最大作业半径为 75m（此时起重能力为 1.72t）。2 号机组除尘器吊装使用 1 台 TC7020/12t 塔式起重机，布置于 2 台除尘器之间靠锅炉侧，使用 45m 作业半径（此时起重能力为 5.6t）。

电除尘配电间及空气压缩机机房东侧布置 1 台平臂塔式起重机，最大起重量为 4t，负责电除尘配电间及空气压缩机机房施工。空气压缩机机房主体结构完成后即拆除，以不影响电袋除尘器的施工。

1、2 号引风机室和脱硫工艺楼各布置 1 台平臂塔式起重机，主体结构完成后拆除。主要起重机械配备见表 2-3。

▼ 表2-3 主要起重机械配备

序号	机械名称	单位	数量	布置地点	所属标段
1	D1400-84/84t 平臂吊	台	1	1号锅炉左侧	1号机组安装
2	QUY650/650t 履带吊	台	1	1号锅炉、机动	1号机组安装
3	16t 平臂塔吊	台	1	1号锅炉顶部	1号机组安装
4	40t/42m 龙门式起重机	台	2	1号锅炉加热面组合场	1号机组安装
5	40t/42m 龙门式起重机	台	1	1号锅炉六道组合场	1号机组安装
6	TC7525/16t 平臂塔吊	台	1	1号电袋除尘器	1号机组安装
7	BTQ2900/125t 电动轨道式塔吊	台	1	2号锅炉右侧	2号机组安装
8	CC2500-1/500t 履带吊	台	1	2号锅炉、机动	2号机组安装
9	25t 平臂塔吊	台	1	2号锅炉炉顶部	2号机组安装
10	40t/42m 龙门式起重机	台	2	2号锅炉加热面组合场	2号机组安装
11	40t/42m 龙门式起重机	台	1	2号锅炉六道组合场	2号机组安装
12	TC7020/12t 平臂塔吊	台	1	2号电袋除尘器	2号机组安装
13	250t 履带吊	台	1	主厂房钢结构吊装	主厂房建筑
14	250t 履带吊	台	1	侧煤仓钢结构吊装	主厂房建筑
15	150t 履带吊	台	1	主厂房钢结构吊装	主厂房建筑
16	Q6012/8t 平臂塔吊	台	1	1号主厂房施工	主厂房建筑
17	Q6513/8t 平臂塔吊	台	1	1号主厂房施工	主厂房建筑
18	4t 平臂塔吊	台	1	电除尘配电间及空气压缩机机房东侧	主厂房建筑
19	4t 平臂塔吊	台	2	引风机室外侧	主厂房建筑
20	10t 龙门式起重机	台	1	主厂房施工区加工场	主厂房建筑
21	TC6012/6t 平臂塔吊	台	1	化学水区域	主厂房建筑
22	SC200×200 多功能型施工升降机	台	2	冷却塔施工	冷却塔
23	YDQ26×25-7 液压顶升平桥	台	2	冷却塔施工	冷却塔
24	10t 龙门式起重机	台	1	冷却塔施工加工场	冷却塔
25	电动提升平台	台	1	烟囱施工	烟囱标段
26	16t 龙门式起重机	台	1	烟囱施工场（1号煤场东部）	烟囱标段

续表

序号	机械名称	单位	数量	布置地点	所属标段
27	QTZ-40/4t 平臂塔吊	台	1	4 号输煤转运站	输煤建筑
28	10t 龙门式起重机	台	1	厂内输煤土建施工场地	输煤建筑
29	4t 平臂塔吊	台	1	脱硫工艺楼	脱硫标段
30	20t/32m 龙门式起重机	台	1	脱硫组合场	脱硫标段

四、交通运输组织及大件运输

（一）进厂道路

主进厂道路由厂区以北的 S101 省道引接，向南至厂区的东南角然后折向西至厂区主大门。主进厂道路长度为 1219m，道路宽度为 12m。货物运输道路也由厂区以北的 S101 省道引接，向南至煤场区与脱硫区之间的厂区北围墙进入厂区。货物运输道路长度为 624m，宽度为 7m。

卸煤区北侧紧邻城市道路，进厂道路由该道路引接，道路长度约 92m。

（二）施工进场道路

电厂主进厂道路施工期间作为施工主进场道路。货运道路在施工期间作为辅助进场道路。

（三）厂区及施工区道路

厂区内主要道路宽度为 7m，转弯半径为 9m；次要道路宽度为 4m，转弯半径为 6m。厂区内道路在施工期间均作为施工道路使用。

南部施工区内主干施工道路按照三纵（南北向）一横（东西向）规划修筑。道路结构与厂区道路一致，道路宽度为 7m，转弯半径为 9m。道路两侧修筑排水沟以排除路面及施工场地的积水。

施工区内主干施工道路由建设单位修建。各施工单位施工、生活区内道路由各施工单位修建。

（四）大件运输

1. 主要设备重量参数

大件设备运输参数见表 2-4。

▼ 表2-4 大件设备运输参数

序号	部件名称	数量	长×宽×高（m×m×m）		质量（t）	
			包装	未包装	包装	未包装
1	1号大板梁	1	29.1×3.4×1.0	29.1×3.4×1.0	47	47
2	2号大板梁（叠梁）	1	29.1×3.0×1.0	29.1×3.0×1.0	68	68
		1	29.1×2.1×1.0	29.1×2.1×1.0	42	42
3	3号大板梁（叠梁）	1	29.1×3.6×1.2	29.1×3.6×1.2	82	82
		1	29.1×2.4×1.2	29.1×2.4×1.2	53	53
4	4号大板梁（叠梁）	1	34.0×3.8×1.4	34.0×3.8×1.4	110	110
		1	34.0×2.9×1.4	34.0×2.4×1.4	75	75
5	5号大板梁	1	30.1×3.4×1.2	30.1×3.4×1.2	70	70
6	中压转子	1	8.6×2.6×2.6	8.4×2.4×2.4	40	33
7	A低压转子	1	8.6×3.6×3.82	8.4×3.78×3.78	61	59
8	B低压转子	1	8.8×3.6×3.82	8.3×3.78×3.78	60	58
9	低压内缸上半	2	简装	3.5×5.43×3.27	35.5	35
10	低压内缸下半	2	简装	6.15×3.49×3.27	40.5	40
11	高压缸整体	1	简装	8.3×3.6×4.9	145	140
12	定子中段	1	9.37×3.82×3.89	8.9×3.82×3.89	262	258
13	定子端罩	2		4.52×4.54×2.11	31.38	29.05
14	转子	1	14×1.5×1.7	13.06×1.2×1.2	76	67.5

注 数量为一台机组数量。

2. 大件设备厂外运输路线

锅炉大板梁由设备生产厂家以公路运输的方式运输到施工现场。发电机定子、主变压器由生产厂家经铁路运输至厂址附近火车站，然后转载至大型公路平板车经公路运输达到施工现场。其他设备根据实际情况或全程公路运输，或铁路运输至厂址附近火车站然后转公路运输到场。

3. 大件设备厂内运输路线

锅炉大板梁使用拖挂板车运输经货物道路进厂。1号锅炉大板梁由货物运输大门进场后，向南至脱硫区南部，然后折向东至1号锅炉炉后部区域。2号锅炉大板梁由货物运输大门进场后，沿厂区北围墙内道路折向东至2号锅炉后部区域。

发电机定子、主变压器由 S101 省道转入主进厂道路后向南行驶，至道路最南端后折向西，然后沿汽机房东侧南北向道路到达汽机房外东部区域。

五、施工力能供应

（一）施工用水

1. 施工水源

由于该工程地点距离城市较远，无法从城市供水管网引接施工水源，所以施工水源考虑在现场打井解决。现场打两口水井，一口水井位于 2 号水塔西北角，另一口水井位于 2 号水塔东北角。为确保供水不至中断，在厂区西南角围墙内选择了一个备用井位（至工程结束该井位并未启用）。

每口水井深约 150m，经测试每口井的出水量为 15～30m³/h。因两口井的总出水量无法满足现场高峰用水量的需求，所以采取了以下措施，确保现场供水的稳定。

（1）每口水井安装一套无塔供水设备，水箱容积为 50m³。

（2）混凝土搅拌站用水量较大，建一座 200m³ 蓄水池以满足混凝土生产时的供水需求。

（3）各施工单位生活区根据职工人数的多少建一定容量的水罐储备生活用水。

2. 施工用水管网布置

沿主厂房 A0 列外、扩建端外、固定端外、烟囱后的环形道路，施工区道路、主进厂道路布设 DN200、DN150 的施工供水母管，各施工区用水在该管网上引接。

施工消防用水与施工用水共用同一管网，消防栓按照相关消防要求设置。烟囱、冷却塔、锅炉及其他高于 50m 的工程项目设单独的升压泵供给施工和消防用水。施工生活用水从供水管网引接。

3. 施工用水管道敷设要求

在重点防火区域应设置消防栓并设置醒目的标识。室外消防栓应沿道路设置并靠近十字路口；距路边不超过 2m；距建筑物外墙不小于 5m；消火栓间距不超过 120m。锅炉本体以施工用水为主，同时配备若干消防水箱、砂箱、灭火器等消防器材。

主管线上在适当的位置安装分支阀门供施工单位引接。阀门井用砖和水泥砌筑、上盖盖板。各单位引接水管时，在引入管口阀门井处安装经过校验合格的水表对用水量进行计量。

给水管道主要采用地埋方式敷设，管道外壁采取防腐措施，埋设深度应考虑场地平整的影响并应在土壤冻土线以下。供水管道在承重道路下穿过时，应加保护套管。

4. 施工用水的水质要求

饮用水应符合 GB 5749—2022《生活饮用水卫生标准》和当地卫生部门的规定。

混凝土和砂浆的拌和用水应符合 JGJ 63—2006《混凝土用水标准》的规定。

5. 施工用水量计算

根据 DL/T 5706—2014《火力发电工程施工组织设计导则》，工程总用水量按直接生产用水、施工机械用水、生活用水和消防用水分别计算后综合确定。DL/T 5706—2014 中表 8.2.3"施工用水量指标表"中给出的 2×600MW 机组总用水量为 350~450t/h（主厂房为钢结构时取较低值）。

（1）直接生产用水量 Q_1。直接生产用水量 Q_1 是指混凝土及砂浆的拌和、砖石砌筑、混凝土养护、管道及容器的试验、场地及结构冲洗、物件及设备清洗用水。直接生产用水中后三项用水量较小且不经常发生。

施工现场用水量较大的项目是混凝土的拌和及养护。按照常规使用量，混凝土的拌和需要消耗水量 300kg/t，混凝土的养护需要消耗水量 400kg/t。

混凝土搅拌站布置两条混凝土生产线，生产能力分别为 180m²/h 和 75m²/h。如果两条生产线满负荷生产，则需水量为：（180+75）×0.3=76.5（t/h）。混凝土养护的需水总量虽然大于拌和的需水量，但混凝土养护时间长，因此单位时间需水量并不大，全厂混凝土养护需水量按 7t/h 计。

全厂文明施工、道路洒扫、设备清洗、管道及容器水压试验等其他项目需水量按 5t/h 计。

根据以上估算，直接生产高峰用水量为

$$Q_1=76.5（混凝土搅拌）+7（混凝土养护）+5（其他）=88.5（t/h）$$

（2）施工机械用水量 Q_2。施工机械用水量 Q_2 指锅炉、起重机械、汽车和其他内燃机械等的补给水和冷却水，以及检修、清洗用水。

该工程不设采暖锅炉。机组启动用锅炉试运时正式水源已接通，不需要施工水源供水。起重机械、汽车和其他内燃机械等的补给、冷却、检修、清洗用水消耗量极少，可以不予考虑。

通过以上分析，施工机械用水量 $Q_2 \approx 0$。

（3）施工生活用水量 Q_3。在 DL/T 5706—2014《火力发电工程施工组织设计导则》中将施工生活用水划分为施工现场生活用水和生活区生活用水两部分。由于该工程施工生活区与施工区紧密相连且共用同一供水管网，因此统一计算施工生活用水。

施工生活用水量为

$$Q_3=1.1Knq/24=（1.1 \times 2.5 \times 3000 \times 0.14）/24=48.13（t/h）$$

式中　Q_3——施工生活用水量，t/h；

1.1——备用系数；

K——每天生活用水不均衡系数，取大值 2.5；

n——考虑部分人员租住周边民房，生活区居住人数高峰按 3000 人计算；

q——每人每天生活用水量，取大值 140L/（人·天），即 0.14t/（人·天）。

（4）消防用水量 Q_4。消防用水量 Q_4 包括施工区和生活区消防用水。施工区消防用水按工地范围大小确定；生活区消防用水根据居住在生活区的人数确定。

依据 DL/T 5706—2014 中表 K.0.4"室外消防用水量表"可知：

当生活区居住人数在 5000 人（该工程生活区高峰期居住人数为 3000 人）以内时，按火灾同时发生 1 次计算，消防用水量为 10L/s，即 36t/h。

该工程厂区面积为 32hm²，施工生产区面积为 24hm²，总面积为 56hm²。依据 DL/T 5706—2014 中表 K.0.4 计算，施工区消防用水量为 25L/s、即 90t/h。

因此，消防用水量计算式为

$$Q_4= 生活区消防用水量 + 施工区消防用水量 =36+90=126（t/h）$$

（5）施工总用水量 Q。由于消防用水并不是经常用水，在计算总用水量时并不将其计入其内，所以正常情况下施工总用水量为直接生产用水量 Q_1、施工机械用水量 Q_2、施工生活用水量 Q_3 之和，但不得小于消防用水量 Q_4。即

$$Q=Q_1+Q_2+Q_3=88.5+0+48.13=136.63（t/h）< Q_4=126t/h$$

所以施工总用水量 Q 为 136.63t/h。

（二）施工用电

1. 施工用电布设的一般原则

施工现场应采用箱式变压器，以保证现场施工安全。根据 DL/T 5706—2014 中表 8.3.2"施工用电指标"，$2 \times 600MW$ 机组施工时变压器的容量应按 5000～7000kVA、高峰用电负荷按 4000～5600kW 考虑、设计。变电站、箱式变压器应考虑设在负荷相对集中的区域，以减少损耗。

施工低压电源应采用三相五线制，以 380/220V 电压供动力及照明用电。配电变压器的台数及容量按负荷分布情况确定，变压器应靠近负荷中心，其合理供电半径以 500m 为宜，最大不超过 800m。从箱式变压器低压侧 400V 开关到现场主配电箱再到各分配电箱，以敷设电缆的方式供电。电缆敷设采用直埋为主，局部区域可采用沿墙明

敷或沿电缆沟敷设，穿越道路、通道处穿管加固。向各用电设备供电的开关应同时具备过负荷、短路、漏电保护功能。

2. 施工电源布置

施工电源由厂址以西的岳村变电站引接，架设10kV架空线路至厂区西围墙，长度约为8km。10kV线路在厂区西围墙处分为南北两路。南北两路10kV线路终端布置环网柜，环网柜的出口开关接10kV高压电缆至箱式变压器。

北部10kV架空线路沿厂区西、北围墙布设，环网柜布置于2号水塔以西、建筑实验室以南的租地区。南部10kV架空线路沿厂区西、南围墙布设，环网柜布置于建设单位基建办公区内。

在各施工用电区域附近布置若干个箱式变压器，进线使用10kV电缆由10kV环网柜引接，出线用380V电缆送至各用电设备。

3. 施工现场箱式变压器的布置

施工现场共布置8台箱式变压器。场外卸煤区布置1台箱式变压器，电源由当地市电引接。箱式变压器布置位置及供电区域见表2-5。

▼ 表2-5　　　　　　　　　　箱式变压器一览表

序号	布置位置	容量（kW）	供电区域
1	东北部施工单位生活办公区	1000	各施工单位生活区
2	主厂房标段配制场西南角	630	主厂房标段配制场、混凝土搅拌站、水塔标段施工区
3	2号水塔西、北环网柜南	800	主厂房区域、水塔标段施工区、2号机组
4	2号机组引风机室以北	1000	2号机组区域、脱硫区域
5	1号机组引风机室以南	1000	1号机组区域、脱硫区域、输煤区域
6	建设单位办公区	800	建设单位办公区、附属生产区、输煤区域
7	1号机组安装施工区北侧	1000	1号机组安装施工区、化学区、厂前区
8	2号机组安装施工区北侧	1000	南水渠南侧施工场地各标段
9	厂外卸煤区	1000	厂外卸煤区土建、安装
10	变压器总容量	8230	—

（三）施工用气

1. 氧气、乙炔、氩气

工程用氧气、乙炔气全部采用外购瓶装气体。在用量大的主厂房和组合场区也可以分区设氧气、乙炔汇流供气站。施工现场的氩气采用瓶装分散供应的方式。

2. 压缩空气

压缩空气供应，在锅炉组合场附近布置 $10m^3/min$ 空气压缩机 2 台，主厂房、组合场用 $\phi76\times5mm$ 无缝钢管集中供气，其他部位采用移动式空气压缩机供气。

六、施工总平面布置及管理得失

（1）施工区域划分不均衡。东北部施工区和南部施工区均为租地，且分属于不同的行政村。东北部施工区租地协议商谈较为顺利，在施工准备阶段即可进场布置相关的临建设施。南部施工区租地协议商谈较为艰难，工程开工后才进场布置临建设施。为了确保开工及后续施工的需要，对施工场地布置做了两点大的调整。

1）将冷却塔标段主施工区布置在了 2 号冷却塔以北，而不是原设想的南部施工区中水渠以北。

2）原设想将各施工单位的项目部办公区集中布置在电厂行政办公区以南，这样临近建设方办公区便于沟通、协调。由于开工前无法实现，只得由各单位将项目部分散布置在各自的施工生活区内。

由此造成了东北部施工区布置的较为紧凑，而南部施工区的布置较为宽松。

（2）输煤土建标段场地较为狭小。厂内输煤土建标段施工场地布置在厂区内西南角备用场地内，占地面积约 $6200m^2$。原设想该标段可以占用一部分厂内储煤场作为施工场地不足的补充，但从实际实施情况来看并不理想。

（3）施工用水。在现场打了两口深约 150m 的机井作为施工水源，经测试每口水井的出水量为 $15\sim30m^3/h$。

打井前与当地水利部门联系，取得打井及取水许可。机井打好后取水样送具有资质的水质监测单位对水质进行化验，化验结果水质满足生活用水及混凝土生产、养护的需要。

由于工程整体用水量较大，所以机井连续工作时间较长，在基建期间两口机井发生了多次"塌井"和深井泵机械故障。但由于水井故障后抢修及时，未对施工及人员生活造成大的影响。

（4）应合理规划小标段的施工场地。

第三章

施工进度

一、施工综合进度的分级

施工综合进度是协调全部施工活动的纲领，是对施工管理、施工技术、人力、物力、时间和空间等各种主客观因素进行分析、计算、比较，并予以有机综合归纳后的成果。

合理的施工工期是确保施工安全、优质、准点、文明、环保和优化投资、降低成本的重要条件。建设单位在决策施工工期时应本着切合实际、科学合理的原则，制订技术可行、经济合理的建设工期。

（一）DL/T 5706—2014《火力发电工程施工组织设计导则》对施工进度的分级

按照 DL/T 5706—2014《火力发电工程施工组织设计导则》（以下简称《导则》）中的描述，将施工综合进度分为四级，分别是：总体工程施工综合进度（一级进度）、主要单位工程施工综合进度（二级进度）、专业工程施工综合进度（三级进度）、专业工种施工综合进度（四级进度）。

（二）工程实践中对施工进度的分级

由于目前普遍实行施工招投标制，各发电集团、地方所属火电工程对于施工标段的划分均不相同，因此在许多工程的施工进度管理中，并没有完全按照《导则》所叙述的四级进度进行控制，而是采取了比较灵活的分级方法。

1.总体工程施工综合进度

总体工程施工综合进度是指以工程开工和竣工日期及里程碑进度为依据，对各专业的主要环节进行综合安排的进度。施工综合进度应从施工准备开始到该期工程建成为止，包括全部工程项目，并反映出各主要控制工期。

2.标段施工进度

标段施工综合进度由承担该标段施工任务的施工单位编制，应涵盖该标段的所有施工内容。标段施工综合进度编制完成并履行完施工单位内部的审批流程后报监理单位审核，建设单位批准。调试单位也应编制调试标段综合进度。

3.主要单位工程、专业工程施工进度

对于土建施工工程，在标段施工进度之下还应编制主要单位工程施工进度，如主厂房、烟囱、水塔、输煤、化学、厂前区等单位工程施工进度。对于安装施工工程，在标段施工进度之下还应编制各专业的工程施工进度，如汽轮机、锅炉、电气、热工、化学、输煤、调试等专业施工进度。

4.专业工种（分部工程）施工进度

为保证实现施工总进度并做到均衡施工，可根据需要编制土方工程、中小型预制构件制作、各种配制加工、吊装工程等重点专业工种的施工综合进度。

对于重要的分部工程，如锅炉钢架安装、锅炉加热面安装、汽轮机本体范围的安装，应编制分部工程施工综合进度。

二、工程节点计划及完成情况

（一）开、竣工计划安排

工程前期，计划于 2015 年 10 月 30 日工程开工（主厂房浇筑第一罐混凝土），1、2 号机组分别于 2017 年 7 月 25 日和 9 月 25 日完成 168h 试运。

（二）工程节点完成情况

1.里程碑节点完成情况

该工程在 2016～2017 年因受国家对在建燃煤火电工程进度调控的影响，建设过程中放慢了工程进度，故最终投产时间未能按照预期计划完成。具体里程碑节点完成记录见表 3-1。

▼ 表 3-1　　　　　　　　　　里程碑节点完成记录

序号	里程碑节点	1 号机组	2 号机组
1	锅炉基础混凝土开始浇筑	2015-09-16	2015-10-18
2	主厂房浇筑第一罐混凝土	2015-10-30	2015-11-15
3	主厂房柱基础完成	2015-12-30	2016-01-15
4	锅炉钢架吊装开始	2015-11-15	2016-01-15
5	锅炉受热面吊装开始	2016-07-20	2016-10-16
6	烟囱外筒到顶	2016-11-29	
7	主厂房屋面断水	2016-08-25	2016-09-27
8	冷却塔到顶	2016-09-22	2016-11-24

序号	里程碑节点	1 号机组	2 号机组
9	化学制出合格水	2016-12-15	
10	锅炉水压试验完成	2017-02-15	2017-05-10
11	机组 DCS 受电	2017-02-09	2017-07-20
12	机组厂用电受电	2017-04-11	2017-07-29
13	发电机定子就位	2016-11-03	2016-11-17
14	汽轮机台板就位	2016-09-30	2017-03-06
15	汽轮机扣缸完成	2017-05-17	2017-08-23
16	汽轮机油循环开始	2017-04-15	2017-07-25
17	热力系统化学清洗完成	2017-06-20	2017-09-11
18	锅炉吹管完成	2017-08-16	2017-10-24
19	机组整组启动	2017-10-25	2018-07-20
20	机组完成 168h 试运	2018-03-17	2018-08-13

2. 土建工程主要节点完成情况

土建工程主要节点完成记录见表3-2。

▼ 表 3-2　　　　　　　　　土建工程主要节点完成记录

序号	工程节点名称	1 号机组	2 号机组
一	主厂房		
1	主厂房桩基施工（开始）	2015-09-08	2015-09-08
2	主厂房桩基施工（结束）	2015-09-26	2015-09-26
3	主厂房基础开始浇筑混凝土	2015-10-30	2015-11-15
4	主厂房基础柱浇筑完成	2015-12-30	2016-02-10
5	主厂房钢结构开始吊装	2016-04-01	2016-05-18
6	主厂房屋面断水	2016-08-25	2016-09-27
7	主厂房封闭	2017-03-25	2017-03-30
二	锅炉基础		
1	锅炉桩基施工（开始）	2015-07-26	2015-07-26
2	锅炉桩基施工（结束）	2015-08-20	2015-08-20

续表

序号	工程节点名称	1号机组	2号机组
3	锅炉基础开始浇筑混凝土	2015-09-16	2015-10-18
4	锅炉基础交安	2015-11-10	2015-12-10
三　汽轮发电机基座			
1	汽轮发电机基座底板开始浇筑混凝土	2015-12-17	2016-01-01
2	汽轮发电机基座浇筑完成	2016-07-29	2016-08-26
3	汽轮发电机基座交安	2016-08-10	2016-09-05
四　侧煤仓间			
1	侧煤仓间桩基施工（开始）	2015-08-26	
2	侧煤仓间桩基施工（结束）	2015-09-07	
3	侧煤仓间基础开始浇筑	2015-11-11	
4	侧煤仓间基础浇筑完成	2016-01-27	
5	侧煤仓间钢结构吊装完成	2016-08-19	
五　冷却塔			
1	冷却塔桩基开始施工	2015-08-28	2015-08-19
2	冷却塔桩基施工完成	2015-09-24	2015-10-12
3	环基开始浇筑混凝土	2015-12-08	2015-10-30
4	环基浇筑完成	2016-01-05	2015-12-22
5	人字柱浇筑完成	2016-04-05	2016-05-20
6	风筒第一板开始浇筑	2015-04-15	2016-06-20
7	风筒到顶	2016-09-22	2016-11-24
8	冷却塔具备进水条件	2017-01-15	2017-03-25
六　烟囱			
1	烟囱桩基开始施工	2015-10-21	
2	烟囱桩基施工完成	2015-11-03	
3	烟囱基础开挖	2015-11-20	
4	烟囱基础开始浇筑混凝土	2016-01-21	
5	烟囱第一节筒身开始施工	2016-02-03	
6	烟囱外筒到顶	2016-11-29	
7	钢内筒施工完成，具备通烟条件	2017-08-15	

3. 安装工程主要节点完成情况

安装工程主要节点完成记录见表3-3。

▼ 表3-3　　　　　　　　　　安装工程主要节点完成记录

序号	工程节点名称	1号机组	2号机组
一　锅炉			
1	锅炉钢架吊装开始	2015-11-15	2016-01-15
2	锅炉钢架大板梁吊装开始	2016-06-01	2016-09-18
3	锅炉钢架大板梁吊装结束	2016-06-25	2016-09-30
4	锅炉钢架承载前验收完成	2016-06-30	2016-10-08
5	锅炉受热面组合开始	2016-04-20	2016-08-20
6	锅炉受热面吊装开始	2016-07-20	2016-10-16
7	锅炉受热面吊装结束	2016-12-10	2017-04-10
8	化学系统制出合格除盐水	2016-12-15	
9	启动锅炉点火成功	2016-12-26	
10	锅炉水压试验完成	2017-02-15	2017-05-10
11	热力系统化学清洗完成	2017-06-20	2017-09-11
12	锅炉空气动力场试验完成	2017-07-25	2017-10-14
13	锅炉吹管完成	2017-08-16	2017-10-24
14	机组整组启动	2017-10-25	2018-07-20
15	机组完成168h试运	2018-03-17	2018-08-13
二　汽轮机			
1	汽轮机基础复验完成	2016-08-20	2016-09-16
2	水泥垫块浇筑完成	2016-10-26	2017-02-26
3	凝汽器壳体组合就位开始	2016-09-15	2016-11-20
4	汽轮机台板就位	2016-09-30	2017-03-06
5	汽轮机低压缸组合开始	2016-12-24	2017-03-08
6	汽轮机低压缸就位	2017-01-06	2017-04-04
7	汽轮机轴承座全部就位	2017-02-26	2017-05-10
8	汽轮机中压缸下半就位	2017-02-20	2017-05-16
9	汽轮机高压缸模块就位	2017-03-02	2017-05-17

续表

序号	工程节点名称	1 号机组	2 号机组
10	发电机定子就位	2016-11-03	2016-11-17
11	发电机穿转子	2017-03-30	2017-06-16
12	汽轮机扣缸完成	2017-05-17	2017-08-23
13	汽轮机油系统循环冲洗开始	2017-04-15	2017-07-25
三　电气			
1	启动备用变压器就位	2016-10-31	
2	主变压器就位	2016-11-20	2017-01-14
3	6kV 高压开关柜安装完毕	2016-12-15	2016-12-15
4	直流系统设备安装完毕	2017-01-10	2017-07-10
5	DCS 系统上电调试	2017-02-09	2017-07-20
6	共箱母线安装完毕	2017-02-20	2017-03-20
7	主厂房干式变压器及低压盘柜安装完毕	2017-03-03	2017-05-15
8	主厂房厂用部分电缆敷设接线完成	2017-03-14	2017-06-20
9	厂用电系统受电	2017-04-11	2017-07-29

三、进度管理思考

该部分内容并未对工程的所有主要进度节点进行复盘分析，仅对影响工程进度的几个主要因素进行了反思，供读者参考。

（一）土建工程进度管理思考

1. 主厂房钢结构施工进度思考

该工程汽机房—除氧间及侧煤仓间主体结构采用框架－中心支撑钢结构。多数人认为，钢结构主厂房较混凝土结构主厂房的施工工期短 2~3 个月。但在实施过程中，钢结构主厂房自设计院结构设计完成到施工完成却比混凝土结构主厂房工期压力大得多。

钢结构主厂房的全工期流程为：设计院结构设计→钢结构加工配制单位招标→配制厂二次设计→主材招标、供货→加工制造、运输进场→钢结构安装。

混凝土结构主厂房的全工期流程为：设计院结构设计→施工单位材料采购→主厂房施工。

从上述流程可以看出，钢结构厂房较混凝土结构厂房多出了加工制造单位招标、二次设计、主材招标、供货、加工制造等工序。整个流程中仅两次招标就要耗费至少2个月的时间。主厂房钢结构需大量的大尺寸、厚板材，供货周期长。笔者参与的几个钢结构主厂房工期压力都很大。

2. 主厂房各层楼板的施工

主厂房各层平台采用压型钢板底模混凝土组合楼板，但在楼板施工前需要将对应层的钢梁与立柱间的节点连接完成。水平钢梁与立柱的连接采取栓、焊节点，即腹板为高强螺栓连接、翼板为焊接连接。由于各节点焊接工作量大，所以直接影响了组合楼板的开工时间，从而影响了交安时间。

3. 附属设备基础施工

除尘器基础应尽早开工。除尘器基础施工完成、回填后可作为锅炉吊装设备、材料的周转场地，同时对炉后区域文明施工也是有利的。

炉底捞渣机基础可与锅炉柱基础同时施工、同时出零米，这样可确保炉膛0.0m地面的整洁，有利于锅炉区域文明施工及安全管理。渣仓基础因炉外侧需要布置主塔吊及预留炉底运输通道，可在锅炉加热面安装完成后施工。

4. 烟囱施工

烟囱属于高耸构筑物，在外筒施工期间周边需设置防坠落安全区。烟囱应尽早开工，缩短对周边建、构筑物施工造成影响的时间。

（二）锅炉主吊机械的选择和使用

1号锅炉安装公司选择一台84t附着式平臂塔吊+一台650t履带吊作为主吊装机械，这样的配置对于600MW等级的锅炉吊装是适宜的。在84t塔吊的使用中应注意：钢架吊装阶段塔吊塔身的顶升随着钢架高度的升高而分段顶升并及时加装附着支撑，如塔身自由段过高则会影响塔吊的稳定性，并增加附着支撑对锅炉钢架的作用力；锅炉加热面安装阶段，塔吊的起升高度以满足最长件的吊装需要为宜。

2号锅炉安装公司选择一台125t电动轨道式塔吊。这种塔吊在20世纪90年代前后被全国的电力安装公司普遍使用，到该工程建设时这种塔吊已大部分退出了火电建设的舞台。安装公司选择这台塔吊属于发挥其余热的性质。

（三）设备招标及供货

主机招标完成、初步设计开始时即与设计院协商，确定辅机设备招标的批次及每批需招标的设备。初步设计完成并经审查通过后随即开展第一批辅机设备的招标。招标批次划分时应注意不要将四大管道管材、四大管道配管、封闭母线、110kV电缆、主厂房钢结构、建筑安装设备、煤场封闭等不属于"预规"中设备的项目漏掉。对于施工单位招标的设备和主要材料应加强监督管理，使之纳入总体招标计划中。

招标程序完成、确定中标单位后即刻通知其与设计院开展设计配合工作，在规定时间内提供满足设计及后续辅机设备招标需要的技术资料。

设备供货时间及顺序以满足施工总进度需求为宜，到货过早会增加现场保管压力，过晚则无法满足安装需求。但凡事总有例外，对于那些在同类工程中总是"延期"交货的供货商，在合同中要求的交货时间应超前于安装需求。在合同执行过程中加强对生产进度的跟踪和监督，以减少延期交货的现象发生。

（四）设备监造

在设备监造招标及合同签订过程中，主要的参考依据是 DL/T 586—2008《电力设备监造技术导则》，但要注意该导则并未涵盖所有需监造的设备和项目。监造单位除应完成监造任务外，还应及时将设备生产进度等相关信息告知建设单位。监造单位应每月编报监造报告。

第四章

建筑施工方案

第一节 桩基施工方案

一、地基处理方案

1. 桩基类型的选择

根据建设场地地层结构、分布规律及其工程特性，上部 20m 深度内地基土工程特性总体偏差，对于电厂的主要建（构）筑物，天然地基无法满足强度和变形要求，须采用人工地基。

主厂房基础埋深 −5.00 ～ −7.50m，基础主要持力层为层①和层②，局部为层②1 及层③。根据场地的地层特征，场地内分布有厚度较大且坚硬的粉质黏土，并含有大量钙质结核，混凝土预制桩很难穿过坚硬的粉质黏土层，因此采用钻孔灌注桩，以层③或以下地层作为桩端持力层。

经综合比选，该工程采用钻孔后注浆灌注桩，以层⑧细砂为桩端持力层。对于载荷较大的附属和辅助建筑物，采用水泥粉煤灰碎石桩（CFG 桩）方案。CFG 桩以层④粉质黏土及以下地层为桩端持力层。

2. 设计概况

灌注桩桩身直径为 800mm，混凝土强度等级为 C40，混凝土采用致密的砂石料，以增加混凝土的密实性；后注浆采用的水泥为 PC32.5 普通硅酸盐水泥，水灰比为 0.50，桩混凝土保护层厚度为 50mm。

CFG 桩桩径为 500mm。CFG 桩采用长螺旋钻孔、管内泵压混合料施工工艺。桩顶施工标高高出设计标高应不小于 0.5m。桩身混合料强度等级为 C20，混合料中水泥、砂、石、粉煤灰、外加剂等材料配合比应通过试验确定。

二、后注浆灌注桩施工方案

（一）成孔及混凝土浇筑

1. 定位放样

依据桩位平面布置图和已布设好的控制网点，采用导线法月全站仪测放轴线定桩位。对轴线控制点埋设标志，四周用混凝土固化深度为 300mm。要求桩位水平误差小于 10mm。

2. 护筒的制作和沉放

钢护筒内径比桩径大 100mm，壁厚 4mm、高约 1.5m，椭圆度小于等于 20mm，焊缝应不漏水。

护筒埋设应垂直，进入原土 300mm，四周用黏土填实，垂直度偏差小于等于 1%，中心误差小于等于 20mm。

3. 泥浆制备

旋挖用泥浆采用高塑性黏土或膨润土用搅拌机造浆，在钻进过程中应严格控制泥浆参数，以保护孔壁不坍塌、缩径，以及保证桩的灌注质量。冲洗液循环系统由泥浆池、沉淀池、循环槽组成，应满足洗井过程中沉渣、清渣、排浆的要求，并经常进行清理，保持泥浆性能。泥浆的相对密度控制在 1.3，必要时可至 1.35 左右。

4. 钻机定位

旋挖钻机就位应准确、平稳，钻头对准桩中心的误差控制在 50mm 内，钻杆垂直度控制在 0.3% 以内，以确保桩孔平面误差和垂直度。

5. 钻进成孔

开钻前测量钻头直径、钻具总长度及机台高度，计算钻进孔深及钻杆外露长度。在正式开钻前应进行不少于两个试成孔施工，以便了解、核对地质情况，同时检验设备的性能及完好情况。

施工时随时检查钻头磨损情况，及时补焊。钻进过程中，随时注意垂直度仪表，以控制钻杆垂直度。终孔前提钻时应注意提升速度，防止塌孔。成孔应一次不间断完成。钻孔达到设计深度后，用清孔钻头清孔（一次清孔），用测绳复测孔深、测知沉渣厚度。

具体要求包括：孔径大于等于设计桩径，孔倾斜度小于等于 1%，孔深允许偏差为 +300mm。桩身在地下水位以下，必须使用泥浆护壁。

6. 钢筋笼制作

根据桩基大样图及钢筋笼分段制作图将主筋采用闪光焊连接好。加劲箍箍合口处单面搭接焊，长度大于等于 $10d$，焊缝宽度为 $0.7d$。按 2m 间距以一个加劲箍制作钢筋笼骨架。钢筋笼制作要求为：主筋间距偏差为 ±10mm，箍筋间距偏差为 ±20mm，钢筋笼直径偏差为 ±10mm，钢筋笼整体长度偏差为 ±100mm。

钢筋笼的扶正器用 $\phi 8$ 钢筋及 $\phi 100$ 的混凝土圆柱体制作，每 4 个为一组间隔 4m 均等焊在主筋上。扶正器既确保保护层厚度，又保证了下笼过程中不破坏孔壁。后注浆管采用 DN25mm 无缝钢管制作，与钢筋笼可靠连接。

制作好的钢筋笼应平卧堆放在地面上，下面垫上枕木或铺碎石，以防受潮生锈或被泥土污染。堆放层数不得超过两层。

7. 钢筋笼的运输、安放

钢筋笼运输前在其中绑杉木杆，以防止在运输过程中钢筋笼变形。钢筋笼安放前要再次对钢筋笼进行检查。使用一台 25t 汽车吊作为钢筋笼起吊机械，钢筋笼采用扁担绳四点法起吊。钢筋笼下放到位后，将压杆固定在孔口横担上，以防灌注混凝土时钢筋笼上浮或下移。

钢筋笼安放必须垂直对中，不碰孔壁。钢筋笼顶标高允许偏差为 ±100mm，钢筋笼中心与桩中心允许偏差为 ±10mm。

8. 下放导管及二次清孔

导管采用 $\phi 219$ 钢管制作，每节长度为 3m 左右，节间采用螺纹连接，用橡胶圈密封。导管最下端一节长度不小于 4m。导管下放前应在地面试组合并检查其连接处的密封性。导管下入孔内应居中，下端距离孔底 300~500mm。与桩基检测单位配合，安装钢筋应力计及超声波检测管等。

导管下放到位后，进行二次清孔。清孔采用正循环法，清孔时应控制好泥浆性能，除清除孔底沉渣外，还应避免造成缩径。清孔时测定返出泥浆密度小于等于 1.15，孔底沉渣小于等于 100mm。

9. 混凝土浇筑

桩身浇筑混凝土在二次清孔后 0.5h 内进行，并连续灌注直至完成。

初灌混凝土时，导管下端应距孔底 0.3~0.5m，灌注前应加隔水栓。初灌量应保证导管底部在混凝土内埋深达 2m 以上。除初灌外，在任何情况下导管埋入混凝土内深度应大于等于 2m 且小于等于 6m，防止拔管次数过多造成断桩或夹层。

灌注时应随时观察管内混凝土下降及孔口返水情况，及时测量孔内混凝土面的高度。提升导管时，导管应位于钢筋笼中心，慢速均匀提升。若发现压杆随导管上升，说明导管挂住了钢筋笼，应立即停止提升，并顺时针转动导管，使导管与钢筋笼脱离。

灌注接近桩顶时，应及时测量桩顶标高，桩顶标高应大于等于设计标高 0.8m。混凝土面达到灌注标高后，将导管上下缓慢活动至逐步将其拔出，使混凝土面慢慢弥合，防止拔管过快造成泥浆混入，形成混泥芯或出现桩头渗水等质量缺陷。

（二）后注浆施工

1. 后注浆管的加工和安装

注浆管采用 DN25 无缝钢管，连接方式为接箍或套箍焊接。底部喷头环形管采用 1.2″ 塑料管，喷头设在底部。侧注浆管喷头环形管采用 1.2″ 塑料管，环形管位置在距桩端 15.0m 处。注浆管与钢筋笼连接采用焊接或绑扎。柔性喷头管通过三通与注浆管连接，为确保喷头管的稳定，沿管的上下设 2 组对中支架，每组 8 个。注浆管上口高出地面不小于 0.3m，管口采用护帽封口。

2. 注浆顺序

先向桩侧注浆，采用慢速注浆，待浆液初凝后，再向桩底注浆。桩侧注浆和桩底注浆时间间隔不小于 2h。

3. 后注浆料及终止条件

注浆用水泥为 PO32.5 普通硅酸盐水泥，水灰比为 0.5。

进行后注浆时，注浆流量不应超过 75L/min。

注浆量超过设计值，注浆压力达 3~4MPa，且稳定 3~10min 后注浆终止。如注浆量超过设计值，但注浆压力始终达不到 3~4MPa，可根据现场情况进行调整。注浆量小于设计值，但不低于设计值的 4/5，注浆压力超过 3~4MPa，且稳定 3~10min 即可停止注浆。

三、CFG 桩施工方案

采用 CFG-15 型长螺旋钻机进行 CFG 桩施工，用全站仪测定桩位，用水准仪测定地面标高，在钻机架上做出实钻深度标记。成孔及混凝土浇筑过程如下：

1. 测量放线

根据桩位平面布置图，全厂控制点、水准点测量放线，施放桩位、测量场地标高，确定孔深。

2. 桩机调平对中

移动桩机使钻头垂直对准桩位，利用桩机液压系统调平桩机，观察桩机塔身双侧的摆针，确保钻杆垂直度偏差小于 1%。

3. 成孔

关闭钻头阀门，向下移动钻杆至钻头触及地面。启动桩机钻进，利用塔身上的刻度监测钻进深度。钻孔至设计桩底标高时停止钻进。

4. 泵送混凝土及提升钻杆

提拔钻杆使钻头提离孔底约500mm，开始泵送混合料。当钻杆芯管充满混合料后开始提拔钻杆（通过钻杆上排气孔观察），一边提钻一边泵送混凝土。提钻速度要与泵送混凝土的速度相协调，防止提钻速度过快造成断桩。设专人清除钻杆上的泥土，防止泥土掉入桩体内，造成桩身夹泥。施工中每根桩的投料量不得少于设计灌注量。

5. 移机

上一根桩施工完毕后，桩机移位至下一根桩位。移机过程中避免桩机液压腿挤压成品桩。

第二节　主厂房施工方案

一、主厂房基础施工方案

（一）设计简介

主厂房纵向共有19个轴线（1~19），总长183.5m（其中，1~2、10~11轴柱距为9m，2~3、11~12轴柱距11m，9~10轴柱距1.5m，18~19轴柱距为12m，其余轴间柱距均为10m），1轴线与集控楼4轴线连在一起共用基础承台。主厂房由前到后依次布置除氧间（A0~A列）、汽机间（A~B列）、B~B0及B0~K1炉前通道，跨度依次为9.5、29.0、7.7、3.8m，横向总长度为50.0m。

主厂房基础主要包括桩基基础承台、承台（拉）梁、短柱、托墙梁等。基础形式为桩承台，基础承台类型为矩形承台和等边三桩承台2种类型。

（二）施工流程及总体安排

土方开挖按照自固定端1轴线向扩建端分区域推进，基础施工也按照同样的顺序进行。

1. 作业流程

定位放线→土方开挖、截桩→垫层施工→定位放线→基础承台及拉梁钢筋绑扎→基础承台及拉梁模板安装→基础承台及拉梁混凝土浇筑→基础短柱钢筋绑扎（地脚螺栓架以下部分）→基础短柱钢筋模板安装（地脚螺栓架以下部分）→基础短柱钢混凝土浇筑（地脚螺栓架以下部分）→地脚螺栓支架安装、固定并检验合格→基础短柱钢筋绑扎（地脚螺栓架以上部分）→基础短柱钢筋模板安装（地脚螺栓架以上部分）→

基础短柱钢混凝土浇筑（地脚螺栓架以上部分）→拆模后土方回填→地脚螺栓检查验收→上部钢结构安装。

2. 总体安排

主厂房基础施工采用覆膜多层复合模板，承台、短柱采用方木、（钢管）地锚斜撑、M16×600对拉螺栓、ϕ48钢管及［16槽钢的加固方式。

钢筋、模板在生产车间加工区集中制作，用机动平板车运输至现场。现场混凝土搅拌站供应混凝土，运输用混凝土罐车，浇筑采用臂架式汽车泵。

（三）土方开挖、截桩

1. 土方开挖

（1）测量及土方开挖基本要求。根据主厂房附近的全厂控制点及施工图纸给出的主厂房基础坐标点，进行施工测量放线。根据测出的坐标点及开挖施工图，定出开挖边坡下口线上的控制点。

采用1：1放坡开挖方案。按灌注桩边沿向外2.2m作为底口开挖边线（1.2m工作面、0.6m排水）。挖方的同时在主厂房基坑东侧留设自卸汽车行驶的坡道，作为出土通道。挖方自上而下水平分段进行，边挖边检查坑底宽度及坡度。不符合要求时及时修整。开挖过程中随时测量基坑底标高，预留厚200~300mm的人工挖掘层，防止超挖及破坏原土层。基坑开挖完成后及时组织进行验槽。

（2）基坑防、排水及防护。基坑顶部边缘应修整得比基坑四周高，形成排水坡度，防止水流入基坑内。在基坑顶部后退300mm处设置排水沟（截面为300mm×300mm），过路段及通道部位埋管涵。在离开基坑底部边缘200mm处开挖排水沟（截面为300mm×300mm）。在基坑内角部设置600mm×600mm×600mm的集水井。

边坡覆盖防尘网进行防护。防尘网上边沿伸出基坑上边沿500mm，下边沿超出护坡坡脚100mm。防尘网边沿覆土100mm厚压实。在基坑四周边坡上口后退1000mm，用ϕ48×3.5mm架管设置围护栏杆，在醒目部位设置警示标识。

2. 截桩

基坑开挖完成后，测出伸入承台的桩顶标高（含嵌入承台的100mm）。在桩顶标高处涂上第一道红色油漆标识线，作为最终的桩头修整面；在第一道标识线向上100mm位置做第二道标识线，作为机械破除线。

使用风镐和钢钎清凿桩头，破除桩头时不得截断主筋，桩头表面应平整，不应出现凸头形状。剔凿过程中，严禁破坏第一道标识线以下的桩体。在桩身第二道标识线位置，按圆周均布对称用大锤打入2~4个钢钎将桩头截断。在水平凿除桩头时，用力不宜过大，防止断桩。

桩头截断后，修凿桩头。桩头修整至第一道标识线以上30~50mm时，人工从四周向中间修凿，以免桩身产生裂缝。当钢筋全部露出时，将主筋适当向外弯曲，但应注意不得截断主筋。

（四）定位放线与高程控制

（1）定位放线。根据厂区测量方格网的基准点，逐一引测并适当加密后建立主厂房施工范围内的二级测量控制网。用全站仪测设出主厂房基础的纵、横控制轴线，并用红漆标于垫层上，根据纵、横轴线放出基础边框线及柱头插筋边框线。

（2）高程控制。依据高程控制网提供的高程基准点，用精密水准仪将基准点引测到主厂房基础适当位置。根据设计院提供的高程基准点控制承台的标高。

（五）钢筋工程

1. 原材料管理

对到货的钢筋品种、规格进行核对，应与设计要求一致。经确认无误后再分类堆放，并挂标识牌、做好防护。按规定见证取样，并送实验室复试。经复试检验合格后方能发放使用。

2. 钢筋制作

钢筋配料时应按不同规格进行长短搭配。一般先下长料，后切短料，尽量减少浪费。钢筋下料应保证端头平齐，钢筋中若有劈裂、严重变形应切除。钢筋加工的形状、尺寸必须符合设计要求及标准、规范的要求。箍筋制作时末端应做成不小于135°的弯钩，弯钩端头平直部分长度不应小于箍筋直径的10倍。

基础承台及其短柱、拉梁等受力钢筋的连接主要采用套筒螺纹机械连接的方式，直径18mm及以下钢筋采用闪光对焊连接。

3. 钢筋绑扎

在安装钢筋时需先安装基础底板的钢筋，再安装基础上层钢筋，最后将短柱钢筋插入底部。在安装钢筋时，需按照钢筋保护层大小调整钢筋位置，并同时进行混凝土保护层垫块的安装。

钢筋摆放应严格按施工图纸进行，保证接头在同一截面的百分比不大于50%。短柱立筋安装前应在垫层上弹出短柱四周边框线，并标出受力钢筋位置，根据所标位置放置钢筋。钢筋上部用钢管搭设钢筋固定架，并与支模架连成整体。基础梁的钢筋应置于基础底层钢筋之上。

在固定好的短柱钢筋上用粉笔画好箍筋的位置，然后将套好的箍筋往上移动，由上向下进行绑扎。箍筋与主筋必须垂直，箍筋转角与主筋交点均要绑扎，主筋与箍筋非转角部分的相交点成梅花式交错绑扎。箍筋的接头（即弯钩叠合处）必须沿柱子竖向交错布置。

（六）模板工程

1.模板体系设计

基础承台、梁、柱均采用厚 15mm 的多层复合覆膜木模板。模板支撑体系采用 M16 对拉螺栓、ϕ48×3.5mm 钢管配合槽钢加固。木模板拼缝处用 50×70mm 方木做主、次楞。在木模安装前后用水平尺、线坠等工具检查、校正，以控制摸板的垂直度和水平度。木模板在安装前表面需均匀涂抹一层脱模剂。基础模板支撑如图 4-1 所示。

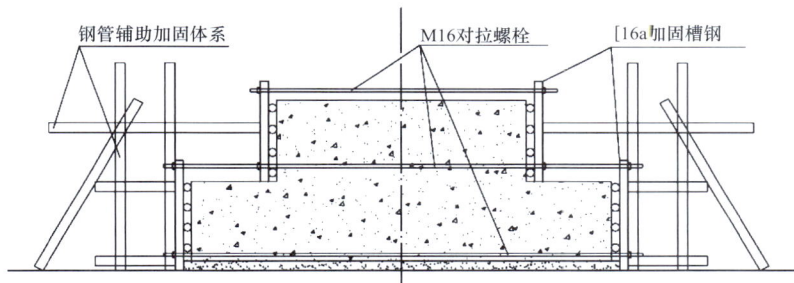

▲ 图 4-1　主厂房基础模板加固示意图

基础柱段在柱子四周模板的加固采用 [16 槽钢并月 M16 对拉螺栓对拉，间距为 500mm（柱根部 2m 范围内间距 300mm）。基础模板支撑如图 4-2 和图 4-3 所示。

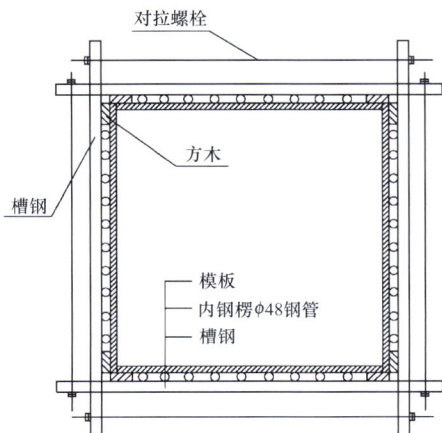

▲ 图 4-2　基础短柱模板加固平面示意图

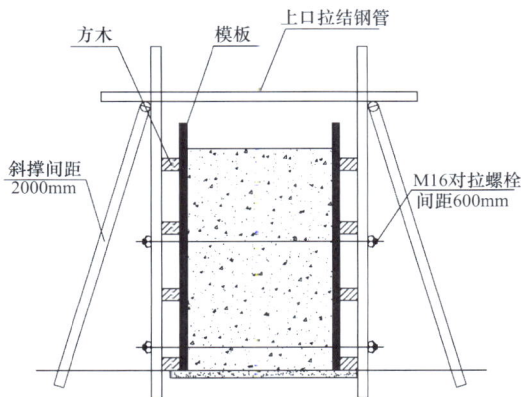

▲ 图 4-3　基础短柱模板加固立面示意图

2. 模板支设要求

模板按翻样图纸在模板加工场进行制作，成型后运到现场拼装。在柱子支模前首先在承台上弹出基础中心线及边线，核对无误后方可支模。模板安装就位后对平整度及端面尺寸、标高、垂直度、接缝严密性进行复核、验收。模板顶面需比承台顶面高出 20~30mm，用于混凝土养护时蓄水用。

浇筑混凝土时全程监视模板加固情况，发现异常及时加固完善。

3. 拆模

模板拆除时应小心操作，严禁用撬杠直接与混凝土面接触猛撬硬别，也不允许用气割的方法割断对拉螺栓，谨防混凝土构件损坏。模板拆除后应在阳角处设护角。模板拆除后一旦发现有烂根、麻面等质量缺陷，应制定切实可行的修补方案进行修补。

模板拆除后及时用保温养护用的覆盖材料覆盖，并跟踪养护，确保混凝土强度及外观质量。

（七）混凝土工程

1. 混凝土的浇筑

混凝土浇筑前应清理模板内的杂物。结合现场实际情况，可将 3~4 个承台作为一个浇筑单元。采用"分层、交替、循环"的浇筑方法，每层浇筑厚度宜控制在 300~400mm。

混凝土振捣采用 ϕ50 插入式振动棒，快插慢拔，两层混凝土间振动棒应插入下一层混凝土中约 100mm，以消除两者之间的接缝。振点均匀排列，每次移动距离不应大于振动棒作用半径的 1.5 倍（即 500mm 左右），振捣时间为 20~30s，直至混凝土表面不再产生气泡为止。在混凝土初凝前还要对已浇的混凝土进行二次振捣。

2. 施工缝的处理

在已经硬化的混凝土表面继续浇筑混凝土前应清除表面杂物，将表面凿毛，用水冲洗干净并充分湿润，一般不应小于 24h，表面不应有积水。施工缝附近钢筋周围的混凝土不得松动和损坏。钢筋上的油污、水泥砂浆及浮锈等杂物应清除干净。

在浇筑前水平施工缝宜先铺一层 10~15mm 厚的水泥砂浆，其配合比与混凝土内的砂浆成分相同。混凝土浇筑过程严格控制坍落度，同时控制下料高度不大于 2m，以防止混凝土出现离析现象。

3. 混凝土的养护

汽机房基础施工正值秋冬季，混凝土浇筑后在承台顶面铺设一层塑料薄膜及棉被进行保温保湿养护，以有效降低混凝土内外温差。一旦发现局部温差超标要立即增加覆盖材料，以确保表面温度，控制温差在合理区间范围之内。

混凝土强度达到 1.2N/mm² 前不得上人踩踏，必要时可垫设架板进行保护。

混凝土浇筑时按每 100m³ 取样一组试块送实验室进行标准养护，同时做一组同条件养护试块。

4. 大体积混凝土测温

由于该工程基础承台厚度均在 1000mm 以上，属典型的大体积混凝土。为此需在基础承台内适当位置埋设测温探头，并配以 JDC-2 电子测温仪进行读测数据，以有效跟踪观测基础内部温度变化，并根据温升变化情况确定外保温材料的厚度及拆模时间。

（1）测温点的设置。每个承台均需埋设测温探头。承台每处测温点需埋设 3 只探头，探头分别位于承台内上、中、下 3 个部位（上部探头距顶部 50mm、下部探头距底部 200mm 左右位置处），且探头埋设时不得与钢筋直接接触。引出导线外露部分支起集成一束，并妥善保护，导线上标明测温点编号。

（2）测温要求。混凝土浇筑期间测量大气温度和混凝土入模温度，入模测温每台班不少于 2 次。浇筑完毕后设专人进行测温并做好记录。通过测温监控及保温保湿养护，确保大体积混凝土内外温差不大于 25℃，混凝土表面温度与大气温度差不大于 20℃。

测温频次为：前 3 天每 2h 测温 1 次，第 4~7 天每 4h 测温 1 次，7 天以后每 8h 测温 1 次。当实测温度数值变化趋于平稳且温差在允许范围内，可考虑停止测温。

（八）基础预埋螺栓的安装与加固

1. 安装顺序

测量定位→固定架就位、焊接→在固定架上焊接挂钢丝用龙门架→轴线、高程复核→挂钢丝→螺栓标高控制→螺栓定位。

2. 施工要点

根据固定架的位置，将固定架焊接在预埋钢板上。在固定架上焊接龙门架，挂钢丝以确定纵、横轴线。对于长距离，如总尺寸、对角线尺寸采用 TRIMBLE RTS 建筑机器人全站仪测量，小开间用钢尺测量。测量时考虑尺长及温度修正值。

以钢丝为基准定位预埋螺栓。每根螺栓的上端在两个方向同时用经纬仪校正偏差，校正无误后用 φ18 钢筋将螺栓与固定架焊接固定，并在预埋螺栓上拧上螺母与固定架紧密连接，固定架用钢管脚手架加固。

预埋螺栓上的螺纹部位抹上黄油，再套上特制塑料套加以保护。模板支设及浇筑混凝土时要注意对螺栓固定架和地脚螺栓的保护、检测，防止螺栓变形。

基础预埋螺栓施工图见图4-4。

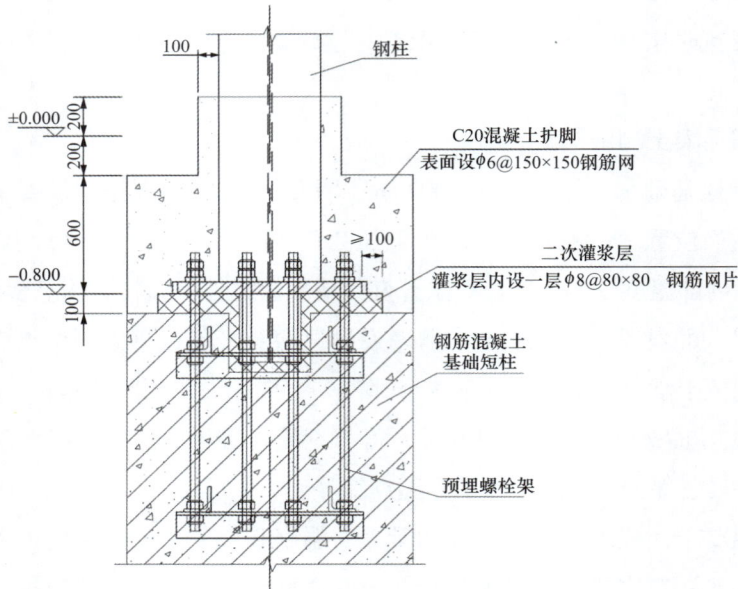

▲ 图4-4 基础预埋螺栓施工图

（九）土方回填施工

1. 土方回填施工的一般要求

土方回填前需对填方基底和已完隐蔽工程进行检查验收合格；坑内的积水、淤泥和杂物必须清理干净。选取优选土质和土源，对其进行干密度测定以确定最佳含水率，以确保回填质量。如土质含水率过大则需要翻晒，土质含水率过低还要适当用喷雾器洒水。土方回填前必须先策划运土路线，并对易碰损部位的混凝土构件加以防护。

回填土采用装载机装土，自卸汽车及机动翻斗车运土，回填采用打夯机夯实。土方回填分层夯实，机械打夯机夯填时每层虚铺厚度一般控制在300mm范围内。夯填或机械碾压过程中必须对边角、梁底或其他死角部位辅以人工打夯，确保回填质量。

2. 中、小设备基础采取挖孔灌注桩加固

主厂房区域大量的中、小设备基础往往位于回填土之上。如果回填土质量控制不好，则极易在试运期间或投产后造成基础下沉、不均匀沉降等质量问题的发生。轻者引起管道（或法兰等）拉裂造成工质泄漏，重者则引起机组停机或发生设备及人身安全的事故。

在该工程中我们采取两种方法确保建造在回填土之上的这些中、小型设备基础的稳定。一种方法是加强回填土质量的控制；另一种方法是在这些设备基础施工之前加

打钻孔灌注桩。这些钻孔灌注桩的布置及基本施工要求如下。

（1）桩径：400mm；桩身材料：C35 素混凝土；桩深：桩端深入原土层 0.5m 左右。

（2）桩基数量。根据每个设备基础平面大小的不同确定桩基数量，小型设备基础设 1~2 根桩，中型设备基础设 3~4 根桩，稍大型的设备基础设 5~6 根桩或更多。

（3）施工机械。机动洛阳铲。

二、主厂房钢结构施工方案

（一）主厂房等主要建（构）筑物结构设计

1. 主厂房主要结构布局

汽机房横向及纵向结构体系为框架 – 中心支撑钢结构。屋盖采用工字型焊接实腹钢梁屋面承重系统，屋面板为复合压型钢板；除氧间楼面及汽机房大平台均为钢梁 – 压型钢板底模的现浇混凝土板组合结构。汽机房固定端、扩建端山墙均采用钢结构，轻型封闭。汽机房吊车梁采用焊接工字型钢梁。

侧煤仓横向、纵向结构体系是由各列柱、纵梁组成的框架 – 中心支撑钢结构。每台炉均设六座圆形钢煤斗，煤斗内衬为不锈钢耐磨层。炉前平台（锅炉运转层）为钢梁 – 现浇钢筋混凝土板组合结构。

2. 主厂房上部钢结构主要设计做法

主厂房上部钢柱、梁、支撑均采用热轧 H 型钢和纤焊 H 型钢制作而成。除氧间 A0 轴柱顶标高为 21.97m，柱子一段到顶，现场一次吊装到位；A、B 列轴柱顶标高为 31.686m，分两段供货、安装；B1 轴柱顶标高为 11.775m。行车梁轨道顶标高为 27.5m，屋架顶标高为 33.226m。各柱底脚底面标高为 –0.8m。钢柱、梁、支撑的拼接刚性连接采用高强螺栓加焊接进行连接，梁柱铰接采用高强螺栓连接。

（二）主厂房钢结构施工的基本要求

1. 构件及连接紧固件的进场验收

对进场构件的数量、尺寸、外观、焊接连接、紧固件连接、制作、出厂文件等项目进行检查验收。高强度螺栓、普通螺栓及地脚锚栓等紧固标准件的品种、规格、性能等符合相关国家产品标准的要求，并应全数检查。高强螺栓应随箱带有出厂检验报告。对高强度螺栓及摩擦板按规范要求进行抽样复验。

2. 基础和支承面的检验

安装前应对建筑物的定位轴线、基础混凝土短柱（墩）的定位轴线、尺寸和标高、地脚螺栓的规格和位置等进行检查和验收。

3. 安装顺序

钢结构构件的安装顺序应考虑安装过程中结构体系的稳定和安全。应将结构划分成若干个刚度单元，在刚度单元未形成稳定体系前，应采取适当的临时支撑措施。

4. 安装注意事项

为了防止钢柱下部和柱脚的锈蚀，柱脚C30素混凝土护脚应将0.20m以下钢结构全部包裹住，最小包裹厚度大于等于150mm，护脚具体尺寸根据钢结构外形现场放样确定。位于±0.00以下部分的钢结构表面在混凝土灌注前涂刷掺2%水泥质量的$NaNO_2$水泥砂浆。

钢结构施工时，应设置可靠的支护体系，保证结构在各种荷载作用之下的稳定性和安全性。对有倾覆可能的雨篷、挑梁、挑檐等构件，施工中均要采用有效抗倾覆措施。构件吊装应选择好吊点，大跨度构件的吊点需经计算确定。吊装时应采取防止构件扭曲和损坏的措施。

高强度螺栓的技术条件应符合GB/T 3632—2008《钢结构用扭剪型高强度螺栓连接副》的要求。施工应严格遵守JGJ 82—2011《钢结构高强度螺栓连接技术规程》。

5. 安装偏差

钢结构构件的安装偏差应遵守GB 50205—2020《钢结构工程施工质量验收标准》的有关规定。应重点检查吊车梁安装的偏差。

（三）主厂房钢结构主吊装机械选配

250t履带吊1台，主要负责B列及B~B1列主体钢结构吊装及屋架梁、行车梁的吊装。

150t履带吊1台，主要负责A列及A~A0列主体钢结构吊装。

70.55t汽车吊辅助零星钢构件穿插吊装和构件装、卸车。

钢结构构件倒运使用50、25t汽车吊和15t平板运输车。

（四）主厂房钢结构吊装顺序

1. B、B1列5、4、3、2、1轴吊装

250t履带吊站车于2轴线B列外侧，按照5、4、3、2、1轴顺序吊装B、B1列钢柱，6.7m层和13.4m层柱间次梁及柱间支撑，以及B列1~5轴行车梁。250t履带吊依次后退至固定端。吊装完成后250t履带吊转场至1号机3/A列8轴位置（见图4-5）。

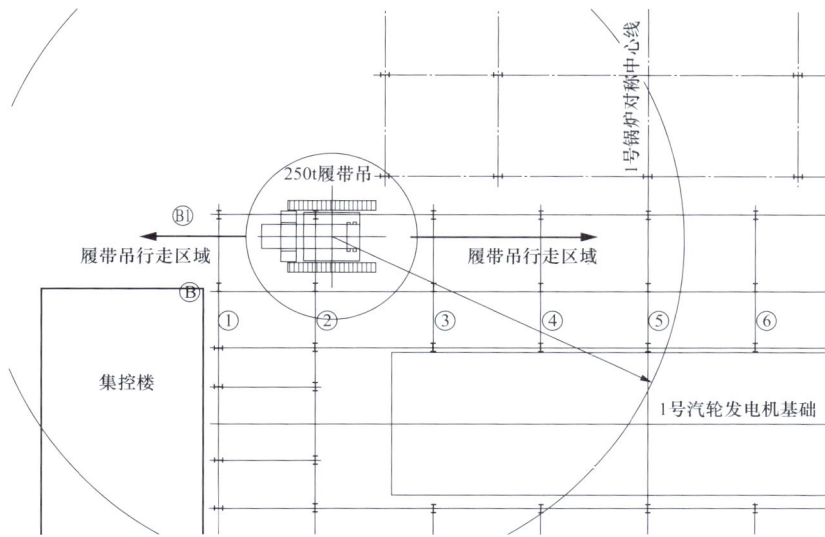

▲ 图4-5　B~B1列固定端钢结构吊装平面图

2. A0、A列1~9轴吊装

150t履带吊负责A0和A列构件安装，从1轴线向9轴方向依次施工。A0~A列1号汽机房钢结构吊装场景见图4-6。

▲ 图4-6　A0~A列1号汽机房钢结构吊装场景

首先吊装A0~A列1~5轴第一节钢柱，6.7、13.4m层钢梁、柱间支撑。校正并验收完成后进行柱底板灌浆。1~5轴柱底板灌浆的同时进行5~9轴第一节钢柱，以及6.7、13.4m层钢次梁、柱间支撑的吊装。对A0~A列6~9轴柱底板灌浆。

由1轴线开始顺次进行1~9轴第二节钢柱，以及21.795、25.7、31.98m层钢梁、支撑的吊装。

3. B、B 列 6~14 轴吊装

250t 履带吊转移至 1 号汽机房 3/A 列 8 轴位置，进行 B、B-1 列 6~14 轴的吊装。10 轴线 A0、A、1/A、2/A、3/A、4/A 暂不吊装，作为 250t 履带吊行走及物料运输通道。

首先吊装 B、B1 列 6~9 轴第一节钢柱，以及 6.7、13.4m 层钢梁、柱间支撑。校正并验收完成后进行柱底板灌浆。6~9 轴柱底板灌浆的同时进行 B、B1 列 14、13、12、11、10、1/9 轴第一节钢柱，以及 6.7、13.4m 层钢梁、柱间支撑的吊装。对 B、B1 列 14~1/9 轴柱底板灌浆。

由 6 轴线开始顺次进行 B、B1 列 6~14 轴第二节钢柱和 21.795、25.7、31.98m 钢梁、支撑的吊装。同时进行对应行车梁的安装。B~B1 列中部区域钢结构吊装平面图见图 4-7。

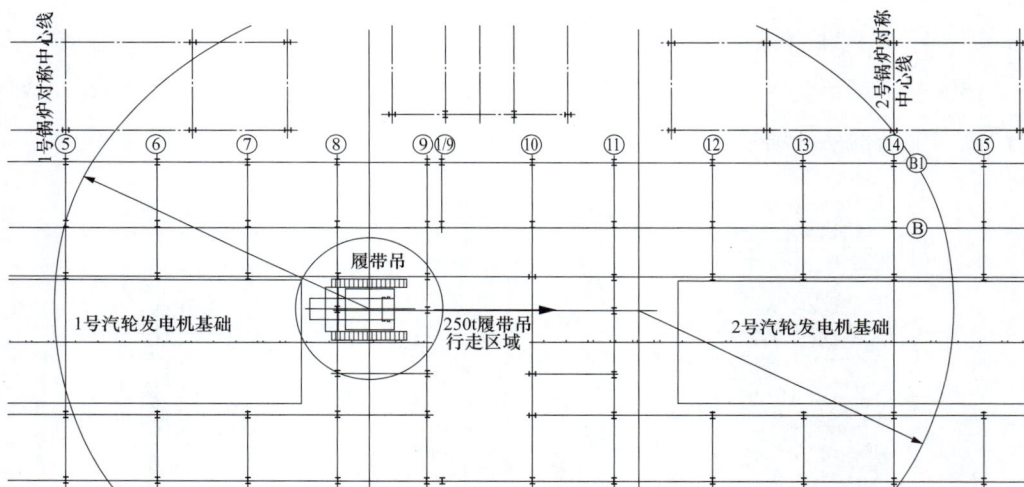

▲ 图 4-7　B~B1 列中部区域钢结构吊装平面图

4. A0、A 列 1/9~19 轴线吊装

250t 履带吊转场后 150t 履带吊沿 A0 外由 1/9 轴向扩建端方向依次进行 1/9~19 轴 A0~A 列除氧间构件吊装。吊装流程与 1~9 轴线类同，不再复述。A0~A 列 2 号汽机房钢结构吊装平面图见图 4-8。

5. B、B-1 列 14~19 轴吊装

250t 履带吊完成汽机房中部区域 B~B1 列钢结构吊装后，转移至 2 号汽机房 18 轴 B1 列锅炉侧进行 2 号汽机房 B~B1 列 14~19 轴的吊装。同时进行 B 列 14~19 轴线吊车梁安装，以及扩建端钢柱钢梁及柱间支撑安装。B~B1 列扩建端钢结构吊装平面图见图 4-9。

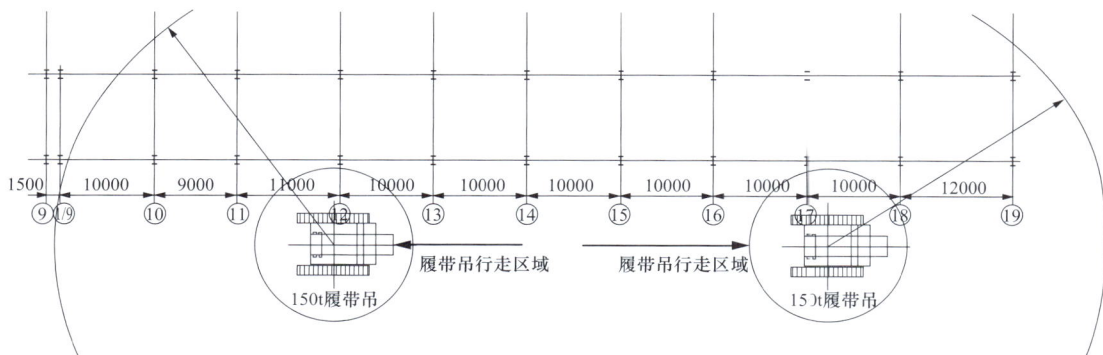

▲ 图 4-8　A0~A 列 2 号汽机房钢结构吊装平面图

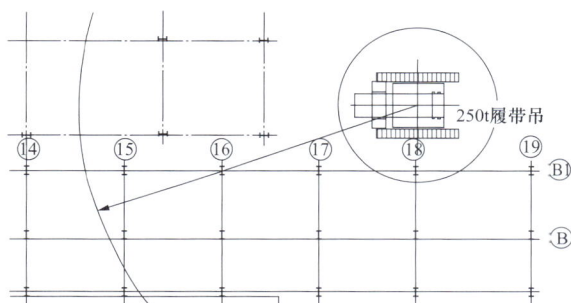

▲ 图 4-9　B~B1 列扩建端钢结构吊装平面图

6. 汽机房屋面钢结构吊装

由 250t 履带吊进行汽机房屋面钢结构吊装，见图 4-10。

▲ 图 4-10　汽机房屋面吊装场景

（五）煤仓间钢结构吊装

1.煤仓间钢结构布局

煤仓间采用炉侧式布置于两炉之间。煤仓间由汽机房向烟囱方向依次布置 C1~C9 列柱，C1~C7 柱间距为 10m，C7~C8 柱间距为 8.4m，C8~C9 柱间距为 9.4m，总长（柱中心距）77.8m。由 1 号炉向 2 号炉方向依次布置 1/8、2/9、3/9、1/10 轴线，间距分别为 5.9、7.6、5.9m，煤仓间总宽（柱中心距）19.4m。

煤仓间 C1~C7 柱设计有 8 层横梁，C7~C9 柱设计有 10 层横梁，梁顶标高分别为 6.9、13.475、18.9、23.9、28.3、31.35、37.85、45.295、48.295、55.795m。其中 13.475m 层为运转层，28.3m 层为支撑钢煤斗，37.85m 层为 5 号运煤转运站皮带层，45.295m 为屋面层。

煤仓间每根钢立柱在 16、35m 标高处分为三段加工制造。

2.煤仓间钢结构吊装机械

煤仓间钢结构吊装选用一台 250t 履带吊。构件倒运使用 50、25t 汽车吊和 25t 低架平板车。

3.煤仓间钢结构吊装顺序

由于煤仓间位于两炉之间，与两炉间的距离均仅有 10m（柱中心距），所以无法满足 250t 履带吊的行走及回转。两台炉的计划工期仅相隔 2 个月，2 号炉与煤仓间的施工时间又无法错开。为此，煤仓间钢结构改变以往分层吊装的常规施工方法，改为分区域进行吊装。

煤仓间钢结构由 C1 至 C9 分为三个区域进行吊装，吊装完一个区域再吊装下一个区域，期间穿插进行钢煤斗的吊装。

侧煤仓间柱基础及磨煤机基础同时施工，完成后开始吊装上部钢结构。在履带吊工作区域铺设 300~400mm 厚的碎石及黏土并压实，然后在其上铺设路基板供 250t 履带吊行走（见图 4-11）。

吊装侧煤仓间第一分区钢结构时 250t 履带吊站位于 C4~C7 区域。第一段钢结构吊装完成后进行柱底板灌浆；灌浆混凝土强度达到要求后进行第二段钢结构的吊装；第二段钢结构吊装完成后进行该区域钢煤斗的吊装，然后进行第三段钢结构的吊装。

侧煤仓间第一分区钢结构吊装结束后，250t 履带吊退至 C6~C9 区域进行第二分区钢结构的吊装。侧煤仓间第三分区钢结构吊装时，250t 履带吊站位于 2 号锅炉脱硝钢架区域。第二、三分区钢结构吊装（期间穿插进行钢煤斗吊装）顺序与第一分区相同（见图 4-12~图 4-14）。

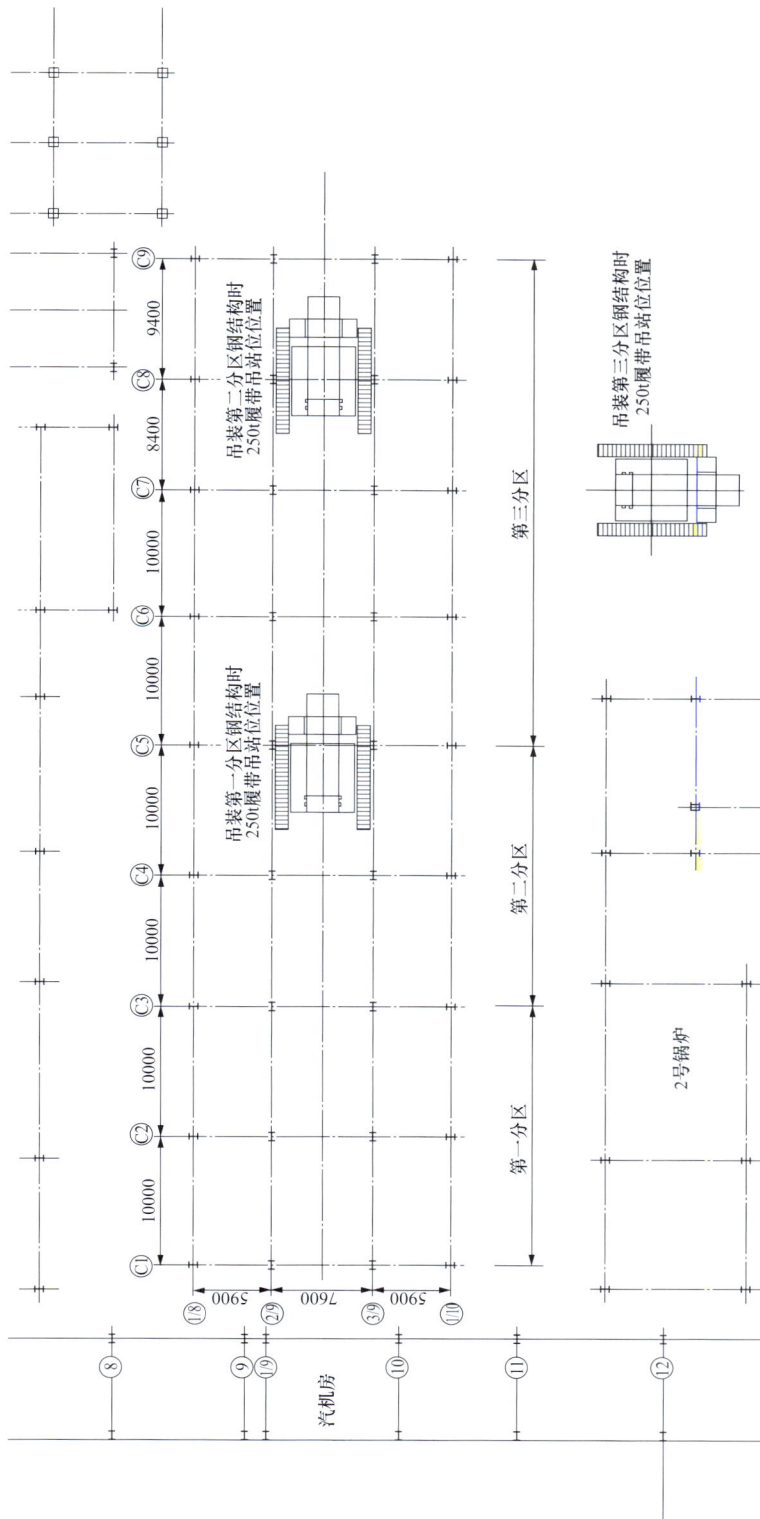

▲ 图 4-11 侧煤仓间钢结构吊装平面图

▲ 图4-12 煤仓间第一分区钢结构吊装

▲ 图4-13 煤仓间第二分区钢结构吊装

▲ 图4-14 主厂房外景

第三节　汽轮发电机基座施工方案

一、汽轮发电机基座底板施工方案

（一）设计简介

1号汽轮发电机基础底板位于1号主厂房2~8轴的A、B列之间，纵向（平行主厂房方向）为Ⅰ~Ⅵ6个轴线，总长54.80m；汽轮机纵向中心线距A列15.90m；横向宽19.10m；底板厚度为2.90m。

2号汽轮发电机基础底板位于2号主厂房11~17轴的A、B列之间，总体尺寸与1号机组相同。

基础底板混凝土强度等级为C30，垫层混凝土强度等级为C15，侧壁及支墩混凝土强度等级均为 C40。钢筋为 HRB400，钢材为 Q345B。柱、基础纵向钢筋主要采用机械连接方式，接头等级为一级。

（二）施工流程

土方开挖→垫层定位放线→垫层施工→基础底板定位放线→砖胎膜砌筑（2.0m 高）→砖胎膜内壁粉刷及外部回填→基座底板底层钢筋网片绑扎→钢管承重脚手架搭设→降温管道安装、严密性试验→温度筋及侧壁钢筋绑扎（焊接）就位→顶层钢筋网片绑扎→沟壁及柱插筋就位与临时加固→池壁止水带安装→预埋件就位安装→顶层钢筋网片绑扎及焊接完善→基座底板模板安装（砖胎膜以上部位）→基座底板混凝土浇筑→蓄水法养护、内部测温、循环水降温、侧壁保温→养护结束→拆模、土方回填→汽轮机基础上部结构施工。

（三）施工要点

1. 钢筋工程

汽轮机底板设计上下两层钢筋网片，采用 $\phi 48 \times 3.0mm$ 钢管（立杆按间距 2m）搭设脚手架，与底板外围侧壁钢筋、柱插筋、沟壁插筋及内部三向温度配筋一起构成顶层钢筋网片的承重支撑体系。该脚手架内部部分钢管焊接连通，在底板内部形成循环水管道降温体系。

承重钢管搭设时下部直接支撑在混凝土垫层上，利用底层钢筋网片作为扫地杆，在底板内自下而上通长设置两层横杆和纵杆。第一层纵、横杆距垫层距离分别为 0.5、1.0m，第二层纵、横杆距垫层距离分别为 1.6、2.2m。在顶层钢筋网片下分别通长搭设纵、横钢管，以架设和支撑顶层网片（见图 4-15）。

▲ 图 4-15　汽轮机基座底板钢筋绑扎

2. 模板工程

在柱子支模前，测量人员首先在底板上弹出基础中心线，在底板四周建立加密控制网，弹出每个柱子的中心线及边线，核对后方可支模。

汽轮机基座底板 −7.6～−5.5m 高度范围内采用 240mm 砖胎膜；−5.5m 以上侧壁及短柱采用木模板。模板支撑系统采用 16×600 对拉螺栓、ϕ48 钢管配合槽钢加固。木模板采用 15mm 厚高强覆膜胶合板，木模板拼缝处用 50mm×70mm 方木做主、次楞。

汽轮机底板 −5.5m 以上侧壁采用 M16 的对拉螺杆，在模板内侧装橡胶堵头，以便模板定位和拉杆处密封。对拉螺栓内侧与构造钢筋及对应的上下层网片钢筋焊接，外侧采用元宝铁、垫片、双螺母紧固。模板上口采用钢管拉接锁口。模板上口比基础顶面高出 100mm，以便混凝土养护时蓄水。

3. 混凝土工程

（1）对混凝土原料的要求。汽轮机基座底板为大体积混凝土，混凝土原料选取应综合考虑水化热、外形尺寸、季节等因素。水泥选用普通硅酸盐水泥或矿渣硅酸盐水泥，粗骨料选用粒径为 5～31.5mm 的碎石，细骨料选用中砂，掺合料选用 II 级粉煤灰且掺量不得超过水泥用量的 35%。外加剂使用前必须经过复检和试配合格后方可使用，添加量严格按照外加剂规范及材料说明要求。

（2）混凝土浇筑设备。混凝土由现场设置的搅拌站生产供应，运输采用 8 辆混凝土运输车，浇筑采用 2 台 37m、1 台 42m 臂长汽车输送泵（另备用一台汽车泵应急）。

（3）混凝土的浇筑。混凝土施工前根据施工图纸仔细核对预埋件位置及数量，逐个清点，仔细对照检查以防位置错误和遗漏。短边尺寸大于 300mm 的顶面埋件钢板上钻排气孔。

汽轮机基座底板采取整体斜面分层的方法依次推进浇筑，分层厚度为 300～500mm，下层混凝土初凝前必须浇筑上层混凝土。浇筑混凝土时应注意防止混凝土的分层离析。混凝土由泵管口卸出进行浇筑时，其管口高度不应超过 2m。浇筑混凝土时应观察模板、钢筋的情况，特别是在底板柱子、坑壁插筋部位。如发现有变形、移位，应立即停止浇筑，并应在已浇筑的混凝土凝结前修整完好。混凝土振捣采用 ϕ50 插入式振动棒，按规范要求进行振捣。

（4）混凝土的养护。汽轮机底板顶面铺设一层塑料薄膜并蓄水 60mm，侧壁模板外覆盖一层棉被进行保温、保湿的养护措施，以有效降低混凝土内外温差。混凝土浇筑完毕终凝后立即加以覆盖，直至混凝土表面温度与大气温度差小于 20℃为止。养护过程中一旦发现局部温差超标，要立即采取增加覆盖材料的应对措施，以控制温差在合理范围之内。混凝土强度达到 1.2N/mm² 前不得上人踩踏。必须上人时可垫设架板进行保护。

（5）混凝土的测温。由于底板属典型的大体积混凝土，为此需在底板底面至顶面适当位置（要有代表性）埋设测温探头若干组，用JDC-2电子测温仪进行数据的读测，以跟踪观测混凝土内部温度的变化。埋设测温探头位置见图4-16。每处测温点需埋设三只探头，分别距板顶面、底面50mm和板中位置。埋设时探头不得与钢筋接触，导线引出部分用钢筋支起集成一束、标明编号。探头、导线应妥善保护，谨防损坏。

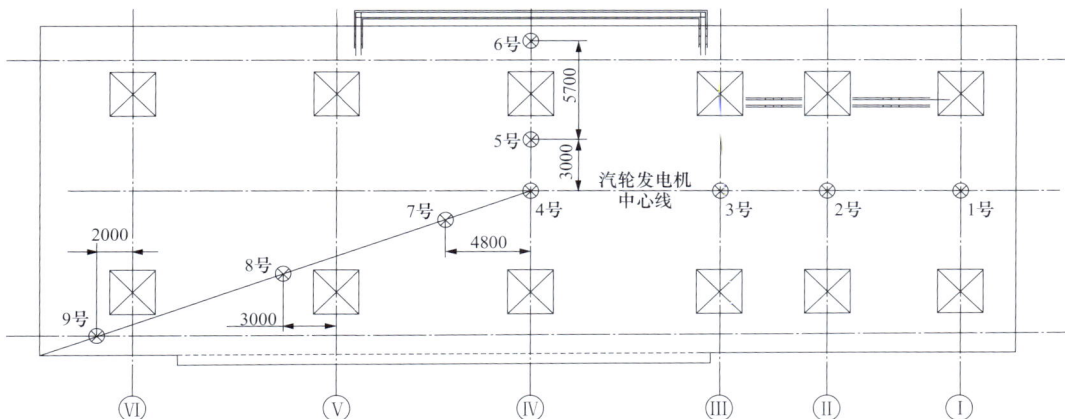

▲ 图4-16　汽轮发电机基础底板测温点布置图

测温要求为：混凝土浇筑期间测量大气温度和混凝土入模温度（每台班不少于2次）。浇筑完毕后开始进行测温，并按位置编号及时做好记录。一旦发现温差超标要及时采取相应措施。前3天每2h测温1次，第4~7天每4h测温一次，7天以后每8h测温一次。当实测温度数值变化趋于平稳且温差在允许范围内，可停止测温。

通过测温监控及保温保湿养护，确保大体积混凝土内外温差不大于25℃，混凝土表面温度与大气温度差不大于20℃。

4. 模板拆除

汽轮机基座底板表面温度与大气温度之差小于20℃后方可按一定顺序依次拆除模板。模板拆除前准备好保温养护用覆盖材料，拆除后要及时覆盖。派专人负责跟踪养护，确保混凝土强度增强。模板拆除时应小心操作，不得损坏混凝土表面，模板拆除后做好防护措施。

二、汽轮发电机基座上部结构施工方案

（一）设计简介

汽轮机基座上部为钢筋混凝土框架结构，主要由中间层和运转层两部分组成。中

间层和运转层的板面标高分别为 6.85、13.65m。上部结构平面尺寸为 11.16m×49.21m。汽轮发电机基座共 12 根框架柱,截面尺寸由前(汽轮机侧)向后(发电机侧)分别为 3000mm×3000mm、2600mm×3000mm、2100mm×2700mm、2100mm×2480mm、2000mm×2250mm、2600mm×2250mm(各 2 个)。

混凝土强度等级为 C40。钢筋连接采用机械方式,接头等级不得低于 Ⅱ 级。汽轮发电机基座上部结构图见图 4-17。

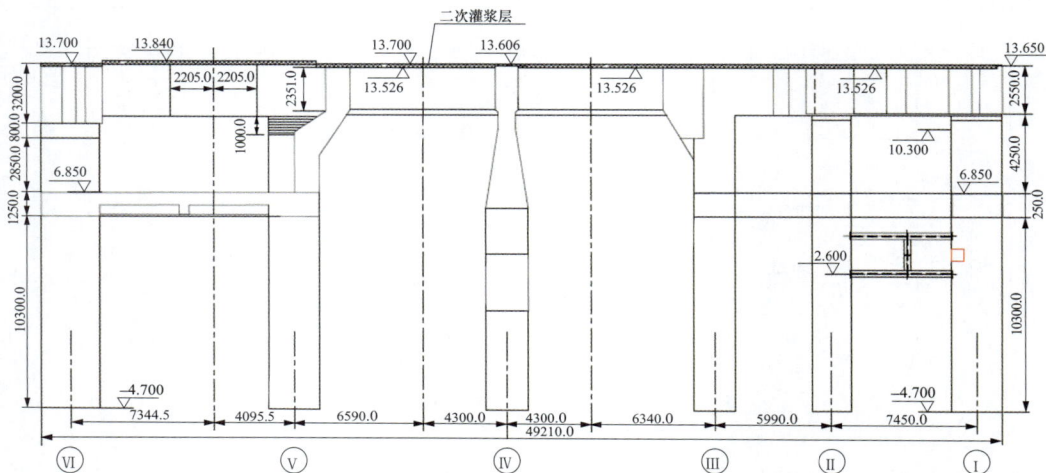

▲ 图 4-17 汽轮发电机基座上部结构图

(二)施工流程及总体安排

1. 施工工艺流程

由于汽轮机基座高度较高,且中间层设计有 6.85m 层板,所以整体结构分四次施工:第一次施工 −4.70mm~6.85m 层板底柱;第二次施工 6.85m 层梁板;第三次施工 6.85m 层~10.3m 框架柱;第四次施工 10.3~13.7m 框架梁柱。

2. 施工前的基本条件

汽轮机基座上部结构施工前,主厂房内汽轮机基座外侧地下部分土方回填至 −1.0m。需搭设脚手架处的地面用混凝土进行硬化。主厂房内外排水系统畅通。

3. 定位放线与高程控制

(1)定位放线。在施工前,测量人员依据厂区的施工控制网,放出汽轮机基座的轴线位置,并用红油漆三角符号标注在已施工完成的基础上。会同测量监理进行复核无误后将轴线引到结构施工用的支模脚手管上,再次由测量人员进行复测。

(2)高程控制。测量人员依据厂区高程控制网,用水准仪将标高测放在结构实体或支模脚手管上。复核无误后，将标高提供给施工人员。根据已引测的标高对框架梁底模进行抄平。

4.脚手架工程

（1）脚手架搭设方法。汽轮机基座上部结构脚手架从 –4.70m 汽轮机基座基础上开始搭设。基座侧壁外回填部位经平整夯实并用混凝土硬化后铺设木架板，再在木架板上搭设脚手架。汽轮机基座上部结构的支撑体系为满堂脚手架，脚手架统一采用 ϕ 48 × 3.0mm 钢管进行搭设。

6.85m 层梁、板底采用满堂式钢管支撑架。纵横立杆间距加密为 600mm × 600mm（计算值为 800mm × 800mm），步距为 1000mm，梁底横杆间距为 200mm。

运转层梁、板底采用满堂式钢管支撑架。纵梁跨度方向立杆间距加密为 400mm，宽度方向立杆间距为 450mm；横梁跨度方向立杆间距加密为 400mm，宽度方向立杆间距为 450mm；步距为 1000mm，梁底横杆间距不大于 200mm。

（2）脚手架搭设要求。承重架间搭设满堂架将其拉接成整体，满堂脚手架的横距、纵距为 2 倍承重架间距，步距同承重架步距。在承重脚手架整个高度上，连续设置剪刀撑，剪刀撑搭设应符合相应规范的要求。13.65m 层梁底支架应向空档处的脚手架搭设斜撑进行卸载。脚手架必须设置纵、横向扫地杆。

汽轮机基座结构四周让出 600mm 工作面后，搭设宽度为 1200mm 的双排架作为作业脚手架。双排架横距为承重架的 3 倍步距 1550mm。

（3）防护措施。汽轮机基座搭设折线型供人员上下的踏步式简易木楼梯和安全通道，1 号汽轮机基座安全通道设置在汽轮机基座北端东侧，出口朝北；2 号汽轮机基座安全通道设置在汽轮机基座南端东侧，出口朝南。通道在每层楼面作业层外侧整圈设置。

汽轮机基座满堂架作业层下步架处设置一道水平兜网，并逐点用绳子与钢管绑牢。汽轮机基座脚手架外侧满挂全封闭式的密目安全网，用网绳绑扎在大横杆外立杆内侧。

5.钢筋工程要点

钢筋连接方式为：框架柱竖向钢筋为直螺纹套筒连接；梁主筋直径大于 20mm 的一律采用直螺纹套筒连接，直径小于 20mm 的钢筋采用搭接连接。

对于高度大于等于 700mm 的梁，模板应留出一侧不封，待钢筋绑扎完后再封闭。梁部位钢筋采用先主梁后次梁的顺序绑扎。对于梁和柱子抗震箍筋，应按图纸设计或规范的要求加密，先铺好梁底筋，然后套柱子加密箍，再铺梁面筋，套梁箍筋，最后按间距绑扎。柱内加密箍也必须按图纸和图集要求绑扎。主次梁处骨架若超出板厚，为确保梁面保护层满足设计要求，对梁箍筋高度可做适当调整，以确保该处钢筋不露筋。

钢筋绑扎时应考虑预留部分钢筋不绑扎，以便于施工人员进出，待混凝土准备浇筑时再绑扎。

6. 模板工程要点

（1）模板制作。梁、板、柱模板均采用18mm硬质纯桦木优质覆膜多层板，背楞选用50mm×70mm方木、ϕ48钢管、[18槽钢加固体系。在模板边缘、拼缝处必须使用方木。大块模板的中间增加背棱方木，间距为300~500mm，同时保证大块模板不扭曲变形为宜。背棱钢管与边缘的方木必须紧贴，以保证受力的刚度。梁、柱采用槽钢柱箍加固，柱构件外采用对拉螺栓。

模板根据结构体型尺寸进行配置设计，以减少模板拼缝数量。拼缝要有一定规律以求美观，同时要考虑充分利用材料。模板配制锯切时尺寸应比需要大5mm。梁、柱面板的竖缝均设在方木背肋位置，面板边口刨平后先固定一块，在接缝处满贴双面胶带，后一块紧贴前一块连接，要求面板水平缝宽度不大于1.5mm。

螺栓孔眼应弹线定位，确保纵横成线，定位精确、美观。螺栓孔眼的开孔必须从正面（即与混凝土接触面）向背面进行，这样可使模板的正面不留缺陷。开孔后应立即对孔边进行刷清漆保护（清漆刷涂不少于两遍，待第一遍干燥后刷第二遍）。

明缝条安装时应先在明缝条底部两侧加垫10mm宽、1.0mm厚的单面胶海绵条，胶条侧边内退2mm。严格按设计位置定位后用手电钻上紧自攻螺栓，自攻螺栓的沉头标高应基本与明缝条表面持平或略高。上紧后的螺栓在沉头表面涂一层中性密封胶密封。

隔离剂涂刷前模板表面的胶渍、污染物等应清理掉，用柔性干布将面板表面擦干净，清理过程中不得损坏模板。

（2）模板加固。混凝土侧压力依靠型钢柱箍及对拉螺栓来承受，对拉螺栓间距为400mm，柱箍用螺栓在柱外拉紧。混凝土柱模板每边次楞采用ϕ48×3.0mm钢管，间距不小于200mm。模板拼缝处用方木压实，主楞材料为[18a槽钢、间距为400mm，均使用4根M18螺栓加固。

该工程梁的截面积较大，为保证梁侧模的刚度和稳定性，梁模板采用[18a槽钢及对拉螺栓进行加固。框架梁在梁中部设ϕ20对拉螺栓，水平间距为600mm（第一根螺栓距梁底400mm），竖向间距为700mm，[18a槽钢水平间距为700mm，梁宽方向利用梁水平拉筋焊接对拉螺栓。

对于跨度大于 4m 的梁，跨中按跨度的 3‰ 起拱。梁起拱按梁端部降低 1/2、梁中部起拱 1/2 的办法来处理，梁底模板起拱，梁侧模板不变。

（3）模板安装。为保证模板拼缝质量，首先在专用场地将模板整体拼装完成后，将其放置在专用吊装架上，再整体吊装至梁、柱部位后封堵。模板安装前复核模板控制线，做好控制标高。合模前需对模板进行检查，特别是检查面板与龙骨的连接应符合设计要求，以及检查脱模剂涂刷质量、面板的清洁度。

梁、柱交会处模板安装时梁侧面模板下沿低于梁底模板，梁底模板端部压在柱子模板上沿，柱子非梁一侧模板直通到顶。柱子大面积模板压小面积板。梁底模、侧模与柱模的接触面均粘贴双面胶带。上层框架柱模板支设完毕后，用吊线坠的方法校正柱模板的中心线与下层混凝土柱的中心线应保持上下一致。

模板紧固前保证面板对齐，拧紧对拉螺栓。加固时用力要均匀，避免模板产生不均匀变形（见图 4–18）。

▲ 图 4-18　汽轮发电机基座柱子模板的安装及加固

7. 预埋件的安装

（1）普通预埋件的安装。预埋件在加工场按设计规格统一下料制作。埋件表面应调平、调直，并用砂轮机打磨掉毛刺，顶面埋件较大时要开排气孔。为保证埋件与模板紧密连接，在埋件上开设对拉螺栓孔，通过对拉螺栓将模板与埋件紧密连接，同时也保证连接处平整不漏浆。

预埋件安装前外表面应刷一遍防锈漆，拆除模板后及时对埋件进行二次防腐。埋件刷漆前用透明胶带沿埋件四周贴好，这样可避免油漆污染混凝土表面并保证油漆涂刷后线条顺直。

（2）预埋螺栓套管（直埋螺栓）安装。根据预埋螺栓套管（直埋螺栓）安装布置图，将其分解成若干组。各组预埋螺栓套管（直埋螺栓）必须根据主轴线及各中心线进行安装，避免误差积累。安装完毕后应逐一检查预埋螺栓套管（直埋螺栓）相互之间的纵、横间距，确保安装位置正确。

每组预埋螺栓套管（直埋螺栓）上、下均用型钢配制框架，起到固定、定位作用。框架与模板及支撑体系可靠连接、固定，以防止其在混凝土浇筑过程中偏斜、移位。

（3）锚固板的安装。在梁底模支设完毕后安装锚固板钢支架。由于锚固板的体积大，且质量重，需用吊车进行就位、校正。当锚固板的标高及平面位置符合设计要求后进行钢筋绑扎。在绑扎钢筋的过程中要注意保护锚固板及其支架，待钢筋绑扎完毕后须对锚固板的平面位置、标高重新进行检查、校正。

8. 混凝土工程

（1）施工缝的处理。在已经硬化的混凝土表面上继续浇筑混凝土前，应清除表面杂物，同时将表面凿毛，用水冲洗干净并充分湿润，一般不应小于24h，表面不应有积水。施工缝位置附近钢筋周围的混凝土应无松动和损坏。钢筋上的油污、水泥砂浆及浮锈等杂物应清除干净。在浇筑混凝土前水平施工缝先铺10~15mm厚的水泥砂浆，其配合比与混凝土砂浆的配合比相同。

（2）混凝土浇筑。由于框架梁柱交叉点多，且钢筋密集，混凝土下料难度大，易产生冷缝，为克服此问题，采用多台泵车泵送混凝土。混凝土浇筑前泵管内的水和砂浆不得注入柱梁内。严格按400~500mm厚度来分层浇筑梁柱混凝土，控制好各层的标高，保证所浇混凝土在同一个水平标高上。梁、板、柱一起浇筑时应先将柱子浇筑至框架梁底。混凝土浇筑应连续进行，间歇时间不得超过1h，防止因混凝土表面初凝而使浇筑后产生冷缝。混凝土初凝后，进行二次搓毛，要求压光的必须进行压光处理。

振动棒插入点均匀布置，逐点移动。振动棒避免靠近模板、埋件及螺栓，以防其变形移位。柱梁交叉处钢筋较密集，浇筑混凝土时宜用小直径振动棒从梁的上部钢筋较稀处插入梁端振捣，确保该部位混凝土浇捣密实。在牛腿上平面留设振捣孔，加强对牛腿的振捣，防止牛腿埋件下方空鼓，不密实。

浇筑混凝土时应指派专人看护模板、钢筋、预留孔洞、预埋铁件和插筋的位移及变形情况，发现问题及时整改。混凝土在浇筑过程中还应注意避免混凝土洒落在其他未浇筑的和正在浇筑的模板上，如有此种情况及时清除。

（3）混凝土的养护。混凝土浇筑完毕终凝后立即加以覆盖，养护时间不得少于7天。由于汽轮机基座框架施工阶段处于3~6月，采用一层塑料薄膜、一层棉被洒水保持混凝土表面湿润的养护方式。柱子在拆模完毕后，及时用塑料薄膜严密包裹，形成不透水的养护层，使混凝土在不失水的情况下，得到充足的养护。混凝土强度达到 $1.2N/mm^2$ 前不得上人踩踏，必要时可垫设架板进行保护。

9. 模板及脚手架的拆除

（1）模板的拆除。混凝土表面温度与大气温度之差小于20℃后方可拆除模板。模板拆除采用整装整拆法，从上至下依次进行。拆除时不得硬拉、硬撬，不得用气割割断对拉螺栓，要注意保护混凝土不受损坏。拆除后的模板应采取传递的方法，轻拿轻放，不得从高处抛扔。选择平整的场地进行模板堆放，拆除多少运输多少，及时清运出施工现场。

模板拆除前准备好养护用覆盖材料，模板拆除后要及时覆盖。模板拆除后一旦发现混凝土有烂根、麻面等质量缺陷，应经相关部门、人员研究后制订修补方案并进行修补。

（2）脚手架的拆除。梁、板混凝土强度达到100%时方可拆除下部支撑系统。脚手架拆除前应全面检查脚手架的扣件连接、连墙件、支撑体系等是否符合构造要求。应根据检查结果确定完善的拆除顺序和措施。拆除前清除脚手架上杂物及地面障碍物。

脚手架拆除顺序一般为：脚手板→栏杆→剪刀撑→横杆→立杆。自上而下按先装者后拆，后装者先拆的顺序逐步拆除，一步一层。拆除作业必须由上而下逐层进行，严禁上下同时作业。连墙件必须随脚手架逐层拆除，严禁先将连墙件整层或数层拆除后再拆脚手架。分段拆除高差不应大于2步，如高差大于2步，应增设连墙件加固。当脚手架拆至下部最后一根长立杆的高度时，应先在适当位置搭设临时斜撑加固后，再拆除连墙件。

当脚手架采取分段、分立面拆除时，对不拆除的脚手架两端，应先按规定设置连墙件和横向斜撑加固。

第四节　冷却塔施工方案

一、冷却塔设计简介

每台机组配一座冷却面积为 $9000m^2$ 的双曲线自然通风冷却塔。冷却塔主要尺寸为：

淋水面积：$9000m^2$；

塔顶标高：150.0m；

进风口标高：10.244m；

喉部直径：67m；

出口直径：73.526m；

填料高度：1.0m；

集水池直径：126.074m。

冷却塔采用单沟、单竖井进水方式与内、外围配水系统。全塔的4个双层水槽呈十字形布置，以压力管、槽联合配水。全塔配水系统分4个象限均分布置。

淋水填料采用轻型高效的薄膜式塑料（PVC），填料高度为1.0m，装有2层，每层高500mm。填料被安装成正交式，第一层底标高为11.17m，第二层底标高为11.7m。

喷溅装置采用XPH型，喷嘴口径有ϕ40、ϕ36两种规格。除水器采用波形塑料除水器。

为防止冬季冷却塔结冰，除考虑内外围配水加大外围淋水密度外，还设有DN1800旁路管道。

二、冷却塔基础施工方案

（一）工程概况

环基垫层底标高为-3.80m；环基内半径为56.537m，外半径为63.537m；环板基础宽度为7.0m，高1.8m。人字柱44对，人字柱支墩44个。环板基础、池壁混凝土强度等级为C30，人字柱及支墩为C35，环基垫层混凝土C15。环板基础混凝土保护层厚度为40mm，池壁保护层厚度为25mm。

（二）冷却塔基础施工顺序

因为环基较长，易产生温度应力，所以把环基沿环向分成12个仓段，间隔进行浇筑。每仓混凝土必须连续浇筑，防止出现冷缝，相邻仓段浇筑间隔时间不得小于14天。施工缝留在两个相邻人字柱支墩间1/4处。施工流程如下：

定位放线→混凝土垫层→基础放线→环基钢筋加工、安装→环基内外模支设→环基混凝土浇筑→池壁钢筋加工、安装→池壁模板安装→池壁混凝土浇筑→水池底板及中央竖井基础→杯口基础。

（三）定位放线

首先测设出冷却塔中心控制点并做好稳固的中心标志。水塔中心点测放好后，作为垫层、环基等所有水塔施工测量的基准点。

（四）环形基础施工

1. 钢筋工程

绑扎钢筋前，用弧形板在垫层上放好环基钢筋位置线。环基钢筋绑扎完成后在环基钢筋上放人字柱支墩插筋的位置线。钢筋绑扎前设置马凳、钢架管支撑，支撑架环向、径向间距为2m，斜撑间距为2m，立杆间距为2m，以防止钢筋坍塌。浇筑混凝土时，钢管架不拆除，以防钢筋倾斜倒排。

穿插环筋前，先将箍筋按图纸要求放好，在第一仓连续设置 $\phi25$ 钢筋八字斜支撑，横向设置四道（内外侧各一道，中间两道），以防钢筋向一侧倾斜。钢筋斜支撑与环基箍筋应焊牢，箍筋放好一段距离后再穿环筋，将环筋与箍筋就位绑扎。

穿插绑扎人字柱支墩插筋及人字柱插筋。支墩筋位置和标高校对好后，将支墩插筋绑扎牢固，四角设对拉斜支撑。混凝土浇筑前将支墩主筋插入并绑扎以控制其位置、标高（见图 4-19 和图 4-20）。

▲ 图 4-19 绑扎好的环基钢筋（一）

▲ 图 4-20 绑扎好的环基钢筋（二）

环基纵向钢筋采用直螺纹连接，环形钢筋采用电弧焊连接，箍筋采用闪光对焊连接，箍筋封口采用绑扎。在施工缝处，环板基础内环向钢筋不得断开，同时施工缝处按照图纸设计增加钢筋。

2. 模板工程

环基内侧及外侧下部砌筑500mm高、240mm厚的砖胎膜。环基外侧砖胎模上部采用1.3m×1m钢模板。在环基外侧沿高度方向设2道 $\phi14$ 钩头螺栓，模板加固时沿圆周方向在螺栓处设2根环向 $\phi20$ 钢筋围檩。在环基外侧垫层上砸设钢管桩（间距小于等于1.0m），然后架设钢管斜支撑于土壁并用木楔加固，用以抵抗混凝土的侧压力。

相邻仓段间的施工缝留在两个相邻人字柱支墩间 1/4 处。每仓段两端的施工缝采用钢丝网和钢管支设，钢管在钢丝网外侧并排放置。加固橡胶止水带的模板应固定牢固、位置准确。止水带的接头用专用胶结剂黏结，并用夹具夹紧，粘牢后可松开夹具。

3. 混凝土工程

（1）混凝土浇筑。混凝土浇筑前，将仓内的杂物清理干净。对基底垫层表面进行充分湿润，但不应积水。搭设作业人员通道，禁止直接踩压钢筋。浇筑时派专人检查钢筋、止水带是否移位，保证其位置准确。

仓内混凝土浇筑时连续进行，防止出现冷缝，相邻仓段浇筑间隔时间不得小于 14 天。环基和池壁施工缝留设成 Ⅱ 形。环基混凝土浇筑时，使用罐车将混凝土运至塔内，采用溜槽使混凝土入仓，溜槽覆盖不到的区域人工倒运。混凝土采用斜面分层法进行浇筑，从环基的一端开始浇筑，斜向分层厚度宜控制在 250~400mm，坡度控制在 1∶6。两层浇筑间隔时间不得超过 1h，保证在下层混凝土初凝前，进行上一层混凝土的浇筑。

采用分层斜坡式振捣，每个浇筑方向配置 4 台插入式振捣器。浇筑到设计标高后，施工面可逐渐向前移动，严禁大面积铺开浇筑混凝土。浇筑完成后对混凝土表面进行二次压抹工艺，防止产生混凝土表面收缩裂纹。

（2）混凝土养护。混凝土浇筑完成后在环基的上、侧表面覆盖塑料薄膜和棉被保温保湿养护，养护时间不宜少于 14 天。当出现大风天气时，要在环基的迎风面增加棉毡加强保温。养护结束后应立即回填至场平标高，以对环基进行保护。

（3）混凝土测温。环基混凝土浇筑前，布置测温探头。测温导线在钢筋上要绑扎牢固，测温探头不得与钢筋接触，并有防止浇筑混凝土时测温元件发生位移的措施。测温探头的引出线宜集中布置，并加以保护。混凝土在浇筑完初凝后开始测温，采用 JDC-2 便携式电子测温仪，自动读数。

混凝土内、外温度每隔 4h 测量一次。混凝土内外温差不大于 25℃，混凝土降温速率应小于 2℃/d。当发现异常情况时应及时采取措施（如加盖 1~2 层塑料布和棉被等），控制混凝土上下表面、中心温度差在 25℃内。混凝土表面温度与环境温度差小于 5℃时，停止测温。

（五）池壁施工

1. 施工顺序

清理施工缝→调整池壁立筋→绑扎环向钢筋→绑扎进水沟、补充水管处钢筋→池壁大模板支设→进水沟、补充水管处异型模板支设→混凝土分段浇筑→养护。

2. 施工缝留设及钢筋绑扎

池壁的施工缝，进水口、出水口等处及与外部构筑物连接处均应设橡胶止水带。环基施工时在池壁中部位置留设 100mm 宽、100mm 高的凸形施工缝。伸缩缝间距根据设计和现场实际情况确定，一般不大于 12m。每段的施工缝严格按图纸上伸缩缝的做法施工。

池壁竖向钢筋已在环基施工时埋入。钢筋绑扎时为保证观感质量，池壁内侧用塑料垫块控制混凝土保护层厚度。钢筋相交点必须全部扎牢，绑扎点的铁丝要成八字形，以免网片歪斜变形。

3. 模板支设

池壁内外模板采用 2240mm×750mm 的钢模板。为消除池壁烂根现象，内外侧模板均压在环基钢筋上，底面拼缝处用砂浆找平，下部模板与混凝土面接缝处夹双面海绵条，以防漏浆。

池壁采用上中下三道 ϕ12 可拆卸对拉螺栓，水平间距为 750mm。对拉螺栓中间设有 100mm×100mm 止水片。模板对拉螺栓孔处加装塑料线条，线条宽 30mm，高 8mm。内外侧模板水平向用 ϕ25 钢筋围檩三道，竖向用钢管及方木加固。池壁模板外侧下部用环基上预留的钢筋，中部、上部用斜撑杆加固，并拉锁口杆。为便于混凝土浇筑时施工人员操作，在池壁外侧搭设一圈双排操作脚手架。

4. 混凝土浇筑

为保证池壁的施工质量，混凝土浇筑前必须对池壁半径、顶面标高进行逐点测量与控制。浇筑前检查模板内是否有垃圾、木片、泥土等杂物，如有应清理干净。检查钢筋的数量、位置是否准确，钢筋上如有油污应清理干净。

池壁混凝土分段、间隔浇筑，待一段混凝土浇筑完成 5 天后方可进行相邻段的浇筑。每段要求一次性浇筑完毕，严禁出现施工缝。浇筑时每层厚度不得超过 400mm。用振捣棒振捣混凝土时除应遵守常规要求外，还应注意不得紧靠模板振捣，尽量避免碰撞钢筋及预埋铁件。

5. 混凝土养护

混凝土浇筑完成后，用塑料薄膜、外覆盖棉被进行保湿、保温养护。混凝土养护期不得少于 14 天。混凝土达到规定强度后拆除池壁模板。对拉螺栓割除处用防腐漆处理，用同强度等级的水泥砂浆分层抹平。

（六）水池底板施工

水池底板按照设计要求共分为 10 块区域，混凝土施工按照底板伸缩缝分块跳仓进行。

1. 施工放线

利用全站仪进行底板区格施工缝放线，并同时测绘制出压力进水沟底板、双支柱、淋水柱基础、旁路管和支墩中心线位置。

2. 防水及模板工程

施工前将垫层的表面清理干净并保持干燥，垫层上防水层采用复合土工膜（0.5mm厚 +400g/m²），接缝处采用 KS 专用胶黏结，铺设时布朝上膜朝下。

首先支设伸缩缝位置的模板，模板支设时应挂线，以保证模板顺直，接缝处加双面粘胶带。伸缩缝处的止水带与模板同时支设，沿伸缩缝对称布置且不得在上面钻孔。伸缩缝处止水带位置必须正确，采用双层胶合板、U 形钢筋夹将止水带外侧夹紧，并用钢筋三角撑固定。止水带接头用专用胶结剂黏结，并用夹具夹紧，粘牢后松开夹具（见图 4-21 和图 4-22）。

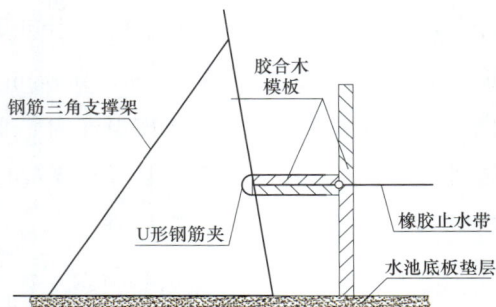

▲ 图 4-21 水池底板模板支设图

▲ 图 4-22 水池底板模板支设照片

每一分格区内的模板、防水层、止水带经检查合格后，方可浇筑该分格区的混凝土。底板伸缩缝采用加热灌缝机嵌缝，嵌缝必须饱满，黏结牢固，其嵌缝质量符合设计和规范要求。

3. 钢筋工程

首先在防水层上放出钢筋位置线，根据钢筋位置线铺设钢筋，用 22 号铁丝梅花型跳扣绑扎牢固。下层钢筋全部绑扎完毕后，在其下垫好垫块，并按要求设置架立筋，架立筋为 $\phi 12 \times 1000\text{mm} \times 1000\text{mm}$（长度约 1100mm）。上层钢筋绑扎时应与下层钢筋对应。钢筋连接采用搭接连接，搭接长度应符合设计、规范要求。中央竖井预插筋等在底板混凝土浇筑前按照施工图预埋。

4. 混凝土工程

水池底板混凝土按照设计分区进行浇筑。每一分区混凝土要一次性浇筑完毕，然后进行压面处理，压面分三遍进行。止水带下部的混凝土浇筑时，由两名施工人员配合，使用制作好的钢筋钩将模板内侧止水带勾起，使其保持水平，避免混凝土将其压在底部。

泌水处理方面，预先在各分区模板四周外模上留设泄水口，浇筑过程中混凝土的泌水要及时处理，避免粗骨料下沉，致使混凝土表面水泥砂浆过厚，造成混凝土强度不均匀和产生收缩裂缝。提前准备好冲洗干净的碎石掺入泌水严重区域，并重新振捣。

5. 养护及拆模

混凝土浇筑后及时用塑料薄膜覆盖进行保湿养护，养护时间不得少于 14 天。

（七）淋水支柱基础施工

淋水支柱基础外模采用特制整体钢模或木模，杯口模板用整体式特制钢芯模，芯模底留设透气孔。淋水支柱基础施工时应严格控制杯口标高、方向、位置。浇筑混凝土时应采取措施防止杯口倾斜和上浮。混凝土沿杯口四周均匀浇筑，杯底实际浇筑标高应低于设计标高（一般在 20~40mm），在淋水支柱吊装前统一抄平补齐。

（八）中央竖井基础施工

中央竖井基础与水池底板同时施工，浇筑混凝土时注意竖井插筋位置，对照图纸弹好竖井及进水口的模板线。混凝土浇筑后 12h 内开始养护，每天浇水次数应使混凝土表面保持湿润状态。

三、冷却塔人字柱及环梁施工方案

（一）工程概况

冷却塔共设人字柱支墩 44 个，人字柱 44 对。冷却塔人字柱为直径 1000mm 的现浇圆形斜支柱，长度为从人字柱支墩斜面顶部至环梁底部，人字柱顶部插入环梁内。环梁为风筒第一板，现浇钢筋混凝土结构，底面宽为 1.10m，其底标高为 10.072m，直径为 108.988m。

（二）人字柱施工

1. 人字柱施工工艺流程

人字柱采用现浇施工工艺，施工质量达到清水混凝土标准。

具体流程为：放线→搭设钢管架→插人字柱钢筋→浇筑人字柱支墩→绑钢筋→封模加固→浇筑人字柱混凝土→养护。

2. 钢筋工程

人字柱钢筋接头采用机械连接，箍筋采用电弧焊单面焊接，焊接长度不小于 10d。

人字柱钢筋在地面先绑扎完成，再用汽车吊吊起插入支墩。为保证混凝土保护层均匀一致，避免钢筋扭曲和变形，在纵向钢筋内设置7道 ϕ16 的钢筋支撑环，环上将主筋等间距弧长绑扎固定。

为了将人字柱钢筋笼准确定位，在人字柱支墩上提前固定好两个封闭式箍圈，将箍圈按照图纸人字柱位置固定在人字柱支墩钢筋上。人字柱上侧在环梁脚手架钢管上统一标高处用全站仪按照均分角度将人字柱中心位置定出，完成之后吊装钢筋笼并进行固定。

3. 模板工程

人字柱采用定制 ϕ1000 钢模板，标准节长度为2m。定制钢模板用螺栓连接，钢模板上已设计有箍肋。人字柱模板采用整体吊装的工艺，模板按照打磨→清理→试拼装→编号→粘贴密封胶条→涂刷隔离剂→吊装的步骤进行吊装（见图4-23和图4-24）。

▲ 图4-23　拼装好的模板

▲ 图4-24　人字柱模板整体吊装

吊装之前对支墩钢筋笼根部处表面混凝土进行清理。首先在同标高纵向斜下顺直放两根钢管，沿挂设的人字柱中心线和底模受力方向，先将上下端部及中部加固好，11.3319m 长柱模向二维倾斜，中部反方向起拱20mm。人字柱模板正下方必须合理设置支撑杆，支撑杆必须与模板下托杆垂直，间距控制在1m一道，每隔一道必须有一道落地杆。由于人字柱向内二维倾斜，为预防向内位移，顶部半径外放30mm。

4. 人字柱混凝土浇筑

在钢筋、模板定位完成后，浇筑混凝土前，用 ϕ5 钢丝绳加工制作混凝土振捣棒导轨，将振捣棒预先放入柱内。浇筑时利用混凝土泵车加长软泵管伸至柱底2m以下，使混凝土能直接通过泵管落至柱底。人字柱外上侧易出现小气泡，影响人字柱的观感，因此在混凝土搅拌时，必须严格控制混凝土搅拌时间（见图4-25和图4-26）。

▲ 图 4-25　人字柱拆模

▲ 图 4-26　拆模后的成品保护

混凝土浇筑时略微上下抽动并缓慢提升振捣棒，以混凝土表面不再显著下沉、不再出现气泡、表面泛出灰浆为准。在振捣刚到覆盖处时，应插入下层中 50mm 左右，以消除两层之间的接缝，同时浇筑上层混凝土要在下层混凝土初凝之前进行。混凝土必须分层振捣，分层厚度控制在 500mm 左右。浇筑人字柱应使顶面比环梁底最高点高出 200~300mm，然后按环梁底保护层高度 35mm 进行剔凿控制，以保证人字柱与环梁间接缝严密。

5. 人字柱拆模及养护

混凝土强度达到设计强度 75% 以上时可拆除模板。拆模后及时用塑料薄膜裹严，并定期浇水养护，保持混凝土表面湿润。养护洒水次数应根据混凝土表面湿润情况而定，养护时间不少于 14 天。人字柱支墩采用塑料布包裹并钉木线条保护。

（三）环梁施工

环梁是风筒的一部分，环梁下与人字柱相连，上为风筒。环梁内侧设有钢筋混凝土牛腿，牛腿承托淋水装置。

1. 环梁施工工艺流程

测量放线→环梁底支撑系统安装→铺环梁底模→钢筋绑扎→支内壁及牛腿模板→安装外翻板模板系统→验收→混凝土浇筑→养护。

2. 施工要点

环梁底模、人字柱脚手架支撑体系为一个整体。浇筑混凝土前在环梁底增设一排立杆，并铺好脚手板、安装内外栏杆，挂好安全网，形成全封闭的施工作业平台。利用作业平台铺设环梁底模，每段人字柱支墩上部环梁模板中部起拱 10mm，两人字柱支墩上部环梁模板不起拱。

环梁底层牛腿与环梁一次支模现浇，采用钢木结合的支设方法。由于环梁部分钢筋密集，采用设有止水片的 $\phi 16$ 对穿三节螺栓加固，在对穿螺栓两侧设 $\phi 40$、厚 20mm 的塑料堵头。模板拆除后剔除堵头，用专用堵头及补偿收缩水泥堵好，确保螺栓孔处筒壁表面与其他部位颜色一致。

环梁钢筋比较复杂，成型时应进行试配，以保证钢筋的穿插顺利及保护层厚度。由于人字柱施工时外放 30mm，铺设环梁模板时先量测人字柱半径，施工环梁时进行调整。为保证环梁上口尺寸正确，环梁钢筋绑扎时注意上口半径尺寸外放 30mm。为了保证环梁底面平整光滑，梁底模采用全新的厚 15mm 的木模板，间隙用海绵条压紧，表面用透明胶带纸黏接。人字柱与环梁底模板之间的间隙用腻子封闭。

四、冷却塔筒壁施工方案

（一）工程概况

环梁为风筒第一板，底面宽 1.10m，高 1.3m，其底标高为 10.072m。风筒 1~4 节混凝土强度等级为 C35，其余部分为 C30。冷却塔筒壁内外侧钢筋保护层厚度为 30mm。

（二）施工工艺流程

环梁底支撑系统、底模施工→绑扎钢筋→安装环梁内侧模板→安装环梁外模板及三脚架→浇筑环梁混凝土→绑扎第二节钢筋→安装第二节模板→安装第二节三脚架→浇筑第二节混凝土→绑扎第三节钢筋→安装第三节模板→安装第三节三脚架→浇筑第三节混凝土→绑扎第四节钢筋→拆除环梁第一节模板、三脚架→安装第四节模板、三脚架→拆除第三节作业平台板→安装第四节作业平台、安装吊栏、挂安全网→浇筑第四节混凝土→依次开始循环进行。

（三）施工机械配备

风筒施工采用附着式三脚架移置模板施工工艺。下环梁施工时，采用 2 台 25t 吊车进行物料的垂直运输。筒壁垂直运输采用 2 部 SC200×200 多功能施工升降机配合 YDQ26×25-7 液压顶升平桥。液压平桥位于冷却塔中心东北方向，东偏北 52°，距离冷却塔中心点 26m。

（四）筒壁施工方案

1. 钢筋工程

根据规范要求并考虑模板高度、搭接长度、接头率要求，合理计算出每节竖向钢筋的长度，绘制出筒壁钢筋施工图、表。环向筋绑扎时，接头搭接长度、钢筋规格、间距、保护层要符合设计图纸及规范要求。先绑扎内竖筋、内环筋，再绑扎外竖筋、外环筋。

用水泥砂浆垫块控制钢筋保护层厚度，每块模板距上口 200mm 处至少放 3 块。为了防止大风情况下竖向钢筋的晃动影响钢筋位置的准确性及新浇筑混凝土与钢筋间的握裹力，应在模板上方 1.5m 左右处绑扎 1 道环向筋，同时用"⌣"型钢筋拉钩配合控制保护层和内外层钢筋间距。"⌣"型钢筋拉钩一端勾住筒壁竖向钢筋，另一端勾住模板上沿。沿筒壁竖向均匀设置的避雷引下线接头为焊接，搭接长度为 100mm，采用三面焊。

2. 模板工程

风筒施工采用附着式三脚架翻模施工，三层模板进行循环倒置施工。模板采用 1.00m×1.30m 专用定型模板及配套模具。组装前将里外模板清理干净、刷好脱模剂，选用的隔离剂不得影响结构表面色泽的一致性。内外模板采用 M16 对穿螺栓紧固。支模前应将液压平桥的风绳埋件、爬梯预埋件埋入。

首先安装内模板，然后用加减丝调整半径，使模板上沿半径符合设计要求。喉部以下内半径一般放大 10~15mm，喉部以上反之。外模板应在施工缝处理完及钢筋绑扎合格后安装，外模板应与内模板对齐。模板安装偏差应符合验收技术规范的要求，模板接口应严密，防止接缝漏浆。

三脚架应内外同时安装，就位后的三脚架在没有安装顶撑及环向连杆前不得受力。三脚架安装时应通过调节斜撑长度来调整三脚架的角度，使安装后的顶面保持水平。内外模板间的钢管或塑料套管在安装前应仔细核对编号、长度，分清上、下层，以免放错。对拉螺栓及所有杆件间的螺纹均应拧紧。内、外模板安装后，应立即铺设走道板，安装栏杆、安全网等，以保证平台面施工人员的安全。施工中模板支撑应牢固可靠，防止位移和变形，保证结构断面位置与尺寸准确无误。筒壁施工时应分段检查，做好记录，防止在筒壁上产生大的应力集中现象。

3. 混凝土工程

钢筋、模板工程检查合格后进行混凝土的浇筑。混凝土浇筑从一点开始，向两侧推进，最后汇合一处。混凝土施工时要徐徐入模，不能一次倾倒。在内模板口部设混凝土挡板，以免混凝土撒落到外面。为减少模板承受的冲击力和侧压力，混凝土应按模板高度分层浇筑，每层向前延伸铺设的长度约 3m。拆模时混凝土强度必须达到设计、规范要求，不得提前拆模以免影响模板体系的稳定性。

（五）刚性环施工

1. 施工顺序及工艺流程

安装刚性环钢筋、模板及操作架系统→支设挑出部分底模板→支设刚性环外模板→

绑扎挑出部分钢筋→支设刚性环上环内模板→绑扎上环钢筋→支设刚性环上环外模板、检修孔留设→避雷针埋件安装→混凝土浇筑→避雷针安装。

2. 施工要点

刚性环与筒壁最后一节同时施工。支设最后一节筒壁外模，固定外方框架。在顶层外方框架上连接找平环向连接槽钢，将外侧脚手板固定于环向连接槽钢上，然后在脚手板上铺胶合板。

底板找正后，用墨线弹出刚性环外边沿线和检修孔位置线。将事先制作好的检修孔预埋木盒按弹线位置钉在底板上，木盒应上小下大、四角刨成圆角，并涂脱模剂。

绑扎最后一节筒壁及刚性环钢筋。浇筑混凝土前注意预埋内侧及外侧栏杆立柱（见图4-27）。

▲ 图4-27 水塔筒壁施工

3. 刚性环模板拆除

（1）当风筒混凝土全部浇筑完毕，混凝土强度达到拆模条件后，首先拆除最下一层三脚架及模板，再拆除上一层检修平台底模三脚架及模板。将筒壁外侧吊篮与检修平台上检修孔固定以便拆除第二层模板三脚架。内侧吊篮挂在塔顶栏杆上，施工人员通过专用钢爬梯，进入筒壁内侧吊篮。施工人员站在吊篮板上拆除模板、三脚架。

（2）筒壁内侧吊篮拆除。先将脚手板传递到检修平台上，施工人员通过专用钢爬梯上下，最后站在检修平台上拆除吊篮。

（3）筒壁外侧吊篮拆除。施工人员通过专用爬梯进入吊篮。最后一块脚手板拆除时，施工人员站在专用梯子上。

（六）风筒防腐

塔内壁防潮防腐专用涂料施工，与筒壁施工同时进行。利用吊篮作为操作平台进行涂刷。涂刷前，按照产品使用说明要求处理好混凝土基层。按比例调配好涂料，先进行小面积试刷，经检查复核达到要求后方可进行大面积施工。涂层应按要求分遍涂刷，并采用不同颜色的涂层，以便于检查。要严格控制每层涂刷时间间隔和涂膜厚度。雨天、气温低时停止施工。

（七）筒壁模板拼缝控制措施

测量人员在下环梁施工时将筒壁均分四点（A、B、C、D），这些点作为安装各组模板的起始点位置。8组作业人员从起始点开始分别沿各自相反方向安装，在各自相对应中点（E、F、G、H）会合。安装第二层模板时，竖向缝设在第一层模板中间1/3范围内，以后依此类推，这样在冷却塔筒壁外表面均等的8个区域形成一定规律的竖缝。A、B、C、D四点在各节筒壁上的位置均由测量人员根据在塔外的控制桩用经纬仪测量确定。

五、冷却塔中央竖井、压力水沟、双支柱、压力水槽施工方案

（一）工程概况

中央竖井标高为18.2m，截面尺寸为6800mm×6800mm，进水口截面为3200mm×3200mm。压力水槽长度为49917mm，壁厚为200mm，距中央竖井24450mm为双孔，其余为单孔。压力水沟长度为51100mm，上标高为2.0m，壁厚400mm。双支柱截面尺寸为500mm×500mm，顶标高13.6m，在标高0.2、4.4、9.28m处设置三道连梁。淋水架构混凝土强度等级为C30 F200 P8。

（二）中央竖井施工

施工放线及底板预埋钢筋清理，按三层分段，每段分别绑扎钢筋、支模和浇筑混凝土。

由于风筒施工时中心控制的需要，在标高 –2.0m～+7.0m 斜坡导流段前期施工时预留插筋，墙壁厚600mm。后期导流斜坡施工时预留插筋采用单面搭接焊连接，钢筋接头率不大于50%。

（三）压力进水沟施工

施工顺序为：压力进水沟位置放线→分段底板及侧壁钢筋绑扎→下部侧模板支设

及加固→底板混凝土浇筑→搭设内外施工脚手架→侧壁钢筋绑扎、端部预埋管（件）的安装→两侧模板及顶板模板支设加固→顶板钢筋绑扎→侧壁、顶板混凝土浇筑→双支柱基础混凝土浇筑→拆模→混凝土养护。

（四）压力水槽施工

施工顺序为：压力水槽及双支柱位置放线→施工脚手架搭设→双支柱钢筋绑扎→双支柱模板支设及加固→双支柱混凝土浇筑→压力水槽底部模板支设加固→压力水槽底部钢筋绑扎→压力水槽底部混凝土浇筑→压力水槽侧部钢筋绑扎→压力水槽侧预埋管（件）安装→压力水槽侧部及顶部模板支设加固→顶板钢筋绑扎→侧壁、顶板混凝土浇筑→拆模→混凝土养护。

（五）双支柱施工

施工顺序为：双支柱位置放线→基础绑钢筋、支模板→基础混凝土浇筑→基础模板拆除→基础混凝土养护→施工脚手架搭设→钢筋绑扎→模板支设及加固→混凝土浇筑→拆除模板→混凝土养护。

水塔内部结构施工见图4-28。

▲ 图4-28　水塔内部结构施工

六、淋水装置施工方案

1.淋水构架预制

为便于安装及保证构件制作进度，淋水柱在塔内地面预制，淋水梁等其他预制构件在塔外预制场预制。塔内预制构件在风筒正式翻模前预制完成。

2.淋水构件的吊装

淋水构件吊装顺序以主分水槽分成的区域分区进行，采用50t汽车吊进行吊装就位。

淋水柱垂直度控制采用经纬仪从两个相互垂直的方向进行测量。柱子插入杯口基础至设计标高时，四面打入楔子以保证垂直度、卡死柱脚，确认柱子稳定后松钩。对柱脚进行固定灌浆，当第一次灌浆强度达到 50% 时，拔掉楔子进行第二次灌浆。

淋水装置的柱、梁在吊装过程中稳定性较差，施工中应采取临时支撑加固措施（见图 4-29）。

▲ 图 4-29　淋水构件吊装

3. 淋水填料的组装

淋水填料按设计要求进行组装，安装流程为：托架→淋水填料安装→配水管、喷淋装置安装→除水器安装。

淋水填料的垂直运输采用升降机。淋水填料组装时要注意其上下方向性，铺放时每层顶面要平整。根据塔内平面布置情况，切割一些小块填料，以填充边缘不规则空间。

第五节　烟囱施工方案

一、烟囱设计简介

该工程烟囱采用套筒结构形式，烟囱外筒为钢筋混凝土结构，内筒为钛－钢复合板结构。烟囱外筒高 232.50m（±0.00m 标高相当于绝对标高 50.85m），出口外直径为 14.40m，钢内筒顶标高为 240m，出口直径为 10.0m。烟囱安全等级为一级，设计使用年限为 50 年，建筑抗震设防类别为乙类；抗震设防烈度为 8 度。地基基础设计等级为甲级，混凝土构件的环境类别为二（b）类。

二、烟囱基础施工方案

烟囱基础外形见图 4-30。

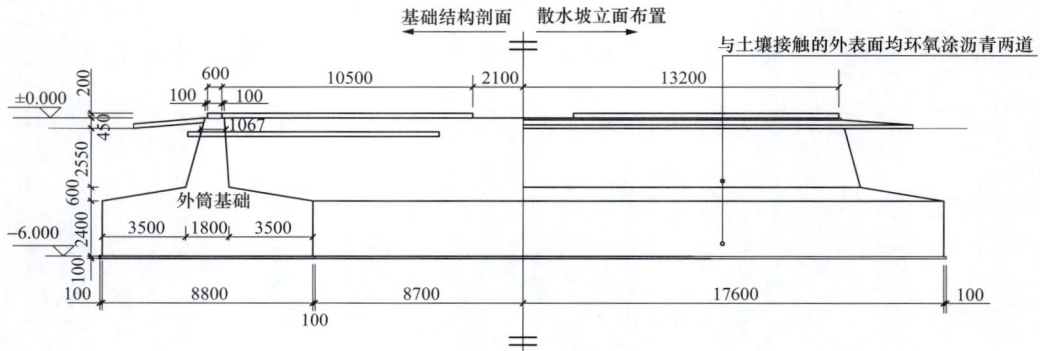

▲ 图 4-30 烟囱基础外形图

（一）设计说明

烟囱基础底板底标高为 –6.00m，顶标高为 –3.0m，底口外半径为 17.6m；内半径为 8.8m，宽 8.8m。烟囱基础环壁底标高为 –3.0m，此标高环壁外侧半径为 14.10m；宽度为 1.80m，环壁顶部标高为 0.00m，此标高外半径为 13.30m，环壁宽度为 800mm。±0.0m 门洞尺寸为：4.2m×6.0m（高），朝向煤场侧（向西）设置。标高 ±0.00m 以下混凝土结构表面均涂刷两道环氧沥青漆进行防腐。

基础承台及环壁混凝土为 C40，素混凝土垫层为 C15。钢筋型号为：HPB300–，HRB400–，钢材 Q235B。

基坑回填土要求为：素土回填，分层夯实，压实系数不小于 0.95。

（二）施工工艺流程

基坑开挖、验槽→垫层施工→定位放线→基础底板底层钢筋绑扎→搭设支撑钢管支架→基础底板顶层钢筋绑扎→绑扎环壁插筋→模板支设→混凝土浇筑→施工缝处理→混凝土养护→大体积混凝土测温→环壁支撑排架搭设→绑扎筒壁插筋→环壁模板支设→混凝土浇筑→模板拆除→混凝土养护→ 0.00m 以下环壁及基础底板防腐→基础土方回填。

（三）施工测量控制网布设

烟囱测量控制网由全厂测控网引测。在烟囱基础外侧设四个测控点，通过烟囱中心呈十字布置，根据主控制网做施工轴线控制桩。烟囱测控网、轴线控制桩经四级验收后，方可投入使用。

（四）垫层施工

基坑验槽合格后进行垫层施工。用全站仪测放出烟囱基础垫层中心线，用钢卷尺测放出垫层内、外边线。垫层厚度为 100mm，混凝土强度等级为 C15。垫层模板采用 100mm 宽木胶板，木方背楞，内外间隔用 ϕ12 螺纹钢筋进行加固，底面内用 ϕ12 螺纹钢筋加固，间隔 3m×3m 标记 –6.0m，控制垫层顶面混凝土标高。

（五）钢筋工程

按测量放线及绑扎程序逐步绑扎钢筋。ϕ18 以上钢筋采用直螺纹套筒连接，其他钢筋采用焊接或冷搭接，焊接长度不小于 10d，同截面钢筋接头错开 50%。在径向筋上排分出环向筋间距且做好标识，便于错开接头。根据实际情况每 400～600mm 设一个钢筋保护层垫块。搭设钢筋支撑脚手管排架作为支撑结构防止钢筋框架倾覆。

（六）模板支设的要求

模板根据基础几何尺寸进行配模，支设前进行模板半成品化预拼装，减少在基坑中切割、裁剪的工作量。模板支设应结合配模设计进行，不得随意支设。合理规划模板对拉螺栓的位置，确保纵、横向对拉螺栓一致。模板支设至预埋件位置时，要精确测量位置后埋设预埋件。模板立缝与水平缝处用 10mm 海绵条粘贴，防止漏浆。模板拼缝应严密、顺直、美观，环壁支设时在对拉螺栓孔位置穿垫支设在模板表面，圆垫内侧在螺栓上焊挡筋以控制保护层厚度。模板拆除后将圆垫人工凿出，切断对拉螺栓钢筋头后用 1∶2 水泥砂浆将混凝土表面抹平、压光。

（七）混凝土工程

该工程烟囱基础浇筑混凝土时间恰逢冬季，且为大体积混凝土，因此需采取切实可行的措施保证混凝土的质量。

1. 混凝土的供应与运输

烟囱混凝土由现场混凝土搅拌站供应，10 台罐车运输、2 台汽车泵浇筑。烟囱基础所需混凝土量较大（约 2326m³），为保证连续浇筑、缩短施工时间，浇筑前和搅拌站做好协调工作。搅拌站提前将原材料准备充足，做好相关试验，确保混凝土可靠供应。

2. 混凝土浇筑

采用整体分层连续浇筑方式，利用自然流淌形成斜坡。施工时从底层一端开始浇筑，进行至一定距离后再回来浇筑第二层混凝土，如此依次向前，逐层水平向前推进。每层浇筑厚度不超过 500mm，每层浇筑间隔时间不得超出前一层混凝土的初凝时间。

上层混凝土浇筑时，振动棒应插入下层混凝土内 50mm 左右，在浇筑接茬处应振捣到位。泵送混凝土浇筑时，不得在同一处连续布料，应在布料杆的旋转半径范围内水平旋转布料，逐步向前推进。

3. 混凝土的养护

混凝土表面先覆盖塑料薄膜，上部再覆保温棉毡及草帘等保温材料。气温为 −5℃以下时保温材料应铺设 2~3 层，必要时使用电加热等人工加温措施。

4. 混凝土测温

测点布置在轴线交叉点外扩 1m 处。每处设上、中、下 3 个测温探头，顶、底测温探头距顶板、底板面各 50mm。大气中布设 2 个测温点，以比较混凝土表面温度与大气温度之差。用电子测温仪测读数据。

混凝土浇筑初期升温较快，混凝土内部的温升主要集中在浇筑后的 3~5 天，一般在 5 天内温升可达到或接近最高峰值。测温项目和测温频度为：

每车混凝土测量记录一次。施工现场大气环境温度，每 4h 测量记录一次。混凝土浇筑完成后，立即测量记录混凝土的初温度。浇筑成型后第 1~3 天，每 2h 测量记录一次；第 4~7 天，每 4h 测量记录一次；7 天后每 8h 测量记录一次。温度测量记录到撤除保温层为止且不少于 14 天。

三、烟囱混凝土外筒施工方案

（一）设计概况

烟囱外筒为钢筋混凝土结构，高度为 232.5m。外筒 150.0m 以上为直筒部分，筒壁外半径为 7.2m，壁厚在 350~300mm 之间，壁厚随高度的增加而减少。±0.0m 筒壁外半径为 13.2m，75.0m 以下壁厚为 600mm。烟囱外筒 ±0.0~150.0m 段，筒壁外半径随高度的增加按 4% 的坡度减小，壁厚在 600~350mm 之间变化。

烟囱内筒、外筒夹层间在标高 45.0、75.0、90.0、120.0、150.0、180.0、210.0、225.0m 处设有 8 层钢梁—格栅板检修平台。在夹层间 230.0m 处设一层钢梁—钢筋混凝土板组合平台，用于钢内筒的安装。在外筒顶部 232.5m 处设有封顶混凝土平台，钢内筒伸出顶部平台 7.5m。混凝土外筒在标高 1.2、75、90、120.9、150、180、210、225.9m 各设有 4 个 0.9m×1.5m 的通风百叶窗；48m 设有 4 个 0.9m×2.1m 的通风百叶窗。烟道接口尺寸为 7m×10.7m（宽×高），顶标高 58.2m。在 ±0.0m 标高的西面设有一个 4.2m×6.0m（高）的门洞，供施工使用。在标高 48.0m 南、北轴线向西侧 30°分别设置 0.9m×2.1m 的采光通风百叶窗。烟囱外筒自 112.5m 起向上涂刷白红相间航空色标，色带宽度为 20m。

（二）施工流程及总体安排

1. 施工工艺流程

±0.0～7.0m 筒壁施工→提升平台及施工电梯组装→7.0～232.5m 筒壁施工→225.0m 组合平台、提升平台及施工电梯拆除→外筒顶部平台施工→夹层钢平台安装（见图 4-31）。筒壁施工至 112.5m 后同步涂刷航空色标漆。

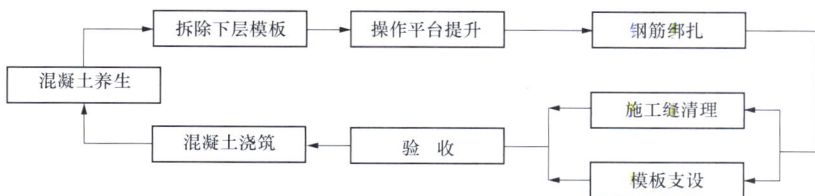

▲ 图 4-31　烟囱筒壁每一层施工流程图

2. 施工总体安排

烟囱外筒壁施工采用电动提升翻模施工工艺。垂直运输采用多功能垂直运输电梯（见图 4-32）。

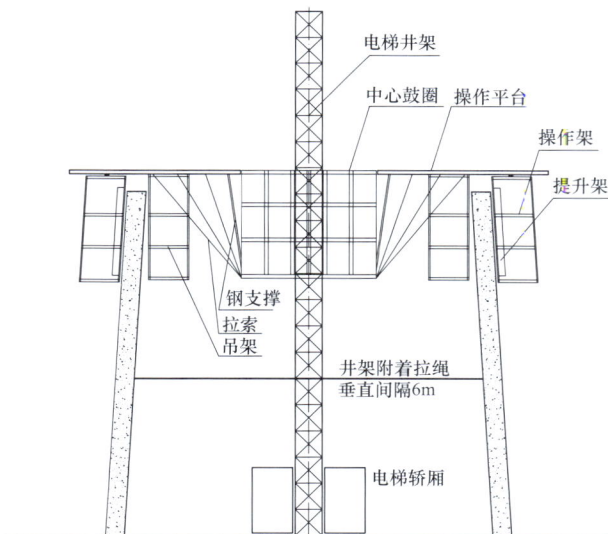

▲ 图 4-32　烟囱施工电动提升平台示意图

烟囱外筒壁首先施工 7.0m 以下部分，然后组装电动提升平台。提升平台组装完成并试验合格后，施工 7.0m 以上部分外筒壁。

（三）钢筋工程

钢筋分布在混凝土筒壁内、外侧，为横、竖网状结构。环向钢筋均在竖向钢筋的外侧，外筒壁内外侧钢筋网间设横拉筋拉接，筒壁钢筋保护层厚度为30mm。

每节钢筋绑扎，先在内、外侧竖向插筋上部引一圈环筋。操作时应通过烟囱中心拉半径确定竖向钢筋的位置，之后开始环筋绑扎。绑扎完后，竖向钢筋接长并临时固定。

竖向钢筋采用机械连接，同一截面接头数量不超过接头总数的30%。环向钢筋绑扎，搭接长度不小于55d。环向钢筋同一位置处接头应最少相邻三排钢筋，洞口处可为一排。

（四）模板工程

烟囱筒壁模板采用三层优质木模板体系翻模工艺。模板的支设、拆除随电动提升平台的提升而循环进行。

1. 模板选取

为了提高烟囱筒壁的观感质量，保证筒壁表面美观、线条顺畅、模板拼缝有规律、美观。筒壁外模板采用$B \times H$=2.44m×1.22m（模板宽度尺寸为暂定数，以实际放样尺寸为准）木质模板，背楞选用50mm×80mm方木。水平缝设为分格明缝，竖缝设为蝉缝。因烟囱筒壁随高度增加，其半径是按一定的坡度变化的，所以每节模板总周长均有变化。因此每块模板应严格按照放样尺寸进行制作且做好编号，模板拼装时严格按照模板编号进行。

2. 半径及中心控制

用自动激光垂直仪"天顶法"投测烟囱中心，用钢尺通过烟囱中心拉半径以控制烟囱每节的半径。投测中心时必须使提升平台处于静止状态。在毂圈上模板上口标高处设操作平台，以满足对中及拉钢尺控制半径的操作。

3. 模板组装

组装顺序为先外模后内模，利用加减丝调整模板半径，对拉螺栓控制壁厚。模板竖缝采用对接，对接缝用双面胶密封后，在模板背面压木方，木方上设围檩。模板水平分格明缝采用在模板上下口处镶嵌偏中型T型条，上下层模板组合后形成30mm宽、5mm深的分格明缝。

对拉螺栓水平间距不大于600mm，竖向设置在水平缝T型条处，整块模板中不设对拉螺杆。对拉螺栓两侧焊接垫片，以便于控制混凝土断面位置。

（五）混凝土工程

混凝土配合比由实验室根据混凝土标号、水泥品种及其拌和材料的实际情况，并考虑施工时段的天气因素，通过试配确定。粗骨料选用坚硬、致密的经破碎筛分后的碎石。水泥尽可能选用同一厂家、同品种、同标号的普通硅酸盐水泥，以保证混凝土筒壁色泽一致。混凝土由搅拌站集中供应，产能应满足每天一节的施工进度。

混凝土用施工电梯提升至操作平台上，再用手推车从料斗中将混凝土运至筒壁浇筑点。浇筑点沿筒壁一周均匀布置，不少于 4 个点。混凝土浇筑过程中，模板下口处应兜挂彩条布，防止混凝土洒落。设专人在模板下口处，及时清洗挂浆，防止浆体下流，污染下部混凝土表面。

（六）沉降观测

烟囱筒身开始施工时，即埋设沉降观测标并进行首次沉降观测，以后烟囱每施工 15~20m 高度进行一次沉降观测。烟囱到顶后应每月进行一次沉降观测。

（七）避雷接地系统安装

烟囱设计有独立的接地网，在基础施工的同时埋设避雷接地极和接地网。烟囱施工期间的临时避雷针应与接地极可靠连接。烟囱正式接地引下线设计为四道通长的—80×8 镀锌扁钢，施工时敷设在筒壁混凝土中。烟囱到顶后，立即进行避雷设施安装，将筒壁内埋设的接地引下线按设计要求与烟囱筒壁顶部的避雷针连接。烟囱的避雷系统应严格按设计要求施工。

（八）航空色标涂刷

烟囱外筒自 112.5m 起向上涂刷航空色标，色带宽度为 20m，共 6 道。

利用水平模板缝作为色带分界基准线。涂料涂刷之前应将筒壁基面的灰尘、毛刺、浮垢等杂物清理干净，然后自上而下分层涂刷。涂料应严格按照产品的使用说明进行施工。色带分界线处采用粘贴胶带纸方法，以保证色带分界线明晰。阴、雨天及筒壁潮湿的情况下不得进行施工。刷漆时在下部侧面挑出彩条布，以防止油漆洒落至地面。

（九）电动提升平台拆除

烟囱外筒施工到顶（232.5m）时，在筒首上埋设夹层平台吊装拆除用预埋件，吊装 225.0m 平台钢梁并铺设格栅板。在 225.0m 平台上搭设满堂脚手架并铺脚手板形成作业平台。利用该作业平台拆除烟囱外筒施工用电动提升平台，拆除的构件从烟囱内部用施工电梯运至地面。电动提升平台拆除之后，继续搭设脚手架，以满足筒顶 232.5m 混凝土平台施工需要。在脚手架上铺设平台底模，施工筒首平台。

四、烟囱内部钢平台施工方案

（一）设计概况

烟囱混凝土外筒与钢内筒之间设计有2层钢筋混凝土平台和7层钢平台，平台标高自上向下依次为230.0、225.0、210.0、180.0、150.0、120.0、90.0、75.0、45.0m。其中，顶层230.0m和底层45.0m为钢筋混凝土封闭式平台，225.0、210.0、150.0、120.0、90.0m层为钢内筒横向止晃平台，180.0、75.0m层为悬挂平台。钢平台材料主要为热轧型钢和焊接H型钢，材质为Q345B和Q235B。

（二）钢平台施工方法

钢平台自上而下施工，在烟囱外侧布置吊装机具，烟囱内设置能够垂直上下运行的施工平台，所有钢梁、钢梯等构件的就位、焊接在施工平台上完成。

（三）232.5m层吊点安装、卷扬机布置

1.预埋件布置及吊点的安装

烟囱外筒施工到230～232.5m时，提前在外筒230～232.5m内侧位置预埋6块300mm×300mm钢板和2块220mm×220mm预埋钢板，在外筒顶面预埋4块300mm×350mm钢板。这些预埋钢板作为钢平台吊装支架的生根点。

外筒施工完成、施工机具拆除前，利用外筒施工电梯将吊装吊点所有材料（25号工字钢6件、φ133×8mm无缝钢管4件、5t滑轮8个）运输到外筒顶部，利用外筒施工平台在232.5m钢筋混凝土筒身顶部位置安装4组承重吊点（见图4-33和图4-34）。

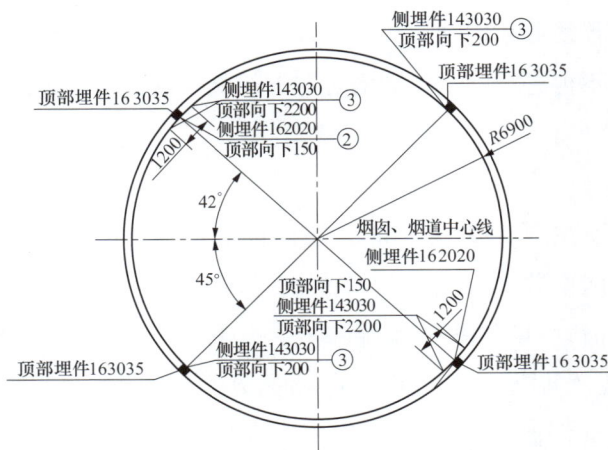

▲ 图4-33 烟囱顶部施工用预埋件

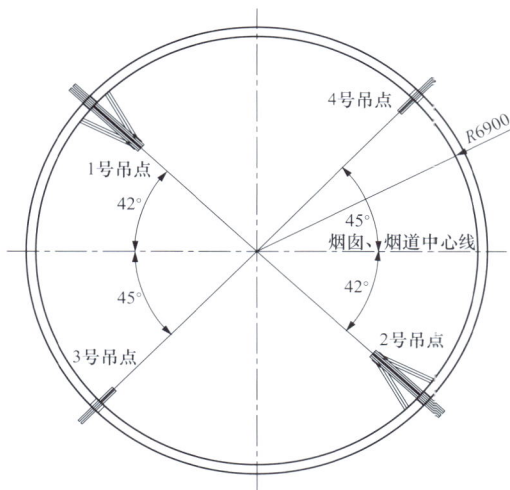

▲ 图 4-34　烟囱顶部施工用吊点布置

2. 卷扬机的布置

烟囱顶部安装 4 组承重吊点的同时，在烟囱 0m 布置 3 台 5t 卷扬机，其中 2 台（1、2 号）卷扬机用作提升烟囱外筒内部的施工操作平台之用，另外 1 台（3 号）用作提升施工吊笼。3 台卷扬机集中布置在烟囱外部西北方向的地面。

外筒施工直线电梯拆除前，将 1、2 号卷扬机的钢丝绳绳头经过烟囱顶部的导向滑轮，垂直向下以走 2 的形式引入相应的 10t 动滑轮组。2 个动滑轮组由直线电梯引到 0.0m 后，再用 4 根 $\phi 28$ 钢丝绳连接于烟囱内的施工平台。最后利用直线电梯在 230m 西北方向安装用于施工吊笼提升和保险的钢丝绳，以方便日后施工人员的垂直上下。

（四）施工平台安装

1. 施工平台安装和使用

施工平台直径为 13.5m（与外筒内壁最小间距为 150mm），自重 7.5t，动载荷为 1.5t。动荷载荷包括：5 台电焊机、电缆、5~6 名施工人员等。操作平台应搭设防护栏杆。

为防止提升过程中施工平台碰撞混凝土外筒内壁，在平台外沿上均布安装 6 个小车轮（车轮内气压不宜过高），避免钢平台上升和下降时剐蹭外筒内壁。

施工平台固定于某一高度作业时，四周搭设脚手管撑住烟囱内壁以防止钢平台晃动。随着施工平台高度的逐渐降低，当高度至 75m 以下时，烟囱内径逐渐增大，应适当扩大施工平台外沿（见图 4-35）。

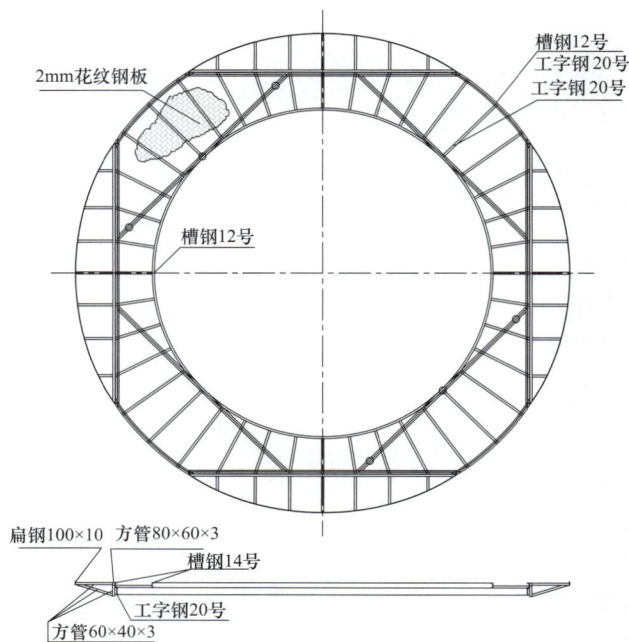

▲ 图4-35　施工平台简图

2. 施工平台负荷试验

施工平台安装完毕后应做负荷试验，以检验平台及提升系统的安全性。负荷试验按空负荷（平台自重7.5t）、满负荷（7.5t+1.5t）、110%动负荷（9.9t）、120%静负荷（10.8t）进行。

（五）钢平台、钢梁安装

1. 钢平台、钢梁安装顺序

首先安装225.0m层钢平台，启动1、2号卷扬机提升施工平台至安装位置，利用从232.5m垂下的4根φ26钢丝绳将施工平台可靠连接并固定。将1、2号卷扬机动滑轮与施工平台脱开，分别启动1、2号卷扬机将动滑轮回落到0.0m，吊起钢平台支架将其起吊至施工平台上方位置，再用2t/6m倒链接住钢支架起升至安装位置就位安装。

225.0m层钢平台全部安装到位后，安装225.0~230.0m钢梯。将1、2号卷扬机一滑轮组的动滑轮与施工平台连接。启动1、2号卷扬机，使施工平台缓慢下降至下一层（210.0m层）钢平台的安装位置。依同样方法安装210.0m钢平台及210.0~225.0m钢梯。

按照同样的方法依次向下安装180.0、150.0、120.0、90.0、75.0m钢平台及钢梯。

45.0m钢平台在烟囱内筒安装完成后安装。首先将45.0m钢平台在烟囱内部0.0m地面配制完成，然后吊装就位。吊装时使用75.0m钢平台作为承载平台，用卷扬机—滑轮组将其吊装就位。

2. 钢梁的安装

180.0m 层钢平台最重钢梁为 L6–1，规格为 H1800×600×28×35，长 8200mm，单梁重 7.3t，共计 4 根。制作时在钢梁中心向两端各量取 3.5m 位置焊接吊耳。安装钢梁前，利用从 210.0m 层钢平台垂下的 4 根 ϕ26 钢丝绳，将施工平台固定在 179.5m 高度。利用 1 号和 2 号卷扬机—滑轮组共同将单根钢梁 L6–1 提升到施工平台上方安装位置。单根钢梁安装时，通过在已安装的上部钢平台（210.0m 层 4 根钢支架根部）吊挂的 ϕ21.5 钢丝绳和 5t/6m 倒链与动滑轮共同将钢梁准确就位。

75.0m 层钢平台最重钢梁为 L2–1，规格为 H2180×600×32×35，长 15900mm，单根梁重 16t，共计 2 根。制作时在钢梁中心向两端各量取 5.5m 位置焊接吊耳。安装前，利用从 90.0m 层钢平台垂下的 4 根 ϕ26 钢丝绳，把施工平台固定在 74.5m 高度。利用 1 号和 2 号卷扬机—滑轮组的吊钩共同将单根钢梁 L2–1 提升到施工平台上方。安装步骤同 L6–1。

五、烟囱钢内筒施工方案

钢内筒采用液压提升倒装法施工，液压提升系统安装在 180.0m 钢平台上。钢内筒的组合、焊接、保温工作全部在烟囱内 0.0m 地面完成。钢内筒每节钛–钢复合板分 4 段在组合场卷制成弧形，每段钛–钢复合板高 2m、弧长均分。钛–钢复合板首先由水平运输车辆将其运至烟囱内 0.0m 地面，然后进行组拼。预拼成管型后进行 Q235B 基板的焊接，然后进行内壁 TA2 钛贴条焊接（见图 4–36）。焊接完成并检验合格后由液压提升装置逐节提升，钢内筒保温工作在组焊工作完成后进行。

（一）内筒结构

钢内筒为悬吊式结构，分两段悬挂。内筒上段悬吊在 180.0m 层钢平台，长度为 147.5m，位于 240.0~92.5m 标高范围内。内筒下段悬吊在 75.0m 层钢平台，长度为 44.5m，位于 92.5~48.0m 标高范围内。内筒上段与下段在标高 92.5m 处采用膨胀节连接。钢内筒内烟道接口尺寸为 9.6m×6m，底标高 48m。钢内筒筒体材料为钛钢复合板，钛材为 TA2，厚 1.2mm，基材为 Q235B 钢板。钛–钢复合板按厚度共分 4 种规格：（10+1.2）mm、（12+1.2）mm、（16+1.2）mm 和（20+1.2）mm。

伸缩节为氟橡胶材质，采取工厂定制、整体硫化模铸成型工艺。伸缩节本体不得存在任何形式的拼接缝，不得对伸缩节本体进行裁剪、粘贴等操作。伸缩节应能充分适应湿烟囱的各种运行工况。当安装环境温度为 20℃时，其正常变形区间应不小

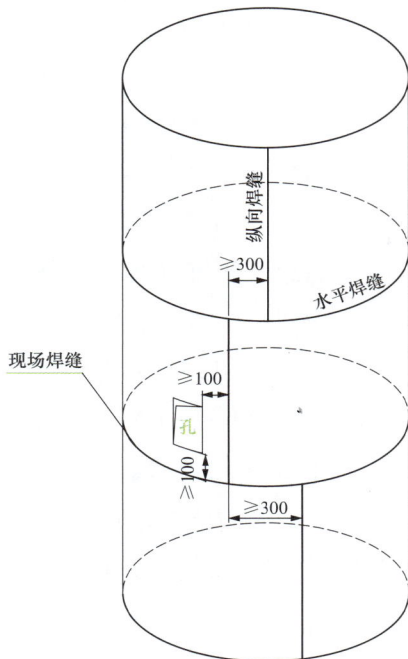

▲ 图4-36　钢内筒纵横焊缝错距示意图

于–200~+100mm，径向补偿量大于等于30mm。

操作平台（75.0、90.0、120.0、150.0、180.0、210.0、225.0m）允许活荷载为4kPa。操作平台的铺板采用镀锌钢格栅板，板厚大于等于4.0mm。钢格栅板与支承梁之间采用焊接，每块钢格栅板的大小和划分依照现场情况决定。安装及运行层平台（45.0m）允许活荷载为7kPa；顶层平台（230.0m）允许活荷载（包括积灰荷载）为3.0kPa。止晃点标高偏差不超过10mm。

（二）钛–钢复合板的材料检验

钛–钢复合板采用爆炸–轧制法进行生产，材质要求、化学成分、质量标准和检验要求等均按照GB/T 8547—2019《钛–钢复合板》执行。复合板到货后以设计图纸、发货清单和内筒排版涂核对其规格和数量。验收过程中重点对以下项目进行核查：材质证书、外观及尺寸、表面质量、坡口形式。

（三）钛–钢复合板卷制、防腐

复合板在加工场用三辊卷板机卷制。卷制进料时复合板应与卷板机辊筒轴线垂直，复合板端部与卷板机辊筒边线齐平。卷制过程中必须随时用样板测量弧度。卷制时为保护钛板层，并释放其应力，应多次卷制，不能一次成型。卷制好的复合板应及时喷砂除锈，并涂刷油漆。

（四）液压提升系统

该工程使用 TS200B-250 型液压提升千斤顶作为烟囱钢内筒的提升设备（见图 4-37）。

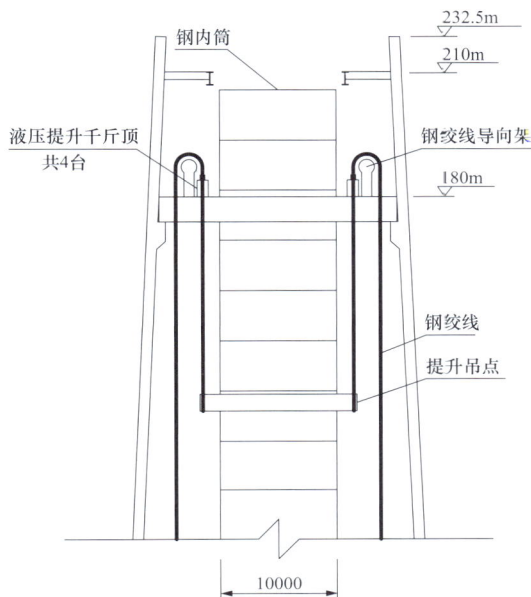

▲ 图 4-37　液压提升系统安装示意图

1. 液压提升系统的安装

液压提升系统由举重器、钢绞线、液压泵站和控制系统组成。举重器和液压泵站共计重 4.5t，安装在 180.0m 吊装悬挂平台上。

举重器与底座间用角钢焊接固定，并使举重器中心子与预留孔中心对中。在举重器侧向安装导向架及导向装置。导向装置采用 ϕ300 尼龙滑轮组，保证钢绞线能通过滑轮自由向下移动。举重器与液压泵站之间连接油管要一一对应，并做好编号。主控台安放在提升平台处，按设计编号连接电气、控制线路。电缆铺放应规范，固定稳妥、牢固，应有避免人员踩踏或硬物损伤的措施。

2. 液压提升设备使用注意事项

初次起吊时，当钢绞线受力且钢内筒提离地面 50~100mm 时，必须对下锚头螺栓再次预紧，同时仔细观察承载大梁、液压提升系统应无异常状况。

由于内筒施工期较长，应定期对液压提升系统进行检查、维护。在每次起吊前，应检查每根钢索及上、下卡爪处于正常状态。在吊装过程中，应注意泵站上压力表读数的变化，尤其是在调平时，避免因油压过高，而造成柱塞泵的损坏或渗漏。在就位、调平过程中，应统一指挥，各岗位协调一致，真正做到监护人员各负其责，操作人员动作准确无误。

（五）钢内筒制作安装流程

内筒钢板卷制、除锈油漆→配制钢内筒组合平台→筒首第一节组合→第一节吊点安装→提升第一节钢内筒→组合下一节内筒并与上节焊接→焊接第二节吊点→提升钢内筒→依次组装、提升各节（同步进行保温）→由上至下各层悬挂点和止晃点安装→膨胀节安装→烟道接口安装→筒体封底及隔烟墙板安装→各层平台完善→提升设施拆除。

（六）筒体组焊

在烟囱内0.0m混凝土地面，安装钢内筒组焊平台。用10mm厚、800mm宽的钢板焊接在组焊平台上平面形成2道圆环。内道圆环半径 $R=4900$mm，外道圆环半径 $R=5700$mm。组焊平台环板的中心与钢内筒安装中心保持一致（见图4-38）。

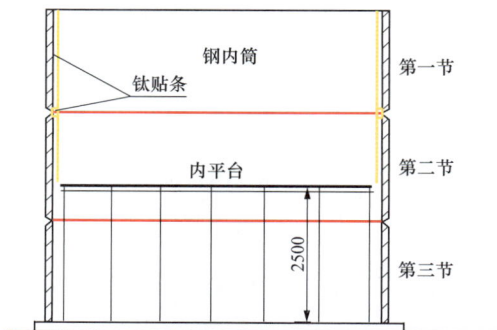

▲ 图4-38 烟囱钢内筒组合平台

内筒复合板组对时要严格控制直径误差、椭圆度、错边量及对口间隙。一节筒体组对成型后首先进行基材纵缝的焊接。基材焊接完检验合格后用钛贴条盖住基材焊缝与钛复合层搭接焊接。在对接环形缝时，上下两节筒体纵缝按设计要求至少错开300mm。

为加快组焊进度，钢内筒的焊接施工分两层来完成。在地面上进行钢内筒基材的焊接。在钢内筒内搭设一个圆形的操作平台，钛贴条的焊接在内平台上完成。这样基材焊缝焊接完成后即可提升，焊接钛贴条的同时下节筒体可以继续组对、焊接。

（七）烟囱钢内筒组装、提升

钢内筒的上段设2层提升吊点，下段设1层提升吊点。

第一层提升吊点安装在钢内筒上段上部设计标高231m处。利用该层吊点逐段组焊、提升上段 44 节钢内筒，高度为 99.8m。组合完成后回落液压提升举重器将钢内筒回落于 0.0m 组合平台上。

第二层提升吊点安装在钢内筒上段中部计标高 151m 处。利用该层吊点逐段组焊、提升上段剩余的 20 节钢内筒，总高度为 147.5m。完善钢内筒筒身所有工作后将钢内筒上段提升至设计高度，然后安装悬挂吊点、止晃点。

第三层提升吊点安装在钢内筒下段设计标高 90.5m 处。利用该层吊点逐段组焊、提升下段 15 节钢内筒和底部与烟道连接的三通。下段钢内筒总高度为 44.25m。完善钢内筒筒身所有工作后将钢内筒下段提升至设计高度，然后安装悬挂吊点、止晃点（见图 4–39）。

（八）钢内筒防腐

钢内筒的每块复合板在卷制完成后，采用喷砂方法对外表面进行除锈。为防止二次氧化，除锈后 2h 内要完成表面底漆喷涂。筒壁外表面喷涂氯磺化聚乙烯底漆 2 道、面漆 3 道，干膜总厚度为 120μm。在板材的四周边缘（纵、横向）预留 100mm 宽的安装焊缝区，待钢内筒安装焊接完成后进行焊缝处的防腐油漆。

（九）钢内筒保温

钢内筒及烟道保温采用超细玻璃丝棉毡，总厚度为 60mm，外层表面带铝箔。超细玻璃丝棉毡与钢内筒间用保温钩钉固定。整个保温层外表面用钢丝网包裹。钢内筒提升超过 9m 保温平台时即可进行保温施工。将超细玻璃丝棉毡覆盖在钢内筒外表面上，在保温钩钉上套 ϕ60 垫圈后拧紧。内、外层超细玻璃丝棉毡纵、横向搭接长度不得小于 30mm，并要错缝压缝，不得有空隙，以减少热损失。烟道及三通保温做法与钢内筒做法相同。

保温钩钉一端焊接在钢内筒外表面上，每平方米焊接 4~6 个。烟道底面保温钩钉焊接间距为 500mm，侧面和顶面保温钩钉焊接间距为 800mm。保温钩钉可在板材卷制完成喷漆前焊接。

第六节　输煤系统土建施工方案

一、卸煤区翻车机室基坑施工方案

（一）工程概况

运煤铁路专用线在距电厂主厂区约 5.5km 的国铁晋豫鲁铁路柳屯站接轨。铁路电

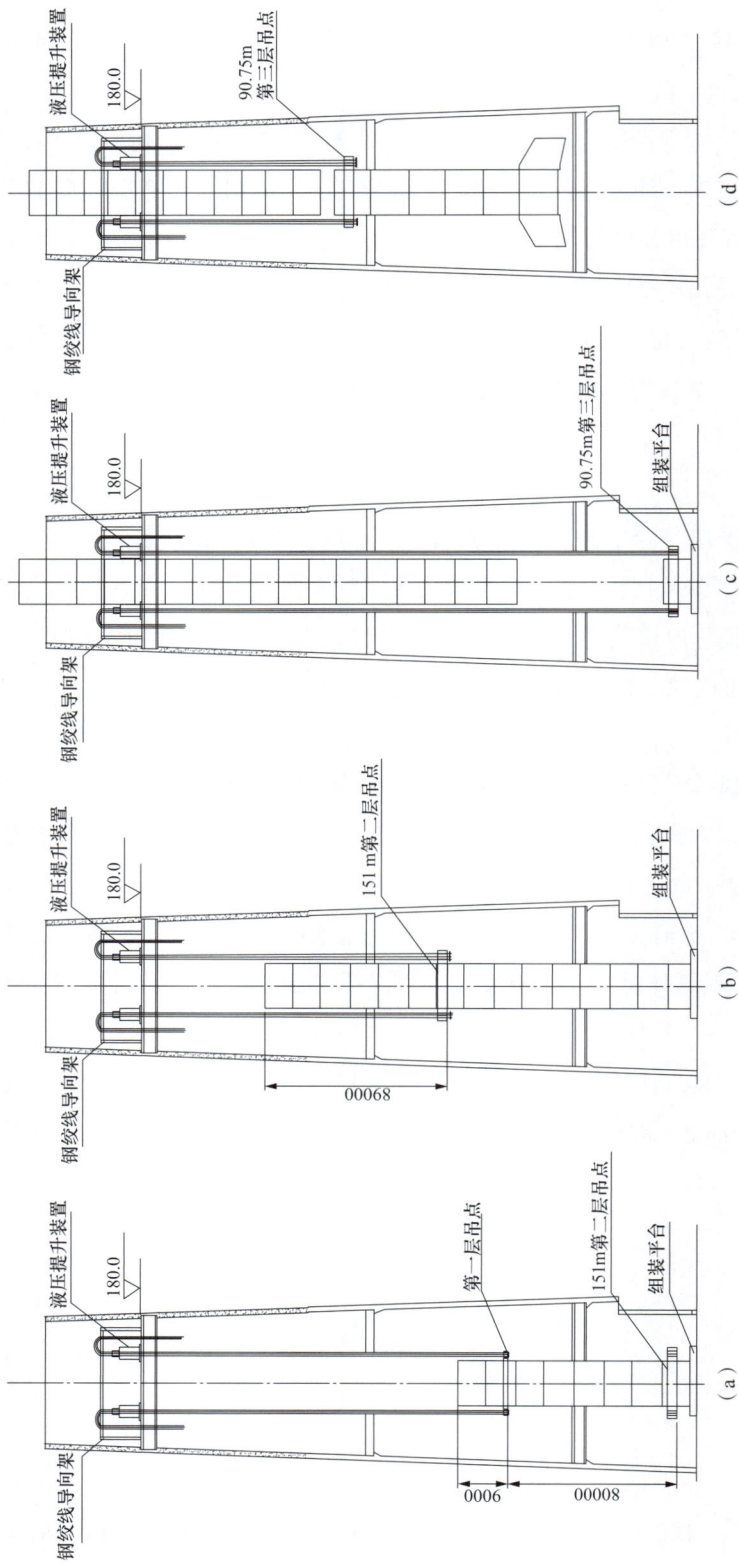

▲ 图4-39 烟囱钢内筒提升示意图

（a）上段钢内筒第一阶段组焊、提升；（b）上段钢内筒第二阶段组焊、提升；（c）下段钢内筒开始组焊、提升；（d）下段钢内筒组焊、提升

厂站（卸煤区）设在铁路柳屯站北侧，东侧为 S209 省道，北侧为中原油田柳屯生活区。卸煤设施为 2 台双车翻车机，燃煤通过管带输送到电厂（见图 4-40）。

▲ 图 4-40　建成后的厂外卸煤区卫星照片

翻车机室位于 1 号转运站上部，结构底标高为 -13.60m，平面结构尺寸为 42.0m×28.0m；1 号转运站结构底标高为 -25.0m，整体尺寸约 13.4m×26.15m，局部凸出5.6m×6.8m。为保证铁路、翻车机室及 1 号转运站的安全，基础施工前，对翻车机室基础采取基坑支护措施，1 号转运站采用排水下沉和干封底的施工方法。

（二）基坑支护的设计

基坑大部分开挖深度为 12m，场地整平地面标高为 -1.70m（相对建筑 ±0.00m）。根据 JGJ 120《建筑基坑支护技术规程》中支护的结构安全等级要求，支护工程结构设计侧壁安全等级为二级。基坑坑顶超载不应大于 20kPa，基坑周边 30m 范围内严禁堆放弃土。

1. 基坑支护结构

基坑东、西、北侧采用放坡＋拉森钢板桩＋锚索支护形式。放坡采用 1∶1.2 坡率，平台宽度为 1.0m，坡面挂网并喷射素混凝土。基坑南侧采用放坡＋拉森钢板桩＋锚索支护形式。放坡采用 1∶1 坡率，坡面挂网并喷射素混凝土。

围护结构及支撑体系按地下水位为 9.5m 设计（地下水稳定水位埋深为 7.5~9.5m，地下水位标高在 39.90~41.20m）。当水位超过时，根据基坑监测情况采取必要的排、降水措施。

2. 基坑降水系统设计

在基坑内 -13.00m 设 8 口疏干井。基坑开挖前半个月必须进行场地降水，地下水位降至基坑开挖面以下0.5m。开挖至基底时，也须保证地下水位降至基坑底面以下0.5m。降水过程应始终伴随主体结构施工过程，待顶板施做完成及覆土回填后封闭降水井，灌注微膨胀混凝土，并加焊钢板封闭。

基坑开挖过程中，应做好基坑内的排水工作。如在雨季施工，应准备足够的抽水设备，并做好基坑外的排水、截水工作。基坑开挖过程中根据具体情况在基坑内设置排水沟和集水井（见图4-41）。

3. 基坑排水系统设计

基坑内排水沟在施做垫层前应分段用黏土回填，以免地下水在沟内流动破坏地基土体。

基坑沿坡顶外缘0.5~1.0m设截水沟。截水沟净截面尺寸为300mm×300mm，侧壁用120mm厚砖砌+30mm厚水泥砂浆抹面，沟底用100mm厚C20素混凝土垫层+30mm厚水泥砂浆抹面。坡顶截水沟与坡顶之间区域铺设散水坡面，以防雨水渗入。散水坡面采用100mm厚C20混凝土浇筑，坡度宜为5%左右。

基坑放坡（1∶1、1∶1.2）开挖7m后，在马道四周设置排水沟和集水井，排水沟净截面尺寸为300mm×300mm，集水坑尺寸为0.8m×0.8m×1.0m（长×宽×深）。排水沟上面铺设塑料布，将水引至集水坑内，随时抽走。

在基坑底板四周范围设置坑底排水沟和集水井。坑底排水沟净截面尺寸为300mm×300mm，侧壁采用120mm厚砖砌结构+30mm厚水泥砂浆抹面，沟底采用100mm厚C20素混凝土垫层+30mm厚水泥砂浆抹面。沿基坑底四周间隔25~30m设置集水井，集水井侧壁采用120mm厚砖砌结构+30mm厚水泥砂浆抹面，沟底采用30mm厚水泥砂浆抹面+50mm厚防水保护层+150mm厚C20素混凝土垫层。集水井尺寸为1.0m×1.0m×1.2m（长×宽×深），井顶铺盖钢筋篦子或混凝土预制板。

考虑基坑开挖过程中水位以下锚索的施工，在距离基坑外2.0m处周边每隔15m打设降水井并兼做应急井。在地下水位以下锚索施工时，只对锚索附近坑外降水井进行降水，待锚索施工完成后应立即停止降水。

（三）基坑施工方案

1. 基坑开挖、支护施工流程

场地平整→上部放坡→设置地表排水系统→钢板桩施工→基坑开挖→施工锚索→下一层开挖→第一道支撑体系安装→向下开挖至基坑第二道支撑标高→第二道支撑体系安装→向下开挖至底板底标高。

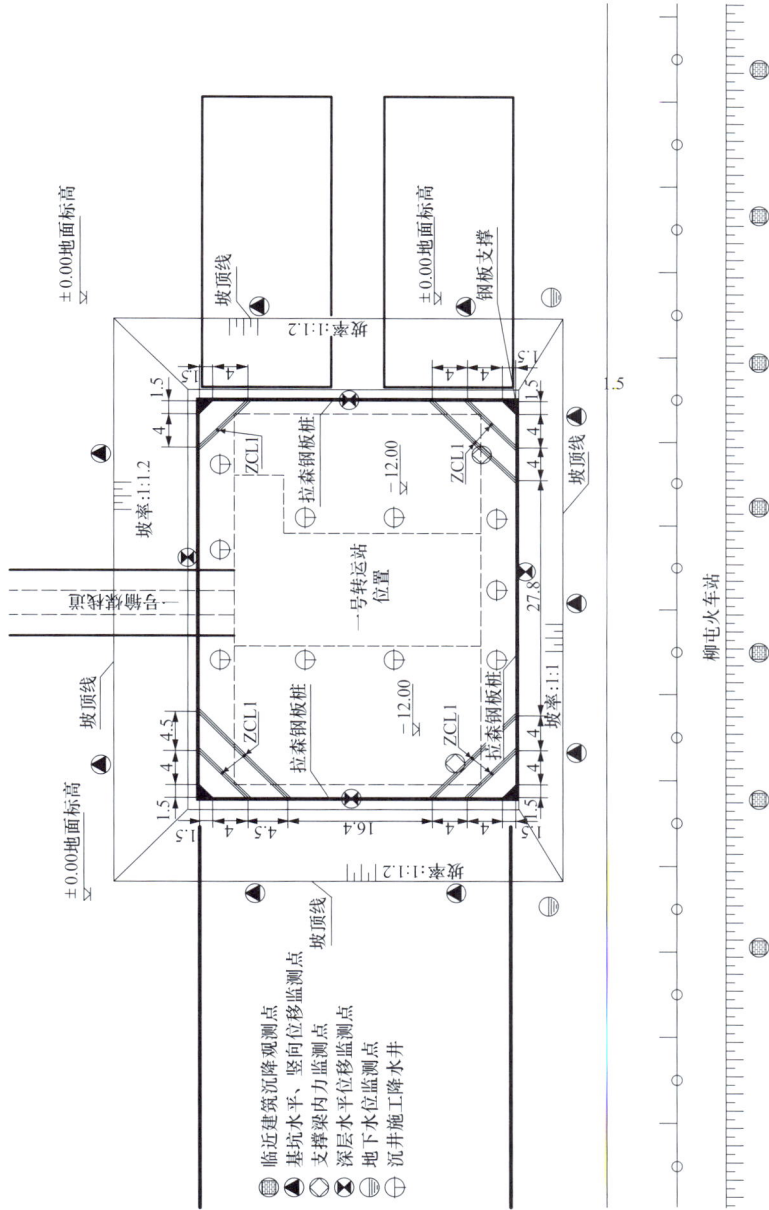

▲ 图 4-41 翻车机室基坑开挖及支护结构平面图

2. 基坑土方开挖

（1）土方开挖前的准备工作。根据施工总平面图和基坑土方开挖图，确定开挖路线、顺序，开挖边线、基底标高、边坡坡度、排水沟、集水坑位置及土方堆放地点。在施工区域内做好临时排水设施。

场地平整进行方格网桩的布置和标高测设，计算挖填土方量，对基础做好定位轴线的控制测量和校核。进行土方工程的测量定位放线，作为施工控制的依据。机械设备进场。

（2）土方开挖。基坑采用机械开挖。基坑开挖出土通道沿1号栈道（桥）自南向北进行。基坑土方开挖以"大基坑小开挖"为原则，分层、分段、对称、均衡进行。

挖掘机从基坑的端头以倒退行驶的方法进行开挖。自卸汽车配置在挖掘机的一侧装运土方。每层开挖深度不超过2m，每层分段开挖长度不得超过25m。挖掘机沿挖方边缘移动时，机械距离边坡上缘的宽度不得小于基坑深度的1/2。基坑边角部位及机械开挖不到处，应用人工配合清挖。

基坑开挖在雨季进行时，工作面不宜过大，应逐段、逐片分期完成。应特别注意基坑变形情况，同时防止地表水流入。经常对排水沟进行检查、清理，及时清除坑内积水和杂物。夜间挖土时在支撑、立柱上设红灯警示。

3. 钢板桩施工

基坑南侧放坡（1∶1坡度）开挖7m后在基坑底采用钢板桩（深15m）围护，形成止水帷幕。钢板桩采用Ⅳ型拉森钢桩，桩长为15m。基坑东、西、北侧放坡（1∶1.2坡度）开挖7m后在基坑底采用钢板桩（深12m）围护，形成止水帷幕。钢板桩施打、拔出采用液压履带式打、拔桩机。

钢板桩施工工艺流程为：钢板桩检验→钢板桩校正→定位放线→钢板桩插入和预打→沉打钢板桩→设置围檩→土方开挖→坑内主体结构施工→土方回填→拆除钢板桩。

基坑挖土和钢板桩围护支撑的安装过程应紧密配合。挖土过程中在保证安全的前提下，迅速为支撑安装创造工作面。支撑结构必须尽快产生整体刚度，以便有效控制围护体系在受力后的变形不超标。施工中不可超挖且要求分层均匀，使支护结构处于正常受力状态（见图4-42）。

4. 高压旋喷锚索施工

锚索施工工艺流程为：土方开挖→放线定孔位→钻机就位→校正孔位、调整角度→钻进（高压扩孔）成孔→安放锚索→注浆→拔套管→安装腰梁、锚头锚具→张拉锁定。

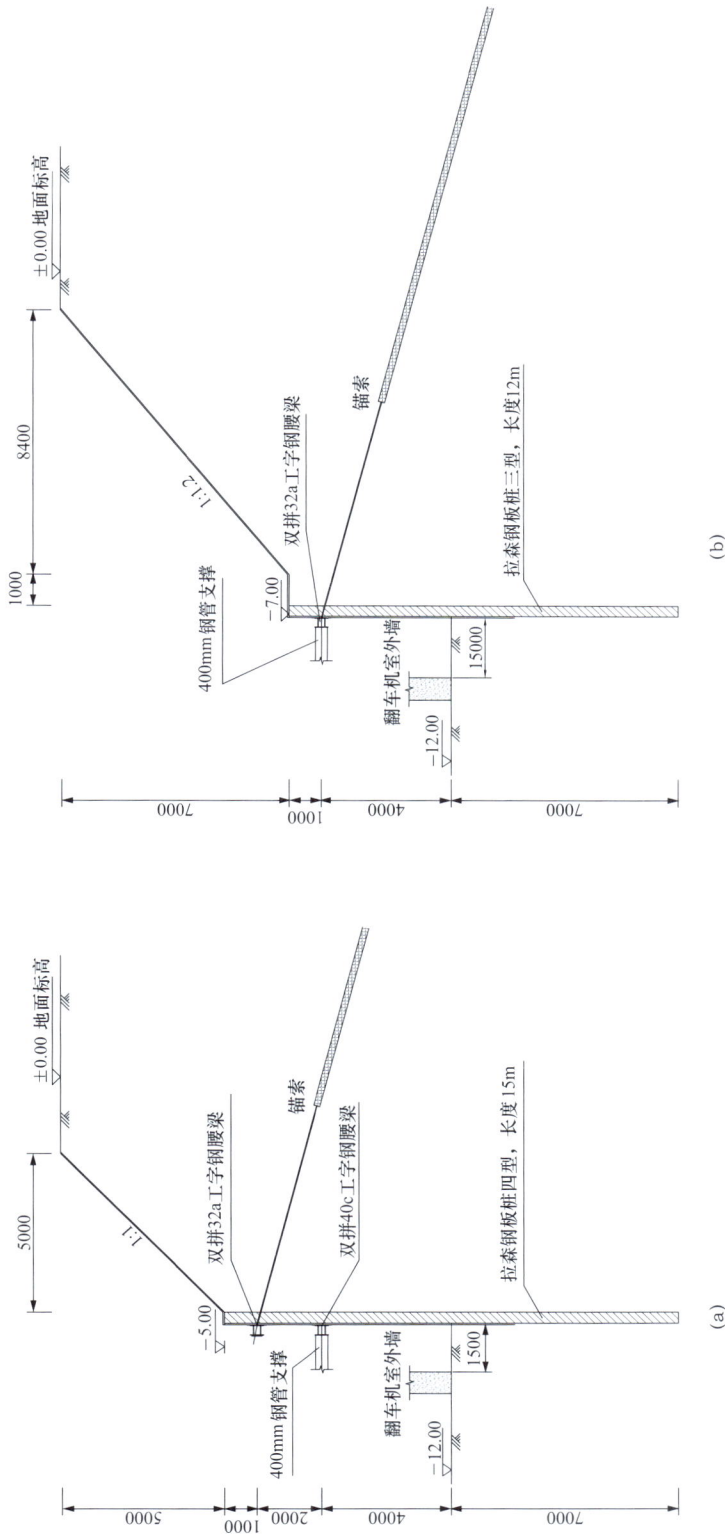

▲ 图 4-42　翻车机室基坑支护剖面图

（a）支护结构南侧剖面图；（b）支护结构东、北、西侧剖面图

钢板桩施工完成，基坑开挖至适宜锚索施工的深度后，进行锚索施工。

（四）基坑监测

1.基坑监测的目的

在基坑开挖、支护及地下工程施工过程中，应派专人对基坑、支护结构变形及周围环境条件的变化进行监测，并将监测结果及时反馈给有关人员。根据监测结果准确了解和推断基坑开挖所引起各种影响的程度、变化规律和发展趋势，并及时采取相应的措施，使整个基坑处于受控状态，确保基坑的稳定、安全。

2.基坑监测内容

基坑按相关规范进行基坑坡顶水平位移、坡顶沉降、周边建（构）筑物沉降变形、周边道路沉降、深层水平位移、地下水位、锚索内力、立柱轴向位移、支撑内力等项目进行监测，监测频率应根据施工进度及天气变化情况确定。土方开挖期间、大雨期间或变形异常时需加密监测。具体监测项目见表4-1。

▼ 表4-1   监测项目一览表

序号	项目	观测位置	监测频率		监测项目报警值	监测点布置
			开挖过程	底板完成后		
1	坡顶水平位移	围护结构顶部	1次/2天	1次/7天	50mm	基坑周边20m一个
2	坡顶水平位移	围护结构顶部	1次/2天	1次/7天	30mm	基坑周边20m一个
3	立柱桩位移	立柱桩	1次/1天	1次/2天	25mm	道路周边15m一个
4	建筑物沉降位移	基坑周边	1次/1天	1次/2天	10mm	
5	支撑梁内力检测	支撑梁	1次/1天	1次/2天	60%	
6	深层水平位移	基坑周边	1次/1天	1次/2天	45mm	
7	地下水位	基坑周边	1次/2天	1次/7天	大于1m	基坑周边布置

二、卸煤区1号转运站沉井法施工方案

（一）工程概况

1号转运站位于地下，在翻车机室下面。翻车机室结构底标高为-13.60m，1号转运站结构底标高为-25.0m，整体尺寸约13.4m×26.15m，局部凸出5.6m×6.8m，呈"L"型布置。1号转运站底板厚度为1.8m，侧壁厚度为1.5m，侧壁钢筋保护层外侧厚度为50mm，内侧厚度为30mm，混凝土标号为C40。

（二）沉井施工方案的选择

1 号转运站采用排水下沉和干封底的施工方法。翻车机室基坑支护完成并开挖至 –13.60m 标高后开始进行 1 号转运站的沉井施工。沉井先制作开口的钢筋混凝土筒身，待筒身混凝土达到一定强度后，在井内挖土使土体逐渐降低，沉井筒身依靠自重克服其与土体之间的摩阻力，不断下沉直至设计标高，然后经就位校正后进行封底施工。

1. 沉井施工过程概述

1 号转运站沉井从刃脚底（–28.00m）制作到 –13.60m，井高 14.40m，刃脚起沉面标高为 –13.60m，终沉面标高为 –28.00m。为降低施工技术难度，下沉过程中发生倾斜时易于纠正，采用分两节制作（每节高度 7.2m）、两次下沉的施工方法。

2. 降水方案的选择

沉井施工过程中为确保不受地下水的影响，采用井外降水井与井内明排相结合的降水方法。

3. 沉井施工流程

施工准备→测量定位、放线→基坑开挖至起沉标高→沉井刃脚垫层和垫架施工→第一节沉井制作→第一节沉井下沉→第二节沉井制作→第二节沉井下沉（稳定观测）→沉井封底→封底后整体检查→井内结构施工。

（三）沉井制作

1. 承垫层施工

沉井制作采取无承垫木施工方案。施工前在刃脚下对应区域铺设 200mm 厚砂垫层。为了扩大沉井刃脚的支承面，在砂垫层上铺设素混凝土（C20）垫层，厚度为 200mm。垫层需振捣密实，表面保持平整并抹光，平整度误差控制在 ±10mm 以内。

2. 沉井刃脚模板施工

沉井下部刃脚斜面模板采用砖胎模支设，刃脚的模板采用木模板。模板固定采用 ϕ14 对拉螺栓，中间焊接 50mm×50mm 止水钢片，间距为 450mm×450mm。对拉螺栓外侧采用 100mm×100mm 木方及 ϕ48 钢管加固。

3. 沉井侧壁模板施工

侧壁分两次施工制作，首节施工高度约 7.4m，施工缝处设置凹槽及埋设钢板止水带。池壁制作时在井壁外围搭设双排脚手架，井壁内侧搭设满堂脚手架。模板采用 18mm 厚胶合木模板，支撑体系采用内满堂脚手架 + 对拉螺栓固定支撑。模板安装完成后，内满堂脚手架作为支撑体系与模板相连，外脚手架作为操作平台支撑体系与模板断开。模板的固定方式与刃脚的固定方式相同。

4. 沉井钢筋的制作及安装

井壁钢筋绑扎顺序为：先立 2~4 根竖筋与插筋绑扎牢固，并在竖筋上画出水平筋分档标志；在下部和齐胸处绑扎两根横筋定位，并在横筋上画出竖筋的分档标志；绑扎其他竖筋，最后再绑扎其他横筋。

井壁钢筋应逐点绑扎，双排钢筋之间应绑扎拉筋或支撑筋，其纵、横间距不大于600mm。钢筋纵、横向每隔 1000mm 设混凝土垫块。底部的钢筋用与混凝土保护层同厚度的水泥砂浆垫块支垫。

5. 混凝土浇筑及养护

由于沉井每节段混凝土浇筑量较大，所以采用泵送混凝土。沉井刃脚及侧壁混凝土的浇筑采用分段、对称、均匀、连续进行，以免造成地基不均匀下沉而导致沉井倾斜、裂缝。每一节段混凝土应一次连续浇筑完成，混凝土达到设计强度的 70% 后方可浇筑上一节段。

混凝土施工缝采用止水钢板进行衔接。在浇筑上一节段混凝土时，对下一节段混凝土上结合面进行凿毛和清洗。在浇筑上一节段混凝土时，首先铺撒一层与池壁混凝土相同配合比的水泥砂浆，然后再进行池壁混凝土浇筑。

（四）沉井下沉

1. 下沉前的准备工作

下沉前对浇筑完成的井壁结构的外观、混凝土强度、抗渗性能进行检查。根据勘测报告计算沉井下沉的摩擦阻力及下沉系数。

沉井壁北侧预留有与输煤廊道接口的孔洞，这会使得沉井壁四边质量不均衡。沉井下沉过程中易使沉井产生倾斜，泥土和地下水还会经此孔洞涌入井内。为消除预留孔洞对下沉操作产生的不利影响，在井壁浇筑完成拆模后对此孔洞两侧用钢板进行封堵并密封。

沉井在下沉过程中有可能出现因受土体的抗力而停止下沉的情况。事前需准备相当数量的钢筋作为压载物，当出现该类情况时将钢筋堆放在侧壁上部增加井身的质量。

混凝土达到 100% 设计强度后方可凿除刃脚素混凝土垫层，并将混凝土块清理干净。同时在刃脚内外侧填筑小土堤，并分层夯实。凿除素混凝土垫层时要加强观测，注意下沉是否均匀。

2. 下沉过程中的土方开挖

沉井内的土方开挖采用小型（0.25m^3）液压反铲挖掘机，预制铁箱吊斗在井内装土，利用布置在沉井西北侧的 QTZ125 塔吊向外吊运，自卸汽车外运。井内挖出的土方应及时外运，不得堆放在沉井旁，以免造成沉井偏斜或位移。

沉井内挖土应依沉井南北中心线划分若干个工作面，挖土应分层、均匀、对称地进行。挖土要点是：从沉井中间开始逐渐挖向四周，每层挖土厚度为 0.4~0.5m。沿刃脚周围保留 0.5~1.5m 的土堤，再沿沉井井壁每 2~3m 一段向刃脚方向逐层、全面、对称、均匀地削薄土层，每次削 50~100mm。当土层经不住刃脚的挤压而破裂时，沉井便在自重的作用下挤土下沉。

要特别注意保持沉井平面位置与垂直度正确，以免继续下沉时偏差过大不易调整。

3. 下沉过程中的控制措施

沉井下沉过程中，应安排专人进行测量观察。沉降观测每 8h 至少 2 次，刃脚标高和位移观测每 8h 至少 1 次。当沉井每次下沉稳定后，应进行高差和中心位移测量。沉井从开始下沉至 5m 以内的深度时，要特别注意保持沉井的水平与垂直度，否则在继续下沉时容易发生倾斜、偏移等问题，而且纠偏也较为困难。沉井下沉接近设计标高时，井内土体的每层开挖深度应小于 300mm 或更薄些，以避免沉井发生倾斜。沉井时如发现有异常情况，应及时分析研究，采取有效的应对措施。

（五）沉井封底

当沉井下沉到距设计标高 100mm 时，应停止井内挖土，使其依靠自重下沉至设计或接近设计标高，同时在刃脚下填塞片石，回填土石碎屑从刃脚至垫层下皮。再经观测在 8h 内累计下沉量不大于 10mm 时，即可进行沉井封底施工。

1. 沉井底部垫层的处理

该沉井采用排水封底。方法是将新老混凝土接触面冲刷干净或打毛，对井底进行修整使之成锅底形，锅底最低处距离池壁刃角底标高为 0.5m。由刃脚向中心挖放射形排水沟，填以卵石做成滤水暗沟，挖 2m 深集水井，插入 $\phi600$ 四周带孔眼的钢管，外包 2 层尼龙窗纱，四周填以卵石，使井底的水流汇集在井中，用潜水泵排出保持地下水位低于基底面 0.5m 以下。然后从锅底标高满填石屑至垫层下皮标高。

2. 沉井封底层混凝土浇筑

在基底浇一层 100mm 厚的混凝土垫层，特别是在刃脚下部位应填严，振捣密实，以保证沉井的最后稳定。混凝土垫层达到 50% 设计强度后，在垫层上开始绑扎钢筋，两端伸入刃脚或凹槽内，浇筑底板混凝土。底板混凝土与池壁混凝土接触面应冲刷干净。浇筑应在整个沉井面上分层，同时不间断地进行，由四周向中央推进，每层厚 300~500mm，并用振捣器捣实。

3. 沉井封底层混凝土养护及降水井的处理

封底混凝土采用自然养护，养护期间应继续降水。待主体土建工程完工后，对集水井逐个停止抽水，逐个封堵。封堵方法是将集水井中水抽干，在套管内迅速用干硬性的高强度混凝土进行堵塞并捣实，然后将上法兰盘用螺栓拧紧或四周焊接封闭，上部用混凝土垫平捣实（见图4-43和图4-44）。

▲ 图4-43　沉井施工场景（一）

▲ 图4-44　沉井施工场景（二）

三、储煤场封闭网架安装方案

（一）设计简介

储煤场采用网架式封闭双条形煤场，每个条形煤场内各设一台悬臂式斗轮堆取料机及地面带式输送机。煤场封闭网架由主体结构和围护结构组成。主体结构采用螺栓球节点正放四角锥三心圆柱面网壳结构。每座网架长度为201m，跨度为103m，最高点标高为48m，网架网格尺寸约4m×4m（见图4-45和图4-46）。

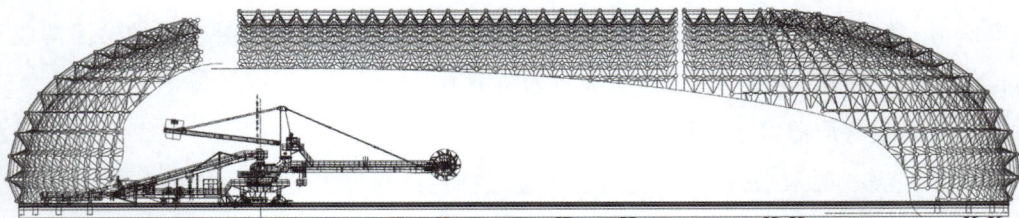

▲ 图4-45　煤场封闭纵断面图

（二）网架安装方案

1.总体安装方案简介

根据现场施工条件，选择起步网架吊装然后散装方案。先在地面将31~35轴线的网架分两段拼装，然后利用大吨位汽车吊将其吊起并在高空对接合拢，形成一个稳定

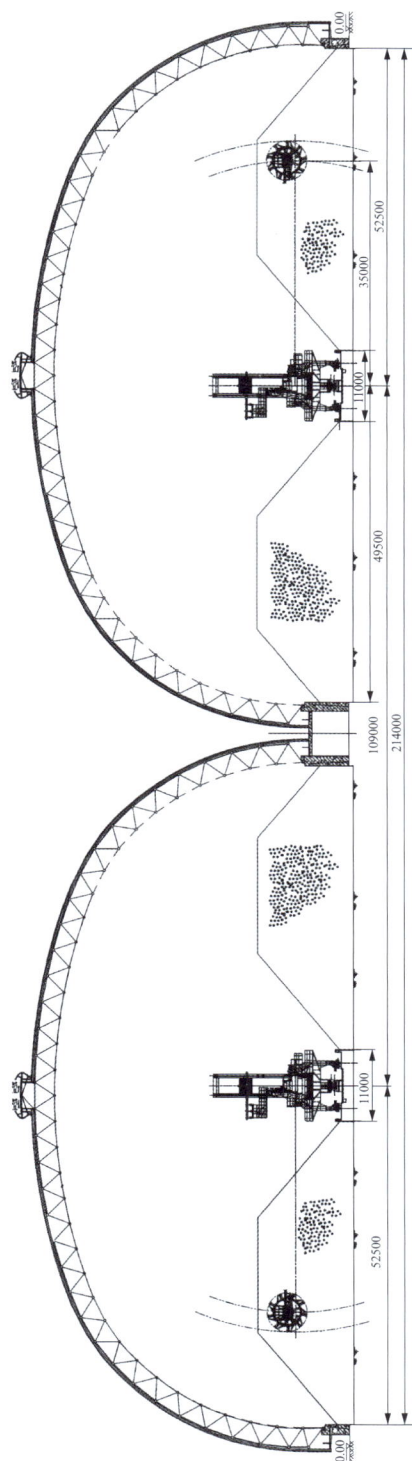

▲ 图 4-46　煤场封闭横断面图

的结构单元（起步网架）。其余部分以起步网架为基准分别沿 31 → 1 轴、35 → 65 轴的方向按照拼三脚架和推三脚架的小单元高空散装法完成吊装，每个小单元一般由 1 个节点球和 4 根杆件组成。

2. 安装工艺流程

施工准备→基础验收、复查→地面拼装起步网架→起步网架吊装、高空合拢→校正→小单元吊装→校正→支座焊接→防腐油漆→整体验收。

3. 起步网架的地面拼装

先将下弦球支座安装在煤场挡墙网架支撑柱柱顶的预埋螺栓上，再将网架支撑点下弦球放置在支座中（待起步网架拼装合拢并找正后再与支座焊接固定）。这时支座中的下弦球可以在支座中转动。

以支座上的下弦球为支撑旋转点先将网架拼装若干节，利用汽车吊将这段网架的延伸端吊起并继续向前拼装若干节。汽车吊回钩将延伸端回落至地面，向前移位再次吊起延伸端并向前拼装。依此类推，将起步网架的半段拼装完成。按照相同的方法同时拼装起步网架的另一半段。

4. 起步网架的吊装合拢

每段起步网架的端部由两台 160t 汽车吊吊起。先将东半段起步网架吊起，起吊高度略高于设计高度。由 2 台汽车吊吊起西半段起步网架端部与东半段对接。

起步网架吊装合拢并形成稳固单元后，利用汽车吊将预先在地面组装好的小单元三角锥（通常为一个上弦球、2 根上弦杆和 2 根腹杆或一个下弦球、2 根下弦杆和 2 根腹杆组成），在高空顺延起步网架向南、北方向依次吊装（见图 4-47 和图 4-48）。

▲ 图 4-47　起步网架吊装合拢场景（一）

▲ 图 4-48　起步网架吊装合拢场景（二）

5. 直线段网架散装吊装方法

因为起步网架每个断面有 6 个上弦球和 5 个下弦球（也就是 5 个上弦网格和 4 个下弦网格），所以直线段网架的安装顺序是由起步网架的一端基础部位顺着网架弧度先安装下弦三角锥，到头后再安装上弦三角锥。如此循环往复直至直线段安装完成（见图 4-49 和图 4-50）。

▲ 图 4-49　下弦三角锥吊装

▲ 图 4-50　上弦三角锥吊装

每个小单元由汽车吊提升至安装位置后，施工人员将其与已安装完成的网架进行找正、对接。对接时迅速将螺栓对准相应的球孔，用扳手或管钳将该杆件紧固到位。在杆件紧固过程中，一人紧固，另一人摇动杆件，以使杆件与节点球结合紧固到位。

6. 端部球面网架吊装方法

两端球面网架的安装方法与直线段的安装方法相似。在地面预先拼装好相应的锥体，然后利用汽车吊从一端向另一端进行高空散装。

第五章
锅炉施工方案

第一节　锅炉安装大型机械配置

一、1号锅炉大型机械配置

1号锅炉安装选用 D1400-84/84t 平臂式塔吊作为主吊车。84t 平臂吊布置在 1 号炉左侧，距 G1 列中心线 6500mm，距 K3 排柱中心炉后方向 5000mm，塔身附着在 K3 和 K4 排钢架上。第一层附着高度为 38m 左右，第二层附着高度为 76m 左右，2 层附着后塔身高度为 136m，有效起升高度为 131m。

1号锅炉钢架吊装结束具备承载条件后在炉顶布置 1 台 16t 平臂塔吊作为炉顶吊，配合主塔吊完成锅炉设备的吊装。炉顶吊布置于锅炉中心线偏左 3.775m、K5 板梁中心线偏炉前 3.5m 位置。

二、2号锅炉大型机械配置

2号锅炉安装选用 BTQ2900/125t 电动轨道式塔吊作为主吊车，布置于锅炉右侧。塔吊轨道平行于汽机房，中心对应在锅炉 K3~K4 之间，距离 K3 排柱中心 1000mm。塔吊使用塔式工况，69.2m 主臂，51m 副臂。在吊装大板梁时使用 69.2m 主臂 +30m 副臂工况。

2号锅炉钢架吊装结束具备承载条件后，在炉顶布置 1 台 25t 平臂塔吊作为炉顶吊，配合 125t 主吊车完成锅炉设备的吊装。炉顶吊布置于锅炉中心线偏左 9.053m，K5 板梁中心线偏炉前 1.653m 位置。

三、配合机械配置

配备一台 QUY650/650t 履带吊，布置在 1 号炉周边配合 D1400-84/84t 平臂塔吊完成 1 号炉大板梁的吊装工作，同时也负责 1 号炉部分钢架、受热面的吊装。

QUY650/650t 履带吊还承担 1 号汽轮机除氧器、高压加热器等大件设备的吊装。

配备一台 CC2500-1/500t 履带吊，布置在 2 号炉周边配合 BTQ2900/125t 塔吊完成 2 号炉大板梁的吊装工作，同时也负责 1 号炉部分钢架、受热面的吊装。CC2500-1/500t 履带吊还承担 2 号汽轮机除氧器、高压加热器等大件设备的吊装。

每台机组的组合场各布置 2 台 40t 龙门式起重机，1 台用于烟风道组合场，1 台用于锅炉加热面组合场。现场配备 75、50、25t 等各类型汽车吊若干台，完成辅助系统设备等零星吊装倒运工作。配备 40、25t 吨位等级平板车，负责设备转运。

四、大型机械使用安全注意事项

锅炉及主厂房区域多台大型吊车同时布置，使用过程中的互相避让、防止碰撞尤为重要。

1 号锅炉区域 D1400-84/84t 平臂吊高度最高，次高度的为炉顶 16t 平臂塔吊。周边的吊车有 A0 列外用于主厂房施工的平臂塔吊，以及 4 号输煤转运站施工的平臂塔吊。布置于炉顶的平臂吊回转应防止与 84t 平臂吊塔身相碰，2 台塔吊应划分工作区域，避免互相影响而降低工作效率。炉顶 16t 平臂塔吊和 84t 平臂吊高度较高，但在吊钩回落至较低位置时应避免与较低的塔吊臂架相碰。

2 号锅炉区域的情况与 11 号锅炉区域基本相同，不同的是作为 2 号炉主吊车的 BTQ2900/125t 塔吊可以沿轨道行走一定的距离。布置于 2 号炉顶的 25t 平臂塔吊在工作时，要注意避让 BTQ2900/125t 塔吊和承担 2 号除尘器吊装任务的塔吊。

监理牵头、有关施工单位参加制订主厂房区域大型机械的工作、避碰措施，规定每台吊车的工作区域、时段及联络方式。锅炉主吊车布置平面图见图 5-1。

第二节　锅炉钢架吊装方案

一、锅炉钢架布局

锅炉钢架采用全钢结构，由顶板、柱、梁、垂直支撑和水平支撑组成一个空间支撑体系，构件之间用高强螺栓连接。锅炉采用岛式露天布置，在运行层锅炉钢架范围内采用重型钢格栅平台，炉前部分为钢筋混凝土平台。炉顶采用大罩壳密封结构，设置轻型钢屋盖。

锅炉钢结构沿宽度方向共分 7 列，从左向右依次为 G1~G7 列，总跨距为 49000mm。

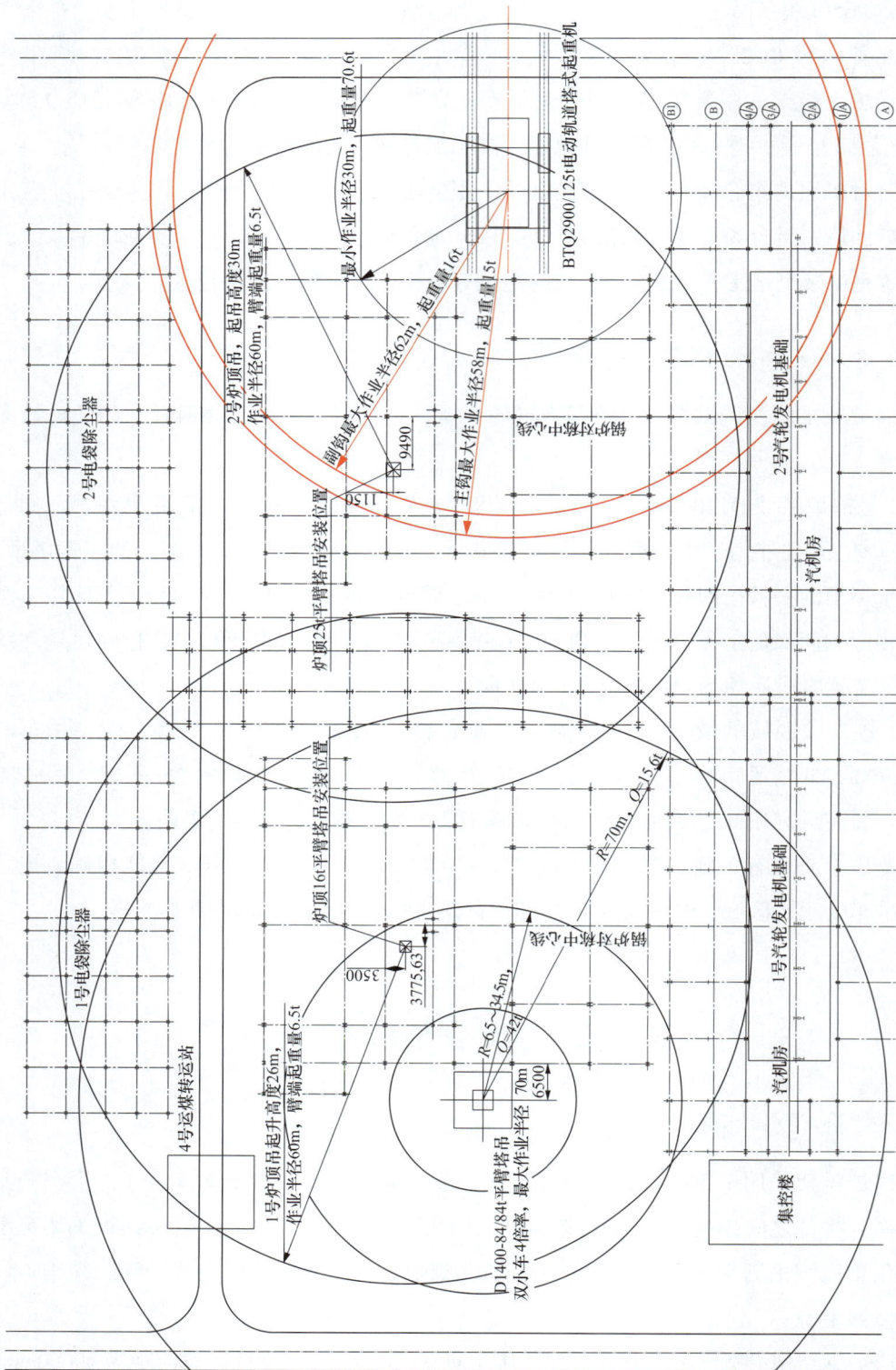

▲ 图5-1 锅炉主吊车布置平面图

沿深度方向共分 9 排，自前向后依次为 K1~K7 排，总跨距为 59500mm。K1~K5 排为锅炉主钢架，K6、K7 排为脱硝钢架。

锅炉主钢架自下而上立柱在高度方向分为 7 段，第 7 段立柱的柱顶标高因位置不同而不同。G1、G7 列柱顶标高为 80.4m；K1 排 G3~G5 列柱顶标高为 82.4m，K2~K4 排 G3、G5 列柱顶标高为 80.4m，K5 排 G3~G5 列柱顶标高为 81.5m。

锅炉钢结构在 K1~K5 排主立柱顶部布置有大板梁，其中 K1 和 K5 板梁以整体单梁的形式供货。K2~K4 以上下两半的叠梁形式供货。顶板梁之间的主梁、次梁、受压件支吊梁形成 85.52m 刚性平面。脱硝钢架立柱自下而上分为 3 段，柱顶标高为 51.6m。

二、锅炉钢架吊装总体顺序

锅炉钢架的吊装总体上分为三个阶段，即主体钢架吊装阶段、顶板梁层吊装阶段、脱硝钢架吊装阶段。K0 列钢架在顶板梁层吊装结束后穿插进行吊装。

（一）锅炉主体钢架吊装顺序

1.1 号锅炉主体钢架吊装顺序

1 号锅炉钢架开始吊装时 D1400-84/84t 平臂吊尚未安装到位，第一段钢架由 1 台 CC1500/150t 履带吊和 1 台 70t 汽车吊负责吊装。为便于 150t 履带吊进出炉膛区域，炉左履带吊行走通道处横梁和垂直支撑缓装。第一段钢架吊装的同时进行 D1400-84/84t 平臂吊的基础施工。

第二段钢架吊装的同时进行 D1400-84/84t 平臂吊的安装。该阶段使用 M250/250t 履带吊、CC1500/150t 履带吊和 1 台 70t 汽车吊共同完成第二段钢架吊装和 D1400-84/84t 平臂吊安装。

第三段及以上主体钢架吊装使用 D1400-84/84t 平臂吊和 M250/250t 履带吊共同完成。为便于锅炉顶板梁的吊装，K5 排第三段以上部分缓装（见图 5-2）。

2.2 号锅炉主体钢架吊装顺序

2 号锅炉第一段钢架的吊装工作由 1 台 M250/250t 履带吊、1 台 50t 履带吊和 1 台 70t 汽车吊共同完成。第一段钢架吊装的同时进行 BTQ2900/125t 塔吊的安装。由于 2 号锅炉空气预热器到货较及时，第一段钢架吊装结束时即吊装预热器下部主梁。

2 号锅炉第一段钢架吊装结束，BTQ2900/125t 塔吊也投入使用。第二段以上的钢架吊装由 BTQ2900/125t 塔吊和 M250/250t 履带吊共同完成。2 号锅炉第三段钢架吊装结束后，CC2500-1/500t 履带吊加入到钢架吊装工作中。此时 M250/250t 履带吊主要负责侧煤仓钢结构的吊装（见图 5-3）。

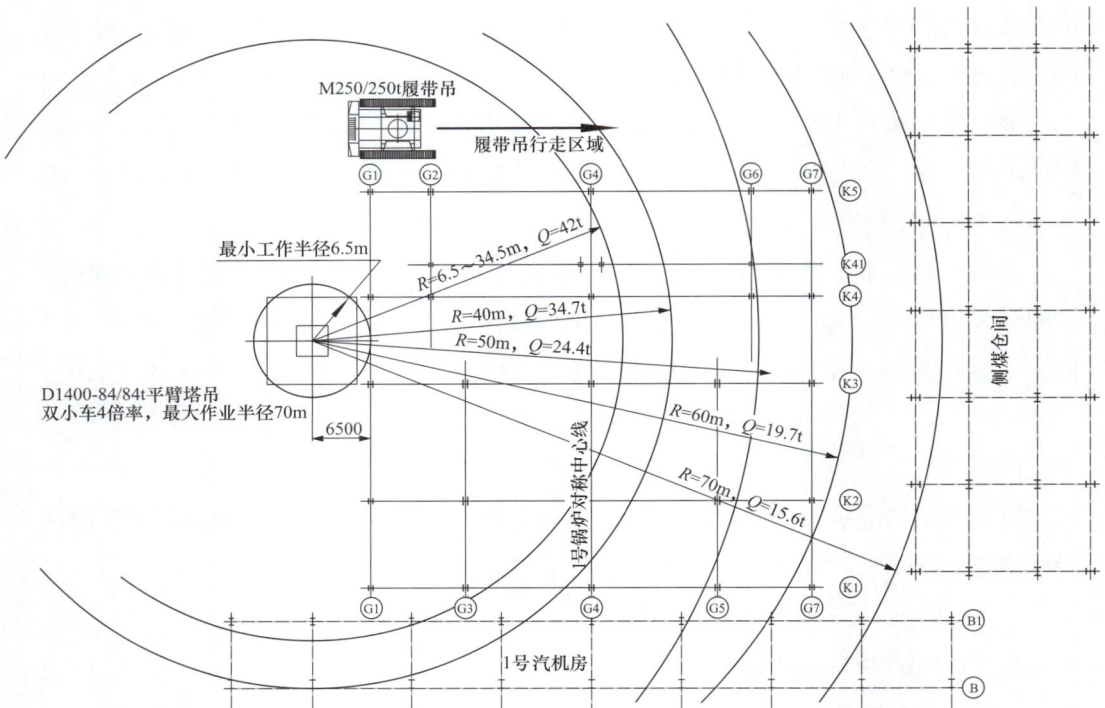

▲ 图5-2　1号锅炉第二段及以上部分钢架吊装时机械布置平面图

▲ 图5-3　2号锅炉钢架吊装场景

图 5-3 所示为 2 号锅炉钢架吊装场景。右侧为 M250/250t 履带吊正在吊装侧煤仓钢结构，中部为 CC2500-1/500t 履带吊，左侧为 BTQ2900/125t 塔吊。

（二）锅炉顶板梁层钢架吊装

1 号锅炉顶板梁的吊装使用 D1400-84/84t 平臂吊和 QUY650/650t 履带吊共同完成。2 号锅炉顶板梁的吊装使用 BTQ2900/125t 塔吊和 CC2500-1/500t 履带吊共同完成。K1~K5 板梁共 8 件，均使用两车抬吊的方法吊装就位。

（三）脱硝钢架吊装

脱硝钢架位于锅炉主体钢架后部，其后有除尘器前烟道支架，其下有送风机、一次风机，位置狭小、交叉施工多。为此，如何安排好位于炉后部分的脱硝钢架、前烟道支架及其基础、送风机及其基础、一次风机及其基础等的施工顺序是确保该工程工期的重点协调部位之一。

1. 1 号炉脱硝钢架吊装

因脱硝钢架下部布置有两台送风机和两台一次风机，所以脱硝钢架吊装和风机基础施工、风机大件设备就位应穿插进行。1 号锅炉脱硝区域总体施工安排如下：

（1）施工 1 号炉右侧送风机、一次风机（各一台）基础，基础完工后风机大件设备就位。

（2）吊装脱硝钢架右侧第一段。

（3）施工 1 号炉左侧送风机、一次风机（各一台）基础，基础完工后风机大件设备就位。

（4）吊装脱硝钢架左侧第一段。

（5）吊装脱硝钢架的第二段，同时进行脱硝烟道的寄存。

（6）吊装脱硝钢架的第三段，同时进行脱硝反应器壳体及进口烟道的吊装。

脱硝钢架及脱硝设备的吊装主要使用布置于炉顶的 16t 平臂塔吊，较重的部件使用 D1400-84/84t 平臂吊。50、70t 汽车吊在锅炉零米作为辅助吊车使用（见图 5-4 和图 5-5）。

图 5-4 中，1 号炉前烟道支架已施工完毕，烟道已寄存，4 号输煤栈桥（最后一段）桁架已吊装完毕。1 号炉右侧的风机基础已施工完成，风机设备正在安装。

如图 5-6 和图 5-7 所示，脱硝钢架右侧主体已吊装完毕，左侧风机基础已施工完毕，脱硝钢架左侧第一段正在吊装中。

2. 2 号炉脱硝钢架吊装

2 号炉脱硝钢架吊装主要使用布置于炉顶的 25t 平臂吊和 BTQ2900/125t 塔吊。50、

▲ 图5-4　1号炉炉后区域俯瞰

▲ 图5-5　1号炉右侧脱硝钢架第一段吊装

▲ 图5-6　1号炉脱硝钢架吊装

▲ 图5-7　1号炉脱硝钢架及反应器壳体施工

70t汽车吊在锅炉零米作为辅助吊车使用。由于没有炉后输煤栈桥的影响，2号炉脱硝钢架没有划分为左右侧先后吊装，而是逐层吊装。

3. 钢架缓装件

（1）1号锅炉缓装件。下部钢架G1/K2与K3垂直支撑缓装，作为向炉膛零米运送设备的通道。炉前K0与K1排、G4与G5之间，距G5列5m储水罐垂直区域内平台、水平支撑缓装，作为储水罐吊装通道。K2与K3、K4与K5之间顶板梁之间，中心线次梁缓装，作为前炉膛、后竖井及烟道的大件吊装通道；大件寄存后，次梁安装。吊挂梁随受热面吊装进度安装。顶板右侧K2~K5之间，侧水、侧包吊挂梁与G5列连梁之间的水平支撑及小梁缓装，作为前后炉膛内部受热面设备的吊装通道。

（2）2号锅炉缓装件。由于1号炉主吊车（D1400-84/84t平臂吊）位于炉左，2号炉主吊车（BTQ2900/125t塔吊）位于炉右，所以两台炉的吊装通道为镜像对称。因此，2号炉钢架的缓装件位置与1号炉缓装件的位置也是镜像对称的。

由于 2 号锅炉主吊车 BTQ2900/125t 塔吊的主、副臂铰接点低于钢架顶标高，致使两者存在"卡杆"现象，影响塔吊的有效作业半径。为使 BTQ2900/125t 塔吊能更多地覆盖锅炉区域，2 号炉 G7K3 柱第 7 段缓装，相应的与其连接的梁、支撑也缓装，如图 5-8 所示。

▲ 图 5-8　2 号锅炉钢架 G7K3 柱第 7 段缓装场景

三、1 号锅炉大板梁吊装方案

（一）大板梁简况

K1、K5 板梁以整体单梁的形式供货，K2~K4 以上下两半的叠梁形式供货。大板梁外形尺寸及质量见表 5-1。

▼ 表 5-1　　　　　　　　大板梁外形尺寸及质量一览表

部件名称	质量（kg）	数量	尺寸（mm）	梁顶标高（mm）	备注
K1（MB-1）	31807	1	H2500×800×25×40，L=29100	85000	单梁
K2（MB-2）上	63146	1	H3000×1000×30×100，L=29100	85500	叠梁
K2（MB-2）下	47665	1	H2000×1000×30×100，L=29100	82500	
K3（MB-3）上	83301.6	1	H3700×1200×40×100，L=29100	86600	叠梁
K3（MB-3）下	62167.4	1	H2400×1200×40×100，L=29100	82900	
K4（MB-4）上	141826.5	1	H4300×1600×50×120，L=36700	87700	叠梁
K4（MB-4）下	109702.5	1	H2900×1600×50×120，L=36700	83400	
K5（MB-5）	51940	1	H3400×1000×25×40，L=36700	85000	单梁

（二）1号锅炉大板梁吊装机械布置及性能

1号锅炉大板梁的吊装使用D1400-84/84t平臂塔吊和QUY650/650t履带吊共同完成。K1~K5板梁共8件，均使用两车抬吊的方法吊装就位。

D1400-84/84t平臂吊吊钩使用双小车8倍率，最大起升高度为131m，最大起重量为84t，工作半径为70m时起重量为14.3t。

（三）K1（BM-1）板梁吊装

K1板梁由D1400-84/84t平臂吊和QUY650/650t履带吊（站位于炉后）共同抬吊就位，由锅炉炉膛0.0m地面起吊。

1. K1板梁起吊就位过程简述

平板车将K1板梁运输至1号炉左侧道路，然后由D1400-84/84t平臂吊将其卸放于紧靠炉左侧的地面，再由84t平臂吊将板梁扶正、支垫平稳后在其上翼缘上搭设作业平台。

由84t平臂吊、650t履带吊、70t汽车吊共同配合将K1板梁移进1号锅炉炉膛内的地面。

K1板梁在炉膛地面由两台吊车平抬吊离地面。84t平臂吊吊点在板梁左侧，偏向炉前；650t履带吊吊点在板梁右侧，偏向炉后。板梁吊离地面后使板梁右侧高于左侧，倾斜30°左右，然后匀速起升。当板梁高度超出最上一段钢架时逐渐将其调平，然后两吊车转杆并调整幅度使板梁对正K1列柱头。缓慢回落吊钩使K1板梁回落在柱头上。

2. K1板梁起吊及负荷分配

K1板梁由炉膛地面起吊时，84t平臂吊吊点位于板梁左侧，距板梁中心8.9m，工作半径为32m。650t履带吊吊点位于板梁右侧，距板梁中心8.9m，工作半径为43m。

K1板梁质量为31.807t，在其上搭设的脚手架质量按1.0t计。两台吊车分担的负荷均为16.404t。

84t平臂吊吊钩使用双小车4倍率，32m作业半径时额定起重量为42t。吊钩钢丝绳超出塔吊自由高度（80m）的质量为0.59t，吊装钢丝绳、吊具质量为0.75t。

84t平臂吊此时的负荷率为：$[(16.404+0.75)/(42-0.59)] \times 100\%=41.4\%$。

650t履带吊作业半径为43m，额定起重量为43t。使用100t吊钩，吊钩自重3.6t。吊装钢丝绳、吊具质量为0.76t。此时负荷率为：$[(16.404+0.76)/(43-3.6)] \times 100\%=43.6\%$。

1号锅炉K1板梁水平抬吊时负荷分配见图5-9。

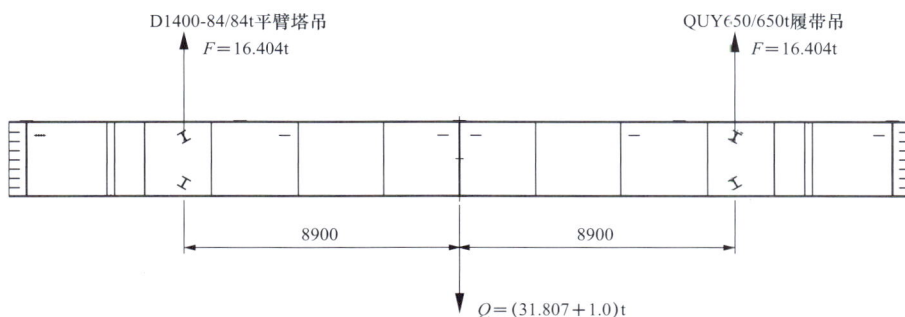

D1400-84/84t平臂塔吊
$F=16.404t$

QUY650/650t履带吊
$F=16.404t$

8900   8900

$Q=(31.807+1.0)t$

▲ 图 5-9 1 号锅炉 K1 板梁水平抬吊时负荷分配图

3. K1 板梁起升过程负荷分配

K1 板梁在炉膛内起升过程中需保持倾斜状态，倾斜角度约 30°，650t 履带吊吊点一侧（板梁右侧）高于 84t 平臂吊吊点一侧（板梁左侧）。该工况下两吊车负荷分配情况如图 5-10 所示。

84t 平臂吊此时的负荷率为：$[（15.62+0.75）/（42-0.59）]×100\%=39.5\%$。

650t 履带吊的负荷率为：$[（17.19+0.76）/（43-3.6）]×100\%=45.6\%$。

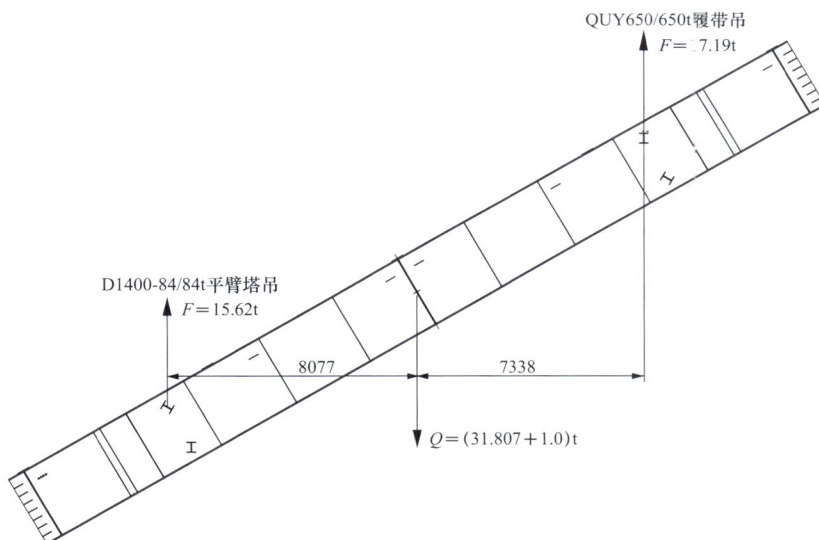

QUY650/650t履带吊
$F=17.19t$

D1400-84/84t平臂塔吊
$F=15.62t$

8077   7338

$Q=(31.807+1.0)t$

▲ 图 5-10 1 号锅炉 K1 板梁倾斜抬吊时负荷分配图

4. K1 板梁就位时负荷分配

1 号锅炉 K1 板梁吊装平面图见图 5-11。

K1 板梁就位时 84t 平臂吊工作半径为 36m，额定起重量为 39.7t；650t 履带吊工作半径为 53.5m，额定起重量为 30t（见图 5-12 和图 5-13）。

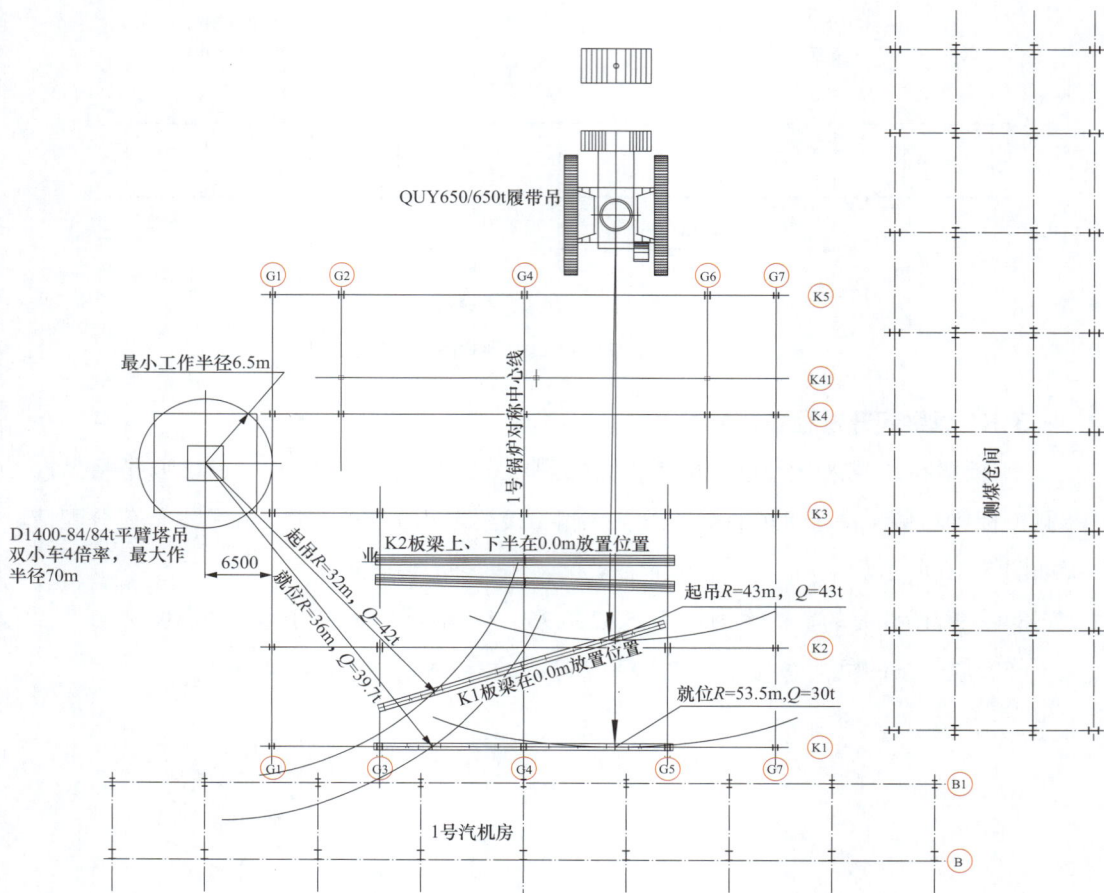

▲ 图 5-11　1号锅炉K1板梁吊装平面图

▲ 图 5-12　K1板梁吊装中（由炉右向炉左看）

▲ 图 5-13　K1板梁就位

　　84t 平臂吊此时的负荷率为：[（16.404+0.75）/ 39.7] ×100%=43.2%。

　　650t 履带吊的负荷率为：[（16.404+0.76）/（30-3.6）] ×100%=65.0%。

（四）K2（BM-2）板梁吊装

K2 板梁上、下部分均由锅炉炉膛 0.0m 地面起吊，起吊方法与 K1 板梁相同。K2 板梁上半部分吊装时由于下半部分已就位，吊装空间较为狭小，吊装过程中的操作较 K1、K2 下半部分困难。

84t 平臂吊吊钩使用双小车 4 倍率，650t 履带吊使用 100t 吊钩。K2 下半起吊、就位全过程两台吊车的符合率均不大于 80%。K2 上半吊离地面时 84t 平臂吊负荷率为 81.1%，就位时 84t 平臂吊负荷率为 80.0%，650t 履带吊负荷率为 33.5%（见图 5-14 和图 5-15）。

▲ 图 5-14　K2 上梁吊装中（由炉左前向炉后看）

▲ 图 5-15　K2 上梁就位

（五）K3、K4、K5 板梁吊装

K3~K5 板梁共 5 件，均采用 84t 塔吊和 650t 履带吊抬吊，由炉后起吊就位（见图 5-16 和图 5-17）。

▲ 图 5-16　K4 板梁上半吊装中

▲ 图 5-17　K4 板梁上半吊装就位

由于K3~K5板梁单件吨位较大，所以84t塔吊吊钩使用双小车8倍率 [吊钩钢丝绳超出塔吊自由高度（80m）的质量为1.18t]。QUY650/650t履带吊使用78m主臂、30m副臂的超起塔式工况，330t吊钩（自重8.9t）。K3~K5板梁各件起吊时的吊装参数见表5-2，就位时的吊装参数见表5-3。

▼ 表5-2　　　　　　　　　　　K3~K5板梁各件起吊时吊装参数

塔吊	参数名称	K3下半	K3上半	K4下半	K4上半	K5
	板梁起吊质量（t）	63.167	84.302	110.703	142.827	52.94
84t平臂塔吊	吊点距板梁中心（m）	12.08	12.08	17.18	17.18	9.5
	工作半径（m）	21	21	19	19	25
	分担的负荷（t）	33.492	44.447	46.631	59.945	15.88
	实际起重能力（t）	76.42	76.42	82.82	82.82	41.41
	负荷率	43.8%	58.2%	56.3%	72.4%	38.3%
650t履带吊	吊点距板梁中心（m）	13.0	13.0	12.16	12.16	3.8
	工作半径（m）	21	21	20	20	28
	分担的负荷（t）	31.175	41.355	65.572	84.382	38.56
	实际起重能力（t）	111.1	111.1	117.1	117.1	75.1
	负荷率	28.1%	37.2%	56.0%	72.1%	51.3%

▼ 表5-3　　　　　　　　　　　K3~K5板梁各件就位时吊装参数

塔吊	参数名称	K3下半	K3上半	K4下半	K4上半	K5
	板梁起吊质量（t）	63.167	84.302	110.703	142.827	52.94
84t平臂塔吊	吊点距板梁中心（m）	12.08	12.08	17.18	17.18	9.5
	工作半径（m）	19.6	19.6	14.7	14.7	27.5
	分担的负荷（t）	33.492	44.447	46.631	59.945	15.88
	实际起重能力（t）	80	80	84	84	42
	负荷率	41.9%	55.6%	55.5%	71.4%	37.8%
650t履带吊	吊点距板梁中心（m）	13.0	13.0	12.16	12.16	3.8
	工作半径（m）	30	30	22	22	22
	分担的负荷（t）	31.175	41.355	65.572	84.382	38.56
	实际起重能力（t）	67.1	67.1	105.1	105.1	105.1
	负荷率	46.5%	61.6%	62.4%	80.3%	36.7%

注　1. 表中质量单位均为t，长度单位均为m。
　　2. 板梁起吊质量为板梁质量＋脚手架质量。
　　3. 分担的负荷为"板梁＋脚手架质量"分配到每台吊车的质量再加上吊钩下"钢丝绳、吊具的质量0.75t"。
　　4. 每台车的实际起重能力为钩下起质量。

四、2 号锅炉大板梁吊装方案

（一）2 号锅炉吊装机械布置及性能

2 号锅炉顶板梁的吊装使用 BTQ2900/125t 电动轨道式塔吊和 CC2500-1/500t 履带吊共同完成。K1～K5 板梁均采用两台吊车抬吊的方式就位。125t 塔吊在板梁吊装阶段使用 69.2m 主臂、30m 副臂的塔式工况。

500t 履带吊站位于炉后，SWSL 塔式工况。在吊装 K1 板梁时使用 78m 主臂、54m 副臂超起塔式工况，45t 吊钩（自重 3.5t）。吊装 K2、K3 板梁时使用 78m 主臂、42m 副臂超起塔式工况，45t 吊钩。吊装 K4、K5 板梁时使用 78m 主臂、24m 副臂超起塔式工况，100t 吊钩（自重 6t）。

（二）板梁吊装

运输板梁的车辆由运煤道路进场后停在 2 号炉右侧扩建端道路上偏炉后位置。较轻的板梁由 500t 履带吊或 125t 塔吊单车卸车，较重的由两车抬吊卸车。2 号炉 8 件板梁均由炉后右侧起吊（见图 5-18 和图 5-19）。2 号炉板梁各件起吊时的吊装参数见表5-4，就位时的吊装参数见表 5-5。

▼ 表 5-4　　　　　　　　　　2 号炉板梁各件起吊时吊装参数

吊车	参数名称	K1	K2 下	K2 上	K3 下	K3 上	K4 下	K4 上	K5
	板梁起吊质量（t）	32.807	48.665	64.146	63.167	84.302	110.703	142.827	52.94
125t 塔吊	吊点距板梁中心（m）	9.0	8.55	7.5	11.4	9.0	12.2	13.2	15.6
	工作半径（m）	33	32	32	29	29	26	26	30
	分担的负荷（t）	19.107	30.155	41.597	34.015	50.175	64.491	80.345	26.83
	实际起重能力（t）	70.3	74.5	74.5	95.1	95.1	109.7	109.7	84.1
	负荷率	27.2%	40.5%	55.8%	35.8%	52.8%	58.8%	73.2%	31.9%
500t 履带吊	吊点距板梁中心（m）	12.0	13.5	13.5	13.0	13.0	16.8	16.8	15.6
	工作半径（m）	31	29	29	29.5	29.5	20.0	20	26.0
	分担的负荷（t）	14.42	19.23	23.269	29.872	34.847	46.932	63.205	26.83
	实际起重能力（t）	37.1	50.2	50.2	49.9	49.9	79.8	79.8	68.8
	负荷率	38.9%	38.3%	46.4%	59.9%	69.8%	58.8%	79.2%	38.9%

▼ 表5-5　　　　　　　　　2号炉板梁各件就位时吊装参数

吊车	参数名称	K1	K2下	K2上	K3下	K3上	K4下	K4上	K5
	板梁起吊质量（t）	32.807	48.665	64.146	63.167	84.302	110.703	142.827	52.94
125t塔吊	吊点距板梁中心（m）	9.0	8.55	7.5	11.4	9.0	12.2	13.2	15.6
	工作半径（m）	37.7	32.8	33.75	27.0	29.5	27.2	26.3	35.0
	分担的负荷（t）	19.107	30.155	41.597	34.015	50.175	64.491	80.345	26.83
	实际起重能力（t）	52.4	71.3	67.3	104.5	89.6	103.5	108.0	62.3
	负荷率	36.5%	42.3%	61.8%	32.6%	56.0%	62.3%	74.4%	43.1%
500t履带吊	吊点距板梁中心（m）	12.0	13.5	13.5	13.0	13.0	16.8	16.8	15.6
	工作半径（m）	53.5	43.5	43.5	30.0	30.0	20.0	20.0	18.0
	分担的负荷（t）	14.42	19.23	23.269	29.872	34.847	46.932	63.205	26.83
	实际起重能力（t）	22.6	33.0	33.0	49.5	49.5	79.8	79.8	82.6
	负荷率	63.8%	58.3%	70.5%	60.3%	70.4%	58.8%	79.2%	32.5%

▲ 图5-18　2号炉K4板梁上半吊离地面

▲ 图5-19　2号炉K4板梁上半吊装就位

第三节　锅炉受热面安装方案

锅炉水、汽流程图见图5-20。

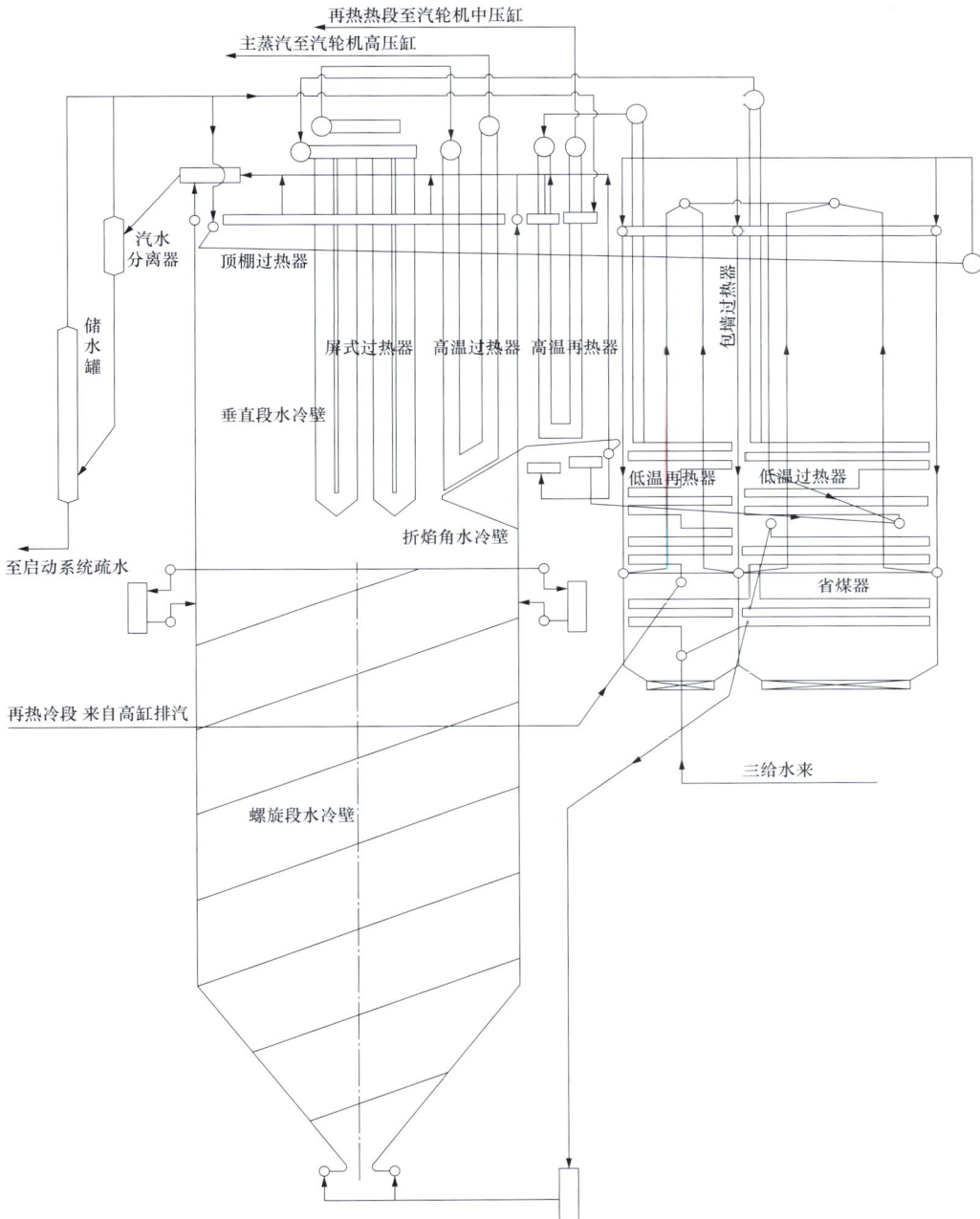

▲ 图 5-20　锅炉水、汽流程图

一、受热面组合安装前的检查、准备

1. 受热面设备开箱清点

设备到达施工现场后，根据设备图纸、供货清单和装箱清单对受热面设备进行全面清点。发现问题要及时做好文字及影像记录，并向工程、物资等部门汇报。

清点后的受热面吊架的销轴、螺母、垫圈、开口销等连接件应入库保管，按规格、型号、材质进行分类存放，并挂牌标识。设备零部件清点结束后不立即使用的应做好防护工作。包装箱恢复封装完好，避免雨水、潮气侵入而使零部件锈蚀或损坏。受热面及管道的管口封堵，打开的应按原样恢复。奥氏体钢材在吊运过程中不应直接接触钢丝绳，以防止其表面保护膜损坏。

2. 受热面组合前的检查

受热面组合前应按照 DL/T 5190.1—2022《电力建设施工技术规范 第1部分：土建结构工程》对其外观、尺寸、内部清洁度进行检查，发现缺陷及时消除或联系制造厂处理。

受热面管在组合和安装前必须分别进行通球试验，试验应采用钢球，且必须编号并严格管理，不得将球遗留在管内。受热面管在通球后应及时做好可靠的封闭措施，并做好记录。

受热面管子、集箱等受压部件在组合、安装前应按照 DL/T 438—2016《火力发电厂金属技术监督规程》的相关要求进行检验。

二、水冷壁安装方案

（一）设备简介

锅炉水冷壁为全焊接膜式结构，由下部螺旋盘绕上升水冷壁和上部垂直上升水冷壁两大部分组成。炉膛下部冷灰斗水冷壁和中部水冷壁均采用螺旋盘绕膜式管圈。螺旋水冷壁管全部采用内螺纹管，炉膛上部垂直上升水冷壁管采用光管。炉膛中部螺旋水冷壁与炉膛上部垂直水冷壁之间由过渡段水冷壁及集箱过渡转换。上部垂直段水冷壁由前侧、左侧、右侧、后侧和后墙垂帘管五部分组成。

（二）上部垂直段水冷壁组合安装

1. 上部垂直段水冷壁组件划分

前水冷壁组合为左右两个组件，每个组件的质量约25.8t；左、右侧墙水冷壁各组合为1个组件，每个组件质量约27.3t；后水冷壁组合为左、右两个组件，每个组件的质量约29.5t；水平烟道左、右侧墙水冷壁各组合为1个组件，每个组件质量约8.2t；水平烟道底部水冷壁组合为左、右两个组件，每个组件的质量约7.8t。

2. 1号锅炉上部垂直段水冷壁组合吊装

（1）吊装机械。1号锅炉上部水冷壁吊装机械使用84t平臂吊作为主吊车，70t汽车吊作为辅助吊车。84t 平臂吊在吊装加热面阶段使用 70m 主臂，吊钩钢丝绳穿绕为双小车 4 倍率。

（2）上部垂直段水冷壁的组合。在 1 号炉左后侧地面搭建水冷壁组合架，水冷壁按照预先规划的组件在组合架上组合。组合时不仅将管排与集箱组合在一起，还应将各类门孔及附件组合上去，尽量减少高空组合工作量。

刚性梁以散吊的方式预先寄存在对应的各层平台上，水冷壁吊装就位后再与水冷壁组合。

（3）上部垂直段水冷壁的吊装。上部垂直段水冷壁前墙、侧墙每个组件采用柔性起吊的吊装方法。吊装时由 84t 平臂吊吊装集箱处、70t 汽车吊抬吊下部，两车配合将组件抬吊并起竖。吊起后 70t 汽车吊松钩，然后由 84t 平臂吊单车将每一组件从炉顶钢架预留通道处由上而下吊入并至就位位置。

1 号锅炉上部垂直段水冷壁吊装平面图见图 5-21。

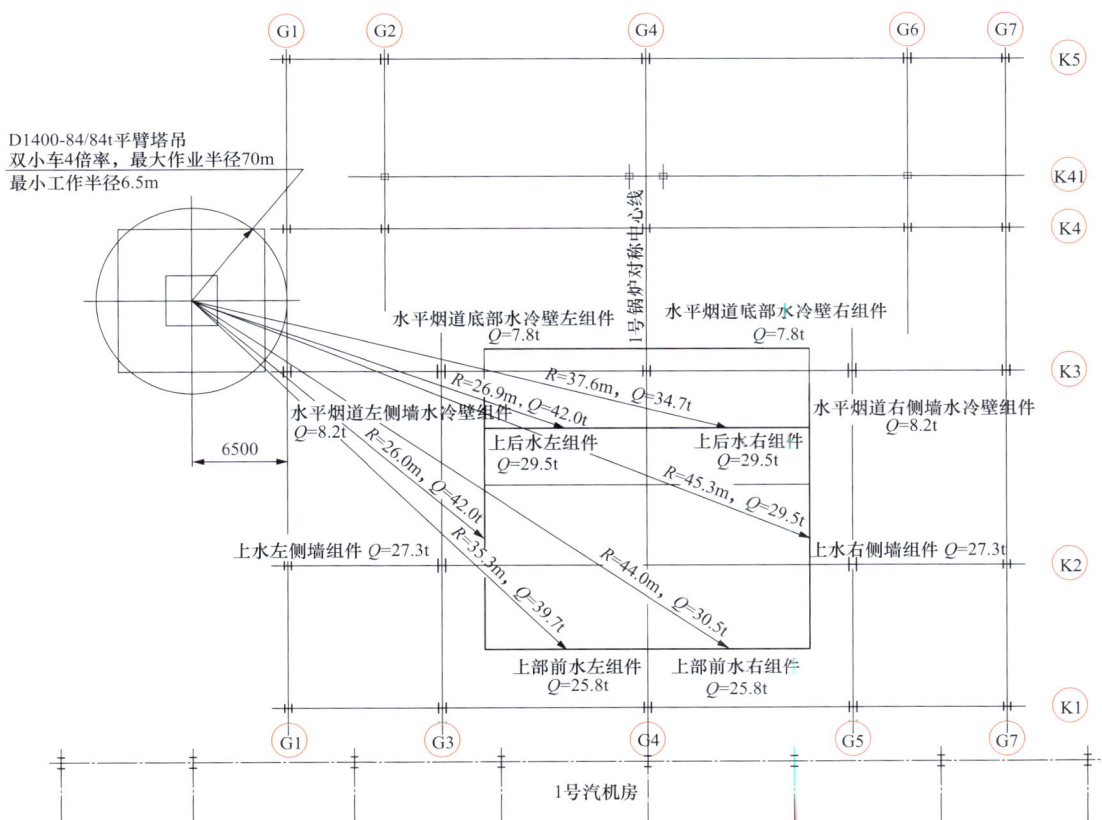

▲ 图 5-21　1 号锅炉上部垂直段水冷壁吊装平面图

炉顶钢架MB-2与MB-3大板梁间中部次梁缓装作为吊装通道。垂直段水冷壁就位后，及时进行上集箱的找正、找平、验收工作（见图5-22和图5-23）。

▲ 图5-22 垂直段水冷壁柔性起吊

▲ 图5-23 锅炉垂直段水冷壁吊装就位

3. 2号锅炉上部垂直段水冷壁组合吊装

2号锅炉水冷壁吊装机械使用BTQ2900/125t电动轨道式塔吊（69.2m主臂+51m副臂工况）作为主吊车，250t履带吊、70t汽车吊作为辅助吊车。在2号炉右后侧地面搭建水冷壁组合架。2号锅炉上部垂直段水冷壁的组件划分与1号炉相同，吊装顺序及方法也基本相同。2号锅炉上部垂直段水冷壁吊装平面图见图5-24。

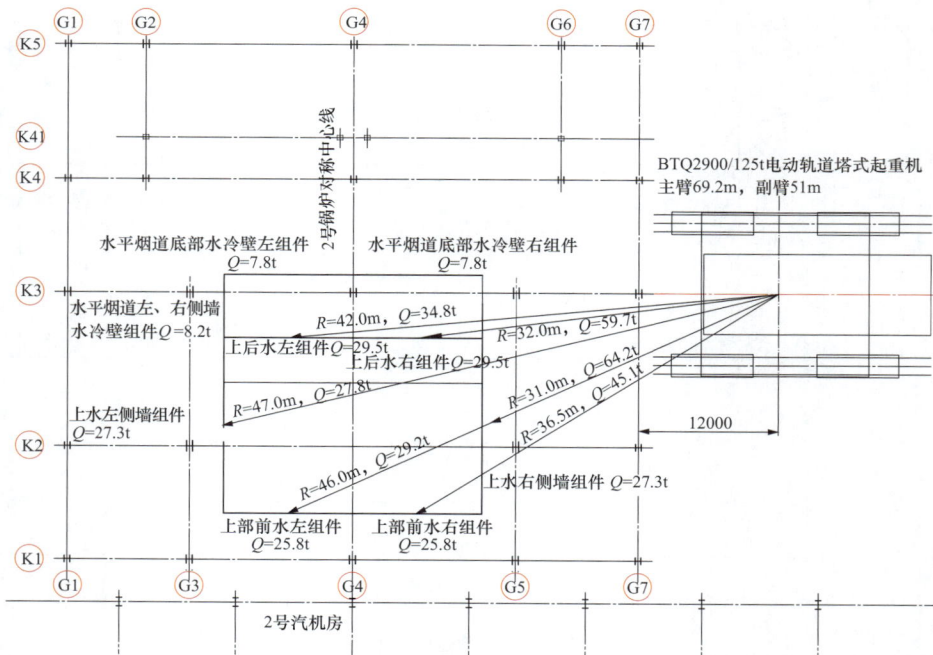

▲ 图5-24 2号锅炉上部垂直段水冷壁吊装平面图

（三）过渡段水冷壁组合安装

过渡段水冷壁在垂直段水冷壁安装结束后吊装就位。过渡段水冷壁按照前、左、右、后组合为四件吊装。

前（后）水冷壁过渡段组件，宽（高）度为1.70m，长度为22.162m，重约18.608t（前）和17.416t（后）。在炉膛0.0m地面组合，然后由主塔吊吊装就位。起吊时由布置于0.0m地面的汽车吊配合。

左（右）侧水冷壁过渡段组件，宽（高）1.70m，长度为15.456m，单件重约12.974t。在锅炉外侧偏后的组合架上组合，然后由主塔吊直接吊装就位（见图5-25和图5-26）。

▲ 图5-25 侧水冷壁过渡段组件起吊

▲ 图5-26 前水冷壁过渡段组件准备起吊

（四）螺旋管圈水冷壁组合安装

中部水冷壁及冷灰斗全部采用螺旋管圈水冷壁。炉膛中部水冷壁为成片管屏，角部为成排弯，冷灰斗由成片管屏和角部散管组成。

垂直段、过渡段水冷壁安装找正完毕后安装螺旋管圈水冷壁。此时过渡集箱标高、炉墙与炉架的相对位置已找正完毕且符合设计要求，与钢架之间有可靠的固定支撑。

1.螺旋管圈水冷壁及刚性梁安装

首先安装刚性梁并尽可能形成较大的框架，然后对刚性梁找正。在刚性梁上标出锅炉中心线的位置。螺旋管圈水冷壁采用地面小组合为主，然后吊装寄存在锅炉刚性梁上再拼装的施工方案。大风箱组合好后先于水冷壁寄存在钢架对应位置处。螺旋管屏组件吊装就位由主塔吊、炉顶吊、卷扬机配合完成。

吊挂螺旋管圈水冷壁管屏，按设计要求将螺旋管屏张力板预组装后寄存于锅炉相应位置处。自上而下逐片安装水冷壁管屏，同时与张力板贴紧以保证炉膛尺寸。以刚性梁上标识的中心线和管屏拼装标记为基准找正管屏，测量管屏螺旋升角、组件几何尺寸。根据实测数据对螺旋管圈水冷壁管屏进行调整直至其误差符合设计要求。

螺旋管圈水冷壁找正以上排管口为基准，上部螺旋管管排找正结束后将张力板与垂直管屏的梳形板点焊，将负载传递给垂直管屏。从上往下逐步安装，管排之间临时点焊，一圈完成后，随即将水平、垂直刚性梁并将各层张力板相互点焊连接起来，以保证负载均匀传递。根据安装基准点复核正确后固定，防止炉膛截面发生水平扭转。注意找正时不应将上部的尺寸误差积累至下部。炉墙外部搭设脚手架，炉墙内部利用自制挂架作为焊接平台。

2. 螺旋管圈水冷壁安装尺寸的控制

螺旋管圈水冷壁安装过程中应重点解决两大关键问题，即中心扭转和焊接变形问题。应采取地面预拼装的措施对其进行控制。

安装前在地面组合架上进行预拼装，复核螺旋管圈水冷壁组件的倾角、长度、宽度和对角线等外形尺寸，并根据实际情况进行调整，画出每片管屏的基准中心线。对组合好的每一片组件，认真复查组件的长度、管间距、对角线长、角度和平整度（见图5-27和图5-28）。

▲ 图5-27　螺旋管圈水冷壁地面预拼装

▲ 图5-28　螺旋管圈水冷壁吊装

螺旋管圈段水冷壁垂直高差大，为防止分段吊装、焊接的累积误差造成最终尺寸超差，在全高度上分段控制误差值，以保证总尺寸不超差。在最上层燃尽风喷口的中心标高和最下层燃烧器喷口的中心标高分设三个控制点，以锅炉钢架主柱标高和矩形截面为准，校核中部螺旋管屏标高和中心。安装一层找正一层，固定一层，可防止总标高误差过大和水平扭转。

（五）冷灰斗螺旋水冷壁安装

冷灰斗螺旋水冷壁由于分屏多、形状复杂，且大多为空间三维管屏，所以在对口时难免会出现对口困难的情况。安装时，特别是在与中部螺旋水冷壁接口的四个角部对口时就需要总体考虑，需要考虑整体的尺寸，不断进行调整。如对口后管间间距大于设计值，则需要将相邻的管子鳍片割开，将管间间隙调整均匀，不能有多大就是多大，避免造成运行中局部鳍片温度过高。

三、包墙过热器安装方案

1. 包墙过热器简介

后竖井烟道及水平烟道主要由后竖井前墙、侧墙、中隔墙、后墙、水平烟道侧墙、后竖井吊挂管等部件组成。后竖井烟道截面尺寸为 22160.2mm（宽）× 14935.2mm。包墙刚性梁为后竖井前包墙 3 道，后竖井后包墙及侧包墙 8 道，水平烟道包墙 4 道。

2. 包墙过热器组件划分

包墙过热器组合的原则是以上、下集箱为分界线，将包墙过热器进口集箱、出口集箱和管屏组合成若干个组件。四面包墙及中隔墙的进口（下）集箱均为一件，预先寄存在大灰斗上，待对应的包墙组合为一个整体后再与之组合。包墙过热器组件划分见表 5–6。

▼ 表 5–6 包墙过热器组件划分

组件名称	组件构成	组件尺寸：长（高）×宽（m）	组件重量（t）
前包墙左	出口集箱 ×2、管屏 ×11	24.31×13.71	25
前包墙右	出口集箱 ×3、管屏 ×6	24.31×8.12	16
右包墙前	出口集箱 ×2、管屏 ×4	23.96×6.57	14
右包墙后	出口集箱 ×3、管屏 ×6	23.96×8.43	17
左包墙前	出口集箱 ×2、管屏 ×4	23.96×9.32	19
左包墙后	出口集箱 ×3、管屏 ×6	23.96×5.59	11.5
中隔墙左	出口集箱 ×3、管屏 ×6	24.26×8.12	14
中隔墙中	出口集箱 ×1、管屏 ×4	24.26×5.49	10
中隔墙右	出口集箱 ×3、管屏 ×6	24.26×8.12	12
后包墙左	出口集箱 ×4、管屏 ×12	24.31×13.72	29
后包墙右	出口集箱 ×3、管屏 ×6	24.31×8.12	17

3.包墙过热器吊装

后竖井区域的吊装顺序为：小灰斗→烟道→调节挡板寄存→省煤器进口集箱寄存→低温再热器进口集箱寄存→后竖井前墙→后竖井左侧墙、水平烟道左侧包墙→中隔墙→后竖井后墙→低温再热器蛇形、垂直管排安装→低温过热器进口集箱、省煤器出口集箱寄存→低温过热器、省煤器蛇形管排安装→后竖井右侧墙、水平烟道右侧墙合拢（见图5-29和图5-30）。

▲ 图5-29 塔吊与150t履带吊抬吊包墙组件

▲ 图5-30 包墙吊装场景

1号炉高温再热器、低温过热器、省煤器、低温再热器吊装通道预留在右侧，2号炉预留在左侧。

组件采用84t平臂塔吊（1号炉）、125t塔吊（2号炉）为主吊，配以150t履带吊（或合适吨位的汽车吊）为辅吊抬吊。长度大于10m的组件采用多点柔性起吊。

四、过热器、再热器、省煤器安装方案

（一）低温过热器安装方案

1.低温过热器组合

低温过热器2级水平段管组在组合架上组合为一个整体，然后与吊挂管、防磨装置组合在一起形成一个组件，共96个组件。每个组件宽×高=7112mm×7191mm，质量约6377kg。

2.低温过热器安装

组合好后的组件利用运输车辆运输至锅炉外侧后部，由塔吊将组件由炉顶吊入炉右侧（2号炉为左侧）通道，再利用布置在低温过热器上部的单轨吊接钩后将组件吊装至安装位置。最后进行组件和进口集箱、垂直管组间焊口的对接。

低温过热器垂直段管组由炉顶吊将其从炉顶吊入后竖井对应安装位置，然后找正、对口焊接。

（二）低温再热器安装方案

1. 低温再热器组合

低温再热器进、出口集箱分为左右两段供货。进口集箱组合后重 24.5t、长 24.6m，由主塔吊吊装预先寄存在省煤器大灰斗上，水平管组和垂直管组组合、就位、焊接后再将其与一级管组组合、焊接。出口集箱组合后重 22.2t、长 22.78m，由主塔吊吊装就位。

在地面组合架上将低温再热器三段水平管组组合成一个整体。将两片组合好的水平管组和对应的吊挂管及防磨装置组合为一个组件，共 96 个组件。每个组件尺寸为 7823mm（宽）×11857mm（长），重 8152kg。

2. 低温再热器安装

组合好后的低温再热器组件由平板运输车运至锅炉侧后方。塔吊与汽车吊采用柔性起吊的方法将组件水平抬起，然后塔吊起钩、汽车吊配合使组件至垂直状态。汽车吊脱钩，塔吊将组件吊起至炉侧预留通道，再由轨道式葫芦接钩后水平运送进安装位置。

低温再热器垂直管段单排从炉顶钢架开口穿入，然后与出口集箱、水平蛇形管排对口和焊接（见图 5-31 和图 5-32）。

▲ 图 5-31　低温再热器水平管组起竖

▲ 图 5-32　低温再热器组件吊装用电动葫芦及轨道

（三）省煤器安装方案

前烟道省煤器蛇形管组不组合，直接吊装。后烟道省煤器蛇形管组件尺寸为

6999mm（宽）×8420mm（高），重约6853kg。省煤器管排吊装方法与低温再热器、低温过热器类同。

省煤器进口集箱组合后重28.1t、长约22.5m，组合后由塔吊吊装先寄存在省煤器大灰斗上。管排全部吊装完毕后用手拉葫芦提起集箱与管排焊接。省煤器出口集箱组合后重25.48t、长约22.66m，组合后由塔吊吊装。用两根钢丝绳将其临时吊挂在中隔墙的吊挂梁上，靠在中隔墙边上设计标高位置。省煤器管排吊装结束，再将出口集箱复位安装。

省煤器防磨板只在一端焊接（点焊2~3点），接头处应留出膨胀间隙，且不得妨碍烟气流通。

（四）高温再热器安装方案

高温再热器进、出口集箱分2段供货，在地面组合焊接为一体。进口集箱组合后长约23.9m，重约22.1t；出口集箱组合后长约22.5m，重约46.2t。集箱组合后将吊杆与吊挂装置组合到集箱上，由主塔吊进行吊装。先吊装出口集箱，后吊装进口集箱。

高温再热器每片管排长（高）约14.7m，宽约2.2m，重约1.7t。采用逐片散吊的方法吊装。由于高温再热器管排管子细且长，易翘曲变形，故采用多点起吊。管排搬起后由塔吊单车将其从K2、K3板梁间预留开口处自上而下送入安装位置。

管排进档位置在1号锅炉炉右（2号锅炉在炉左）延伸包墙吊杆梁外的空档处，管排全部就位之后延伸包墙复位。

（五）高温过热器安装方案

高温过热器由35片管屏组成，每片管屏由20根管子绕成。每片管屏宽2.972m，长16.997m，重约5.6t。高温过热器进、出口集箱均在中间部位分为两段供货。

将吊挂装置组合在高温过热器出口集箱上，组合后左、右半质量分别为28.5、26.5t。将组合好的左、右半集箱分别运至炉膛0.0m地面，然后由主塔吊将其吊装就位。集箱左、右两半在高空进行找正、对口、焊接。高温过热器进口集箱的组合、吊装、就位、找正、焊接方法与出口集箱相同。

高温过热器管排管子细且长，采用多点起吊。吊装时主塔吊吊管屏上端，汽车吊用柔性吊装法吊管排下部3点，两车同时起钩，然后将组件立起，汽车吊车摘钩。塔吊将管排吊至炉顶，从K2、K3板梁间开口处自上而下送入炉膛内部（见图5-33和图5-34）。

▲ 图 5-33　高温再热器安装场景

▲ 图 5-34　高温过热器安装场景

（六）屏式过热器安装方案

屏式过热器位于前炉膛上部，共有 15 个组件。每个组件由 2 片管屏、1 个屏式过热器进口分配集箱和 1 个屏式过热器出口分配集箱组成。屏式过热器进、出口分配集箱分别接屏式过热器进、出口混合集箱。屏式过热器进、出口混合集箱均为两段供货。

将吊挂装置组合在屏式过热器出口混合集箱上，组合后左、右半质量分别为 17.8、15.8t。将组合好的左、右半混合集箱分别运至炉膛 0.0m 地面，然后由主塔吊将其吊装就位。混合集箱左、右两半在高空进行找正、对口、焊接。屏式过热器进口集箱的组合、吊装、就位、找正、焊接方法与出口混合集箱相同。

每组屏式过热器 1、2 号管屏与屏式过热器进、出口分配集箱及进、出口散管组合后，用平板车运输至炉膛 0.0m 地面。用主塔吊、70t 汽车吊配合抬吊并搬起，然后由主塔吊将其吊装就位。每个组件长 × 宽 =18.2m × 6.5m，重约 17.5t（见图 5-35 和图 5-36）。

▲ 图 5-35　屏式过热器安装场景（一）

▲ 图 5-36　屏式过热器安装场景（二）

（七）顶棚过热器安装方案

顶棚过热器分为三个区域：炉膛区域、水平烟道区域、后竖井区域。炉膛区域顶棚过热器为膜式管屏；水平烟道区域顶棚过热器前段为膜式管屏，后段为散管；后竖井区域顶棚为散管。

顶棚过热器采取单件穿装的方式进行安装。首先将顶棚过热器进、出口集箱安装就位，前顶棚过热器吊装待屏式过热器吊装结束后进行。水平烟道区域、后竖井区域顶棚过热器待高温过热器、高温再热器、低温过热器、低温再热器安装完毕后进行穿装。

由于顶棚过热器前部膨胀量比较大，管屏与侧水之间的密封属于滑动密封，所以应先期将管屏的滑动卡块焊接在侧水的相应位置上。

五、锅炉受热面系统水压试验方案

1. 水压试验前应具备的基本条件

锅炉钢结构、承压部件、受热面、附属管道及其附件、水压试验系统隔离的临时封堵及其上水临时系统安装完成，验收完毕。水压试验范围内的受监焊口全部焊接完成且检验合格。水压试验范围内的楼梯、平台、栏杆、沟道盖板等齐全，通道畅通，照明充足。

试验用水水质满足施工技术规范要求，废水处理措施符合环保要求。

根据制造厂说明书要求：上水温度在20~70℃之间，水压过程中，金属壁温不得低于20℃，环境温度应在5℃以上。上水速度应缓慢，时间不小于4h，以免造成受热不均。

2. 水压的试验范围

（1）一次汽系统水压试验范围。主给水操作台开始按汽水流程由省煤器、水冷壁、启动系统、各级过热器至主蒸汽管道水压试验堵板为止。

（2）二次汽系统水压试验范围。自再热蒸汽冷段水压试验堵阀开始，按汽水流程经低温再热器、高温再热器至再蒸汽热段水压试验堵阀为止。

放空气、疏放水、取样、仪表控制、加药、加热、反冲洗和减温水等管道打到一、二次门。安全阀不参加水压试验，水压试验前用专用工具将阀芯压紧。

3. 水压试验压力及压力表选用

根据锅炉制造厂锅炉安装说明书要求：一次汽系统的试验压力为省煤器进口处设计压力的1.1倍，即 P_{s1}=33.4MPa×1.1=36.75MPa；二次汽系统的试验压力为再热器进口处设计压力的 1.5 倍，即 P_{s2}=6.22MPa×1.5=9.33MPa。

试验用压力表精度为 0.4 级，D=150~200mm，一次汽系统量程为 0~60MPa、二次汽系统量程为 0~25MPa，各 3 块。在升压泵出口集箱上，安装一块量程为 0~60MPa、精度为 1.5 级、D=150~200mm 的防震型压力表。

4. 水压试验临时系统

锅炉水压试验临时系统主要包括：锅炉气压系统、锅炉上水系统、锅炉升压系统和锅炉冲洗、放水系统、水压用水加热系统五个子系统。

5. 气压试验

锅炉具备水压试验条件后，首先对锅炉进行气压试验，试验压力为 0.2~0.3MPa。通过辨听声音、触摸、涂抹肥皂水的方法检查泄漏点。

6. 锅炉上水

除盐水箱储存一定的水量后进行水压临时系统冲洗。利用除盐水箱顶部人孔门将药品注入水箱内。启动临时水泵对加药后的除盐水进行循环搅拌，使药品与除盐水混合均匀。加药后的除盐水经化验合格后备用。

除盐水利用除盐水泵经过除盐水管道送入除氧器水箱。除盐水在除氧器内经由辅助蒸汽加热至 80~100℃。通过临时系统向锅炉上水，直至炉顶放空气管全部出水并不带气泡为止。

7. 锅炉水压试验

锅炉水压升压前，检查各系统及阀门（包括放空气门、疏水门、取样门等）有无泄漏情况。对水冷壁壁温用红外线测温仪进行测量，不得低于 20℃。

对一、二次系统分别进行升压。升压过程应严格按升压曲线和锅炉厂的要求进行，控制升压速度在 0.2~0.30MPa/min 之间。当达到试验压力的 10% 左右时，对系统进行初步检查。检查合格后，继续升压至系统工作压力并进行全面检查。确认系统无泄漏、变形和异常现象，则继续缓慢升压至系统试验压力，稳压 20min，观察压力表无下降情况，然后按 0.2~0.30MPa/min 的速度降压至工作压力，对系统进行全面检查。

水压试验合格的标准是：①检查期间压力应保持不变；②受压元件金属壁和焊缝无泄漏及湿润现象；③受压元件没有明显的残余变形。检查完成后缓慢降压，并做好记录。

8. 水压试验后的排水及保护

水压试验完成，压力降至常压后进行系统排水。排水时先打开系统最高点的排空气阀门，然后打开系统底部排水门进行排水。废水排至化学废水处理系统。

水压试验合格，放置 2 周以上不能进行试运行时，应进行防锈蚀保护。当采用湿法保护时，应维持系统溶液 pH 值在 10.5 以上。采用充氮保护时，应用氮气置换放水，氮气纯度应大于 99.5%，充氮保护期间应维持氮气压力不低于 0.02MPa。充氮后关闭阀门，保证锅炉汽水系统和外界严密隔绝。保养过程中应定时观测并记录系统内的氮气压力，压力下降及时补充，直至锅炉化学清洗。

第四节　锅炉烟、风、煤、粉管道配制安装方案

一、烟、风、煤、粉管道配制方案

1. 施工准备

施工场地及运输道路平整、宽敞、畅通，加工、配制场地地面硬化。配制场地配备 40t 龙门式起重机一台、卷板机一台，若干台汽车吊、运输车辆等。中小机械按需要配备。

原材料及锅炉厂供应的配制件到场后及时对其进行检查、清点，规格、数量应与设计相符，质量符合设计要求和相关标准、规范。

2. 放样、划线、下料

板材下料应统筹考虑，以做到用料最省。遵循先下大料、再下小料，充分利用边角料制作加强筋、板等小料。利用 CAD、BIM 技术进行模拟放样、下料，以达到用料省、尺寸精准。

放样工作需要注意角部，对于衬有型钢的部件，在放样时需要将这些尺寸考虑进去；对于对称布置的加工件，放样时注意正反。在确认放样正确无误、拼料达到所需后，可进行划线工作。采用自动火焰切割机、等离子切割机、手工割炬等进行切割下料，切割后将割口处打磨平整。

拼料时，均采用对接接头型式，留 1~3mm 间隙，双面焊接。拼料焊接前应清理干净坡口面上的氧化铁。焊接完毕后，对产生的焊接变形进行校平，使拼料平整。

3. 圆形管道的配制方法

卷制前应先沿板宽方向压弯，卷板过程应保证弧度和圆度。卷制后的钢管应从不同方向校对，椭圆度不超过（$8D/1000$，D 为外径），纵向焊缝对口错边量不超过 $0.1S$（S 为板厚）。卷制直径大于 1500mm 时，应在平台对正纵口，并在管口内用临时支撑固定。

组合时接口处不得有氧化铁，对口间隙为 1~3mm，环向对口错边量小于 0.2S，若错口严重，不得强力对正，应调正后重新进行。相邻两纵向焊缝要求错开 100mm 以上。焊缝不允许出现十字接口，管道直线度不大于 6mm。

4. 方形管道的配制方法

板料下料完毕后在分件上点焊相应的加固筋。加固筋安放间距应符合设计图纸要求，加固筋与板料应垂直。加固筋下料时要考虑接头错开板材的焊缝。

分片配制完成后，可进行整体组合。一般的组合顺序为先铺底板，然后立侧板，最后上顶板。组合时要把握好外形尺寸，在整体尺寸检查合格后，加装相应固定支撑件、加固筋、防磨角钢等相关附件，注意外加固与内支撑的对应关系。

对于大型构件在组合侧板、顶板时应及时加装稳固的临时支撑以保证其稳定。雨天后（特别是大雨后）应及时清扫寄存在各处的积水，特别是顶板上的积水。

5. 方圆节配制程序

按图放样找出素线进行划线下料。方圆节的每道素线凿制，应做一个 V 形胎具，把板料放在胎具上压住每道素线用大锤或专用工具打在上面，凿出方圆形。测量方口和圆口是否符合要求，再进行下一道工序的制作组合、焊接成形。

6. 烟风煤粉管道连接法兰的配制

法兰配制流程为：量对角调直→下料→制作→焊接→划线钻孔→与管道相连。

圆形法兰可用卷板机卷制，卷制过程中用样板找圆，控制其椭圆度符合要求，然后进行划线钻孔，最后与管道连接。用钢板下圆形料时，圆环与管道应保持垂直。按图纸要求的焊接位置、焊接形式、焊接高度进行焊接。

7. 烟风煤粉管道的组合

管道组合件的大小应根据组件安装位置及吊车力能情况确定。对于个别外形尺寸和质量大的部件，考虑运输及吊车力能情况，需要把部件分段（分片）制作，然后在安装位置组合成形。组件应有足够的刚度，必要时做临时加固。临时吊点应焊接牢固，并具有足够的承载能力。

8. 焊接工艺要求

焊口应平整光滑、严密不漏，焊渣、药皮、飞溅等清除干净。焊缝高度符合图纸或 DL/T 869—2021《火力发电厂焊接技术规程》的要求，不足的要补焊。焊缝及热影响区不允许出现裂纹、砂眼、咬边、未熔合、熔瘤、气孔、夹渣等，不得有漏焊。

9. 焊缝渗油试验、部件防腐

焊接完成后，对焊缝要进行 100% 渗煤油试验，对有渗漏的地方及时予以补焊。

部件配制、验收完成后，进行外表面油漆工作。油漆前清理干净铁锈、油污等，油漆应均匀齐全、无流痕。

二、烟、风、煤、粉管道安装方案

（一）烟、风、煤、粉管道的寄存

1. 烟、风、煤、粉管道的寄存原则

烟、风、煤、粉管道部件的寄存与钢结构吊装穿插进行。部件可存放在安装位置下方的钢架平台上，也可临时吊挂在安装位置上方的钢架上，待安装条件具备时进行就位、组合、安装。

2. 燃烧器及大风箱寄存

锅炉钢架安装基本完成、加热面吊装前将燃烧器寄存在对应的各层平台上。热风道、风箱桁架、二次风箱待对应位置的钢平台安装结束后寄存到相应的位置，见图5-37。

▲ 图5-37 燃烧器、大风箱及风道寄存场景

3. 省煤器下部大灰斗寄存

大灰斗长×宽×高=22160mm×15519mm×5316mm，重87.5t，在锅炉后部外侧地面组合。用炉侧主塔吊和履带吊吊装寄存到安装位置。在大灰斗下方29.1m钢架平台上用10根ϕ219×10mm钢管做立柱、型钢做斜撑制作的临时支架对大灰斗进行临时支撑，承担大灰斗、烟气挡板门及临时寄存受热面的质量。在标高38.5m和42.4m层水平横梁上利用型钢制作的临时牛腿将大灰斗四周与钢架做刚性连接，保持大灰斗的稳定，不发生倾斜（见图5-38和图5-39）。

▲ 图 5-38　大灰斗整体吊装就位

▲ 图 5-39　大灰斗就位后临时支撑

烟道下方共设有 6 个小灰斗，用主塔吊将其寄存在 29.1m 平台上。

4. 预热器前后烟风道寄存

在预热器组件吊装前，先把预热器下方的出口烟道和入口风道存放在 0.0m 地面并做临时支垫。在预热器组件吊装后将其提升安装就位。

在预热器安装基本结束，安装预热器上方的烟风道。但此时应避免烟风道质量加载到预热器本体上，烟风道的吊架安装调整结束后，再进行最后的对口工作。

5. 其他部位烟风道寄存

一次热风道、一次冷风道主要布置在运转层下方。锅炉钢架运转层安装完成、土建基础浇筑完成，即可存放、安装下部的风道。送粉管道在水压结束后施工，主要采取单件安装的方法。除尘器前、后烟道在前烟道支架、引风机室框架结构施工完成，具备承载条件后即可寄存到位。

（二）烟风煤粉管道安装顺序

（1）冷一次风道安装。将组合好的管段运到炉底对应安装位置下方，用手拉葫芦或卷扬机将其提升至安装位置安装。

（2）热一次风道安装。热一次风各管段对应标高的钢架吊装完成后寄存在安装位置下方。具备条件后用手拉葫芦将管段提升到安装标高。磨煤机安装完成后，将组合好的圆形管段运到煤仓间内，再用手拉葫芦或卷扬机等将管段提升到安装位置。

（3）冷二次风道安装。冷二次风道引风口至送风机入口之间管段在第一层钢架吊装完成后寄存在钢架相应位置上，待送风机安装完成后，用手拉葫芦或卷扬机将管段提升到安装位置。

（4）热风再循环管道安装。热风再循环管道及组件随着第一～三层钢架的吊装寄存在相应的位置上。具备安装条件后用手拉葫芦或卷扬机等将管段提升到安装位置。

（5）烟道安装。除尘器前烟道分左、右两侧，用塔吊或履带吊吊装就位。除尘器后的烟道由站位于引风机处的150t履带吊吊装就位。

（6）送粉管道安装。炉前、炉侧的送粉管道由主塔吊或履带吊吊装预先寄存在安装位置附近。对于主塔吊无法覆盖的区域，用卷扬机、葫芦倒运的方法寄存在安装位置附近或直接就位。待磨煤机出口的分离器和锅炉燃烧器全部安装找正后，进行送粉管道的整体连接、安装工作。

（7）原煤管道、磨煤机、给煤机密封风管道安装。配制好的原煤管道、密封风管道运至煤仓间端部运输通道，然后由过轨吊吊运到安装位置附近，再由卷扬机、手拉葫芦等将其提升、倒运到安装位置。

（三）烟风煤粉管道附件安装

套筒式补偿器安装时应按设计留出足够的伸缩量。波形补偿器冷拉（压）值应符合设计要求，导流板开口方向与介质的流向一致。非金属补偿器安装时确保导流板安装方向及间隙符合图纸要求，有足够膨胀补偿量且密封良好。如果预组合时补偿器两端均有管道，则在起吊组件时要专门对补偿器部位进行刚性加固，其强度和刚性必须满足起吊的要求且不使补偿器变形。

风门安装前，要检查转动轴扇形板和风门的开度状况。风门安装方向要正确，开关灵活，开度符合设计要求，轴头上应有醒目的码格线，其方向与风门开关一致。风门操作装置的安装位置应在便于操作的地方，安装后要进行风门动作试验，操作应灵活可靠。

锁气器安装前应进行检查，必要时解体检修。翻板或锥形塞的密封部位应接触均匀、间隙适当、动作灵活，重锤应易于调整。装在斜管上的锁气器应采用斜板式，斜板式锁气器的重锤杆应保持水平。装在垂直管道上的锥式锁气器，锥体应保持垂直。

防爆门的安装位置和方向要正确。防爆门引出管的位置和方向应正确，要防止运行中防爆门动作时伤及人员或引起火灾，并符合设计规定。布置在露天的防爆门应有向上不小于45°的倾斜角。防爆膜安装前，要检查防爆膜的材质、厚度应符合设计要求。带槽的防爆膜板装配时，膜板的切槽面应朝外，并与法兰紧密结合，切槽深度要符合设计要求。

暖风器安装位置、方向应符合设计要求。暖风器水（汽）侧严密性试验压力应按照制造厂技术要求执行，如无要求可按1.25倍工作压力进行水压试验。

设备和法兰的螺栓孔应采用机械加工，螺栓紧固后受力应均匀。管道和设备的法兰间应有适宜厚度的密封衬垫，衬垫应安装在法兰螺栓以内并不得伸入管道和设备中；衬垫两面应涂抹密封涂料。

（四）支吊架安装

烟风煤粉管道安装时可先安装支吊架。支吊架安装完毕后，利用卷扬机或手拉葫芦等将烟风道部件或组件就位到正式安装位置。复核部件或组件的标高、水平误差在允许范围内，然后完成支吊架与烟风道部件的安装和焊接工作。在安装支吊架时，要注意保护滑动面（聚四氟乙烯板）不受损坏和烫伤。

（五）炉膛及烟风系统风压试验

锅炉本体、电袋除尘器和烟风煤粉系统安装结束后，需进行整体风压试验。

1.试验范围

包括锅炉炉膛、尾部烟道、空气预热器，烟、风、脱硝装置、除尘器及烟风系统辅机设备。风压前所有烟风煤粉管道上的附属作业应全部施工完成、保温钩钉已焊完、各种测点安装完毕等。

2.试验应具备的条件

炉膛及烟风系统内部清理检查及烟风道制作安装焊缝渗油试验完成且符合要求；烟风系统支吊架安装调整完毕；门孔、密封装置等密封性检查合格；风门操作灵活、指示正确，气动、电动风门的操作装置投入使用；参与试验的风机均通过分部试运；炉膛及烟风系统压力测量装置能投入使用。

3.试验方法

启动2台一次风机、2台送风机、2台引风机，关闭原煤管道处锁气器，其余挡板全部打开。利用引风机入口处的挡板对风压进行调整。风压测量利用U形差压计，其一头探入炉膛，另一头在外进行观测。试验压力应按锅炉厂技术文件的规定进行，无规定时可按0.5kPa进行。

4.检查方法

试验时可选用在风机清扫门处投放滑石粉、石灰或其他能清楚反映泄漏情况的介质等检查密封性，也可利用听、看等方法进行检查。发现泄漏应及时做好标识和记录，及时消除缺陷。

第五节　锅炉辅助机械、设备安装方案

一、电袋除尘器安装方案

（一）设备概况

该工程每台锅炉配置2台电袋复合除尘器，除尘效率大于等于99.99%。电袋复合

除尘器为分体式结构,前部为含2个电场的电除尘器,通过电除尘器的出口封头与后部的布袋除尘器相连。含尘烟气首先在电场内除去约90%的粉尘,然后进入布袋区域将电场内较难收集的粉尘除去。

（二）电袋除尘器设备的接收、搬运、储存规范

设备的运输、搬运、储存、保管、维护等按照DL/T 855—2004《电力基本建设火电设备维护保管规程》的相关要求执行。设备运输到现场后应仔细检查设备的包装箱,如发现包装箱破损或变形,应立即向物资管理部和厂家反馈。

（三）电袋复合除尘器的安装

1. 设备安装流程

电袋复合除尘器安装工艺流程见图5-40。

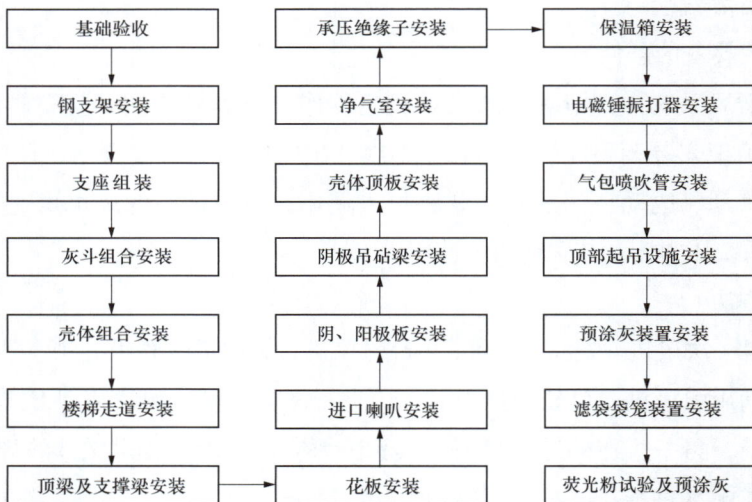

▲ 图5-40　电袋除尘器安装工艺流程图

2. 基础验收

预埋地脚螺栓的中心、标高、螺纹长度应正确,螺纹无损伤,垂直度符合要求。预埋钢板的中心、标高、规格、数量应符合安装图纸要求;钢板埋设牢固,与混凝土结合紧密。基础表面应凿出麻面,表面清理干净。

3. 钢支架安装

为减少空中焊接工作量,可在地面将立柱、横梁、斜支撑组合成Ⅱ形构件。安装时先吊一排（列）作为基准排（列）,找正后用临时支撑、缆风绳固定,再吊装其余各排（列）。以基准排（列）为基准进行找正,立柱垂直度、顶梁标高及对角线应符合要求。紧固地脚螺栓,复测各数值无误后进行柱脚二次灌浆。

4. 支座安装

在每个支座的上平面画出中心十字线。找正固定支座并点焊临时固定，然后以固定支座为基准找正各支座并点焊临时固定。以固定支座为基准测量中心距、对角线及各支座的标高。采用在支座上加、减垫片的方法调整标高。全部支座找正完毕后将柱顶板与支座、支座与垫板全部焊牢。

垫板、底板（不锈钢板）及支座底板的焊接应在安放滑板（聚四氟乙烯）前实施。单向和双向支座上的临时限位挡块在除尘器安装完成后应割除。

5. 灰斗的安装

灰斗在地面组合、焊接完成后，即可将灰斗吊装并临时支撑在钢支架上。除尘器的侧板、下端板、下部承压件安装完毕后，逐个将灰斗向上提升到正确位置并定位焊接。灰斗与壳体的焊缝应保证强度和气密性。

6. 壳体的安装

（1）部件检查及地面组合。壳体包含立柱、宽立柱、侧板、上下端板、下部承压件、中部承压件、顶梁等部件。壳体的侧板、内部隔墙吊装前须在地面的组合平台上拼装。拼焊时应检查侧板、隔墙的形状、尺寸，确认和图纸相符后方可施焊。

（2）吊装。先将一件墙板（隔墙）吊装就位，对其中心、垂直度找正并用揽风绳固定。然后吊装另一列相对的墙板（隔墙）并对其中心、垂直度找正，用缆风绳固定。两列相对的两件墙板（隔墙）就位后，吊装两列墙板（隔墙）之间的下部承压件、中部承压件，用螺栓连接使之成为一个框架，整体找正后进行定位焊。电除尘区域顶梁就位后测量顶梁的水平度、间距及对角线偏差，各尺寸无误后进行定位焊。

布袋除尘区域横梁就位后，测量横梁之间的中心距及对角线偏差并调整各支点标高，保证所有横梁在同一水平面、整体方正。各花板支撑梁在横梁定位、焊接完成后吊装。吊装花板时，要防止其变形，同时要保护花板上的滤袋孔。调整好后在每块花板两边点焊 3~4 点固定，之后安装花板四周的密封板。滤袋孔不得穿拴钢丝绳，周边不得用铁锤敲击。

（3）焊接。壳体是气密性容器，所有气密性焊缝焊接完成后，必须进行渗煤油试验。花板的平面度要求高而且焊缝长度长，焊接后容易变形，要有防变形措施。

7. 楼梯走道的安装

楼梯走道的安装应与壳体同步进行，以便于施工人员的通行。

8. 进、出口喇叭的安装

喇叭口可组合后整体吊装，也可以分片进行吊装。检查气流分布板与各壁板间距离，手摇气流分布板时应能明显晃动，若无法晃动，应仔细检查原因并做相应调整，注意不得将两夹板与气流分布板焊接。

9. 电除尘区阴、阳极的安装

阳极板在现场组合成极板排，组合时要求在刚性安装起吊架上组装成排。阳极板与阴极框架配对利用刚性安装起吊架吊入电场。

10. 顶梁及壳体顶板的安装

顶梁按照从除尘器入口到出口的顺序依次吊装。顶梁安装就位、调整好后，应检查壳体的垂直、方正度，确认无误后方可进行壳体的焊接。当振打砧梁、阴极悬吊杆组件安装完毕调整合格后，安装壳体顶板。

11. 净气室的安装

安装净气室时应注意：净气室要求整体气密，气密焊缝焊接应防止漏焊及气孔等焊接缺陷；净气室顶板各加强筋处的连接板不得漏装以保证在运行状态下的强度；出风管安装时必须保证其水平度小于2mm。

12. 出口烟箱的安装

安装出口烟箱前应将提升阀装置的阀板放入烟道内，以免出口烟箱安装后阀板无法安装。烟道壁板上的加强筋不允许割断或割孔，以保证烟道的强度。烟道侧板上的加强筋与净气室顶板应焊接牢固。烟箱要求气密，气密焊缝焊接后应进行严密性检查。

13. 旁路烟道的安装

旁路烟道的气密焊缝焊接后应进行严密性检查。

14. 阴极悬挂系统及电磁振打器的安装

阴极悬挂系统应在阴极悬吊杆焊接完成后安装。按顺序将下垫圈、承压绝缘子、上垫圈、绝缘子盖板就位。安装下连接套、锥形绝缘轴、振打组件。检查、调整锥形绝缘轴的垂直度；安装振打器底座；安装密封圈、连接片、钢带抱箍、电磁振打器。

15. 清灰系统的安装

清灰系统包括脉冲阀、气包、压缩空气管路、过滤器、减压阀等。花板焊接完毕且找正、验收合格后进行气包、喷吹管的安装。以花板孔为基准定位喷吹管，喷吹口中心线与滤袋中心线位置偏差小于等于2mm。脉冲阀在所有焊接工作完成后安装。

16. 提升阀的安装

提升阀装置在安装时使提升杆中心与净气室出气管中心垂直对齐。阀板与壳体出风管端面必须水平，且周边平行接触，气缸下推阀板压紧关闭间隙不大于2mm。压缩空气接通后，提升阀上下动作流畅，提升杆没有卡涩现象。

17. 高压进线装置的安装

安装时注意：检查护套管与保温箱顶板的焊缝严密不漏；检查各对接法兰连接紧密；护套管不应与变压器焊接在一起；穿墙套管到绝缘子盖板之间的导线如选用硬导线时，应有消振结构，高压导线要用双螺母紧固。

18. 压缩空气系统的安装

根据现场实际情况可适当调整管道的布置位置，避免与其他部件发生干涉。安装时应考虑气源三联件、过滤器、减压阀、截止阀、止回阀等的检修空间、气流方向。接通压缩空气气源后，检查每个管路部件、每道焊缝、连接法兰的严密性。

19. 检测装置的安装

将支撑架按图纸的要求焊接在净气室墙板上，将端子箱安装到支撑架上。安装位置可根据现场实际情况进行调整。沉灰壶通过 DN20 的管道连通到除尘室，另一端通过 DN15 的管道与变送器连接。引压管安装时注意弯头朝向符合图纸要求，应避免与其他部件发生干涉。引压管开孔位置根据现场实际情况确定，但要求整齐美观。按图连接差压变送器与各室引压管，不得随意调换。

20. 预涂灰装置的安装

预涂灰装置安装前应在实地查看运灰罐车可以抵达的位置，从而决定预涂灰管道的走向。安装时注意输灰管道的弯头朝向为烟气方向。

21. 保温层的施工

按图纸要求在除尘器外表面焊接保温钩钉、支撑角钢等保温材料固定件。敷设保温层时注意多层岩棉接缝应错开。敷设镀锌铁丝网，焊接外护板支撑压条，安装外护板。人孔门、楼梯支撑、仪表箱支撑架等外护板开口处应认真做好防漏措施。保温箱内部保温时应将穿墙套管周围的镀锌铁丝网整理整齐，防止高压电源投入后短路引发事故。

22. 滤袋及袋笼的安装

滤袋在锅炉酸洗后，点火吹管前安装。滤袋应轻拿轻放，避免因重压或摔扔而造成滤袋口变形或滤袋损坏。滤袋的包装箱应存放在通风、干燥、不受阳光暴晒、远离火源的室内，且堆放层数不要超过 4 层。

滤袋、袋笼安装完成后，在净气室内采用旋转袋笼的方法调整滤袋底端之间的间距使之均匀。安装好滤袋袋笼后，彻底清扫、检查净气室。不允许有任何物品掉入已装好的滤袋袋笼中。

23. 电气设备的安装与检查

低压控制系统安装中应注意：布袋除尘区控制回路要注意相对应关系。由于布袋的清灰要求跳跃进行，在按图接好电缆线，在设备厂家技术人员指导下在控制柜调整喷吹系统中列选顺序。

各分室的脉冲阀、提升阀气缸、分室差压变送器的接线必须按本体和电气的设计图一一对应，各气包脉冲阀按烟气流向的顺序编号。电磁线圈接线头必须朝下。

隔离开关安装应按技术要求进行，设备安装应牢固可靠、操作灵活，行程满足要求，分配准确到位，触点接触良好。隔离开关安装完毕后，应在机械转动部位加上适量润滑油。

排灰装置上的电动机、料位装置的安装，应严格按制造厂技术说明书的要求进行。安装前，外观检查应完好无损。安装位置正确、牢固可靠。

（四）布袋区荧光粉检漏及预涂灰

1. 荧光粉检漏

除尘器的布袋区在安装完成后需进行荧光粉检漏试验，试验步骤如下：

（1）在除尘器进口的前方开设一个插入孔（也可使用测试孔或预涂灰管道入口），孔径至少为80mm。

（2）烟风通道贯通的情况下，启动引风机，使风量达到额度值的60%~70%。荧光粉均匀投入烟道，应在30min左右投完。投完后，引风机继续运行45s，然后关闭引风机。

（3）打开净气室人孔门，用荧光灯仔细检查（用灯照射时，荧光粉会发亮）净气室花板焊缝处、滤袋与花板的接口处、旁路风门及花板与壳体侧板焊接的部位。检查时对发现有荧光粉处做好标记并记录。检查时间最好安排在晚上，必须在黑暗中进行。

（4）对每一泄漏处分析原因，制订修补措施并进行修补。处理泄漏点时如进行动火、焊接作业，要特别注意对滤袋做好防护措施，防止损坏或点燃滤袋。

2. 预涂灰

（1）预涂灰的目的及时间。预涂灰是指布袋除尘器在投运前给滤袋喷涂一层干燥的粉煤灰，防止系统启动时低温油污、湿烟气黏污滤袋而导致初始阻力增大或糊袋的一种保护措施。新滤袋在第一次投运前，或锅炉停炉冷却后开机前，必须对滤袋进行预涂灰保护。预涂灰必须在确定锅炉点炉的当天完成。当滤袋预涂灰后由于某种原因锅炉无法点火时，应开启清灰系统，把滤袋灰层清除，在下次点炉前再次预涂灰。这样可以防止滤袋表面灰层受潮糊袋。

（2）预涂灰的操作方法。打开电袋复合除尘器的进口挡板门及出口风门，关闭旁路风门。将灰罐车（涂灰粉料为干燥的Ⅰ级粉煤灰）出口软管接入预喷涂管道，启动引风机，使风量达到额定值的 60%~70%，喷入粉煤灰。当布袋差压达到 200~300Pa 时，关闭灰罐车出灰管道，关闭引风机，打开旁路风门，关闭出口风门，预涂灰操作完成。

二、磨煤机安装方案

（一）设备概况

该工程每台机组安装 6 台（5 运 1 备）MPS200HP– Ⅱ 型中速磨煤机。

（二）磨煤机安装

1. 磨煤机的安装流程

设备开箱清点检查、设备编号、保管→基础检查、划线→台板安装找正→灌浆→减速机安装→机座安装→机座密封装置安装→传动盘及刮板装置安装→机壳安装→磨环及喷嘴环安装→磨辊装置安装→磨辊密封风管道安装→压架及铰轴装置安装→磨辊找正→拉杆加载装置安装→分离器安装→排渣设备安装→电动机安装找正→稀油站、液压油站安装→机座平台、分离器栏杆安装→二次灌浆→系统管路安装。

2. 基础检查、划线

以厂房建筑的基准点画出磨煤机的纵横中心线和标高基准线。检查基础的外形尺寸、标高，预留孔间距和垂直度应符合设计、设备、规范要求。基础表面不应有裂纹、孔洞、蜂窝、露筋及混凝土离析等缺陷。将放置垫铁和调整螺栓处的基础混凝土面刨凿平整。

3. 台板安装

将变速箱台板和电动机台板就位，以基础中心线为基准找正台板。用垫铁和调整螺钉调整其标高和水平度。将拉杆台板就位，用调节螺栓调整其标高和水平。复核拉杆台板铰接轴中心和磨煤机中心尺寸，偏差小于等于 3mm。

变速箱、电动机底板，拉杆锚板需二次灌浆固定。灌浆料应密实，与底板间不得脱空。用橡胶垫和泡沫确保地脚螺栓盒密封。灌浆强度达到要求后，紧固地脚螺栓，锁紧止动垫圈。

4. 变速箱安装

清理变速箱底板和变速箱下表面，用二硫化钼粉涂敷变速箱底板表面。将变速箱吊装到变速箱底板上。用变速箱定位装置的对准螺栓对其进行找正。将变速箱和底板用螺栓连接在一起，用塞尺检查两者之间的间隙，0.05mm 不入。变速箱输出法兰上平面的平面度为 0.1mm/m。

5. 下架体安装

按图纸所示位置将四块槽钢放在基础上，把下架体放在槽钢上就位。通过槽钢上的垫片组调整下架体顶面标高。以变速箱输出法兰上面为基准找正下架体的上表面。用线坠找正下架体中心孔内表面与变速箱输出法兰的同心度。

机座的中心和标高调整完成后，将下架体与调整垫铁、槽钢焊接固定。穿入地脚螺栓，按要求进行二次灌浆。灌浆强度达到要求后，紧固地脚螺栓，锁紧止动垫圈。

6. 机座密封装置安装

检查机座顶板过渡环中心孔与齿轮箱输出法兰的同心度，检查过渡环上加工平面的水平度，合格后按要求将其焊接固定。焊接时应有防止焊接变形的措施，焊缝要确保气密性。

将密封绳置于过渡环上，将密封壳体就位于过渡环上，边紧螺栓边检查密封壳体与齿轮箱输出法兰的同心度，最后锁死止动垫圈。清理密封装置碳精环滑动槽，将碳精密封块装入滑动槽内。

7. 传动盘及刮板装置安装

将三个导向用的定位销拧入变速箱的输出法兰螺孔中，装上传动盘下部的围边挡环。吊起传动盘，与机座密封装置的密封环中心对准后，缓慢下落，同时对准三根导向定位销，下落过程中注意检查密封面间隙，控制其圆周均匀为1mm。

用塞尺检查传动盘与齿轮箱输出法兰接合面，应紧密接触。带上法兰连接螺栓后取下导向定位销，将螺栓对称、交叉逐步拧紧。检查刮板装置的内、外侧间隙，调整刮板下部和机座顶面的间隙，锁死刮板紧固螺栓。

8. 机壳安装

按照图纸找准方位后，将机壳吊起就位在机座上，找正机壳中心位置，检查机壳水平度和标高。复查机壳上拉杆密封中心线与拉杆座中心位置应重合。检查合格后，将机壳与底座焊接。

9. 磨环及喷嘴环安装

清理传动盘上平面、磨环下平面，涂抹一层二硫化钼油脂，安装好传动销。吊起磨环并就位，用塞尺检查与传动盘的接触面，确认接触良好后将静环就位。

检查喷嘴内外与静环的间隙应为 5mm±0.5mm。用圆钢将静环上部与机壳焊接起来。按照图纸要求将密封垫、法兰盖及锥形罩用螺栓固定在磨盘上。

10. 磨辊装置安装

用磨辊起吊工具将磨辊装置吊入机壳就位，就位时应将辊芯上的放油孔之一转到最低点，以便安装结束后放油。用螺栓将磨辊与保持架固定。拆下磨辊起吊工具，将磨辊找正杆插入磨辊端盖孔中，使三个找正杆尖端标高大概一致和对中，对磨辊初步找正。

11. 安装磨辊密封风管道

把密封风管路安装在磨辊辊架上，并密封严密。分离器安装前，先将密封风管固定在机壳上。

12. 压架及铰轴装置安装

调正方向后，将铰轴座用螺栓固定在压架底部，缓慢将压架就位，校核压架与机壳导向装置间的间隙。清理铰轴表面，按图纸所示方向穿过铰轴座与辊架的铰轴孔中，并安装铰轴卡板，拆下磨辊安装保持架。

找正磨辊，使找正杆尖端与磨煤机中心线相交，三个尖端标高和对中偏差不超过3mm。调整压架与机壳导向装置间隙，承载侧为零，非承载侧为3~5mm。把压架导向装置用螺栓紧固在机壳上。

13. 拉杆加载装置安装

将加载油缸组件放置于齿轮箱旁，用销轴连接油缸下部轴承和拉杆台板，并锁死。安装机壳拉杆密封装置。首先拆下压架上部盖板，将拉杆小心穿过压架球面调心轴孔和机壳拉杆密封装置。

用连接套连接油缸与拉杆，安装拉杆球面调心轴承、拉杆螺母及卡板，盖上压架上部的顶起盖板，调整连接套，使拉杆顶部与压架顶起盖板底部间隙为5mm，之后在连接处旋入止动沉头螺钉，注意在调节过程中只可旋转连接套。按图纸要求安装拉杆防转装置。

14. 分离器安装

根据机壳上密封管道和分离器上密封管道位置确定分离器的位置。将机壳与分离器法兰面清理干净，将密封绳放在机壳法兰上并涂密封胶。就位分离器，用螺栓将法兰连在一起。

连接磨辊密封风管与分离器中的环形密封。把分离器的分离电动机按照图纸的要求安装到位。

15. 电动机安装

将两半联轴器加热后分别安装到电动机和齿轮箱轴的轴头上。清理电动机底面和台板加工面、中间垫片，然后将电动机吊起就位，找正联轴器中心（允差小于0.08mm）及间距。

16. 稀油站与高压油站安装

稀油站冷油器进行 0.6MPa 水压试验，应无泄漏。清理油站外部，检查连接油管的清洁度，按图纸所示位置就位并固定。

17. 安装机座平台、分离器栏杆

按图纸要求安装机座平台、扶梯、分离器栏杆。

18. 三次灌浆

磨煤机整体安装结束，检查验收合格后即可进行三次灌浆。

19. 系统管道安装

系统管道包括密封风管道、防爆蒸汽管道、油系统管道和冷却水管道。管道安装布置应按图纸要求，注意保证管道布置整齐美观，固定牢固且严密不漏。布置在磨煤机本体周围的管道应考虑磨煤机受热后的膨胀。油系统管道需采用氩弧焊焊接，设备、管道应保证其内部清洁。

三、引风机安装方案

（一）设备概况

每台锅炉配 2 台 50% 容量的静叶可调轴流式引风机，给水泵汽轮机调速驱动。每台锅炉配 1 台 30%~35% BMCR 容量的静叶可调轴流式电动引风机，作为机组启动及事故停炉状态时用。

（二）汽动引风机安装流程

引风机安装的一般流程，是以机壳装配（后导叶和叶轮外壳组件）为基准；其进气箱、集流器和可调前导叶装配为向前（驱动汽轮机方向）热膨胀滑动，其扩压器和扩压器芯筒为向后（远汽轮机方向）热膨胀滑动。

机壳装配安装找正后，对风机出气侧的扩压器下部组件、扩压器芯筒组件、传动轴、传动轴护套、大小集流器和可调前导叶上部组件、进气箱上部组件等进行对称安装，在安装中始终保持设备的平衡，安装顺序按"引风机大件吊装顺序图"中的标号顺序进行（见图 5-41）。

1. 基础准备

引风机组基础表面及预留孔内应清扫干净，具备设备安装条件。按照制造厂图纸、技术规范的要求对基础中心线、标高、外形几何尺寸进行校核，并将纵、横中心线标引到基础侧面。

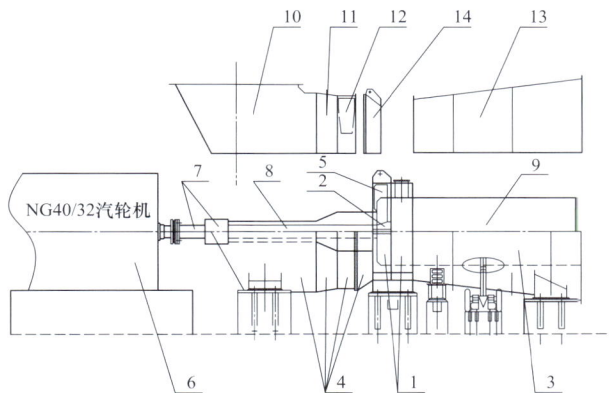

▲ 图 5-41 引风机大件吊装顺序图

1—后导叶与叶轮外壳组件；2—叶轮组件；3—扩压器外壳下半；4—进气箱、大集流器、前导叶组件、小集流器组件下半；5—叶轮外壳；6—驱动汽轮机；7—中间轴；8—中间轴护管；9—扩压器芯筒；10—进气箱上半；11—大集流器上半；12—前导叶组件上半；13—扩压器外壳上半；14—小集流器上半

2. 叶轮外壳及后导叶组件安装

将底板就位到垫铁上，穿装地脚螺栓。调整各底板标高使其处于同一高度。用汽车吊将叶轮组件吊放在底板上。检测底座中心线与基础中心线偏差在 ±2mm 范围内，在主轴承装配面用框式水平找正叶轮的垂直度小于等于 0.1/1000。

调整地脚螺栓高出螺母 3~5 扣，在地脚螺栓与底板上的地脚螺栓孔间填塞软质材料以保证地脚螺栓处于螺栓孔中间位置。叶轮组件找正后，对叶轮组件的地脚螺栓孔用灌浆料进行灌浆。

3. 扩压器下部组件安装

扩压器分成 4 部分供货，就位前进行扩压器壳体的组合。

就位扩压器的两个基础板，穿上地脚螺栓，通过垫铁调整基础板的标高和水平。将扩压器的支腿安装在基础板上并用螺栓固定。将扩压器壳体下部组件吊装就位，并调整其标高、水平。

扩压器进气端与机壳用螺栓进行连接，接合面用密封绳进行密封。扩压器支腿圆弧板与支腿和扩压器外壳间分段跳焊。在扩压器支腿地脚螺栓处安装滑动连接片后对地脚螺栓孔进行灌浆。

4. 冷风罩安装

扩压器下部安装完毕后，可安装冷风罩。

冷风罩为中分面分剖式，下半部分为整体，上半部分又分为两半。先安装下半部分，然后将轴承测温元件接线固定在冷风罩螺栓孔内。安装轴承润滑油管接头，将管接头从冷风罩中引出。安装冷风罩上半部分，结合面处加石棉绳，紧固连接螺栓。

5.大、小集流器及可调前导叶组件下部组装

大小集流器及可调前导叶为分体供货。先组装大小集流器及可调前导叶下部组件，法兰连接处需加密封垫料。连接小集流器和叶轮法兰螺栓。

在大小集流器和可调前导叶下部设临时支撑并配合举重器进行调整，保证叶轮垂直度且不受外力影响。临时支撑直到进气箱下部安装完毕，整个风机壳体下部形成整体方可撤除。

6.进气箱下部组件与大集流器组对整体安装

将进气箱下部两件组合成一件，将进气箱与大集流器结合面用螺栓进行连接。

将进气箱基础板就位在进气箱处基础垫铁上，穿装地脚螺栓，调整基础板标高和水平。将进气箱的支腿安装在基础板上，用螺栓将其与基础板固定。用吊车吊起进气箱与大小集流器可调前导叶下部，就位在支腿上。调整进气箱与大小集流器组件的位置，使其纵横中心与基础中心对正。进气箱调整完毕将进气箱下壳体与支腿圆弧板及支腿进行焊接。在进气箱支腿上地脚螺栓处安装滑动连接片。对进气箱地脚螺栓孔进行灌浆。安装主轴承装配，安装测温元件。

7.扩压器芯筒安装

用汽车吊将扩压器芯筒吊装到扩压器内。吊装时注意保护冷风罩及热电阻，避免碰撞。调整芯筒水平度，将进气端与机壳用螺栓连接，结合面用密封绳进行密封。焊接支撑筋板。

8.驱动汽轮机安装

驱动汽轮机安装方法与给水泵汽轮机安装方案类似，此处不再叙述。

9.传扭中间轴安装

安装叶轮侧半联轴器，按制造厂给定力矩拧紧螺栓。安装汽轮机端半联轴器，对汽轮机进行初步找平、找正。

吊装传扭中间轴，提前将与进气箱间的轴封套套在中间轴上并固定好。吊装前在汽轮机端准备一个门形架，传扭中间轴与叶轮端连接好后，另一端吊在门形架中，调好高度、水平。

以叶轮端半联轴器和汽轮机主轴水平为基准，找平找正。应保证叶轮端后导叶组件中主轴承座位置的热膨胀补偿量，以及汽轮机水平位置的预抬量。

以两个半联轴器膜片间的张口值来保证其张口值大小，其张口值约0.20mm。把汽轮机侧联轴器与传动轴用2~4只螺栓对称连接，具备盘车条件，准备联轴器找正。

10. 联轴器找正

机组在正常运行工况时，烟温较高，引风机处于热态，各部件热膨胀量较大，汽轮机侧在考虑自身膨胀外需较风机有一预抬高量。

11. 基础灌浆

对汽轮机、进气箱、扩压器基础进行灌浆，达到规定强度后拧紧地脚螺栓，复查联轴器中心。

12. 上部扩压器、传扭中间轴护管、轴封筒等安装

将上部扩压器吊装就位在下部扩压器上，用螺栓连接扩压器上下半。

用手拉葫芦将可调前导叶芯筒及轴出口锥体就位并安装调准，锥管与轴应同心。轴出口锥管安装后把护轴管和进口导叶的芯部用螺栓紧固在一起，并安装好联轴器护罩。安装轴封筒。

13. 大集流器、进口调节器及小集流器上部安装

组装冷风管护筒。按照冷风管和油管安装图安装冷风管路和油管路。安装进气箱、大集流器、可调前导叶装配、小集流器等上半部、扩压器上半部。

14. 附件设备安装

调整前导叶开启程度应基本保持一致，建议在 0° 时（即前导叶叶片与主轴中心线平行时）调整和检查。

安装前导叶操作执行机构，注意叶片开启角度和壳体外的指示器的指示角度应保持一致。按图纸要求安装冷却风机、加油装置、测温装置、测振装置、失速报警装置等。

15. 安装进出口膨胀节、引风机与烟道系统连接

引风机进、出口侧与烟道采用膨胀节连接。膨胀节连接应正确，确保烟道不向引风机传递力和力矩。在烟道与引风机连接以前，应以膨胀节为基准精确找正烟道。

在运行前，应检查所有烟道、管路连接是否正确。还必须详细检查在膨胀节导向筒和烟道之间的间隙，以及烟道与引风机进、出口之间的间距应均匀。烟道运动的距离应小于该间隙。

16. 轴向预拉量的调整

由于引风机在热态工况时，烟温较高，传扭中间轴较长，其轴向热膨胀量较大（为 3~8mm）。在冷态安装时应将单个联轴器的安装间隙比自然间隙预拉开 1.5~4mm。基本找正完成后，联轴器预拉开前，复测张口尺寸，计算轴向位移。然后将其调整垫拆下，此时可进行汽轮机空载试运。在试运中注意观察汽轮机轴头向前（或向后）窜

动情况。

在考虑了初装时的原始预拉量（或预压）的情况，再考虑汽轮机主轴在静态和转动时的窜动情况，通过现场车削调整垫的厚度（车削时应车去无凸台的一面，保留其止口不变）来保证风机在冷态时有一定的预拉量。以保证风机在热态运行时，使传扭中间轴的热膨胀量有合适的热补偿量，确保主轴承的正常工作。

（三）试运转前的准备工作

（1）清理烟道内的杂物，不得残存有铁丝、焊条头、木块、石渣等异物。

（2）复查各部位安装完毕，按总装图要求对进气箱支腿地脚螺栓和扩压器支腿地脚螺栓的连接片翻面及安装滑套拧紧螺栓。注意调整滑动间隙，保证2kg手锤轻敲能敲动中间滑动垫板。

（3）按规定要求对主轴承座注油，在注油前先将主轴承座后侧油管接头拆开，让开始加注的润滑油从接头处溢出少许；然后连接油管接头。在注油期间，严密观察油管各接头，弯管处不应出现漏油情况，保证所加润滑油全部顺畅注入主轴承座内。润滑油牌号应符合制造厂要求。

（4）按启动程序启动冷却风机，观察风管有无漏风情况，以保证冷却风顺畅。

（5）复查测振、测温各部位工作情况是否正常，调节门各部位是否灵活可靠。

（6）符合有关规定程序要求后，可开始进行试转。

四、空气预热器安装方案

（一）设备概况

每台炉安装2台型号为LAP14948/2500三分仓容克式空气预热器，转子直径为14948mm，蓄热元件高度自上而下分别为上段350mm、中段1100mm、冷段1050mm。冷段蓄热元件为搪瓷传热元件，热段蓄热元件为碳钢，每台预热器金属质量约960t，其中转动部分重约503t（约占总重的53%）。

（二）安装前的准备工作和安装顺序

1. 安装前的准备工作

所有零部件运达工地后，需及时清点和检查。暂不安装的箱件入库保管，露天存放的零部件需适当垫高、稳妥堆放，并采取遮挡风雨措施。如发现零部件在运输中有变形或损伤，应及时联系建设、监理等各方相关人员研究处理。

导向轴承和推力轴承需要解体和清洗，清洗后妥善保管，以备安装。

除一次性装配用的紧固件（如壳体板与上、下梁及烟、风道连接处的螺栓、螺母等），以及图纸中注明需装后点焊的紧固件外，其余所有处于烟道或风道内的螺栓、螺母和各种零件上的螺纹部分均应在安装时涂铅粉或类似作用的油胶，以防热态咬死（见图 5-42）。

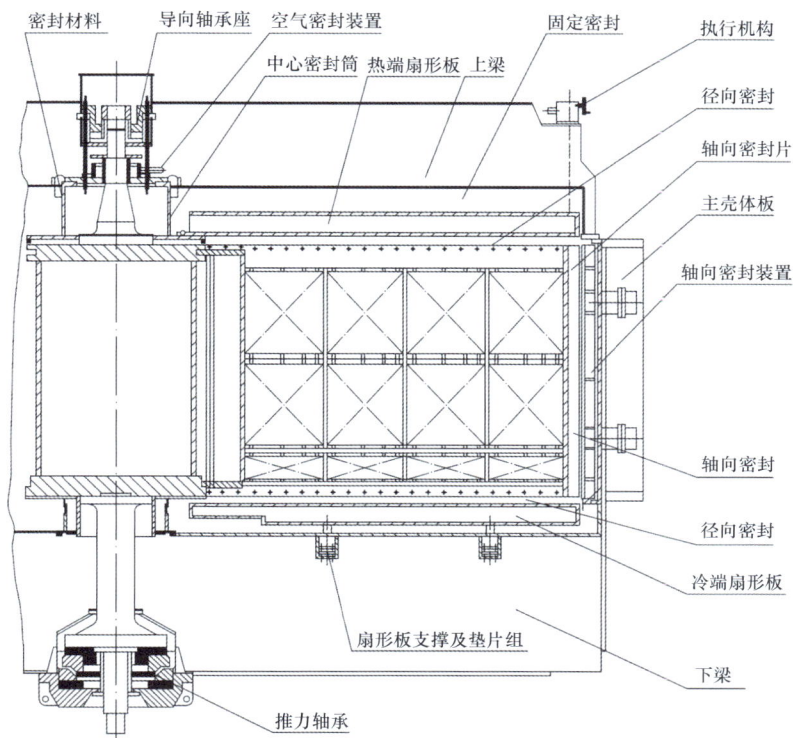

▲ 图 5-42　空气预热器结构示意图

2. 安装顺序

预先将支撑轴承组件及传动装置寄存在锅炉 11.4m 层平台上；在锅炉钢架适宜位置标出标高和中心线，放上膨胀支座并校平各膨胀支座至同一标高；在地面组合下梁与主壳体板Ⅰ、Ⅱ，完成检修平台的安装；起吊下梁与主壳体板组合件就位于膨胀支座上；装配副壳体板与侧壳体板，完成整个九边形的壳体；装配下部小梁及下部烟风道。

安装推力轴承；安装中心筒及短轴组件；安装上梁、上部小梁及烟风道，包括内部管子支撑件；安装导向轴承；拆下"副壳体中心板"；逐一吊装模数仓格。

安装电驱动装置；重新装上"副壳体中心板"；安装转子附件中的 T 型钢及转子法兰；安装调整平台及检修平台中的扶梯。

利用锅炉厂提供的刀架加工转子法兰；调整上部扇形板及轴向密封装置；安装所

有密封片，同时安装导向轴承的空气密封管道系统。

安装预热器上的辅助设备，包括吹灰装置、火灾监测消防及清洗系统、导向轴承及推力轴承润滑系统、扇形板调节装置及控制系统；安装、调整控制系统；最后检查。

（三）空气预热器密封的调整

预热器采用的是径向—轴向及旁路双密封系统。径向密封由扇形板与径向密封片构成，轴向密封由轴向密封装置与轴向密封片构成，旁路密封由旁路密封片与T型钢构成。

热态运行时，上部（热端）平均温度高，下部（冷端）平均温度低，因此会产生"蘑菇状"变形。转子还会产生轴向膨胀，下梁会向下弯曲变形。如果冷态时密封间隙没有正确调整好，在热态情况下有的地方间隙会增大（如热端外侧），有的地方间隙就会减小（如冷端外侧），不但会造成大量泄漏，而且会发生严重摩擦，甚至卡涩。

对轴向密封、旁路密封，以及冷端径向密封均采用在冷态下预留间隙的方法来进行调整，使转子在热态变形后获得满意的密封间隙。对于热端径向密封，则采用能跟踪转子热变形的自动控制系统，使得密封间隙始终维持在很小的范围内。

（四）空气预热器冷态试运行

预热器试转前全部零件、组件安装完毕，预热器内杂物必须全部清除，拆去覆盖蓄热元件的包装铁皮。由专人负责检查、确认预热器内无人员和工具、杂物，才能试转。用盘车手轮在电驱动装置电动机尾轴上人力盘动转子至少一圈，无异常后方能接通电源试运转。

冷态试运转时，电驱动装置应运转平稳，无异常声响，电动机及减速机轴承温升不超过45℃。减速机、导向轴承及推力轴承无渗、漏油现象。主、辅电动机可互相正常切换，变频器工作正常。在预热器转动过程中，径向或旁路密封片与扇形板或T型钢不应有任何摩擦。

试运期间如因检查和调整，需要进入预热器内部时，必须首先切断电源，并派专人在人孔门处联系，派专人照看电源开关，严防发生任何人身及设备事故。试运转后进入预热器内检查密封面摩擦情况，根据情况对不符合要求的地方再进行一次调整，同时消除试运转中发现的其他缺陷。

连续运转4h无异常后，更换导向及推力轴承润滑油，封闭所有人孔门，以备与锅炉设备一道进入热态试运行。

第六节　输煤系统设备安装方案

一、翻车机系统安装方案

翻车机本体见图5-43。

▲ 图5-43　翻车机本体

（一）翻车机系统设备简介

1.翻车机系统设备参数

系统翻卸能力：40辆/h；

最大翻卸重量：240t；

额定翻卸重量：220t；

适用翻卸车型：C60～C80；

翻卸最大角度：175°；

翻卸额度角度：165°；

最大回转速度：1.2r/min。

2.C形转子式翻车机系统组成

翻车机系统主要由翻车机本体、重车调车机、空车调车机、牵车台、夹轮器、止挡器、喷洒冲洗设备及其他辅助设备组成。翻车机本体主要由底座梁、托辊组、C形端盘、托车梁、靠车梁、靠车板、小纵梁、压车梁、支撑杆、传动装置、液压缸及油系统等设备组成。

重车调车机、轻车调车机主要由齿条座、齿条及导向轨、拨车臂、车体、液压系统、传动装置、行走装置、导向轮、滑线及滑线支架等部分组成。

牵车平台主要由车架、销齿装置、行走装置、传动装置、滑线及滑线支架等部分组成。

（二）翻车机本体安装

1. 托辊底座的安装和定位

将有轮缘的一对托辊底座置于进车端，无轮缘的置于出车端，且加油孔均朝外侧。按图5-44所示的方法找正。应注意，a、b、c、d四点应在托辊中心的连线上，尽量靠近托辊，且 $0a=0b=0c=0d$，偏差不得大于0.5mm。测量对角线长度，其长度差的绝对值不得大于5mm，即 $|E-E'|$ 小于等于5，见图5-44。

托辊底座找正后，进行二次灌浆。灌浆料强度达到75%以上时，紧固地脚螺栓。

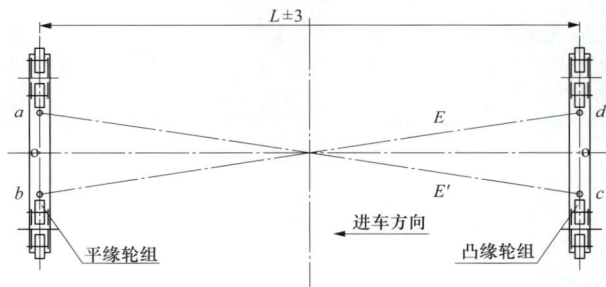

▲ 图5-44 托辊找正平面图

2. 端盘安装

将两半圆盘放在搁架上，找正、找平、找圆穿上定位销，拧上高强螺栓。端盘开口处装上工艺支承，防止吊装过程中发生端盘扭曲变形。连接好轨道、齿条。

吊装进车端端盘在其进车托辊上定位、找正，然后加固支承以防倾倒。

3. 三大梁安装

按照顺序分别进行托车梁、靠车梁、小纵梁的安装。安装时应保持梁的水平，先进行进车端法兰螺栓的连接，再进行出车端法兰螺栓的连接。安装中应保持端盘的垂直，螺栓紧固力矩符合制造厂技术文件要求。

将支撑杆、油缸分别按照图纸上的安装位置就位于三大梁上，穿好销轴，上好连接片及止退卡子。左、右压车梁和靠车板按照出厂编号和图纸代号，分别吊装到安装位置与支撑杆或油缸用销轴连接起来，装上连接片及止退卡子。

4. 传动装置的安装与检验

基础检验合格后，在地脚螺栓孔两边放置垫铁，用行车吊起传动装置并将其缓慢回落在基础上。安装时应控制好销齿与传动齿条的侧隙与顶隙。为保证在整个小齿轮齿宽上的啮合，用 0.05mm 塞尺从两边塞入，塞入深度不得大于 3mm，两边插入深度差不得大于 1mm。

进行二次灌浆，捣实二次灌浆料时，不得触碰传动装置。二次灌浆混凝土强度达到 75% 以上时，紧固地脚螺栓。驱动装置安装好后，用行车拖动回转机构，检查小齿轮与传动齿条的啮合情况，使其达到啮合要求。

5. 其他部件的安装

其他部件的安装包括液压站、托车梁上的网板、靠板振动器、左右压车臂、端盘配重块、挡煤板等。这些部件的安装顺序可视实际情况确定。靠板振动器和左右压车臂与油缸组装时，不得强行安装，应活动自如无"憋劲"现象。

6. 翻车机本体调试

断开驱动装置的联轴器，对驱动电动机做空负荷运转试验并同时确认旋转方向。空负荷运转要求正反方向各运转 30min，要求启动、运转平稳，不得有任何异常现象。

连上联轴器，调整好制动器后进行空翻调试。用点动控制，先在小范围内翻转，然后慢慢扩大范围，直至整个回转周期。在调试的同时确定限位开关位置和主令控制器的触点位置。

液压系统调试可先分别对夹车、靠车进行手动操作，看其动作是否正确，然后与翻车机一起联动，使其满足动作要求。

（1）空车翻转试验。将空车车厢送入翻车机内，先用手动控制翻转，检验在不同翻转角度下各部件工作是否正常。手动控制无误后，进行自动翻转试验。手动、自动控制各运转三个周期。

（2）重车翻转试验。方法同上。先手动控制翻卸一次重车，再自动翻卸两次重车。

翻车机经上述试运转后，符合下列要求，则视为调试合格：①各项技术指标符合设计要求；②各机械部分无干涉现象和不正常的声响；③液压系统无漏油现象，液压油温小于 60℃；④各轴承处温升符合要求，小于 50℃；⑤电动机电流值正常，无异常波动。

（三）重车调车机、空车调车机安装、试验

1. 基础及轨道检查

检查基础表面质量、各部尺寸符合设计要求，特别是基础中心线到重车线（或轻

车线）的距离。地脚螺栓孔的位置、深度符合设计图纸要求，孔内清洁无杂物。检查行车轨道的标高、轨距、对角、两轨相对标高等应符合设计图纸要求。

2. 齿条座安装

将齿条座按照出厂编号次序就位，穿上地脚螺栓。将齿条按照厂家编号次序安装在齿条座上。通过垫铁调整，用精密水平仪、框式水平仪测量齿条标高和水平使其符合设计要求。齿条与齿条接口位置的齿距应符合要求，齿条的齿顶面应在一条直线上。各部数据合格后进行基础的二次灌浆。将导向轨安装到齿条座上。

3. 车体的安装

将车体按布置图所示方位吊装到位。吊装时车体减速机上的所有制动器应松开，以使传动齿轮可用手扳动，便于齿轮和齿条啮合到位。将导向轮调到最大位置。

吊装时应尽量使车轮中心对准行走钢轨中心，以减少二次调整量。调整弹性行走轮，使车体处于水平状态，四个轮子都能与钢轨接触。

4. 牵引臂总成的安装及检验

将车臂吊装到车体上方，起吊时应使车臂处于水平状态，缓慢落下，使车臂轴就位到轴承座内，另一头用工装架垫平，盖上轴承盖并拧紧螺母。将油缸、连杆与车臂连好，并紧固好螺栓。

用翻车机室内行车慢慢吊起车臂的一端，使车臂抬起一定的高度然后放下，这样反复三次，一次比一次高，但不要超过50°，车臂抬起、落下自如即为合格。

5. 调车机运转试验

减速器、液压站按说明书要求加好润滑油和液压油。导向轮、行走轮轴承、行走开式齿轮加好润滑脂。按照制造厂说明书的要求调整好制动器、摘钩、抬臂、平衡油缸压力。液压系统运行一段时间后，检查压力是否正常、系统是否有渗漏等情况。

首先进行调车机单机空车试验，后进行整个翻车机系统空车试验。重车试验应与整个翻车机系统联机进行，试验时做好安全防范措施。

6. 牵车台安装、试验

按照制造厂技术文件的要求安装迁车台，并对其进行空负荷和带负荷试运转。

二、斗轮堆取料机安装方案

（一）设备简介

两个煤场各安装一台DQL1200/1200·35型折返式双尾车悬臂式斗轮堆取料机，

堆、取料额定出力为 1000t/h，最大出力为 1200t/h，回转半径为 35m，供电电压为 6000V。斗轮机配带喷雾抑尘系统，采用 PLC 半自动控制和集中手动控制。

（二）安装程序及技术要求

1. 安装流程图

安装应遵循厂家技术文件要求，安装流程如下：

（1）主车部分安装流程。行走机构安装→门架安装→回转机构安装→悬臂架组合安装→上部金属结构组合安装→配重架安装→前、后拉杆安装→俯仰油缸及支撑安装→斗轮机构及油站安装→悬臂皮带机安装→司机室安装→中心料斗系统安装。

（2）尾车部分安装流程。主尾车组合安装→主尾车皮带机及料斗安装→电气室及电缆卷筒安装→副尾车组合安装→尾车升降液压站安装。

（3）主车、尾车组合后的安装流程。主车、尾车组合→主、副尾车组合→附属结构安装→皮带机检修起吊装置安装→油系统管路安装→配重吊装及平衡调整→电气及控制系统安装→单机调试→整机调试及运行→整体验收。

2. 行走机构安装

行走机构由四个主动台车、四个从动台车、平衡梁等部件组成。制造厂已将台车安装组装完毕，安装时直接吊装就位即可。

根据设备编号，将四个主动台车和四个从动台车两两一组分别摆放在两侧的轨道上，并用临时支撑支好。划出台车组上部连接法兰平面的中心线，并将其投影到斗轮机行走轨道上。根据各组台车纵、横中心线找出回装机构的回转中心点。

将平衡梁分别吊装到对应的台车上。在每组台车平衡梁的两侧、对称地将台车组用槽钢两两连接（焊接）在一起，撤掉台车的临时支撑。安装主动台车的驱动装置、夹轨器、钢轨清扫器、尾部缓冲器等附属装置。

3. 门座安装

门座由门架、支腿、绞座、螺栓和调整垫板等组成。考虑到运输中的限制，制造厂发运时分成上下两大部分。上部的门座本体分成对称的两半，下部四根支腿分别发运到现场，现场安装前进行组合。安装时先吊装就位四根支腿，然后将组合好的门座上半部分整体吊装就位。门座本体找平、找正后复查其顶部圆弧平台的标高无误后，即可将四根支腿和门座底部焊接。安装门座的梯子、平台、栏杆和附属设备。

4. 回转机构及转盘安装

回转机构安装在门座的圆弧平台上，主要由回转座圈、回转台车组及其行走轨道、侧支承轮组等组成。

（1）回转座圈组装。将下座圈坐在门座上平面上，找正并测量、调整其圆度。将下座圈与门座焊接。

（2）转盘组装。

1）将转盘在地面临时支架上正放，找平、对正后将上面和各侧面焊接，组合成一个整体。用吊车将转盘反转平放，将转盘下平面上的所有接口全部焊接。

2）将上座圈坐在转盘下平面上，按图纸中标注的上座圈与回转驱动装置的相对位置尺寸进行找正。测量、调整两者相对位置、圆度、水平度符合图纸要求，然后将上座圈与转盘焊接固定。

3）将推力向心交叉滚子轴承座安装在门座下座圈上，轴承外圈与下座圈穿上螺栓连接。但螺栓暂不拧紧，待回转驱动装置安装找正、齿轮啮合符合要求后再拧紧连接螺栓。

4）将组装好的转盘反转后吊装于轴承上，并用螺栓将轴承内圈和上座圈连接。

（3）回转驱动装置安装。按图纸技术要求安装回转驱动装置。接通临时电源，启动回转机构并检查其运转情况，对回转机构啮合情况进行检查。齿轮啮合符合要求后，再交叉紧固固定螺栓。安装集中润滑装置和油管，组合、安装回转齿轮罩，安装转盘梯子、平台和栏杆。

5. 支承铰座安装

根据上部金属结构图和转盘图，按门柱、支承铰座和转盘的相对位置，在转盘上将支承铰座定位，找平、找正后与转盘焊接。铰轴轴心线与回转中心线要求在同一铅垂面内。

6. 中部料斗安装

将落煤斗Ⅲ支架焊接到门架内圆后半部上；将落煤斗Ⅲ和导料槽Ⅱ组装在支架上；将落煤斗Ⅱ支架固定在转盘上平面，然后将落煤斗Ⅱ固定在支架上；将料斗固定在落煤斗Ⅱ的上口上；安装导料槽Ⅰ，安装落煤斗Ⅰ；在落煤斗Ⅲ上安装中部料斗堵煤检测器。

7. 门柱安装

由于运输限制，门柱分为上、中、下三段发运，除上段为一件外，中段和下段再分为两个部分。安装前在地面对门柱进行组合。将与支承铰座装配的轴承体按上部金属结构图、门柱图和支承铰座图中的相对位置和技术要求焊于门柱尾部。

将俯仰液压装置装于转盘前部的支座上。用两台吊车将门柱抬吊就位，穿好各销轴，在门柱前端用临时支撑架支住。吊装门柱平台、栏杆。

8. 前臂架吊装

前臂架分两件发运。按照前臂架图纸要求，在地面将前臂架前后两段用高强螺栓和连接板组合在一起。安装前臂架下部平托辊，垂直拉紧改向滚筒和上部的输煤托辊架。

前臂架组合完成后将其整体抬吊就位，穿好与门柱的连接销轴，在前部用临时支撑架支牢。支撑架的高度以能安装斗轮机构为宜。

9. 拉杆安装

斗轮机的拉杆包括与前臂架相连的四根前拉杆、与立柱相连的两根水平拉杆，以及与配重架相连的两根后拉杆三个部分。在前拉杆与水平拉杆之间，用斜支撑架作为支撑，斜支撑的另一端与立柱上的铰座铰接。安装四根前拉杆，将其一端与前臂架铰接，另一端与斜支撑铰接。斜支撑和水平拉杆随门柱就位。后拉杆和配重架一起安装就位。

10. 后臂架及配重安装

按配重块的厚度，在后臂架尾部先固定好配重挡块。后臂架整体吊装，穿好其与门柱的连接销轴。吊装后臂架拉杆，穿好各部销轴。安装上部金属结构所有的梯子、平台和栏杆。吊装后臂架尾部的配重块，并用螺栓固定好。悬臂胶带机安装完成后，将剩余配重加装至设计要求质量。

11. 斗轮机构安装

将斗轮轴与轴承组件装配为一体，然后将其安装到前臂架头部。在地面组合斗轮体，然后将其与斗轮轴装配。安装圆弧挡板和溜料导料装置；安装斗轮驱动机构；将斗齿安装于斗轮体上；安装斗轮机构集中润滑装置。安装中的斗轮机见图 5-45。

▲ 图 5-45　安装中的斗轮机

12. 司机室安装

吊装司机室支架，找正后与转盘焊接。吊装司机室上下及周围的梯子、平台。将司机室吊装就位，安装司机室上面的遮阳罩及室内设备。

13. 液压系统安装

斗轮机液压系统分为三部分：俯仰液压机构、悬臂皮带机液压拉紧机构、尾车变幅液压机构。

14. 悬臂皮带机安装

在门柱尾部焊接驱动滚筒支座，在门柱上安装改向滚筒、支座和平托辊，在转盘上焊接滚筒驱动机构铰支座，安装支撑杆和驱动机构支架。

安装头部滚筒、35°槽形托辊、驱动滚筒和驱动机构、减速器输出轴和驱动滚筒轴套装。安装垂直拉紧装置，安装前部皮带系统。

15. 尾车安装

将尾车底梁与前、后支腿找正并焊接。安装支腿上的行走轮，将其整体吊装到轨道上就位并固定好。在后支腿附近安装除尘系统的水源装置。

在地面上安装尾部机架上的皮带托辊和滚筒装置。整体将尾部机架吊装就位、找正，与前后支腿焊接。安装尾车变幅机架的变幅油缸，并用倒链将两个液压缸临时拉住。

将变幅机架在地面组合好后整体吊装，穿好变幅油缸销轴后，将变幅铰点支座与尾部机架找正焊接。安装圆弧铰链支架及其附属装置。

安装尾车与主机的挂钩装置和拉杆，将尾车与主机挂接在一起。安装动力电缆卷筒和控制电缆卷筒装置。安装尾车各部梯子、平台、栏杆。安装电气室及其装备。安装尾车变幅系统液压泵站，布置安装油路管道。安装尾车皮带装置和驱动装置，热硫化黏接输煤胶带。

16. 喷水抑尘系统安装

喷水抑尘系统安装时，应先就位水箱及水泵，然后安装水管路及喷嘴。

（三）调试程序

1. 试转前的准备工作

试运转前准备工作的内容与要求见表5-7。

▼ 表5-7　　　　　　试运转前准备工作的内容与要求一览表

序号	内容	要求
1	锚定装置、夹轨器、限位块、行程开关、熔丝、总开关等	状态正常，动作灵活、准确、安全、稳定、可靠间隙合适

续表

序号	内容	要求
2	金属结构外观	无断裂、损坏、变形，焊缝质量符合要求
3	传动机构及零部件	无损坏、漏装的现象，螺栓连接紧固，铰接点转动灵活
4	润滑点和润滑系统	保证各点润滑、供油（脂）正常，按规定给各传动装置加油（脂）
5	电气系统、动作联锁、事故预警、各种开关仪表、指示灯和照明	无漏接线头，联锁和预警可靠，电动机转向正确，开关、仪表、灯光完好
6	配重质量	臂架为水平位置时，斗轮中心处着地力为 $-9\sim0kN$
7	液压系统	状态正常，动作灵活、准确、安全、稳定、可靠

2. 空负荷试运转

电气系统、液压系统检查、试验后，分别对胶带输送机、斗轮、回转机构、行走机构、中部料斗、俯仰机构、尾车进行不少于 2h 的空负荷连续运转。

3. 带负荷试运转

在空负荷试运转试验后，进行不少于 6h 的带部分负荷运转（25%~50% 负荷），然后进行满负荷试运转。试运项目包括以下几项：

（1）堆料试验。将前臂架回转到不同位置，连续堆料作业 2h，并进行启动、制动试验。

（2）取料试验。取料作业 2h，并进行启动、制动试验。

要求运动平稳可靠；电动机电流正常，性能参数达到设计要求；轴承外壳温升小于等于 40℃，其最高温度小于等于 80℃，各处无泄漏；机架无永久变形，无破裂，连接无松动、无损坏。

三、管带机安装方案

（一）设备概况

燃煤采用单路管状带式输送机由卸煤区输送进入主厂区，长度约 5.4km。管带机参数为：管径为 400mm，带速为 4.0m/s，额定出力为 1000t/h，最大出力为 1200t/h，驱动功率为 $4\times710kW$。在厂内 1 号转运站布置 3 台头部驱动电动机，厂外卸煤区碎煤机室底层布置一台尾部驱动电动机，系统采用变频控制。

（二）管带机安装

1. 支架、桁架组合安装

管状带式输送机的支架为钢结构，安装时，所有支架的中心线要与管带机走向中心重合，标高符合设计要求。水平中心与标高偏差应符合相关规范的要求。

为便于吊装，每两个支架之间的桁架在地面组合成一个整体，然后由两台吊车抬吊就位。地面组合时，将走道一并组合好，这样可便于吊装后上人作业。

2. 六边形托辊组安装

管带机的每一组托辊由六只托辊围成一个正六边形。托辊在安装时，对称位置的两托辊应平行，托辊间距要相等，偏差小于等于1mm。托辊架、托辊要在地面与桁架一同组合。组合时，同一桁架上同侧托辊的中心线要重合。

3. 驱动部分安装

驱动部分安装与普通带式输送机的安装要求相同。

4. 过渡段安装

输送机的尾部过渡段（输送带由平行带卷成圆管形）与普通带式输送机相似，输送带由不同槽角的托辊组支承。在此通过导料槽为输送机加载，以保证燃煤加载到输送带的纵向中心线附近，有利于输送带的运行。加料侧板下位于输送带中心位置的托辊可以吸收装载燃煤的冲击载荷。

在圆管开始形成处装有1组特殊托辊，由12个托辊排成不在同一平面内的2个六边形。12边形托辊组围成的圆管形比标准六边形托辊组更接近圆形，能承受封闭处很高的载荷压力。除这些托辊外，还采用1组特殊的导向托辊，在输送带卷在一起前用来压住输送带一边，使其低于另一边。这个托辊就安装在第1个多边形托辊组的前面，以消除输送带边缘的磨损，正确地搭接并封闭输送带。这些托辊在安装时要严格按照制造厂图纸及技术文件的要求进行。

（三）输送带的敷设

管状皮带机的长度大于电厂常规的输煤皮带，因此敷设方式有一定的特殊性。

1. 施工准备

皮带展放场地布置在厂区内1号转运站以南管带机桁架下方。皮带硫化机及到货后的皮带也布置、存放在这一区域。皮带牵引卷扬机（20t）分两处布置。一处布置在管带机与黄河路交会处附近（此处布置有一处施工场地），该处基本位于管带机的中部；另一处位于厂外卸煤区。卷扬机在地面埋设地锚固定，牵引钢丝绳通过导向滑轮引到桁架上。

准备好皮带端部牵引装置。在尾端（电厂内）最后一段桁架上安装皮带导向托辊，以将皮带从地面导入桁架上的正式托辊上。

2. 牵引钢丝绳的敷设

皮带敷设顺序为从厂区向卸煤区方向进行。施工人员在桁架上将小钢丝绳从卷扬机处穿向管带机尾部（厂区）方向，然后用小钢丝绳将大钢丝绳从管带机尾部牵引至卷扬机处。将大钢丝绳一端缠绕在卷扬机滚筒上，另一端用皮带牵引装置与第一段皮带固定在一起。

牵引卷扬机、钢丝绳、皮带牵引装置、硫化机均布置两套，这样可以实现上行皮带与下行皮带同时敷设或交替敷设，以提高敷设效率。

3. 皮带敷设

每卷皮带长度为 500m，用 70t 汽车吊将其吊放在皮带托架上（应分清工作面与非工作面）。将已穿于桁架上滚筒中心的牵引钢丝绳通过牵引装置与皮带固定好。启动卷扬机通过牵引钢丝绳拉动皮带进入桁架上，当第一卷皮带快要全部放完后停止牵引（见图 5-46）。

▲ 图 5-46　皮带端部牵引装置

将下一卷皮带吊放在皮带托架上，然后与上一卷皮带进行硫化连接。当接头强度达到要求后，启动卷扬机继续拉动皮带。敷设皮带时应有人随皮带的行进进行检查，发现问题及时处理。当敷设完一卷上行皮带进行硫化连接时，可以敷设下行皮带。这样上、下行皮带可以交替敷设与硫化连接。

重复上述工作，确保皮带敷设和硫化连续进行。上行与下行皮带全部敷设完成后，分别在卸煤区和厂区将上、下行皮带硫化连接在一起。

（四）管带机试运

管状带式输送机安装完毕，验收合格，首先进行空载试运转。运行时间不小于 2h，并对各部件进行观察、检验及调整。

（1）空载试运转前的检查。

1）对基础、支腿、桁架进行全面检查，应全部施工完成无遗漏。

2）检查电动机、减速机、轴承座等部位完好，按规定加好润滑油（脂）。

3）检查电气信号、电气控制保护、绝缘等应符合设备说明书、技术规范的要求。

4）单转电动机，确认其转向应正确，运转平稳，温升在允许范围内。

5）检查皮带的压边是否一致，无扭曲、翻转。

（2）空载试运转。皮带启动后观察电动机、减速机、滚筒、皮带等的运行情况。特别要注意过渡段皮带的运行情况，观察过渡段能否把平皮带平顺地卷为管状，把管状皮带平顺地伸展为平皮带。当过渡段运行异常时，要调整过渡段的托辊。当管带的重合部分不在六个PSK托辊正上部时，要对托辊进行调整。试运中对各部分的要求如下：

1）皮带的重合部分在六个PSK托辊正上部，不发生蛇转，托辊与皮带接触良好。

2）各运转部件应无相蹭现象，特别是与皮带相蹭时要及时处理，防止损伤皮带。

3）导料槽橡胶裙板与胶带之间的间隙合适，拉紧装置运行良好、无卡死现象，清扫器刮板与皮带接触良好。

4）减速机、电动机、耦合器的振动、温度在允许范围内，液力耦合器、刹车装置无发热现象，各润滑部位无漏油现象。

5）启动和停止时，拉紧装置工作正常，皮带无打滑现象；轴承工作温度稳定、正常。

6）控制系统运行正常、操作灵活，制动器、各种限位开关、保护装置投入正常，动作灵敏可靠，联锁和各事故按钮状态良好。

（3）带载试运转。管带机通过空载试运转并进行必要的调整后进行带载试运转。

加载量应从小到大逐渐增加，先按20%负荷试运转，然后按50%、80%、100%额度负荷进行试运转，在各种负荷下连续试运转的时间不小于2h。试运中应注意观察，并对发现的问题进行处理。

1）检查驱动单元有无异常声响，电动机、减速机、液力耦合器等处的温升是否符合要求。

2）检查滚筒、托辊等旋转部件有无异常声响，滚筒轴承温升是否正常，对于不转动的托辊应及时调整或更换。

3）观察燃煤是否落于输送带中心，如有偏离现象，可调整漏斗中调节挡板的位置。

4）启动时输送带如与滚筒间有打滑现象，可逐渐增大拉紧装置的拉紧力，直到不打滑为止。

5）试运转过程中，输送带跑偏超过带宽的5%时应进行调整。调整方法为：①检查燃煤在输送带上对中情况并调整；②根据输送带跑偏位置，调整上、下分支托辊和头尾滚筒的安装位置；③适当增加拉紧力；④检查接头直线度是否符合要求，必要时重新接头。

6）试运转过程中，若承载段输送带不能顺利卷为管状，则应调整下列部分：①后过渡段中过渡托辊组的槽角及位置；②后过渡段中侧压辊的高低及前后位置。

7）试运转过程中，若回程段输送带不能顺利卷为管状，则应调整下列部分：①前过渡段中侧压辊的高低及前后位置；②前过渡段中压辊的支撑辊高低及左右位置。

8）管状部分若出现翻转现象，则调整座板上环形辊子的角度（调整方向与翻转方向相反）。

9）对各种保护装置进行试验，应动作灵敏可靠。测量带速、启动时间、制动时间等参数应符合设计要求。

10）测量额定载荷下稳定运行时电动机的工作电流。对多电动机驱动时可用工作电流值判断各电动机功率均衡情况，如偏差过大，可通过调整液力耦合器充油量的方法进行调整和平衡。

11）观察输送带有无划痕，如有应找出原因并处理；对各连接部位进行检查，螺栓无松动。

安装完成的管带机见图 5-47。

▲ 图 5-47　安装完成的管带机（进厂区段）

第六章　汽轮机施工方案

第一节　汽轮机本体安装方案

一、设备概况

1. 汽轮机型号、型式

（1）汽轮机型号：NCC660/597–28/1.3/0.4/600/620。

（2）汽轮机型式：超超临界、单轴、一次中间再热、四缸四排汽双抽汽凝汽式汽轮机。

2. 结构要点

汽轮机设有高压缸、中压缸和两个低压缸。前轴承箱、高中压间轴承箱和中低压间轴承箱采用落地结构，其余4个轴承箱与相应的低压外缸组合为一体。汽轮机高压缸以模块形式整体供货。高、中压转子和两个低压转子均为整体转子，分别支承于8只径向轴承上。轴系转子联轴器均采用刚性连接。推力轴承布置在2号轴承箱内，为整个机组轴系的"死点"。

汽轮发电机组的滑销系统是由预埋在基础内的多块固定板支撑、定位。整台机组的相对死点在3号轴承座及A低压缸的纵向、横向固定板处。所有台板用地脚螺栓固定在基础上，汽缸或轴承座则自由搁放在台板上，可以自由热胀滑移。

二、汽轮机本体安装流程

汽轮机本体安装流程见表6–1。

▼ 表6–1　　　　　　　　　　汽轮机本体安装流程一览表

序号	安装节点	操作内容
1	预埋件安装	该项工作由土建单位完成； 安装单位协助土建单位复测预埋件的规格、数量、位置、水平及标高偏差符合安装需要

续表

序号	安装节点	操作内容
2	浇筑运行层混凝土	安装人员做好配合工作
3	基础验收	校核基础外形尺寸、标高符合安装要求； 标定基础纵、横中心线； 校核基础预埋件、预埋螺栓、预埋螺栓孔的纵、横中心、标高符合安装要求
4	台板的就位、调整	台板就位，水泥垫块浇筑； 低压缸及盘车箱台板水泥垫块及其与台板的接触检查； 前轴承箱、高中压间轴承箱及中低压间轴承箱与可调垫铁的接触检查； 基架的水平度、接触及间隙的检查、记录
5	低压缸的安装	台板的水平度、接触及间隙的检查、记录； 低压缸垂直接合面间隙的检查； 安装低压A、B缸的外缸及内缸、进汽室、导流环上下半； 低压缸合缸、开缸找中，低压转子找中； 低压缸合缸状态下焊接内缸抽汽管道
6	轴承箱的安装	轴承箱找中心； 轴承装配及轴承球面与轴承座的接触检查、调整并记录，轴承间距复核、调整； 低位油管焊缝的着色检查； 低位油管间隙检查
7	中压缸的安装	中压外缸、内缸、隔板套上下半就位； 中压外缸垂弧检查； 中压缸合缸、开缸找中心
8	中、低压转子找中心	轴瓦的接触检查（支撑块）； 轴瓦安装； 轴颈与轴瓦接触检查、修刮； 中压转子与低压转子挠度记录，联轴器的瓢偏与晃动测量； 转子对汽缸中心测量； 轴颈水平度测量、记录； 转子联轴器临时找中心； 吊开中压模块，拧紧高、中间和中、低间轴承箱台板地脚螺栓
9	高压模块安装	高压转子的轴向、径向定位复核、记录； 高压阀门安装
10	轴系找中	轴瓦的接触检查、研刮； 轴颈与轴瓦安装间隙测量、调整； 轴瓦与瓦枕、瓦枕与轴承座接触检查； 高、中压转子、低压转子挠度测量并记录； 高中压、中压/低压、A低压/B低压、B低压/发电机转子联轴器找中心； 轴颈扬度测量，轴承座水平、扬度复核、调整； 轴承座内管道预装，热工元器件预装
11	中、低压隔板找中检查	记录隔板底键的间隙及调整量； 隔板找中并记录； 隔板悬挂销及轴向定位销的间隙调整

续表

序号	安装节点	操作内容
12	中、低压隔板中心调整	隔板调整； 调整后隔板中心测量、记录
13	中、低转子叶轮间隙	中压缸、A低压缸、B低压缸通流间隙测量、调整、记录； 汽封体间隙测量、记录； 汽封圈间隙测量、记录； 联轴器罩壳试装、间隙调整； 传感器安装、记录； 推力轴承安装、记录； 推力轴承瓦块尺寸和接触检查
14	高压、中压、A低压、B低压转子最终找中心	联轴器跳动测量、记录； 转子找中心并记录； 联轴器安装记录； 转子联轴器的同心度测量、记录； 轴颈扬度测量、轴承座水平测量； 定位键间隙测量、修整
15	B低压—发电机转子找中心	联轴器跳动测量、记录； 转子找中记录； 联轴器安装记录； 转子联轴器的同心度测量、记录； 轴颈扬度记录、轴承座水平测量； 定位键间隙测量、修整
16	基准水平度校验	
17	高压、中压、AB低压、发电机联轴器连接	联轴器跳动记录； 转子找中记录； 联轴器安装记录
18	台板灌浆	最终灌浆，监控台板是否有移位情况； 灌浆后复核转子中心，轴承座、汽缸水平、扬度
19	扣缸	按照施工技术规范、厂家技术要求完成扣缸工作； 汽缸高温螺栓和主蒸汽法兰螺栓紧固记录、大气阀安装记录、挡油环安装记录等各项安装记录； 按照验收标准填写数据表格
20	辅助设备的安装	联轴器保护罩试安装； 传感器、热电偶等热工元器件预安装； 联轴器中心复查
21	联轴器连接、轴承座封闭	联轴器连接； 轴承座内所有部件按照正式要求复装； 轴承座扣盖
22	汽缸保温施工	施工时间段可灵活安排

序号	安装节点	操作内容
23	油循环前的准备	吊开轴瓦上半，对瓦口等部位塞白布保护； 配制及安装所有进油设备的旁路； 安装冷却管
24	第一次油循环冲洗	油循环冲洗； 用滤油机将油倒入储油箱； 清洗主油箱
25	第二次油循环冲洗	油循环冲洗结束，油质合格； 判定冲洗效果并记录
26	轴承复位、正式系统循环	拆除临时管道，装复油系统孔板等正式部件； 热工测点正式安装轴承座封闭，正式系统油循环； 机组具备投盘车条件
27	投盘车	
28	蒸汽吹管	高、中压主汽阀阀芯拆除，安装吹管临时装置等准备工作； 吹洗主蒸汽管道和蒸汽母管； 蒸汽吹管质量的判定
29	蒸汽吹管后的复装	高压、中压主汽门复装； 主要阀门螺栓紧固记录； 主要蒸汽管路复装
30	基准水平度校验	
31	抽真空试验	

注 表中的内容并没有涵盖汽轮机本体安装的所有流程、内容。

安装完成的汽轮机本体见图6-1。

▲ 图6-1 安装完成的汽轮机本体

第二节　发电机安装方案

一、设备概况

发电机型号：QFSN-660-2-22。

发电机为隐极式、二极、三相同步发电机。发电机采用水氢氢冷却方式，即定子绕组（包括定子引线）直接水冷，定子出线氢内冷，转子绕组直接氢冷（气隙取气方式），定子铁芯氢冷。发电机采用密闭循环通风冷却，机座内部的氢气由装于转子两端的轴流式风扇驱动。集电环和电刷空气冷却，两集电环间设有离心风扇。

发电机旋转方向随汽轮机，从汽轮机向发电机看为逆时针方向。发电机本体侧视图见图6-2。

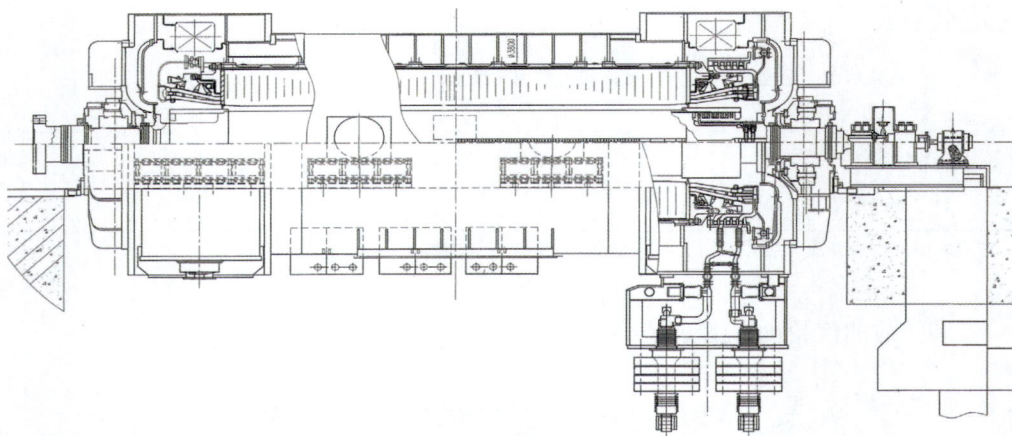

▲　图6-2　发电机本体侧视图

二、发电机本体安装流程

发动机本体安装流程见表6-2。

▼　表6-2　　　　　　　　　　发动机本体安装流程一览表

序号	安装节点	操作内容
1	预埋件安装	该项工作由土建单位完成； 安装单位协助土建单位复测预埋件的规格、数量、位置、水平及标高偏差符合安装需要

序号	安装节点	操作内容
2	浇筑运行层混凝土	安装人员做好配合工作
3	基础验收	校核基础外形尺寸、标高符合安装要求； 标定基础纵、横中心线； 校核基础预埋件、预埋螺栓、预埋螺栓孔的纵、横中心、标高符合安装要求
4	台板就位调整	水泥垫块浇筑、养护； 台板就位、调整； 地脚螺栓固定
5	定子就位组合	台板找正、固定，垫箱就位； 定子中段吊装就位； 汽轮机端、励磁端端罩向定子中段组合； 定子回落在台板上，初步找正
6	氢气冷却器安装	
7	定子出线装配	出线罩安装； 过渡引线装配； 出线部分绝缘处理； 定子引线绝缘支撑板安装
8	定子初步找中心	下半端盖与轴承的预组装； 定子中心初步调整
9	发电机穿转子	转子穿入前的准备工作； 穿转子； 下半端盖及轴承安装； 气隙挡风板安装
10	风扇装配	风扇叶片安装； 下侧导风环安
11	发电机找正、定位、封盖	低、发联轴器找正； 发电机端盖封闭； 低、发联轴器连接
12	油密封及挡油盖装配	
13	电刷架装配	需要与电气专业配合
14	稳定轴承装配	
15	发电机整套风压试验	试验前的准备与检查； 升压及泄漏点检查； 稳压24h及泄漏量计算
16	试运行	

三、发电机定子吊装就位方案

（一）设备概况

1. 发电机定子吊装参数

定子长度：9.25m；

定子重心偏向励磁端距离：45mm；

定子吊攀纵向距离：2.82m；

定子吊攀横向距离：3.82m；

定子起吊质量（含吊攀及底座）：270t。

2. 汽机房布置

汽机房采用钢结构、侧煤仓三列式布置，顺序依次为除氧间—汽机房—锅炉。汽机房跨度为29m，长度方向共有19档，采用不等柱距，中间留1.5m的伸缩缝，总长183.5m。汽机房屋架下弦标高30.50m，行车轨顶标高为27.50m。汽机房分三层，即0.00m层、中间层6.90m和运转层13.70m。汽机房运转层采用大平台布置，两台机组之间（9~10轴线）为检修起吊场地。

汽轮机为纵向顺列布置，机头朝向扩建端。机组纵向中心线距A列中心15.650m。1号发电机横向中心位于3~4轴线间，2号发电机横向中心位于12~13轴线间。机组轴系中心标高为14.6m。汽轮机定子运输包装图见图6-3。

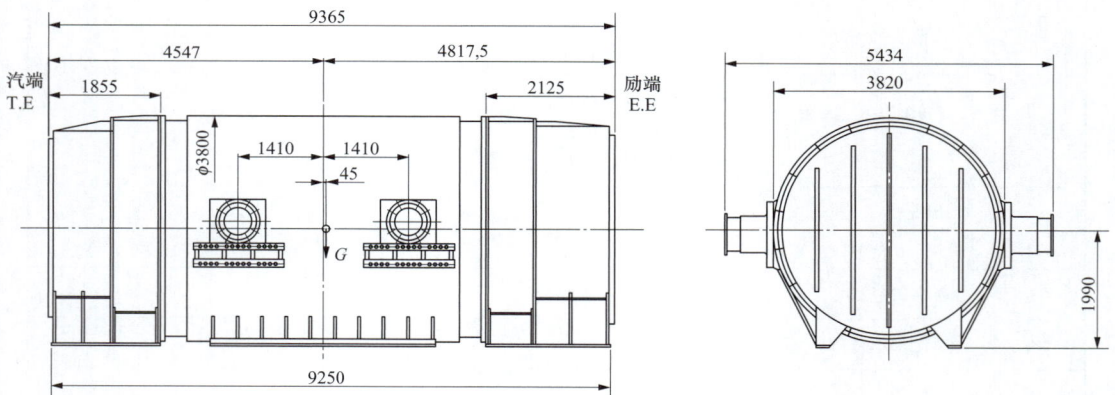

▲ 图6-3 定子运输包装图

3. 汽机房行车

汽机房安装2台大梁承载力为180t的100/32t桥式起重机。起重机主要性能参数如下：

行车并车后大钩中心间距：7950mm ≤ L ≤ 9320mm；

行车大梁最大承重：180t；

行车大车最大轮压：36t；

行车大梁跨度：27.5m；

小车轨距：4.5m；

小车轨顶标高：28.696m；

小车自重：17.1t；

主钩额定起重量：100t；

主钩最大起升高度：27.0m；

副钩额定起重量：32t；

副钩最大起升高度：27.105m；

大钩用绳：ϕ19光面钢丝绳。

4. 定子吊装主要工器具

吊装用主要工器具见表6-3。

▼ 表6-3　　　　　　　　　吊装用主要工器具一览表

序号	工器具名称	规格	数量	单重	备　注
1	桥吊	100/32t	2台	80.8t	大梁承载力为180t
2	主抬吊扁担梁	350t	1件	12.9t	
3	副抬吊梁		2件	6t	
4	滑轮组承载梁		2件	3t	承载200t滑轮组
5	卷扬机	16t	2台	—	布置于运转层B列侧
6	10门200t滑轮组	200t	4台	2.1t	
7	滑轮	32t	6只	0.25t	卷扬机走绳转向用
8	钢丝绳	ϕ34	300m	0.44t/100m	动滑车、桥吊大钩与抬吊梁捆绑绳
9	钢丝绳	ϕ34	100m	0.44t/100m	转向大钩与主抬吊扁担捆绑
10	钢丝绳	ϕ32	1200m	0.44t/100m	卷扬机与滑轮组走绳
11	尼龙吊装带	100t、22m	2条	1.1t	主抬吊扁担与定子捆绑用
12	汽车吊	70t	1台	—	吊装机构组装用

定子抬吊用主扁担梁，最大承载力为350t，满足600MW级发电机定子吊装。2只副抬吊梁，位于主扁担梁两端。每只副扁担梁一端与桥吊大钩相连，一端与200t滑轮

组动滑车相连，中部抬着主扁担梁的一端。滑轮组承载梁2件，每台桥吊大梁上横置1件，200t滑轮组定滑车悬挂在滑轮组承载梁上。主扁担梁外形尺寸见图6-4。

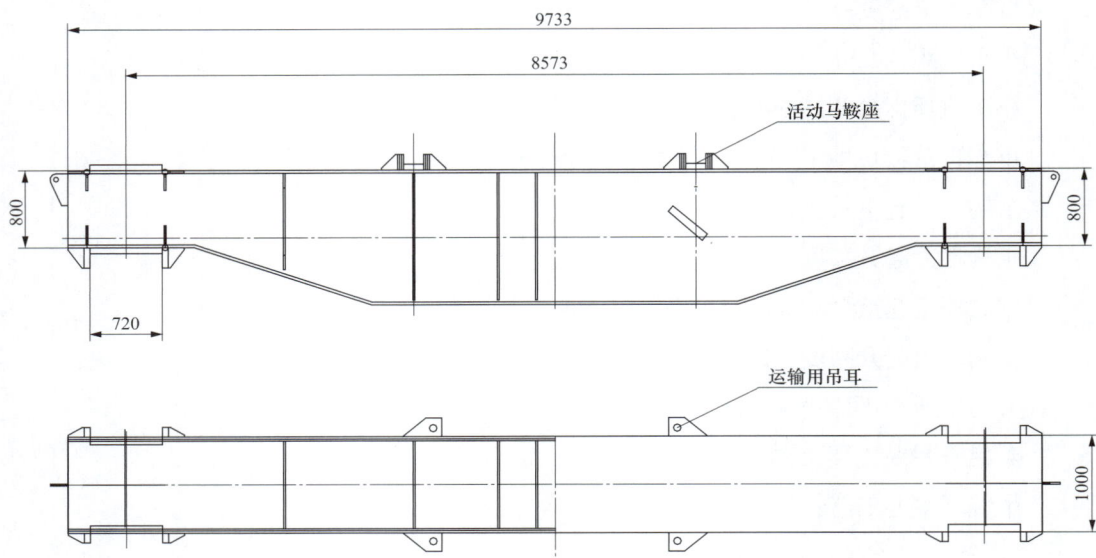

▲ 图6-4 定子抬吊主扁担梁外形尺寸

（二）发电机定子吊装方案

发电机定子使用汽机房内2台100/32t桥吊抬吊就位。起升机构采用四点起吊法，即4套起升系统：两台行车的100t大钩系统，两套16t卷扬机+200t滑轮组系统。承重机构为1件主抬吊扁担梁+2件副抬吊梁+2件滑轮组承载梁（2台小车）+2台行车大梁。

（三）吊装前的准备工作

1.发电机定子吊装前需具备的条件

汽轮发电机组基础、运转层平台浇筑、验收完毕；汽机房屋面施工完毕，不漏雨水；汽机房行车安装、负荷试验完毕，两车联动试验完成；发电机基础水泥垫块浇筑、养护完成，具备承重条件；发电机台板就位找正完毕，基础二次灌浆内护板安装完毕；定子出线罩寄存至6.9m层安装位置下方。检修间0.0m混凝土毛地面浇筑完成，足以承载定子及运输车辆。

2.桥吊并车及起吊机构的布置

两台桥式起重机完成并车试验，并使两台桥式起重机大车中心距离为8.573m。

在汽机房内13.7m运转层B排9、10号柱处各布置1台16t卷扬机，卷扬机用20号工字钢固定在立柱上。在13.7m层A排3、4、9、10号柱朝向锅炉侧各固定1只导向滑轮（共4只）。

在每台桥吊大梁上横跨布置一只滑轮组承载梁。承载梁布置在靠向 A 排柱一侧（小车靠向 B 排柱侧），距 A 排柱 13.5m。承载梁下方各悬挂一组 200t 定滑轮组和 1 只 32t 导向滑轮。16t 卷扬机钢丝绳通过 A 排柱的导向滑轮和承载梁下方的导向滑轮穿入 200t 滑轮组。在滑轮组承载梁上悬挂一根 ϕ32 钢丝绳，当桥吊行走、卷扬机不受力时，作为卷扬机出头钢丝绳的锁紧绳。

200t 滑轮组中心与桥吊大钩中心连线的中点应与发电机定子安装位置纵向中心线重合。

3. 起吊机构的组装

在发电机基础上布置一台 50t 汽车吊以进行滑轮组的穿装、承载梁的就位等工作。

在 13.7m 发电机励磁端平台上按工作位置摆放 2 只副抬吊扁担梁，并在其上放置主抬吊扁担梁，主、副扁担梁间可靠连接。主扁担梁的纵向中心正对发电机纵向中心线。

将滑轮组承载梁横放在发电机基础垫箱上，然后用捆绑钢丝绳将定滑轮组捆绑在承载梁上。将动滑轮组放置在发电机基础开孔下的 6.9m 平台上，将卷扬机上的钢丝绳穿入承载梁上的导向滑轮和 200t 滑轮组中。用汽车吊将组装好的两套承载梁 +200t 滑轮组分别吊放至两台桥吊的大梁上（见图 6-5~图 6-7）。

▲ 图 6-5　定子主、副抬吊扁担梁组合

▲ 图 6-6　滑轮组承载梁组装（2 套）

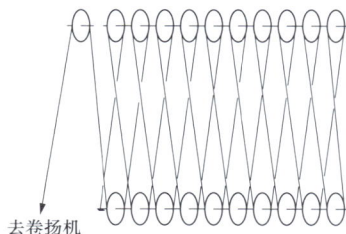

去卷扬机

▲ 图 6-7　起吊滑轮组钢丝绳穿绕示意图

行走桥吊大车使滑轮组、行车大钩至吊装主抬吊扁担梁上方绑扎位置。将动滑轮组用 $\phi 34$ 钢丝绳 34 股共 17 圈捆绑在副抬吊梁的一侧，将 100t 大钩用 $\phi 3m$ 钢丝绳 34 股共 17 圈捆绑在抬吊梁的另一端（两台车方式相同），如图 6-8 所示。

同时起升两台行车的 100t 大钩及两组卷扬机＋滑轮组起升抬吊扁担，起吊机构组装完成。

在空负荷状态下起升、回落（全行程）起吊机构 3 次，以确认机构完好并使桥吊司机、卷扬机操作员做到配合默契、熟练。在此过程中测量整套机构的起升高度应满足定子起吊的要求，如图 6-9 所示。运行桥吊大车在将要起吊定子的轨道全长行走以确认桥吊行走机构及轨道完好。

▲ 图 6-8 组装好的定子起吊机构

▲ 图 6-9 定子起吊机构空载试验

（四）发电机定子吊装就位

1. 发电机定子卸车及转向

定子卸车及转向图见图 6-10。

桥吊与起吊机构组合完毕后，在主抬吊扁担梁正中下方用 $\phi 34$ 钢丝绳捆绑一只 400t 大钩（500t 履带吊随车大钩）。运载定子的平板车倒车进入汽机房检修间 0.0m 地面，定子中心与机组纵向中心重合。

用尼龙吊装带在 400t 大钩与定子吊耳间捆绑好，吊钩中心与定子中心对正。同步操作起升机构，将定子平稳吊离运输平板车 50mm 后停止。悬停 10min，对桥吊及所有起升机构进行全面检查，确认各机构无异常，受力部位无变形，桥吊大梁挠度变化量在相关标准要求范围内。

将定子运输车辆开出汽机房。在定子下方 0.0m 地面搭设道木墩，用人力推动定子转向 90° 并缓慢平稳回落定子至道木墩上。确认定子方向与安装方向无误，将定子支垫平稳后摘除尼龙吊装带。拆除转向用 400t 大钩，准备正式起吊定子。

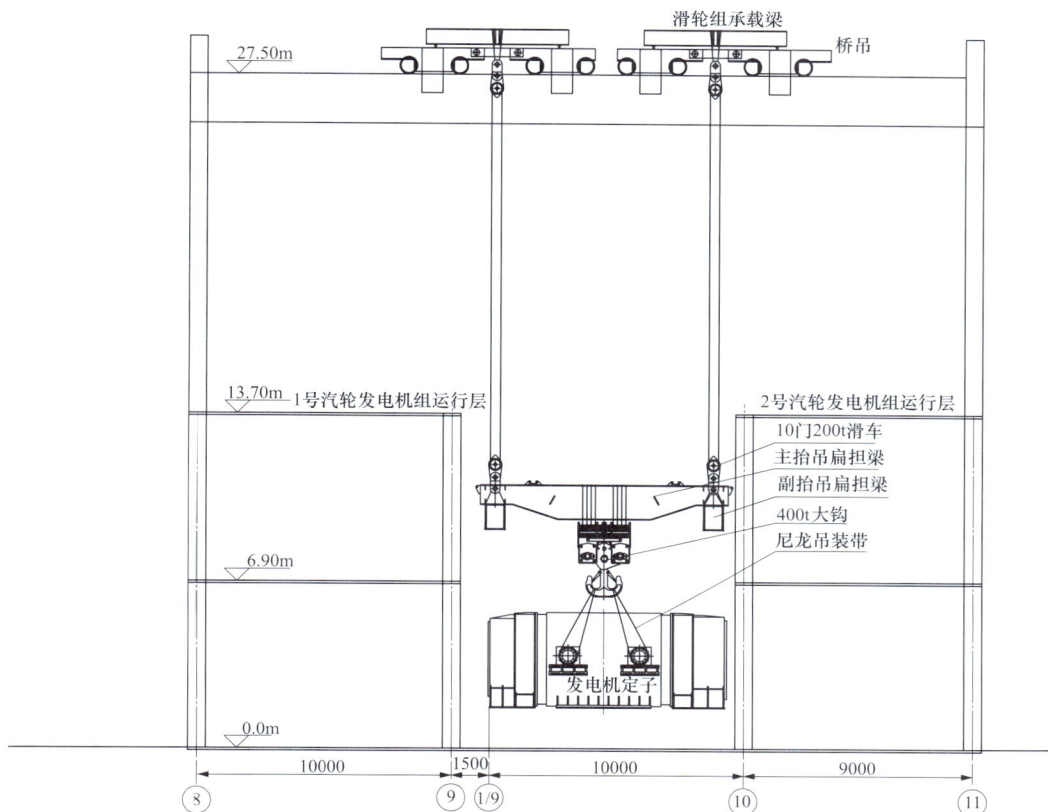

▲ 图 6-10　定子卸车及转向图

2. 发电机定子吊装就位

发电机定子吊装立面图见图 6-11。回落吊装机构使主抬吊扁担梁接近定子上缘。将每根环形尼龙吊装带搭在主抬吊扁担梁上，两端分别挂在对侧的定子吊耳上，这样每个吊耳有两股尼龙吊装带受力。

同步启动 16t 卷扬机和桥吊大钩缓慢起吊定子。定子吊离地面约 100mm 时暂停，静止悬挂 10min，检查整套系统应无异常。缓慢起升和回落定子 2~3 次，测试大钩、卷扬机抱闸是否灵敏有效，确认桥吊、吊装承重梁等整套系统应无异常。

继续平稳地提升定子，当定子底部高度达到约 14.7m 标高（高于汽轮机 13.7m 运转层平台）后停止提升。将 200t 滑轮组出头绳所受拉力转换到承载梁上的一根 φ32 钢丝绳上。转换完毕后缓慢回卷扬机至卷扬机走绳完全不受力。两台桥吊大车向 1 号机组发电机定子安装位置方向行走，直至定子位于安装位置正上方，在这一过程中同步回卷扬机卷筒，使卷扬机走绳跟随行车行走（见图 6-12）。

同时操作两台 16t 卷扬机收紧钢丝绳，当走绳重新受力后拆除吊装承载梁上悬挂的

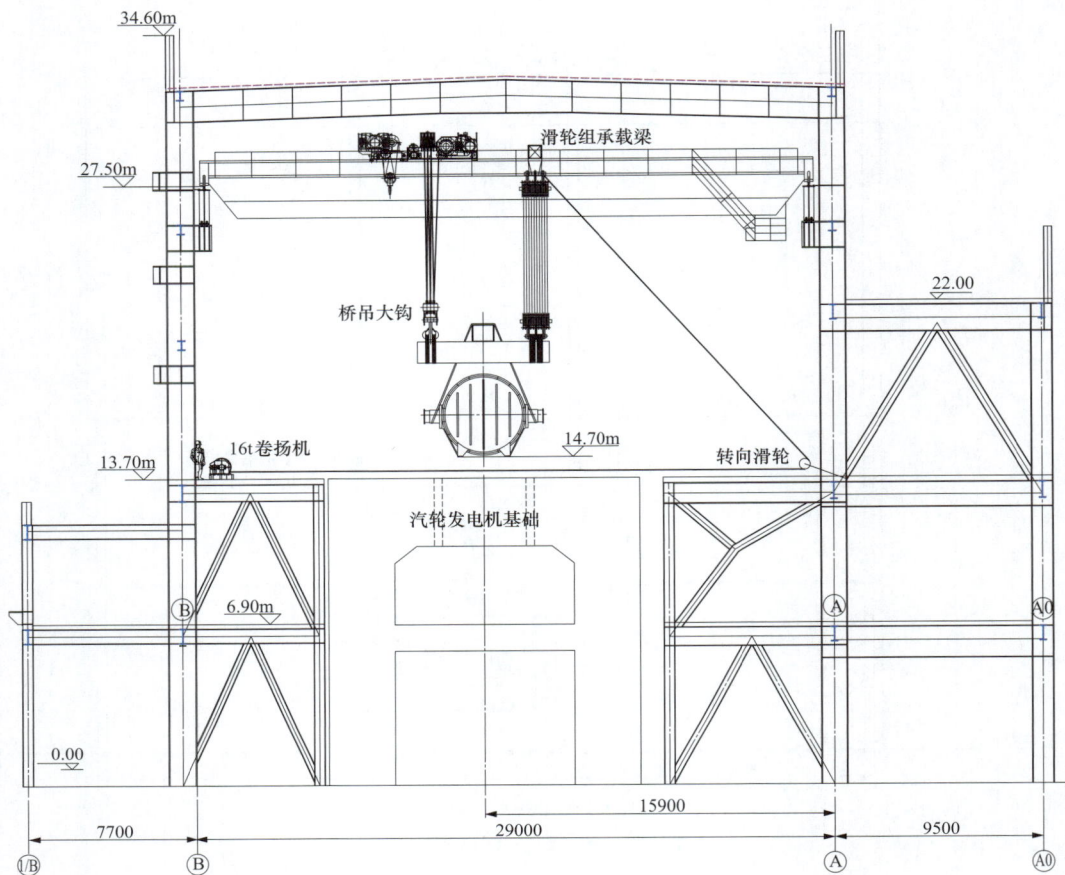

▲ 图6-11 定子吊装立面图

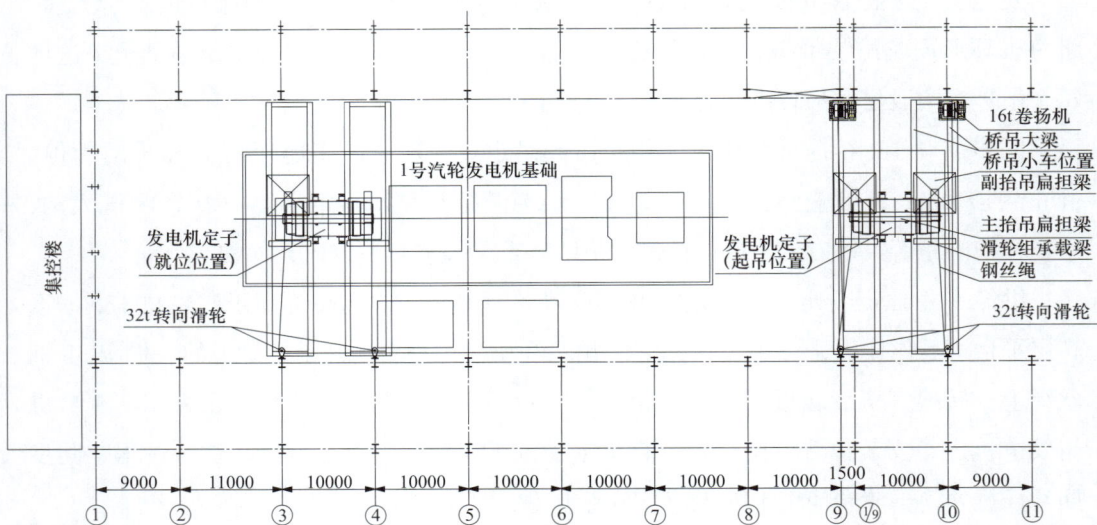

▲ 图6-12 定子吊装平面图

ϕ 32 钢丝绳固定绳卡。同步操作两台 16t 卷扬机和两台桥吊的 100t 大钩，将定子平稳回落到预先放置在发电机台板上的垫箱上。

拆除尼龙吊装带，1 号发电机定子吊装工作结束，随后吊装 2 号发电机定子。2 号发电机定子吊装完成后拆除所有吊装机构，行车恢复正常状态。定子吊装工作全部结束（见图 6-13 和图 6-14）。

▲ 图 6-13　发电机定子起吊

▲ 图 6-14　发电机定子就位

四、发电机穿转子方案

1. 转子穿入前的检查

检查转子轴颈、联轴器法兰面、集电环表面、护环表面应完好无损，平衡块和平衡螺钉应可靠锁紧。检查转子前联轴器与汽轮机低压转子后联轴器尺寸应匹配。起吊及放置转子时应确保大齿（南、北磁极）处于垂直方向。对定子内部进行检查，确保无异物、绕组表面无损伤。用大功率吸尘器清理定子内部。试装气隙挡风板并做好标记，然后拆下。

电气专业对转子进行相关的检查、测量并做好记录。对转子进行通风试验。

2. 转子穿入前的准备

将汽、励两端下半端盖下沉约 150mm，以不妨碍转子的穿入。把转子吊具装在定子机座端面处。在励磁端下半内端盖的外部装上半环（穿完转子后抽出滑板时用于保护内端盖上的导风圈）。

在定子膛内下半铁芯表面铺放保护板（从下到上依次为钢板纸＋橡胶板），在保护板上放置滑板（钢板）。滑板上表面用石蜡打底，再涂上黄油做润滑剂。

将转子本体保护衬垫（电绝缘纸板、铝板、吊转子保护夹）依次包裹到转子重心位置，把吊索缠绕到保护夹上。轴颈上整圈包覆保护衬垫以保护轴颈。无论何时都严禁护环承重。

3. 转子起吊试重

吊起转子，对起吊中心进行调整，使转子保持水平（可让转子励磁端稍重一些，用葫芦挂在行车吊钩上斜向将转子励磁端拉住以作为保险手段）。

4. 穿转子作业程序

（1）吊起转子，使转子中心和定子中心在同一直线上，缓慢移动转子，使转子进入定子腔内。将联轴器滑块放置在定子铁芯和联轴器之间（注意放置方向），让联轴器滑块支撑起转子汽轮机端，用木方临时支撑起转子励磁端。桥吊主钩回落，脱开转子吊索。

（2）用桥吊挂起吊索，在转子励磁端轴颈（靠近外油挡）处将转子吊起（取出临时支撑木方），使转子基本保持水平。用预先固定在前联轴器端面的手拉葫芦向前拉动转子，桥吊跟随向前。

（3）当转子穿入到适当位置时，暂停向前移动，将转子励磁端稍微抬高，放入转子本体部位的滑块。滑块由两块组成，放置时应注意方向。可在滑块上预先拴上绳子，以便监视转子滑动时滑块是否跟随转子一起向前移动，也便于转子到位后取出滑块。转子本体滑块放置好后，略微回落桥吊大钩，使转子部分重量转移到本体部位的滑块上。

（4）继续均匀拉动转子前部的手拉葫芦（桥吊跟随），使转子向前移动，注意观察转子本体滑块和联轴器滑块在滑板上的滑行情况。当转子中心与定子中心基本重合后，停止向前移动转子。用汽、励两端的转子吊具分别吊起汽、励两端对应的轴径部位。

（5）继续收紧转子吊具，将转子重量完全由汽轮机、励磁两端的转子吊具承担。桥吊缓慢回钩，取下吊索。把转子本体滑块、滑板、保护板从励端拖出，用手电筒检查定子腔内应无遗留物。

5. 安装汽轮机、励磁两端气隙挡风板

装配时注意先装下半部分两块挡风板，待下半端盖就位，转子落在轴瓦上，且空气间隙检查完后再装侧部和上部四块挡风板。自锁螺母的螺纹部位涂乐泰厌氧胶，并把合在双头螺栓上。

6. 下半端盖及轴承装配

清理下半端盖与机座把合面，在下半端盖密封槽两侧连续、均匀地涂上一层较薄的密封胶，将下半端盖就位，打入定位销，穿入下半端盖与机座的所有把合螺栓并把紧。

将转子支撑工具装在下半端盖上，支撑工具与转子之间加保护衬垫（铝垫片＋铁垫片）。松开吊具，使转子落在支撑工具上。调整转子支撑工具对轴颈左右两侧找中，左右差值不大于0.05mm。

用汽轮机油润滑轴颈及轴承，将下半轴承套及轴瓦装入端盖就位。松开转子支撑

工具，使转子落在轴承上。

7. 穿转子过程照片

穿转子过程照片见图 6-15～图 6-18。

▲ 图 6-15　转子起吊

▲ 图 6-16　转子穿入中

▲ 图 6-17　转子拉进图

▲ 图6-18　转子穿入后临时吊挂

第三节　汽轮机附属机械安装方案

一、汽动给水泵安装方案

系统中配置 2×50％容量的汽动给水泵 + 1×25％容量的电动启动给水泵（两机公用）。2 台汽动给水泵正常运行，电动给水泵作为启动泵。

（一）施工准备

1.基础验收

按照制造厂技术要求和施工技术规范的相关要求对基础进行验收。校核基础中心线偏差、标高偏差，预埋螺栓（孔）中心和垂直度偏差在允许范围之内。预埋铁规格、数量、位置符合设计图纸。

2.垫铁修研与安装

根据厂家提供的基础布置图确定垫铁布置位置及高度，依据施工技术规范有关垫铁的技术要求，配制垫铁。垫铁应布置在地脚螺栓孔两侧及承荷重部位，放置垫铁处的混凝土表面应凿出新的毛面，凿平面与垫铁接触密实，垫铁四角应无翘动，上平面水平，紧地脚螺栓后局部间隙小于 0.05mm。垫铁安装时要求各层垫铁之间、台板与垫铁之间接触面积大于 75％ 且均匀。

3.地脚螺栓检查

对地脚螺栓长度进行复查，确认其总长度及螺纹长度符合实际安装需要。地脚螺栓表面应无油垢、污垢、锈皮等。

（二）给水泵汽轮机安装

1. 动、静位置复测

动、静位置测量点见图6-19。

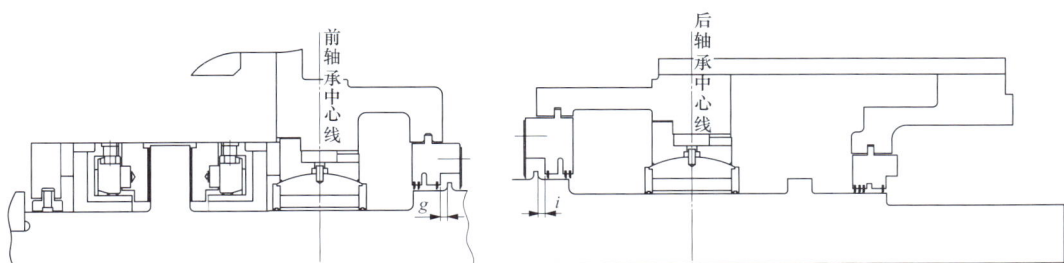

▲ 图6-19 动、静位置测量点示意图

根据给水泵汽轮机安装说明书，该机在制造厂内已总装完毕。安装就位并初步找正后，需复核反映定子与转子之间相对位置的前汽封体与前轴承箱端面间距 g 和后汽封体与后轴承箱端面间距 i 是否与出厂总装值相符。测量时首先将转子由机头推向机尾方向，使推力盘紧贴推力瓦工作面，推力值按照制造厂给定值，松开后测量。

定子与转子之间相对位置复测无误后，去除推力瓦块，缓慢推拉转子到前、后极限位置，测取转子最大窜动量。

2. 轴承间隙、接触的检查

装复支持轴承和推力轴承。在转子端部施加向前、向后轴向推力（推力值依制造厂给定值），使推力盘分别紧贴在定位推力瓦块和工作推力瓦块的乌金面上，并盘动转子。以此检查推力瓦与推力盘的接触情况（接触面积应均匀且接触面积大于等于75%）。检查推力瓦上的节流孔 d_1、d_2 的位置及孔径与制造厂图纸应一致。

向前、向后推动转子时架百分表测量推力瓦推力间隙应在制造厂给定的范围内。

检查转子轴颈与支持轴承乌金面的接触情况，应符合制造厂或《电力建设施工技术规范》的要求。检查轴承各部位的间隙、紧力，以及油挡间隙，应在制造厂总装证明书要求的范围之内。测量轴瓦球面间隙及轴承箱盖与瓦枕顶部垫块的过盈（间隙）值（见图6-20）。

3. 汽缸的检查

对汽缸中分面螺栓紧固程度进行检查。对于到货的汽缸中分面和垂直接合面紧固螺栓有标识的，复查标识线是否移动，若有移动应拧紧恢复，无标识的现场复测力矩（见图6-21）。

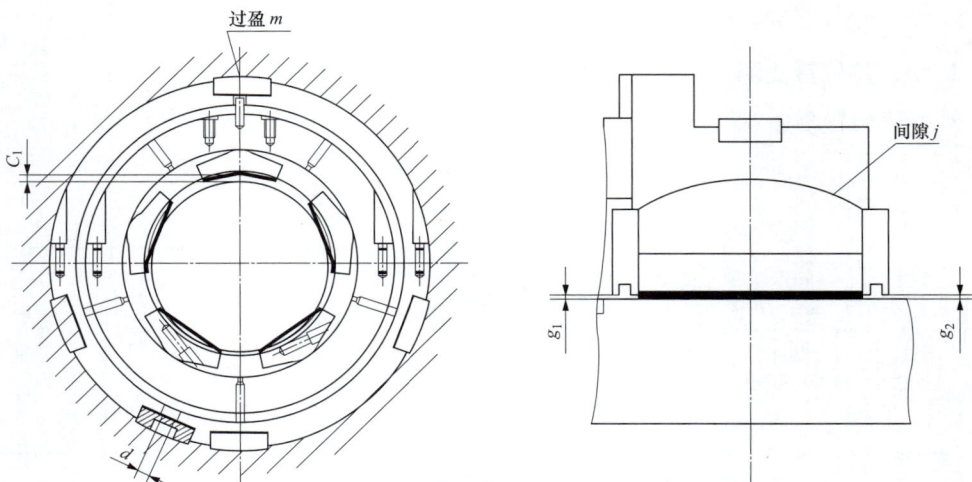

▲ 图6-20 轴瓦间隙测量示意图

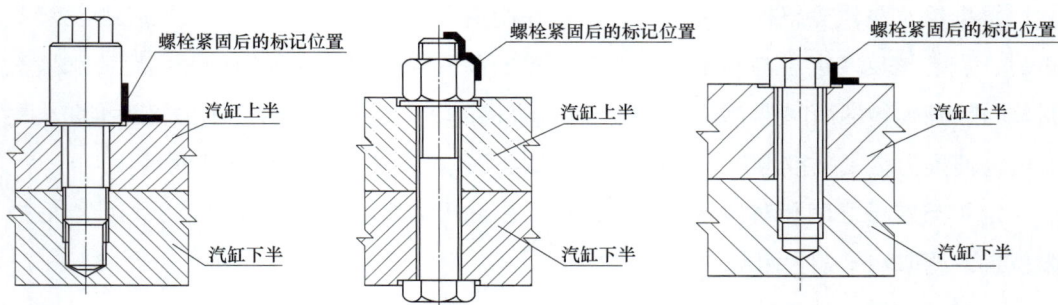

▲ 图6-21 汽缸螺栓紧固标记位置示意图

4. 给水泵汽轮机就位

将排汽接管与垂直排汽管连接好，吊入基础下方，用枕木垫牢，排汽接管的法兰面装上密封垫，以备与下缸连接。将给水泵汽轮机整体吊起与组合好的排汽接管连接，撤去枕木，按垫铁布置图放好垫铁，给水泵汽轮机就位。

测量并调整给水泵汽轮机纵横中心及中分面标高，要求纵横中心偏差小于5mm，标高偏差小于5mm。

汽缸横向水平、纵向扬度测量位置在前后轴封洼窝处及前后轴承洼窝处。转子扬度测量调整为：2号瓦轴颈扬度为0，1号瓦前扬，扬度值应符合制造厂设计要求。

5. 地脚螺栓一次灌浆

汽缸就位并找正结束后对地脚螺栓进行一次灌浆，达到强度后，紧固地脚螺栓。复查汽缸的纵横中心、标高、缸面水平、转子扬度应符合要求。

6. 二次灌浆

复查台板间隙，垫铁之间、垫铁与台板之间间隙 0.05mm 塞尺不入。按要求点焊垫铁侧面。基础表面及台板与二次灌浆层接触的表面清理干净，应无杂物、油漆、油污等。混凝土表面应浸湿保持 24h 以上。

基础二次浇灌层应密实，拆除模板后检查应无蜂窝、麻面、孔洞和裂纹等。二次灌浆强度达到要求后，复查转子扬度和汽缸水平应符合制造厂技术要求。

（三）给水泵安装

（1）给水泵就位后按照设计院安装图、制造厂设备图对给水泵进行找平、找正，要求纵横中心线偏差小于等于 5mm，标高偏差小于等于 2mm，横向水平偏差小于 0.15mm/m。

（2）给水泵组找中心，要求给水泵汽轮机、给水泵两轴头间距偏差在 –0.50～+0.50mm 之间，径向偏差小于等于 0.06mm，端面偏差小于等于 0.04mm。

（3）对地脚螺栓孔进行灌浆。强度达 70% 后紧固地脚螺栓。

（4）对给水泵组进行二次找中心。检查垫铁间隙，要求基础与垫铁之间、垫铁之间、垫铁与底座之间应接触紧密，0.05mm 塞尺不入。两块斜垫铁错开面积不得大于垫铁面积的 25%。点焊垫铁（焊点应在侧面）。

（5）二次灌浆。给水泵和驱动汽轮机可同时进行二次灌浆，也可根据进度情况分别进行。

（四）给水泵汽轮机盘车装置安装

给水泵汽轮机盘车装置，转速为 120r/min，型式为减速器 + 超越离合器。

安装时清理检查每个传动件，应无损伤及其他缺陷。盘车投入应灵活无卡涩，检查润滑油管道安装正确、畅通，喷油口对准润滑部位。

（五）调节和保安系统检修安装

（1）高低压主汽门、调节汽门解体检查。要求内部清理干净，无铸砂、裂纹、气孔、杂物和损伤。合金零部件做光谱检查，高温紧固件做硬度检查。各部间隙符合制造厂图纸要求，阀碟与阀座涂色检查应整圈连续接触且均匀，结合面光洁平整无辐向沟槽，疏水孔位置正确畅通。

（2）油动机检修安装。主油动机、高压油动机解体检修，要求内部清洁无杂物。各部间隙、活塞行程、错油门重叠度符合制造厂要求。

（3）前箱内部调节部套检修安装。各调节保安部套内部应清洁无杂物，各部间隙符合制造厂图纸要求，然后复装就位。前箱内的调节油管路拆卸、清理干净后复装，要求接头严密无渗漏。

（4）遮断器的脱扣扳机试动灵活、自如，其挂钩咬合完好正确，与撞击子转动间隙为 1.5mm。

（六）润滑油、控制油系统安装

润滑油、控制油系统设备、管道检修、安装技术要求与主机相同。

（七）给水泵汽轮机和给水泵附属管道配制安装

给水泵汽轮机汽封及门杆漏汽、本体疏水管道、给水泵密封水系统管道的配制安装，应按照设计院、制造厂图纸要求进行，并符合《电力建设施工技术规范》的相关要求。管道内部应清理干净无杂物，小管道安装布置合理、美观，操作方便。

对于需要冲洗的汽、水管道，在配制、安装时应考虑预留冲洗口及排放临时管道的接出位置。

（八）联轴器正式连接

给水泵汽轮机空转和超速试验后，才能将给水泵与驱动汽轮机之间的联轴器进行正式连接。

联轴器形式为鼓形齿式挠性联轴器。检查齿形联轴器外观，端面密封结合面应无径向沟槽及其他损伤，牙齿应无损伤及变形，密封圈应完好。连接前应将联轴器各部件清理干净。

复查泵组轴头间距、端面偏差、径向偏差应符合制造厂或《电力建设施工技术规范》的要求。按照制造厂技术文件要求对联轴器进行连接。

（九）汽缸保温、防护罩、隔声罩安装要点

施工前应检查缸体上的疏水、堵板、仪表接头等应齐全、正确、无遗漏。汽缸保温应符合厂家规定，汽轮机防护罩、给水泵隔声罩安装应符合厂家图纸要求，安装牢固，外观应无凸凹不平等缺陷。

二、电动给水泵安装方案

（一）基础验收及垫铁、地脚螺栓安装

基础验收及垫铁、地脚螺栓安装与汽动给水泵组要求相同。如制造厂有特殊要求，按照制造厂技术要求施工。

（二）电动机的安装

1. 电动机底座清理

用脱漆剂将电动机台板灌浆层涉及的部位进行清理，检查底座承力面应无凹坑、毛刺，以免影响灌浆质量。检查地脚螺栓，表面应无油垢、污垢、锈皮等。

2.电动机就位及初步找正

将电动机吊起，穿上地脚螺栓，应注意螺纹漏出螺母部分应一致，且留出调整余量。

将电动机回落在垫铁上，电动机中心与基础中心应重合，保证地脚螺栓处于自由悬垂状态。对电动机进行初步的找平、找正，应保证纵横中心线偏差小于等于10mm，标高偏差小于等于10mm，纵横水平偏差小于等于0.2mm/m。

（三）给水泵安装

就位及找正方法与电动机相同。要求纵横中心线偏差小于等于10mm，标高偏差小于等于10mm，横向水平偏差小于0.15mm/m（找水平时应将框式水平仪放在给水泵进、出口法兰面上）。

对给水泵与电动机联轴器进行初步找中心，要求径向偏差小于等于0.04mm，端面偏差小于等于0.03mm，联轴器端面距离符合制造厂要求。

（四）基础灌浆

在电动给水泵组初步找中心结束后，进行一次灌浆。待灌浆强度达70%以上时，紧固地脚螺栓、调整斜垫铁。测量并调整电动机轴颈扬度，要求前后轴颈扬度偏差小于等于0.2mm/m。复查纵横中心线和标高，应符合要求。对垫铁安装位置、数量、厚度、间隙、错边量进行检查、调整，合格后点焊垫铁侧面。

进行二次灌浆。灌浆时安装人员要进行监护。灌浆料应搅拌均匀，浇灌应一次完成，底座与基础间应填实，保证浇灌高度。灌浆强度达70%强度后，方可进行下一步安装工作。

（五）电动给水泵组设备检查

（1）电动机冷却水管应畅通、清洁，冷却器水侧应做1.25倍工作压力的水压试验，保持5min检查应无渗漏。

（2）对轴承座内部进行清理，应无裂纹、夹渣、铸砂、气孔等。水平结合面应无损伤，紧固结合面螺栓后间隙小于0.05mm。油路、水路清洁畅通。

（3）轴瓦检查和各部间隙测量。要求轴瓦乌金无夹渣、气孔、凹坑、裂纹、脱胎等现象，轴瓦间隙及紧力符合制造厂要求，支撑体与轴瓦之间应有0~0.03mm紧力。

（4）检查轴承座与底板间的间隙，应0.05mm塞尺不入。轴承座的绝缘材料和数量与制造厂图纸相符。测量电动机的空气间隙、磁力中心和绝缘电阻应符合制造厂规定。

（六）附件及附属管道安装

油管道安装采用一次性组装施工，整个油管道安装完毕不再拆卸。要求布置合理美观，符合图纸要求。与设备连接时，各轴承座进油口需要根据图纸要求加装节流孔板，回油管装回油观察窗，回油管坡度应符合制造厂或《电力建设施工技术规范》要求。

冷却水、平衡水和排放水管道配制安装，应符合设计院和制造厂图纸技术要求。对于无设计走向的小管道安装应做到布置合理、符合《电力建设施工技术规范》要求，美观、操作方便、方向正确、水流畅通。

管道与设备的连接工作应在设备安装、找正结束，基础二次灌浆层强度达70%以上后进行。管道与设备连接应呈自由状态，不得强力对口。

管道连接后，复查泵组联轴器中心，泵体和电动机本体的水平、扬度无变化，如有变化应重新调整直至符合要求。

（七）联轴器连接

联轴器的正式连接应在电动机空转试验合格后进行。连接前复查联轴器的端面偏差、径向偏差，应在制造厂技术要求范围内。联轴器连接完成后安装联轴器保护罩。

电动给水泵组安装图见图6-22。

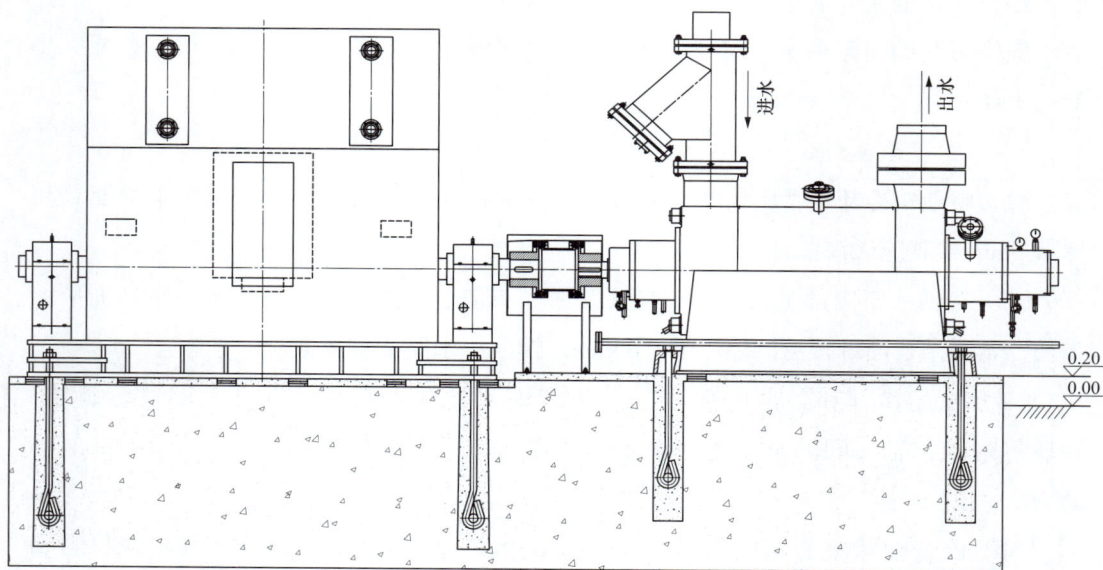

▲ 图6-22 电动给水泵组安装图

三、循环水泵安装方案

（一）循环水泵概况

每台机组露天布置 2 台循环水泵于冷却塔前的循环水泵站。循环水泵型号为 88LKXA-28.4，为湿井式、单级单吸、固定叶片、转子可抽出、立式斜流泵，泵的轴向推力由电动机承受。

（二）循环水泵安装程序

1. 基础验收

要求基础纵横中心线偏差小于等于 10mm、标高偏差小于等于 10mm，基础表面无油污、杂物等。地脚螺栓孔内清理干净，孔中心偏差小于等于 10mm，垂直度偏差小于等于 10mm。

检查泵吸入水池流道的尺寸应符合图纸要求。吸入水池中心线距离泵最近拐弯处的距离必须大于泵吸入喇叭口直径的 6 倍，且最近拐弯处斜坡的角度必须小于 15°。

校准泵安装垫板出水方向中心线与出水管穿墙孔中心线应在同一个垂直面内，高差应与设计值相符。穿墙管预留孔的直径应与设计相符。

2. 水泥垫块的施工

循环水泵安装垫板与基础间支撑采用现场预制水泥垫块的形式，根据设备底板形式确定水泥垫块的布置位置。布置水泥垫块处基础表面应凿出新的混凝土毛面，并保证基础清洁无碎石。水泥垫块采用灌浆料制作，调整采用斜垫铁。

3. 泵组装注意事项

对 O 形密封橡胶圈进行认真检查，应无损伤及缺陷。外筒体结合面在把合前要均匀涂上密封胶。轴和螺栓等零件上的螺纹应全部清理干净，并涂上润滑油。把紧法兰螺栓时，一定要按照对称、交叉的方法分多遍拧紧，防止受力不均匀引起法兰偏斜。

壳体部件所有零件均有记号和数字，装配时将数字相同的壳体选配在同一台泵，记号均应在同一方向。

4. 垫板及地脚螺栓安装

将出口管伸缩节提前寄存，要求进出口及上下方向正确，并不得影响泵外壳体的安装就位。

水平吊起台板，将地脚螺栓穿装在台板上。台板就位并找平找正。要求纵横中心线偏差小于等于 3mm，标高偏差为 ±5mm，底座端面水平度偏差小于 0.05mm/m。

5. 泵壳部件的组装

将吸入喇叭管与下外接管配合法兰面清理干净，圆周均匀涂上机械密封胶，将两者组合在一起。将组合件吊入基础内，在下外接管两侧的支撑耳处均用两根20号工字钢垫平垫牢。两根工字钢支撑在水泵台板上，结合面垫薄木板或柔性材料。

用泵支撑板上的四个吊耳吊起泵支撑板，与上外接管的上法兰连接好，再一起吊起泵支撑板与上外接管的组合体与吐出弯管的上法兰进行连接。注意连接时泵支撑板、上外接管、吐出弯管的方向应正确。最后将三者一起吊起与下外接管的上法兰连接好。

整体吊起泵壳部件，撤去临时支撑的两根工字钢。清理好台板结合面，在泵台板结合面涂密封胶，放下泵壳体组件，使泵支撑板坐落在台板上。记下下外接管内凹槽的位置，在泵壳内做标记。

对泵吐出口中心线与穿墙管中心线对中程度进行复查。

6. 地脚螺栓孔灌浆

泵壳部件安装完成后，检查泵支撑板精加工面的水平度，应在0.05mm/m以内。对地脚螺栓孔进行灌浆，当强度达70%以上后，把紧地脚螺栓。复查泵纵横中心、标高偏差在厂家技术要求范围之内。点焊每组垫铁，并把每组垫铁与台板点焊在一起。

7. 可抽部件的安装

将下泵轴置于V形支架上，然后在下泵轴靠叶轮端装进一轴套，将轴套退回至键位顶住。在轴套上三螺孔处拧上三个紧定螺钉（螺钉头不得高出轴套外表面），在装紧定螺钉前须先在轴上錾三个深3mm的锥形孔作为轴套定位用。

将叶轮室平放，用工字钢垫好，将叶轮吊到叶轮室内。在下泵轴下端装上叶轮键。

将装好的下泵轴用吊环吊起至垂直状态，将泵轴下端吊入叶轮内，装上哈夫锁环，将叶轮与下泵轴连接好。

将装好导轴承的导叶体吊起穿入泵轴并回落在叶轮室上，配合面涂上机械密封胶，然后紧固连接螺栓。

将内接管（下）吊起穿入泵轴与导叶体连接，配合面涂上机械密封胶，拧紧连接螺栓。将装配好的转子部分吊入泵外壳体内，在内接管（下）两侧支撑筋处各用一根20号工字钢垫平。

将上泵轴装上轴套，在填料轴套部位装上填料轴套，将套筒联轴器穿在上泵轴上，并将套筒联轴器顺轴上推，直至露出键为止，在其外圆上拧上两个M16固定螺钉将其固定于轴上。注意在填料轴套与轴套螺母的端面上要装O形密封圈。

将内接管（上）套在上泵轴上，用吊车分别将上泵轴与内接管（上）同时吊至下泵轴上方；两轴对中，装好连接卡环，连接轴套和止推卡环；松开联轴器上的固定螺钉，使其下落与止推卡环连接，再将内接管（上）与内接管（下）连接好。

吊起可抽部件放在泵壳体内，直至叶轮室与吸入喇叭口锥面完全贴合。注意叶轮室外圆周上的凸耳应卡入在外接管（下）的防转凹槽中，并与凹槽的右边贴合。

8. 导流片接管、导流片、填料部件安装

将导流片与导流片接管连接起来，同时注意定位销孔方向和导流片的方向（对正定位销孔）。用吊车将两者吊至上主轴上方，调整好导流片的方向，并在导流片接管与泵支撑板结合面上涂抹密封胶并放置 O 形圈，穿轴放下并与支撑板连接起来（注意定位销孔方向）。

将导轴承装入填料函体的轴承腔内，在填料函与导流片接管连接处装上纸垫，用吊车将填料函体部件吊起至上主轴上方，穿轴放下，用螺栓、螺母将填料函体连接在导流片接管上。

9. 测量转子窜动量、盘车、泵轴中心位置调整

在上主轴上端安装主轴起吊工具，吊起转子，使叶轮上端面 B 与导叶体端面 A 贴合。在此过程中在轴上端测量转子的最大提升量，该值即为转子的最大窜动量。转子窜动量必须大于转子运行时的转子提升高度。将转子落至极下位置，再提升转子 6mm，盘车检查转子是否灵活，然后再放下转子到极下位置。

采用填料函内孔与泵轴对中的方法，在填料函内用四块金属楔形块或等厚块调整泵轴中心与泵中心重合，径向偏差在 0.05mm 以内。调整好后暂时不要拆除调整块。循环水泵轴窜测量见图 6-23，泵中心位置调整见图 6-24。

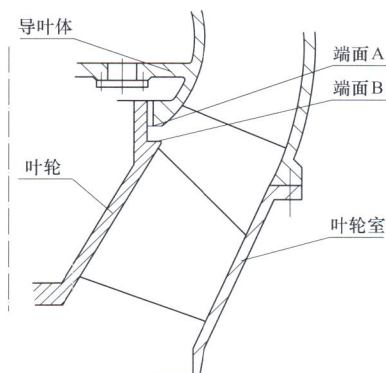

▲ 图 6-23　循环水泵轴窜测量图　　　▲ 图 6-24　泵中心位置调整图

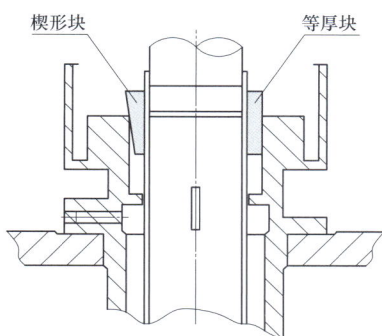

10. 二次灌浆

点焊斜垫铁，然后进行基础二次灌浆。要求灌浆前应复查水泥垫块与垫铁之间、

垫铁与安装垫板之间的间隙，0.05mm塞尺应不入。灌浆时基础表面应清理干净，无油漆、油污、杂物等，灌浆强度符合要求后，将出口伸缩节与泵连接好。

（三）循环水泵电动机安装

1.电动机支座的安装

将电动机支座吊至泵支撑板上方，用螺柱、螺母将其与泵支撑板连接起来。调整电动机支座上法兰水平度，要求偏差不大于0.05mm/m。如果达不到要求，则在电动机支座下法兰面与泵支撑板之间加不锈钢垫片。

测量泵主轴的上端面到电动机支座上法兰面的距离。

2.电动机安装

将电动机吊至电动机支座上，紧固联系螺栓。

3.联轴器找中心

用楔形块在填料函内调整泵轴中心与泵中心重合，要求径向偏差小于0.05mm，然后进行联轴器找中心（见图6-25）。

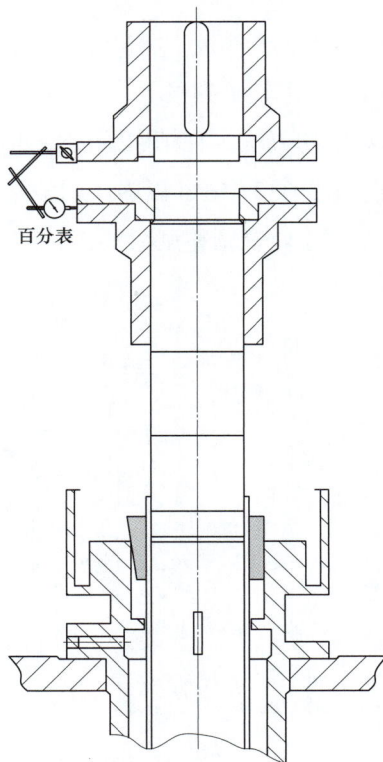

百分表

▲ 图6-25 联轴器找中心示意图

　　将百分表磁性表座吸在电动机联轴器外圆，百分表支在水泵联轴器的外圆。用盘车工具盘动电动机轴，根据百分表在圆周四个 90° 位置的读数调整电动机，要求中心偏差小于 0.05mm。

　　用内径千分尺或塞块测量两半联轴器的间距，圆周间距偏差小于 0.10mm。

　　循环水泵安装流程图见图 6–26 和图 6–27。

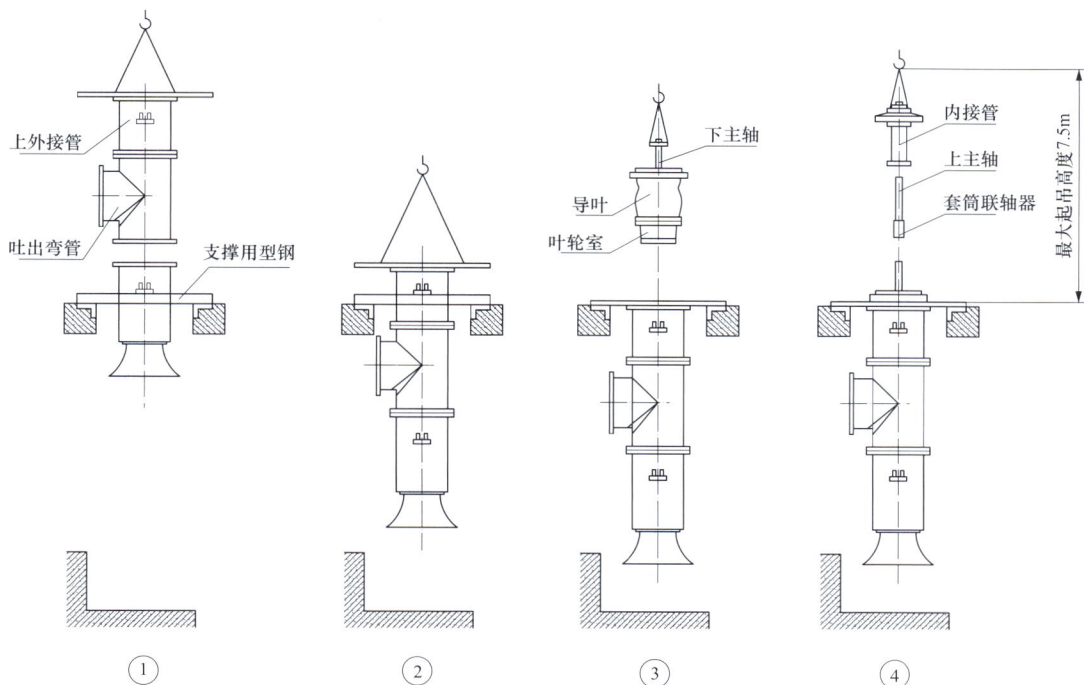

▲ 图 6-26　循环水泵安装流程图（一）

（四）转子调整及填料安装

1.转子调整

　　泵转子正确的提升高度为 6mm，叶片与叶轮室的单边间隙为 1.2~1.5mm，需人工下到池底用塞尺测量。如果叶片与叶轮室间隙达不到要求，则要求再调整转子提升高度。

　　提升步骤如下：

　　（1）判断泵转子是否已落到极下位置，叶轮室下端精加工锥面与吸入喇叭口精加工锥面是否完全贴合。叶轮室上的凸耳是否插入下外接管的凹槽内，并贴紧机组旋转方向一侧凹槽面。吸入喇叭口至水池底面的高度是否符合外形安装图的要求。

　　（2）旋转轴端调整螺母直至上端面与电动机联轴器端面贴合。在电动机联轴器及轴端调整螺母外圆上用石笔画一条竖线作为记号。

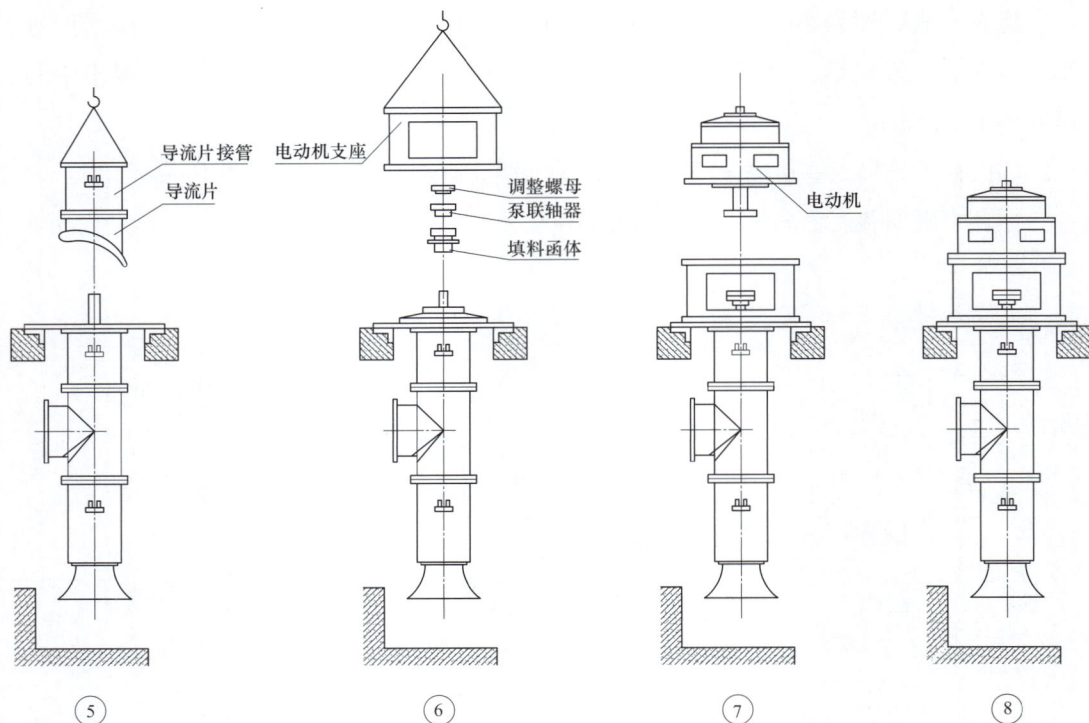

▲ 图6-27　循环水泵安装流程图（二）

（3）向下旋转轴端调整螺母两圈直至竖线再次对齐，表明转子提升了6mm。应注意，当向下旋转轴端调整螺母下降6mm后，如果它与泵联轴器的螺栓孔不对，则继续向下旋转，直至与最靠近的螺孔对正为止。

（4）装上联轴器连接螺栓、止动垫圈、螺母，交替对称地逐渐拧紧螺母。装完联轴器后，检查叶轮叶片与叶轮室间隙是否均匀。

2. 轴封填料安装

拆下对中块，清理干净填料函。依次将每一环填料装进填料函内，以确保填料落到正确的位置。

每环填料的切口要错开180°放置，当最后一环填料装进后，再装上部分半填料压盖，均匀地拧紧螺母，然后松开，再恢复到"指紧"程度。泵启动之后，缓慢、均匀地调节盘根压盖螺母，直至合适的泄漏量为止。

四、凝结水泵安装方案

（一）凝结水泵概况

每台机组安装2台100%容量的凝结水泵组（型号：NLO500–570×5S），1台运行

1 台备用。凝结水泵为筒袋型立式多级离心泵。泵的结构大致分为外筒体部件（通过安装底板安装在基础层）、筒内壳体部件、转子部件和轴封部件等。

泵的轴向力主要由每级叶轮上的平衡孔、平衡腔平衡，剩余轴向力则由泵本身的推力轴承部件承受。泵的基础以下部分采用抽芯式结构，使泵的拆装及检修非常方便。轴封为机械密封形式。

（二）凝结水泵安装程序

1. 基础验收及垫铁、地脚螺栓安装

基础验收及垫铁、地脚螺栓安装按照《电力建设施工技术规范》的相关要求执行。如制造厂有特殊要求，按照制造厂技术要求施工。

2. 泵基础板安装

用汽机房行车将凝结水泵基础板从凝结水泵安装位置上部检修孔洞吊至其对应安装位置基础上，穿上地脚螺栓，拧上螺母，调整地脚螺栓使其保持竖直状态。将基础板放平并使其与基坑对中，就位后对其找中心及找水平，要求中心线偏差不超过 10mm，水平度偏差不超过 0.05mm/m。

3. 地脚螺栓孔灌浆

泵基础板中心及水平调整完毕后对地脚螺栓孔进行灌浆工作。在灌浆时要严防杂物落入地脚螺栓孔内，地脚螺栓螺纹处应加保护措施，防止水泥浆溅到螺纹上。灌浆时安装人员派专人监护，严禁碰撞泵基础板，并不得对基础板的中心、水平产生影响。灌浆料应拌匀、填实，并做好设备二次污染的防护工作。灌浆料强度达到 70% 后复查基础板中心、水平。

4. 泵外筒体就位

将泵外筒体内部和外表面清理干净，然后将其吊入泵基坑中并固定在基础台板上。测量并调整筒体上部支撑板水平度，要求水平度偏差小于等于 0.05mm/m。

将泵外筒体上部支撑板与泵出水壳体下部支撑板间的 O 形密封圈按照制造厂图纸要求的位置安装到位，并黏接牢固。

5. 泵工作部分（泵体、出水壳体和电动机架）就位

泵的工作部分主要有泵体、出水壳体和电动机架三大部分，这些部分在制造厂内已组装成一个整体，到达现场后无须解体。

清理泵工作部分设备各零部件及配合面的油污、油漆、浮锈，仔细检查各零部件应无损伤。检查无误后用汽轮机房行车将其吊至泵外筒体支撑板上，把紧结合面连接螺栓。测量电动机支架上表面水平度，偏差应小于等于 0.05mm/m。如水平度超标可调

整泵基础板下部斜垫铁。

6. 基础二次灌浆

紧固地脚螺栓使其受力均匀，同时复查电动机支架上法兰面水平度。若水平度偏差超标，则调整斜垫铁使电动机支架水平度在设计范围内。检查垫铁与基础之间、垫铁与垫铁之间、垫铁与泵基础板之间间隙应在规范要求之内，将垫铁两侧部位点焊。

灌浆时要有专人监护，灌浆料应拌匀、填实，并做好设备二次污染的防护工作。待灌浆层强度达到70%后复查电动机支架上法兰面水平度应在允许范围内。

7. 转子提升量调整

松开调整螺母，用行车小心提升转子部件，实测转子全窜动量 T。

使转子部件下落到底，然后向下拧紧调整螺母，使调整螺母与轴承体接触平齐。

用行车提升转子部件，继续向下旋转调整 $T/2$，使调整螺母与轴承体上最近的螺栓孔对准，拧紧调整螺母与轴承体之间的沉头螺钉，此时为转子提升高度。

转子提升后盘动转子，应无卡阻现象。

8. 电动机安装及联轴器找中心

将电动机吊起回落在电动机支座上。

调整调节螺栓，进行联轴器找中心。要求：径向偏差小于等于 0.04mm，端面偏差小于等于 0.04mm。

单转电动机后复查联轴器中心，偏差应在规定范围内。穿上联轴器连接螺栓，对称、均匀紧固。

（三）附件及附属管道安装

泵的进、出口管道，泵轴冷却水管、机械密封漏水管道等配制安装。工艺要求为：布置合理、美观，阀门操作方便，符合相关规程规范及安装图纸、制造厂资料的要求。

凝结水泵安装图见图6-28。

第四节　汽轮机辅助设备安装方案

一、凝汽器安装方案

（一）凝汽器设备概况

凝汽器为双壳体、单流程、双背压表面式。汽轮机侧为HP（高压）凝汽器，发电机侧为LP（低压）凝汽器。凝汽器与汽轮机低压缸采用膨胀节弹性连接，底部的滑

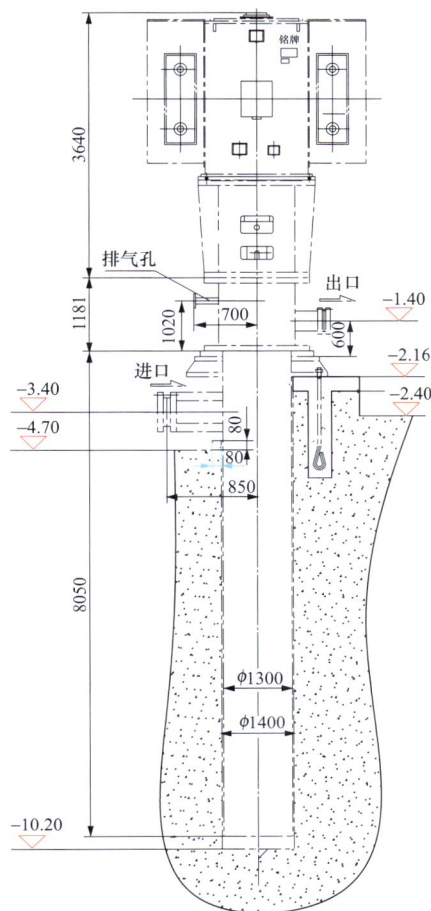

▲ 图 6-28　凝结水泵安装图

动、固定支座与基础构成刚性连接。HP、LP 凝汽器壳体之间分别由汽平衡管和水平衡管相联通，HP 凝汽器的汽轮机侧和 LP 凝汽器的发电机侧各附有疏水扩容器。在 HP、LP 凝汽器接颈内安装有 8、9 号内置低压加热器，在锅炉侧安装有低压旁路三级减温减压器。凝汽器冷却管材质为 TP316L，共有 35144 根，其中 $\phi 25 \times 0.7$mm 厚壁管数量为 3512 根，$\phi 25 \times 0.5$mm 薄壁管数量为 31632 根，长度均为 L=13880mm。冷却管的两端采用胀接 + 焊接的方式固定在端管板上。凝汽器侧视图和前视图见图 6–29 和图 6–30。

（二）凝汽器壳体组合

由于凝汽器尺寸较大，所以受运输条件的限制，在制造厂内制成部套和零件，运输到现场进行组装。

1. 施工准备

设备到场验收、基础验收按照《电力建设施工技术规范》的相关要求进行。

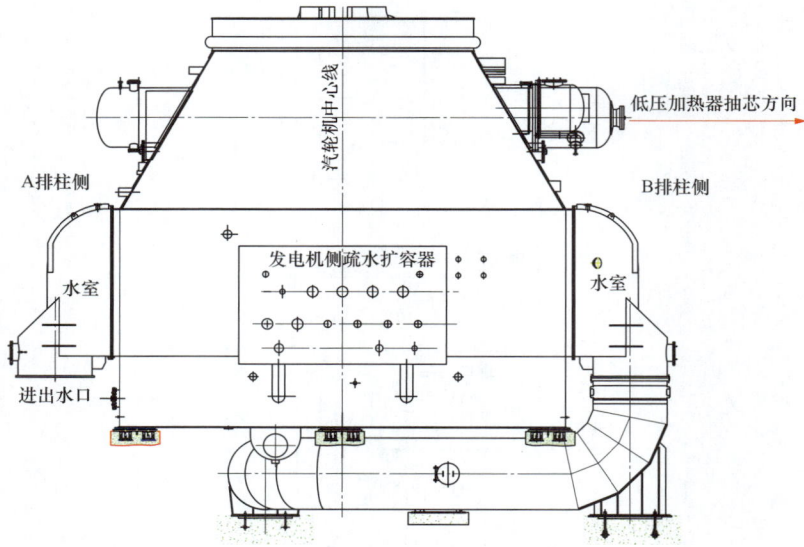

▲ 图6-29 凝汽器侧视图

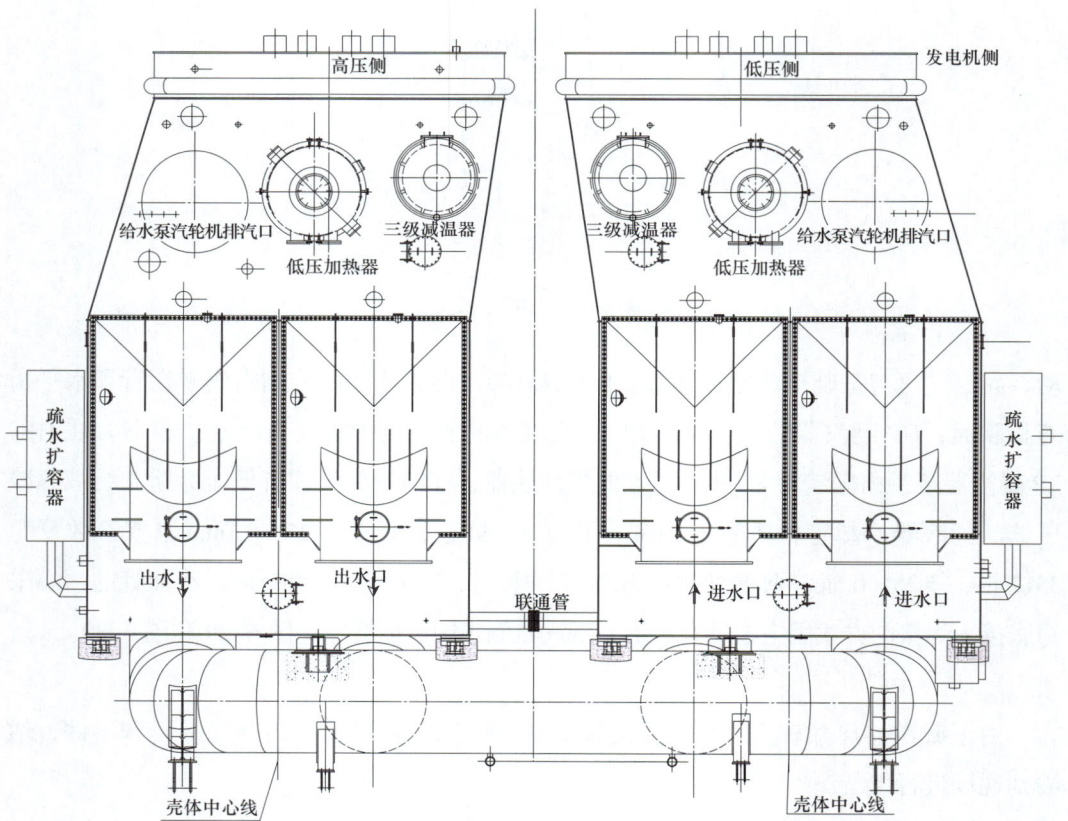

▲ 图6-30 凝汽器前视图

由于主厂房采用除氧间—汽机房—锅炉、侧煤仓布局，所以凝汽器不宜采用在厂房外组合然后拖运就位的方式，因此该工程凝汽器采取在基础上组合的方式。起重机械主要使用汽机房内的行车。

2. 凝汽器组合安装工艺流程图

凝汽器组合安装工艺流程图见图6-31。

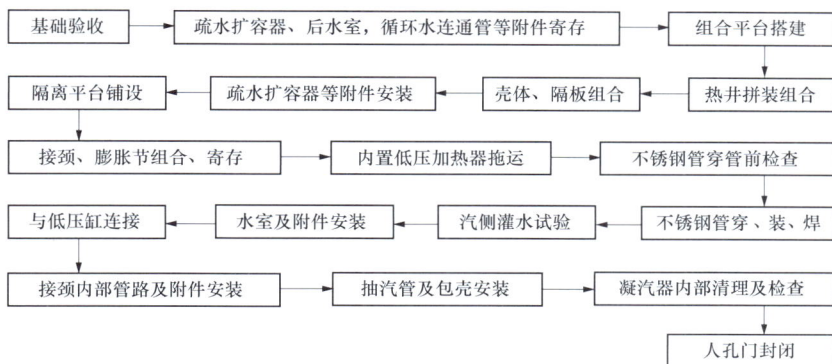

▲ 图6-31　凝汽器安装流程图

3. 固定及滑动支座安装

在高、低压侧壳体的底部各有一个固定支座、六个滑动支座。支座基础底板采用找平、找正后进行二次灌浆（见图6-32）。

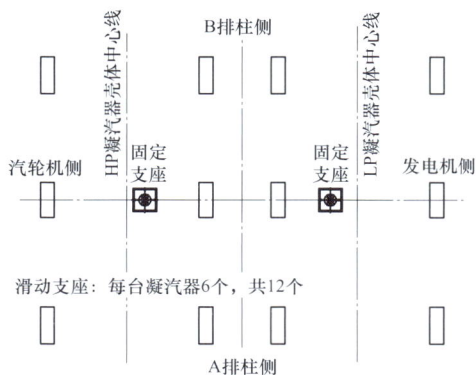

▲ 图6-32　凝汽器滑动、固定支座布置图

4. 组合平台

由于凝汽器底板下部制造厂设计有支撑座（为壳体结构的一部分），所以这些支撑座可作为凝汽器组合时底板支撑及组合平台的一部分。但在凝汽器汽侧灌水试验及真

空系统灌水试验时，该支撑框架下部需加临时支撑，以防止设备变形。临时支撑使用 $\phi 219 \times 7$ 钢管、[20a 槽钢、I20a 工字钢、钢板等制作。

5. 热井、壳体拼装

先将循环水联通管吊入安装位置寄存，然后将热井的底板用行车吊至组合平台上进行拼焊并找好水平，用工字钢 I20a 横向加固。在热井底板上将壳体的两块侧板组合后吊挂于汽轮机基础两侧。将热井侧板、端板、顶板依次就位、找正，拼装点焊完后复查热井尺寸。整体尺寸符合要求后最后完成接缝的焊接。安装回热系统、集水板、淋水板、凝结水防涡装置等。

将已组合好的壳体侧板和后管板就位于热井顶板上并用槽钢加固、找正。然后将前管板就位找正，复查壳体上口尺寸、标高、间距符合图纸要求。按照制造厂编号将隔板按由后到前的顺序依次吊入壳体内就位。对隔板进行调整、找正。用拉钢丝法对隔板管孔偏差进行调整。

管板、隔板调整完毕后对壳体施焊，焊接时应有防变形措施。壳体焊接结束后再次复查隔板中心，然后焊接其支撑件。壳体组合、焊接完成后安装挡汽板、抽空气管、测压管路及探头等附件（见图 6-33 和图 6-34）。

▲ 图 6-33　基础准备、组合支架搭设

▲ 图 6-34　凝汽器壳体组合

6. 凝汽器与低压缸间膨胀节寄存

将膨胀节（制造厂将其分为左右两半供至现场）用汽机房行车吊到已拼装完成的凝汽器壳体上，组合为一个整体后向上吊起寄存在低压缸排汽口位置的下方（见图 6-35）。

7. 接颈的组装

将已组合好的接颈侧板用汽机房行车吊起平放在已组合好的壳体上，当膨胀节寄存到位后再将接颈侧板竖起就位在安装位置上。

将接颈在壳体上找平、找中后与壳体焊连。安装接颈与壳体之间的连接加强件和壳体内部加强筋，并在壳体上按图纸要求进行开孔。将布置于 HP、LP 凝汽器接颈中的八、九级抽汽管道寄存。

在隔板顶部搭设保护不锈钢管区的隔离平台。平台用钢架板搭设，上铺一层石棉布以防火。隔离平台要求铺设严密、结实，能达到有效防止杂物落入不锈钢管区的目的（见图 6-36）。

▲ 图 6-35　膨胀节及接颈组合、寄存

▲ 图 6-36　膨胀节及接颈组合

8. 8、9 号内置低压加热器的拖运及安装

首先安装低压加热器支座，支座的标高略低于设计值 3mm，以利于低压加热器就位后的调整。

内置低压加热器就位采用汽机房行车吊装，滑道拖运的方法就位。具体见低压加热器安装部分。

9. 膨胀节的就位及与接颈焊接

接颈与低压缸的纵、横中心须在组合过程中进行测量、校正。将寄存在低缸排汽口位置的膨胀节回落并焊接到接颈上部。为了保证膨胀节顶部的标高及平面尺寸的准确，可以在膨胀节与接颈焊接时对接颈壁板的上沿进行必要的修整。

10. 疏水扩容器及其他附件安装

HP 凝汽器的汽轮机侧和 LP 凝汽器的发电机侧各附有一台疏水扩容器。在壳体组合前应将其寄存到安装位置附近。

在凝汽器壳体组合完成后，在壳体和热井相应位置开孔。将疏水扩容器吊起、安装到凝汽器壳体对应位置，然后安装顶部排汽管和底部疏水管。在扩容器内部各疏水母管管口对应位置焊接防冲击护板。安装热井水位计和磁浮式液位显示器。

（三）凝汽器冷却管安装

1. 穿管前的准备工作

在凝汽器靠 A 列柱管板外侧至 A0 列柱搭设穿管工作平台。平台分两层，间隔 2m，顶层距顶部冷却管 1.5m。

管板、隔板上的管孔应清扫干净。对不锈钢板表面及管孔。先用毛刷刷洗管孔、修除毛刺，再用白布、酒精擦干净油污和灰尘。对管板、隔板管孔外观进行检查，内壁应光洁，无锈蚀、油垢和纵向沟槽。管孔内径抽汽侧应符合设计要求，冷却管试穿时应能顺利穿过。

2. 凝汽器壳体内部的检查

壳体内的拉筋、支撑件、导汽板、管件和隔板应按图纸要求进行检查，位置尺寸、焊接质量、清洁度应符合制造厂技术要求，管板、隔板中心应拉钢丝复查合格。壳体及排汽短节上的孔洞应预先开好并加装临时堵板，壳体内部应清扫干净。检查顶部的封闭情况。凝汽器底部支撑底座安装应完成。

壳体内需要在穿装一部分冷却管后才能安装的拉筋和挡（隔）板，应正确安排安装工序。

3. 穿管前对冷却管的检查、检验

冷却管外观无缺陷，管内无杂物、油垢、堵塞。冷却管的管径、壁厚应符合制造厂技术要求。按照相应国家标准、施工技术规范的要求按比例抽取一定数量的冷却管进行涡流探伤，管口压扁、扩张试验。冷却管胀接前应试胀，合格后方可正式胀管。

4. 穿管

凝汽器在主凝结区安装 $\phi 25 \times 0.5mm$ 规格的 TP316L 不锈钢管，在空冷区和主凝结区外围安装 $\phi 25 \times 0.7mm$ 规格的 TP316L 不锈钢管。穿管前在管板上用记号笔标出壁厚为 0.5mm 及 0.7mm 不锈钢管的具体安装区域，以免穿错。穿管人员应穿干净的工作服，衣服兜内无硬质物品，佩戴干净的线手套。凝汽器穿管现场见图 6–37。

穿管时按由下至上的顺序进行，先穿空冷区。穿管时应由专人指挥，穿完一箱再开一箱，穿完一根再取一根。每根穿完后，应反复来回推动三次。穿管使用的工具应及时进行清理，保持清洁。穿管过程中必须注意文明施工，严禁抛、踩、摔不锈钢管。

5. 冷却管胀、切、焊

胀口的深度宜为管板厚度的 75%~90%，胀接部分不得超过管板内壁。胀口应无欠胀或过胀现象，胀口处管壁胀薄率为 4%~6%。胀口处翻边应平滑光洁、无裂纹、无显著切痕，翻边角度宜为 15°。试胀工作合格后方可正式胀管。

冷却管胀接时工作环境应整洁、干燥，气温宜在 0℃以上。胀接前应在管板四角及

▲ 图6-37 凝汽器穿管现场

中央各胀一根标准管，检查两端管板距离应一致，管板应无凸起。胀管时先胀出水侧，同时检查进水侧冷却管应无旋出，胀管过程中管板应无变形。不锈钢管胀接后宜露出管板 0.2~0.3mm，或符合制造厂技术要求。胀管结束后切除管子外露的多余部分。

凝汽器冷却管采用不填丝手工氩弧焊工艺进行焊接。

（四）凝汽器汽侧灌水试验

封闭壳体上所有灌水区域的接管座和开口，热井底部按照制造厂的要求加装临时支撑，临时支撑在真空系统灌水试验完成后再拆除。

灌水高度应充满整个冷却管的汽侧空间并高出最上层冷却管100mm，维持24h应无渗漏。试验结束后将水放净，并将凝汽器内部清理干净。

（五）凝汽器后续安装工作

1. 水室安装

清理管板和水室法兰面及螺栓、螺孔，然后将橡胶垫片固定在管板法兰面双头螺栓上。将水室吊起套进螺栓与管板连接，临时拧紧螺母。在确认橡胶垫片位置正确后，开始均匀对称拧紧螺母，直到最终紧定。前水室用汽机房行车吊挂就位，后水室（壳体组合前临时寄存）用手拉葫芦吊挂就位。在水室安装结束后进行循环水管的安装，注意膨胀节法兰螺栓紧固的方式。

2. 与低压缸连接

在低压缸就位之前，应将凝汽器接颈及喉部内部所有管道及管道保温层全部寄存到安装位置附近（能安装到位最好），保证不影响汽缸的安装工作。

与低压缸的连接工作应在低压缸负荷分配完成、汽缸最终定位后进行。焊接工艺应符合焊接规程的规定。施焊时应用百分表监视汽缸台板四角的变形和位移，当变化大于0.05mm时要暂时停止焊接，待恢复原态后再继续施焊。

焊接时，4名焊工每人一边对称分段焊接。每名焊工在自己负责的区域按顺序同步施焊，焊接过程中不断锤击焊缝消除焊接应力。层间焊接接头应错开，避免在四角处起弧和更换焊条。

在每只膨胀节上厂家焊有保护筋板，在与汽缸焊接结束后方可拆除。

3. 内部管路及附件安装

安装凝汽器内部附件、抽汽管、低压加热器及保温包壳。安装抽气管时注意与低压缸连接的伸缩节不要装反。安装低压旁路入口减温减压装置、给水泵汽轮机排汽接管、低负荷管路、汽封管路等。

4. 凝汽器封闭

对接颈内部进行全面清理，清除内部的一切杂物，点固内部所有螺栓螺母。全面检查内部部件的安装情况，检查焊缝的质量及是否有漏焊。在接颈内部清理检查结束后，拆除隔离平台，关闭接颈人孔门。

对不锈钢管区和热井进行清理及检查。检查不锈钢管的安装情况和内部部件的安装情况，清除所有杂物，检查内部焊缝的质量，以及是否有漏焊。在内部清理基本结束后，对内部应进行一次全面的水冲洗清洁。经签证认可后，关闭热井人孔门。

（六）水侧通水、真空系统灌水试验

水侧严密性试验利用循环水直接充压的方法进行。机组启动前对凝汽器的汽侧、低压缸的排汽部分，以及当空负荷时处于真空状态下的辅助设备与管道灌水进行真空严密性试验。

真空系统灌水试验结束后，拆除凝汽器热井底部临时支撑，对内部进行彻底检查和清扫。

二、除氧器吊装方案

1. 除氧器设备概况

每台机组配备一台卧式内置式一体化除氧器。1号机组除氧器布置于除氧间A0～A排3～7号柱之间22.0m层，中心标高为25.0m。2号机组除氧器布置于除氧间A0～A排12～16号柱之间。

除氧器由3个支座支撑，中间1个为固定支座，两端为滑动支座，支座中心线距离均为10m。

2. 除氧器吊装

除氧器由站位于A0列外的一台QUY650/650t履带式起重机单车直接吊装就位。

除氧器筒体质量为 105t，履带吊吊钩重 10t，钢丝绳质量约 2.5t，起吊总重 117.5t。

QUY650 履带吊使用 78m 超起主臂工况，超起配重 200t（16m 半径）。除氧器就位时 QUY650 履带吊工作半径为 30m，此时额度起重量为 168t，负荷率为 70%。

3. 除氧器吊装附图

除氧器吊装附图见图 6-38～图 6-40。

▲ 图 6-38 除氧器起吊

▲ 图 6-39 除氧器就位

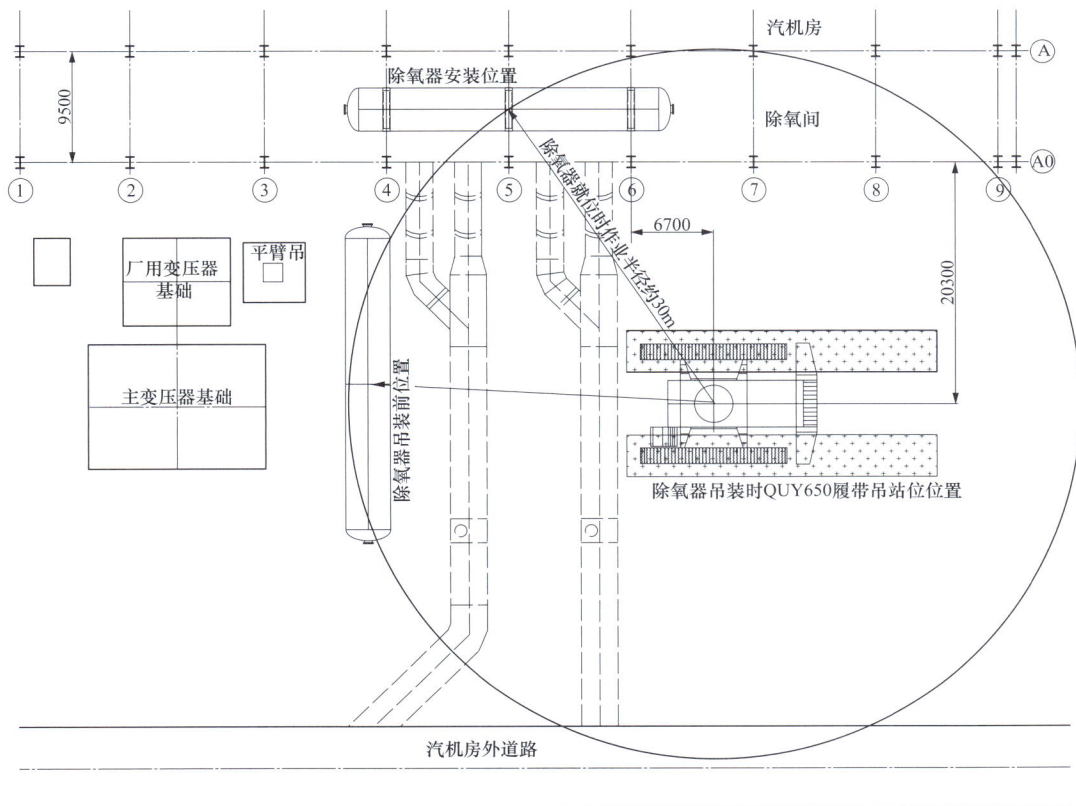

▲ 图 6-40 除氧器吊装平面图

三、加热器吊装方案

（一）高、低压加热器安装位置

高压加热器均安装在除氧间 A0~A 列各层，1 号高压加热器安装在 22.0m 层（与除氧器同层），2 号高压加热器、蒸汽冷却器安装在 13.7m 层，3 号高压加热器安装在 6.9m 层。

5 号低压加热器安装在除氧间 A0~A 列 22.0m 层，6 号低压加热器安装在除氧间 A0~A 列 13.7m 层，7 号低压加热器安装在除氧间 A0~A 列 6.9m 层，8、9 号低压加热器安装在凝汽器喉部。

（二）高压加热器吊装

1. 1 号高压加热器吊装

1 号高压加热器使用 QUY650/650t 履带吊吊装就位，与除氧器同时吊装。

1 号高压加热器起吊重量为 110t，履带吊吊钩重 10t，钢丝绳质量约 2.5t，起吊总重 122.5t。

QUY650 履带吊使用 78m 超起主臂工况，超起配重 200t（16m 半径）。1 号高压加热器就位时 QUY650 履带吊工作半径为 22.5m，此时额度起重量为 239t，负荷率为 122.5/239=51.3%。

2. 2 号高压加热器吊装

2 号高压加热器安装于除氧间 13.7m 层，由于厂房结构的阻挡，无法直接吊装就位。首先使用 QUY650/650t 履带吊（吊点在前）和 1 台 200t 汽车吊（吊点在后）抬吊的方式将其"穿"进除氧间，然后利用卷扬机—滑轮组将其拖运至安装位置就位（见图 6-41 和图 6-42）。

3. 除氧间其他加热器的吊装

3 号高压加热器、蒸汽冷却器安装于除氧间 6.9m 层，吊装就位方法与 2 号高压加

▲ 图 6-41　2 号高压加热器吊装场景（一）

▲ 图6-42　2号高压加热器吊装场景（二）

热器相同。

　　5 号低压加热器安装于除氧间 22.0m 层，在除氧器吊装前使用 QUY650/650t 履带吊吊装就位。

　　6、7 号低压加热器分别安装于除氧间 13.7、6.9m 层。使用 1 台 70t 汽车吊和 1 台 50t 汽车吊抬吊的方式"穿"进除氧间，然后用倒链、滑轮组将其拖运就位。

4.8、9 号低压加热器就位

　　8、9 号低压加热器分别安装在 HP、LP 凝汽器接颈中部。除氧间土建主体结构基本完成后，由站位于 A0 列外的两台汽车吊，将两台低压加热器吊装、寄存在除氧间 6.9m 层对应位置的滑道上。每条拖运滑道由两根 30 号工字钢并列焊接而成，中心线正对加热器安装位置中心线（见图 6-43）。

　　凝汽器壳体、接颈组合完成、低压加热器支座安装到位后即可进行 8、9 号低压加热器的穿装工作。接颈前、后侧板分为上、下两部分供货，先组合下半部分，待低压加热器就位后再组合上半部分。

　　将拖运滑道向凝汽器侧接长，端部尽量靠近接颈侧板，悬空部分下方用型钢可靠支撑。

　　在低压加热器支腿与拖运滑道间放置移运器。用 2 台 5t 倒链拖动低压加热器向凝汽器接颈内移动，当前支腿接近滑道端部时停止拖动（见图 6-44 和图 6-45）。

　　汽机房桥吊吊钩吊着低压加热器穿入凝汽器的一端。拉动 2 台 5t 倒链拖动低压加热器并与桥吊配合使之向凝汽器接颈内部移动。当低压加热器前支腿到达接颈内第一个支座时停止拖动，桥吊回钩使低压加热器支腿回落在支座上。

　　桥吊吊钩缓钩后继续吊起低压加热器的前端与 2 台倒链配合继续将低压加热器穿入。此时将低压加热器的前端临时支撑在接颈内靠 B 列的支座上，后端支腿则位于滑道靠凝汽器的一端。桥吊的大、小钩分别吊在低压加热器重心的两侧，将低压加热器吊装到位。同时使用大、小钩的目的是跨过位于膨胀节中部的支撑管。

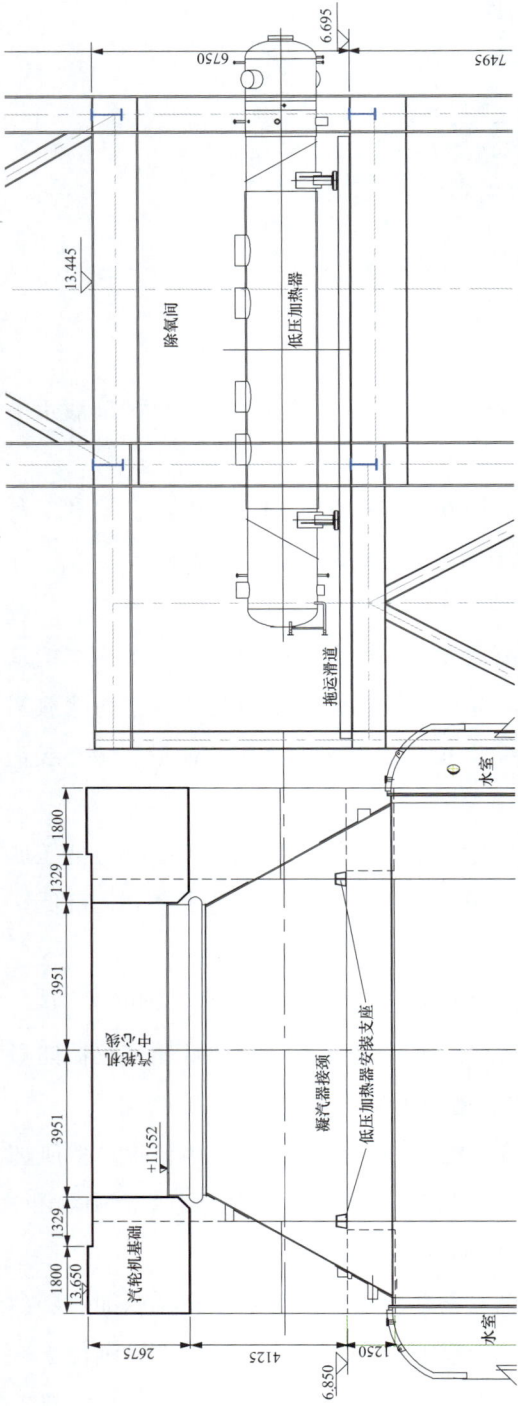

▲ 图6-43 8、9号低压加热器寄存在除氧间6.9m层

▲ 图6-45 8、9号低压加热器吊装场景（二）

▲ 图6-44 8、9号低压加热器吊装场景（一）

第五节　管道安装方案

一、循环水管道安装方案

（一）设计概况

每台机组所配套的 2 台循环水泵出口 2 根 $\phi 2220 \times 14mm$ 钢管在泵站外合为 1 根 $\phi 3020 \times 14mm$ 进水母管，母管到汽机房外再分为 2 根 $\phi 2220 \times 14mm$ 的钢管向凝汽器供水。凝汽器出口的 2 根 $\phi 2220 \times 14mm$ 钢管在汽机房外合为 1 根压力排水母管将水送至冷却塔竖井。在凝汽器进水管上设有辅机冷却水系统的进水管接口。

（二）循环水管道配制

1. 循环水管道配制场布置

配制场内安装一台卷板机，一台 10t/20m 的龙门式起重机。搭设 12m×40m 的钢平台用于钢材的下料、组对。平台周围铺设厚度为 100mm、面积为 200m² 左右的混凝土硬化地面用于摆放管节和管段、管件成品。搭设全封闭的喷砂除锈车间用于管段、管节、弯头等管件的除锈作业。

配制场内还摆放用于存放工器具、电焊机的集装箱，以及移动式人员休息室。场内还布设电源、水源管线，排水、消防设施等。

2. 钢材的检验和存放

钢板、槽钢等材料进场后，应对其品种、规格、质量、性能按相应的国家标准要求进行检验，出厂质量证明文件齐全并与实物相符。

3. 钢板放样下料、坡口加工

钢板经过检验矫正后，方可放样下料。下料切割前应将钢材表面的油、漆、污物等清理干净。放样时，必须根据管件的形状、大小和钢板尺寸进行套裁，做到合理用料、节约钢材，提高材料利用率。用半自动火焰切割机下料并形成 V 形坡口，并对坡口进行打磨。直管段板材下料后要求对角线偏差小于 4mm。

4. 钢管卷制

将下好料的钢板平稳地放在卷板机上，调正钢板。卷管时，应对卷板随时进行检测，如卷板有误差应及时调整卷板机间隙。用样板检查管壁内侧的弧度，尤其是对口处的弧度，如不正确应及时做出调整、校正。管段对口焊接完成后，将其在卷板机上再"过"一遍以校正管段的椭圆度。

5. 刚性环加固

刚性环采用 16、14 号 a 和 12.6 号槽钢现场卷制。刚性环安装在钢管上时与管壁间隙小于等于 2mm。刚性环做成闭合状，闭合处按图纸要求采用钢板加固。同一圆周上的刚性环不宜超过 3 段，每段长度不宜小于 300mm。刚性环与管壁连接的两侧、接口处必须满焊，不得留空隙。刚性环间距符合设计要求，过路段间距应加密。

6. 直管段组合

单管节制作完成后即可进行组对，一般三节组合成一段。组合时不应割除内部临时支撑角钢，安装完成后再将其割除。

7. 管件制作

三通、弯头等管件首先用计算机采用 CAD 放样，由人工按 1：1 比例在油毡纸（或青壳纸）上放样，然后将油毡贴在钢板上画线。钢板切割时不要将其完全割开，采用分段切割，卷制好后再完全割开。切割后的管节按图纸要求组装成弯头后进行焊接，焊接要求与直管段相同。弯头的直段可根据实际情况适当延长，以使其满足安装要求，切割加工余量、安装时现场决定。

循环水管道配制见图 6-46。

▲ 图 6-46　循环水管道配制

（三）管道防腐

1. 施工环境及钢材表面处理

油漆施工环境相对湿度小于等于 75%，温度不低于 5℃。在有雨、雪、大雾、大风、扬尘的情况下，禁止施工。对钢材表面进行喷砂处理，达到 GB/T 8923.1—2011《涂覆涂料前钢材表面处理　表面清洁度的目视评定　第 1 部分：未涂覆过的钢材表面和全面清除原有涂层后的钢材表面的锈蚀等级和处理等级》规定的 Sa2.5 级。钢材表面的焊缝应达到表面无焊瘤、无棱角，光滑、无毛刺。除锈后的钢材表面应在24h内涂刷底漆，以免发生二次锈蚀。

2. 施工中的注意事项

为了保证焊缝处漆膜的厚度，在涂漆前应先对焊缝涂漆两次。涂漆后，表面应光滑，无流挂、皱纹、刷痕，底部无裸露或开裂，涂层均匀。涂完第一层油漆后，须待油漆干燥，然后才能进行下一道涂漆过程。在室温下涂漆后，需干燥7~10天后方可安装。

现场焊缝两侧留出100mm的距离暂不喷漆，安装完成后再涂漆。当在管沟内进行接口处油漆时，需清除防腐部位的泥土、水迹，回填土时应注意避免损伤外防腐层。在管段运输和吊装过程中，应避免与异物的剧烈摩擦而对漆膜造成损坏。如果有任何损坏，应修补直至合格。

3. 漆膜质量检验

漆膜质量检验内容包括：外观检查、厚度检查、针孔检查、黏接力检查。

（四）管道、管件安装

1. 管段安装

循环水管段利用汽车吊将其按照编号顺序吊装就位、找正、焊接。穿墙套管处中间填充焦油麻丝，两侧用石棉水泥封堵。靠空气侧要在石棉水泥里加一道圆钢，石棉水泥要填满密封好，厚度为50mm。各管段对口时，其纵向焊缝应相互错开，并不得放在水平、垂直四个位置点上。管段或管件的坡口内、外壁10~15mm范围内的油漆、污垢在对口焊接前打磨干净，露出金属光泽。

管道水压试验可在其全部安装完成后进行，也可根据实际情况分段进行。水压试验合格后进行管道安装焊口处的防腐，防腐验收合格后进行管沟的回填。

2. 阀门、法兰的安装

阀门安装前核对型号、规格，确认其安装方向。阀门安装前应清理干净、保持关闭状态。阀门应连接自然，不得强力对接或者承受外加重力负荷。法兰周围紧力应均匀，以防止由于附加应力而损坏阀门。

法兰连接时应保持两法兰面的平行并与管子轴线相垂直。平焊法兰内侧角焊缝不得漏焊，且焊后应清除氧化皮等杂物。法兰用垫片的内径应比法兰内径大2~3mm，外径应比法兰外径略大但不应妨碍穿装螺栓。法兰连接除特殊情况外应使用同一规格螺栓，螺栓穿装方向应一致。

（五）水压试验

管道安装完毕后，应进行系统严密性试验，以检查各部位（焊缝、法兰接口、管件等）的严密性。试验前对管端及检查孔进行封堵，灌满水24h后用试压泵加压。当水压升至工作压力后进行检查，无渗漏后升至试验压力（1.25倍工作压力）保持10min压力应无变化。降压至工作压力再次对系统进行全面检查，无渗漏则试验合格。

（六）循环水管沟的开挖、回填

1. 施工工艺流程

循环水管沟的开挖、回填的施工工艺流程为：场地平整→定位放线→土方开挖→地基验槽→砂垫层施工→循环水管道安装→管沟回填（见图6-47和图6-48）。

▲ 图6-47　循环水管道安装

▲ 图6-48　循环水管道回填

2. 土方开挖、验槽、砂垫层铺设

开挖分为两层，底层按照1∶1.5放坡，上层按照1∶1.2放坡，中间挖出一段1.5m的平台。

为保证地基土层不受扰动，机械挖土预留100mm进行人工清底至垫层底（标高为42.85m）。基坑边坡开挖完后立即用彩条布覆盖边坡及裸露的土层。

管沟开挖完成经测量达到设计标高后进行基坑验槽，验槽合格后随即铺设400mm厚的砂垫层。砂垫层铺设完成、验收合格后即可进行循环水管道的安装工作。

3. 管沟回填

当循环水管段就位、找正、焊接完成并验收后即可开始回填作业。

从循环水管管底向上1.0m范围采用中粗砂进行回填，管底1.0m以上采用基坑出土进行回填。在管顶以下范围内回填时需两侧对称回填，每回填300mm用蛙式打夯机夯打3~5遍，验收合格后再回填、夯实下一层。回填及夯实过程中，应测量、监控管道的标高、中心应无变化和偏移。

回填夯实尽量避免在雨、雪天进行。

二、四大管道安装方案

（一）设计概况

主蒸汽管道采用双管制，管道规格为 ID292×84、材质为 A335P92。再热冷段蒸汽管道采用 2-1-2 布置方式。管道规格为 OD711×28、OD965×37，材质为 A691Cr.1-1/4CrCL.22、A672B70CL32。再热热段蒸汽管道采用 2-1-2 布置方式。汽轮机侧支管规格为 ID597×49，母管规格为 ID883×70，材质为 A335P92。

该工程采用高、低压二级串联旁路系统，容量为 45% BMCR，满足机组启动要求。高压旁路阀前、后管道规格分别为 ID216×64、OD711×28，材质分别为 A335P92、A691-1-1/4CrCL22。低压旁路装置前主管道规格为 ID597×49、支管道规格为 ID425×38，材质为 A335P92；低压旁路装置后管道规格为 OD864×13，材质为 A691Cr.1-1/4CrCL.22。

高压给水管道材质均为 15NiCuMoNb5-6-4，规格为 ϕ559×60mm、ϕ406.4×50mm、ϕ323.9×40mm。

（二）四大管道工厂加工的技术要求

该工程通过招标方式选择配管加工企业进行四大管道的工厂加工。

1. 供货和加工范围

（1）工厂加工范围。主蒸汽管道、高温再热蒸汽管道、低温再热蒸汽管道、高压旁路管道、低压旁路管道、高压给水管道、给水再循环管道。不包括锅炉厂供货范围的管道。

（2）工厂组合加工内容及配管率。包括计算机 CAD 优化设计配管、下料、组合焊接、坡口加工、热处理、检验、金属试验、无损探伤、管道清理（酸洗或喷砂）、油漆、包装、运输等。

工厂配管设计、加工配制，工厂组合率应大于 50%，热工仪表、化学取样、疏水、放气，以及为机组调试、性能考核试验提供的测点等各种管座的组合率为 100%。

（3）焊接材料。包括两台机组工厂配管和现场安装焊口焊接所用焊条和焊丝，现场组合焊接材料需有 3% 备用量。若配管厂提供的现场焊材量不足，则由配管厂无偿补足。

（4）热工测点、汽水取样、加药接口供货及配制。热工仪表、汽水取样、加药，以及为机组调试、性能考核试验提供的测点等各种管件（包括接管座、热电偶温度套管、热电阻温度套管、弯头、仪表阀过渡段等）由配管厂提供。管道上设置的温度测量仪表（热电阻及热电偶）及其套管均由四大管道配管厂提供。焊接于主管的部件由配管厂负责焊接、探伤及热处理。

支吊架管部卡块由配管厂提供，并与母管同材质，且在配管厂内完成焊接工作。

（5）管件数量、管道损耗等。商检、配管等损耗由配管厂承担。配管剩余管道，不管多长，都要将管道标识移植其上，并移交至建设单位仓库。

（6）其他要求。对四大管道管系中的疏水、疏水罐、放水、放气、暖管、取样、加药、热工测量等小直径管道及取源部件的接管座、蠕状测量段、三向位移指示器、流量测量装置、疏水罐、支吊架卡块、保温固定块等的机加工、打孔、焊接、无损探伤等，其规格、数量以设计院、调试和性能试验单位正式出版的施工蓝图和确认资料为准。

2. 设计配合

管件的坡口形式由配管厂提供，坡口必须满足 DL/T 5054—2016《火力发电厂汽水管道设计规范》、GB 50764—2012《电厂动力管道设计规范》（或相应的国际标准）有关条文的要求，并须经建设单位和设计院确认，且保证与相连接的管道、阀门、设备接口具有相同尺寸的坡口。

配管设计必须以设计院提出的管道布置施工图和系统图为依据进行。管道、管件、设备和阀门等的坡口形式由配管厂统一管理、规划和负责。设计院、安装单位予以配合并确认。

焊接、热处理工艺流程及其他加工工艺流程由配管厂统一制定，但必须满足钢管、焊材、管件等供货商的要求，并征得建设单位、安装单位的认可。

（三）四大管道安装

1. 安装工艺流程

施工准备→管道、管件、材料清点、检查→支吊架根部制作、安装→管道吊装就位→管道及支吊架安装→支吊架调整→管道系统中小管道安装→管道系统安装完成后总体检查。

2. 施工准备

（1）场地准备。四大管道的配管虽然由配管厂负责，但仍需要划出一块场地作为到场的配制管道、阀门、管件等的临时存放、检验之用。

（2）配管、管件、材料清点、检查。对到达现场的所有配制好的管段、管件进行清点、检查，核对型号、规格应符合设计、配管图要求；会同热控、调试等专业逐一核对其上的接管座、温度测点、流量测量装置、支吊架卡块是否有缺失，规格、型号是否正确，材质是否符合设计（或规范）要求。对表面质量进行外观检查，阀门核对型号并按介质流向确定其安装方向。

（3）厂房相关部位的检查验收及准备。管道安装前检查与管道安装有关的梁、柱、平台、墙、管道贯穿孔洞、套管、支架支墩、支吊架生根预埋件是否已完工并与安装图相符。安装通道畅通、工作面具备安装条件。

（4）四大管道与设备接口的核对。锅炉省煤器进口集箱、高温过热器出口集箱、再热器进出口集箱已找正，接口坐标、管径、壁厚已验收合格并与对应的四大管道接口相符。给水泵、高压加热器、旁路等与管道连接的设备已就位并找正，接口坐标、管径、壁厚已验收合格并与对应的四大管道接口相符。

（5）支吊架到货验收。支吊架部件到货后按照设计文件、供货清单进行清点，并核对数量、规格及型号。对合金材质的管夹、螺栓、螺母及其他部件进行光谱分析，确认材质无误后做好标识。

3. 支吊架根部制作、安装

支吊架根部在现场制作。根部部件与梁、柱、预埋件焊接部位先点焊，然后检查其标高、位置无误后再最终焊接。对有偏装要求的支吊架，其根部应按照其偏装位置、方向、数值安装正确。管道吊挂用临时吊点的强度和焊接要求，应不低于正式支吊架的要求。

4. 管道吊装就位

吊装前根据施工图、配管图在每段管段上用记号笔标明管段号、质量、长度及吊挂位置。汽机房、除氧间内管道利用行车、卷扬机、倒链进行吊装就位。锅炉部分则利用锅炉塔吊、卷扬机、倒链进行吊装就位。吊装时先吊装管道（管段），待其基本找正定位后随即进行支吊架的安装。因故不能安装支吊架时，应用临时支吊架。

5. 管道及支吊架安装

管道对口间隙为 2~5mm，错口量不应超过该段管道壁厚的 10%，且不大于 1mm；管道安装标高偏差应在 ±15mm 以内。除冷拉焊口外，不得强行对口。管道对口完成后，应对管道吊挂（支垫）牢固，检查管道中心线的偏差值，应小于等于 2mm/m。管道对口焊接应按照焊接工艺的要求进行。

管道安装就位时，应及时进行支吊架的安装工作。支吊架安装时，应注意支吊架的偏装量和偏装方向。对焊阀门与管道的焊接应在相邻焊口热处理完毕后进行。对口、焊接过程中应保证内部清洁，焊接时阀门不宜关闭。

6. 蠕胀监督段及附件安装

膨胀指示器、监督段及蠕胀测点的安装符合设计要求，单线立体管道系统图标有测量截面位置及编号。管道膨胀指示器在管道冲洗前冷态调整指示为零位，蠕胀测点在管道冲洗前安装。

7. 支吊架调整

弹簧支吊架在管道水压试验及保温结束后，方可拔出预压缩固定件（或销子）。整个管系安装完毕、吹管期间、投入运行后检查各支吊架弹簧工作高度是否符合设计要求，各支吊架载荷是否均匀，必要时再对支吊架进行调整，使各支吊架受力均匀、符合设计要求。

8. 管道系统中小管道安装

四大管道的疏水、放气等小口径管道的安装应统一规划、集中布置，走向合理美观。阀门要布置于便于操作与检修的位置。疏、放水管道接入疏、放水母管处应按介质流向有 45° 的倾斜。不得随意将不同介质或不同压力的疏、放水管接入同一母管或容器内。对于温度较高的疏、放水管道，在布置时应注意不得与氢、油管道距离过近。管道的疏、放水管应采取必要的热补偿措施。

9. 管道系统安装完成后的总体检查

管道系统安装完毕后，重新核查管道系统的标高、坡度、坡向及支吊架是否符合图纸和规范的要求，系统连接等与设计是否相符，管道、支吊架、阀门等安装是否正确。

（四）四大管道相关阀门安装要求

锅炉水压堵阀安装在过热器出口、再热器进出口管道上，作为锅炉水压时的隔离装置，水压后需拆除内部堵板作为管道使用。

PVC 阀往往由于阀门自带的管段很短，无法满足热处理加热带宽度的要求，在进行焊接前尽量将阀门解体。热处理时注意不要将阀体包裹起来，从而破坏阀体内密封圈的有效性。因此，PVC 阀和安全阀的焊接都要注意让厂家确认，焊接前是否需要去除内件。

安全阀的安装，水压、吹管期间的配合、整定按照制造厂技术说明书要求进行。

（五）四大管道水压试验及冲洗

目前大容量、高参数机组四大管道的焊口均按照《焊接规范》的要求进行 100% 的无损探伤，因此管道安装完毕后均不再做水压试验。

给水管道在安装时可将进入省煤器进口集箱的最后一段管道暂不安装，由此处接一段临时管道至炉后的地沟或排水池。给水泵初次试运启动时对给水管道进行冲洗。给水管道冲洗合格后再装复进入省煤器的最后一段管道。

主汽、再热冷段、再热热段及相关管道采用蒸汽吹扫的方法进行内部清洁。未参与蒸汽吹扫的导气管、高/低压旁路管道安装时，应确认管道内壁露出金属光泽且无杂物。

第七章 电气、热工施工方案

第一节 电气安装方案

一、发电机电气部分安装方案

发电机本体部分的安装工作是由汽轮机专业和电气专业共同配合完成的，因此电气部分安装方案仅叙述与电气专业相关的内容。

（一）设备概况

见第六章 汽轮机施工方案的相关内容。

（二）发电机定子组合、就位过程中电气专业工作内容

1. 对定子的检查

（1）定子铁芯检查。

1）表面清洁，无尘土油垢，通风道通畅，无杂物堵塞。

2）铁芯外观无伤痕，铁芯叠片紧固密实无松动，防锈漆层完好无脱皮、锈斑。

3）楔块无断裂，端部槽楔紧固无松动。

（2）定子绕组检查。

1）绝缘层表面无尘土、油垢、杂物，绝缘层外观无伤痕、破损、灼伤。

2）端部紧固件完好无短缺，紧固螺母防松动措施完好，绑线扎锁紧固度良好无松动。

3）定子绕组在干燥后，接近工作温度时，用2500V绝缘电阻表测量其对地及相间绝缘电阻值不低于4.4MΩ。

2. 出线罩寄存

定子就位前将出线罩寄存在励磁端端罩位置的下层平台上。定子（中段）与端罩组装完成并就位、初步找正后，即可将出线罩提升与励磁端端罩组装。

3. 定子组合、就位过程中电气专业的配合工作

将定子汽、励两端的测温元件引线固定到适当位置，以免端罩与定子（中段）组

装时挤压到引线。组装完成后将引线与端罩上的测温接线板进行连接。

定子组合完成后测量发电机各测温热电阻（热电偶）的直流电阻和绝缘电阻，然后将元件接地，用2500V绝缘电阻表分相测量定子绕组的绝缘电阻。

4. 定子冷却水路严密性试验

（1）定子冷却水管与端盖间无碰触，各水管间应有隔离间隙，水管外观无凹凸变形、通畅无阻塞。引水管、汇流管对外部管道的绝缘电阻不小于1MΩ（用1000V绝缘电阻表测量）。

（2）发电机定子冷却水路气压试验。试验介质为氮气，试验压力为0.7MPa，历时24h。试验过程中电气专业配合机务测量定子绕组温度。

5. 测温元件引线引出

将内机座测温元件引线引出，检查每个测温元件的电阻值并做好记录，将其与外机座测温引线对号连接。

（三）定子出线装配

1. 定子出线罩装配

清理出线罩内部和与端罩结合面，确保内部清洁、无异物。核对出线罩的安装方位。

出线罩与励磁端端罩把合后，进行气密焊缝的密封焊，焊缝高度为8mm。为防止出线罩与端罩焊接时引起变形，应按图7-1所示焊接顺序从"1"到"11"进行焊接。焊接完成后进行着色探伤检查。重新拧紧、锁定结合面螺栓。

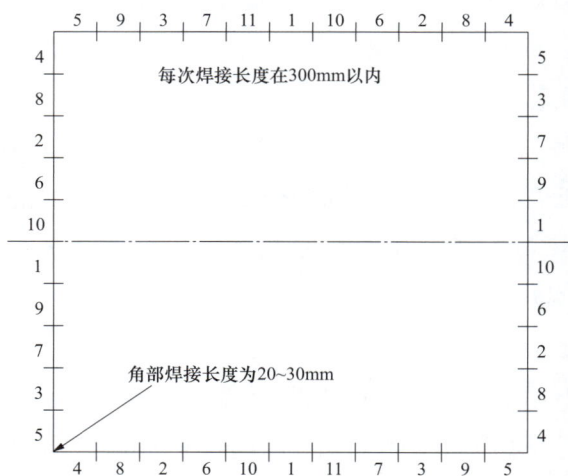

▲ 图7-1 出线罩与端罩密封焊焊接顺序图

2. 出线套管等的检查

出线套管、下部过渡引线和支撑磁套管在制造厂内已装配把合好，在安装现场应对其进行外观检查，观察出线套管是否有损伤，各结合面螺栓是否已紧固，止动锁片是否已锁好。

3. 上部过渡引线安装

过渡引线安装前应检查各绝缘表面及镀银面是否有损伤，并将其表面用干净的白布擦拭干净。过渡引线在制造厂内已预装过，安装现场组装时应按标记对号入座。

4. 过渡引线连接装配步骤

安装上部过渡引线，将连接片分别与定子引出线和过渡引线把合连接。将软连接线分别与上、下过渡引线把合连接。各连接板与引出线接触面在螺栓把紧时应接触良好无间隙。24h后所有螺栓按规定力矩重新紧固一遍。

测量定子各相绕组在过渡引线连接前后的直流电阻，三相差值应符合要求，做好记录。在确认过渡引线及支撑套管位置已调整好，螺栓紧固后，将止动垫片弯曲锁紧。在螺栓头处涂792室温固化环氧胶。

5. 定子引出线手包绝缘

分别对连接线部位、软连接线部位共12处进行现场手包绝缘。

6. 支撑板的安装

定子引出线绝缘包扎工作完成且固化干燥后，进行定子引线支撑板的安装。待支撑板绑绳固化干燥后，进行外移电位试验。合格后，对定子引出线所有安装现场绝缘处理表面进行喷漆处理，所用漆为制造厂提供的聚酯晾干铁红磁漆。

定子绕组在与过渡引线连接前及完成绝缘包扎后，应分别对各相进行绝缘电阻检查并做好记录。

对定子出线部分进行通风试验，检查风道应畅通无漏风。

对出线罩内部进行清理，保证内部无工具及杂物遗漏。在出线套管与出线罩的法兰孔之间（在出线罩里面）注入"密封胶 TITESEAL T2075"。

7. 耐压试验

定子出线部分绝缘处理工作结束后（定子绕组通水前），对定子绕组进行直流耐压试验。试验电压值为3倍定子绕组额度电压。

（四）出线电流互感器安装

每相出线套管装有4只电流互感器，每相中性点出线套管装有4只电流互感器。在电流互感器试验合格后，按编号安装。定子出线装配图见图7-2。

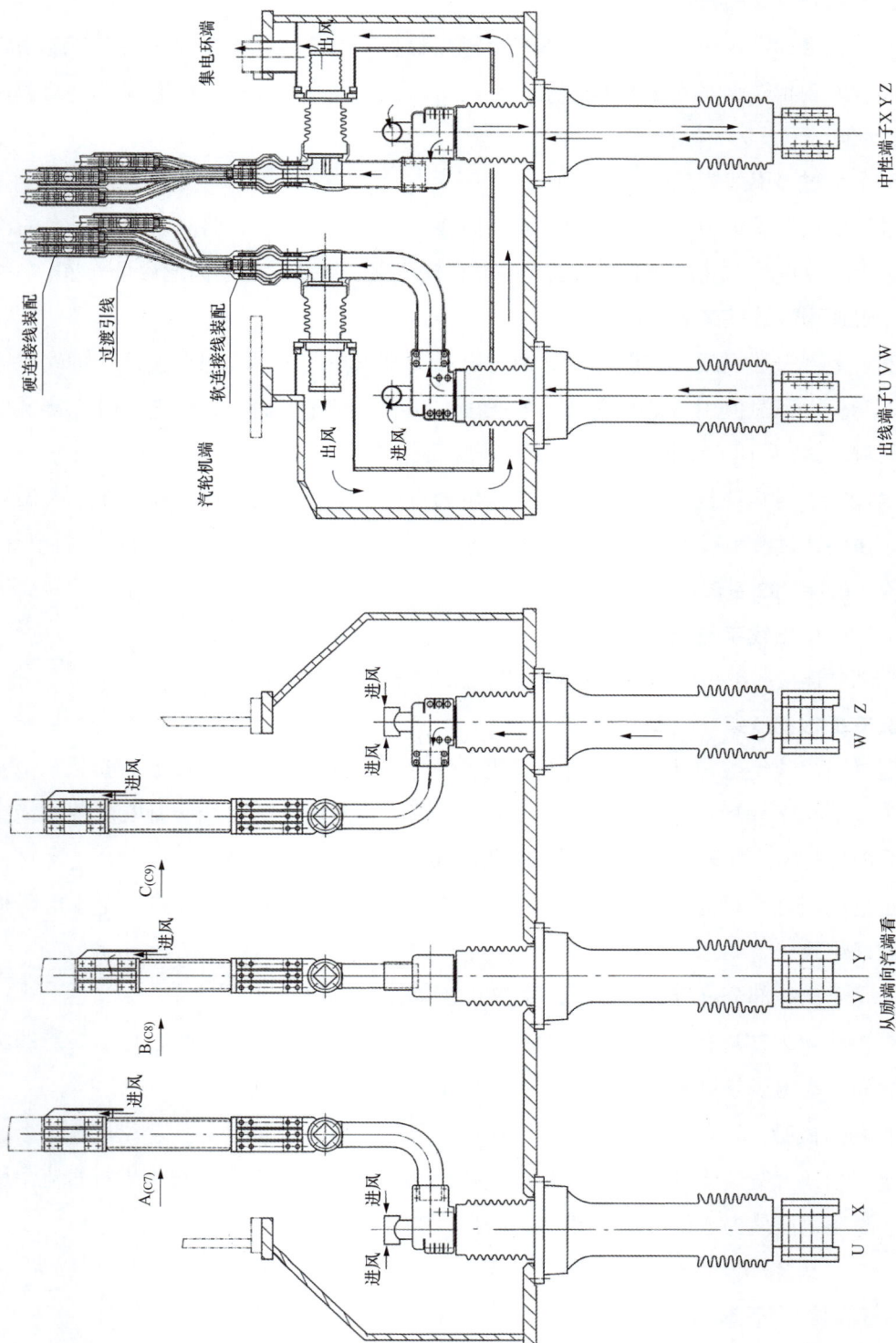

▲ 图7-2 定子出线装配图

（五）电气专业配合机务的安装工作

1. 穿转子电气专业的配合工作

发电机定子中心初步调整工作完成后即可进行穿转子工作。

（1）对转子的检查。对转子进行彻底检查清扫，不得有任何遗留物在内部，用手电筒逐槽仔细检查，然后用吸尘器清扫干净。检查轴径、联轴器法兰面、集电环表面、护环表面应完好无损，平衡块和平衡螺钉应可靠锁紧。转子铁芯通风孔应畅通无堵塞，防锈漆层完整无脱落。绕组至滑环引线装置应紧固，引线与滑环焊接应牢固，引线绝缘包扎应紧密完好。滑环表面光滑无锈斑及大面积伤痕，通风孔畅通无堵塞。

将转子匝间短路探测杆退出到非工作位置。

（2）对转子进行以下测量工作。

1）用电桥法测量转子绕组的冷态直流电阻值。

2）测量转子绕组的静态交流阻抗值。

3）用500V绝缘电阻表测量转子绕组的绝缘电阻值，其值应不小于1MΩ。

4）进行转子绕组的交流耐压试验，历时1min，试验电压值为$4630 \times 75\% = 3472.5$（V）。

（3）对定子内部进行清理检查。用大功率吸尘器清理发电机定子及出线罩内部，清理定子铁芯表面、铁芯背面、绕组端部、各通风道的灰尘及异物，确认无异物或灰尘，以及绕组表面无损伤。

（4）穿转子过程中电气专业人员应全程跟踪，发现问题及时处理。

2. 安装转子匝间短路探测装置

定子、转子间空气间隙、磁力中心测量、调整完成后，即可安装转子匝间短路探测装置。安装时将转子匝间短路探测装置推入到工作位置。

3. 发电机端盖封闭前的检查

端盖封闭前，检查定子内部各电气部件是否已安装完成并已固定好。

4. 励磁端密封瓦安装的电气配合工作

端盖、密封环、过渡环、外挡油盖、内挡油盖上标有"×××"的区域涂刷188聚酯晾干铁红磁漆。涂刷前将金属表面用丙酮清洗后，再用酒精清洗一遍，干燥后再刷漆，室温下晾干。

内挡油盖安装好后，用1000V绝缘电阻表测量励磁端内挡油盖的绝缘电阻值应不小于1MΩ。

密封座过渡环安装完成后，检查过渡环对密封座及端盖的绝缘电阻值，用1000V

绝缘电阻表测量励磁端内挡油盖的绝缘电阻值应不小于1MΩ。

过渡环、励磁端轴承、高压顶轴油装置的绝缘电阻测量引线，需用加长线连接引出到便于测量的地方。可在发电机旁安装一固定架，在固定架上安装一接线端子盒，将三根绝缘电阻测量引线接至接线端子盒内。这样就可以方便地检查三个部位的绝缘电阻情况。

5.配合发电机整体气密试验

整个发电机安装全部结束，配合机务专业做整体气密试验，特别是对出线部分（出线罩与端罩结合面、出线磁套管结合面等），转子集电环处应进行认真细致的检查、检漏，发现漏点认真处理，直到无任何泄漏为止。

应注意，集电环导电螺钉处禁止用肥皂水检漏，可用无水酒精。

6.配合发电机轴承总装配

励磁端轴承安装完成后，用1000V绝缘电阻表测量外轴承套（瓦枕）分别对轴瓦和轴承盖的绝缘电阻，其值均应在1MΩ以上。安装励磁端轴承、顶轴油管绝缘电阻测量引线，并引出机外。

励磁端轴承座外挡油盖安装好后，用1000V绝缘电阻表测量外挡油盖的绝缘电阻，其值应在1MΩ以上。

稳定轴承安装完毕后，用1000V绝缘电阻表测量以下部位的绝缘电阻值应在1MΩ以上：

（1）中间板分别与稳定轴承座及与底架之间。

（2）稳定轴承座进油口处节流孔板分别与稳定轴承座及进油管之间。

（3）稳定轴承座出油口处分别与稳定轴承座及回油管之间。

（六）电刷架安装

电刷架、底架、引线在制造厂内已组装好，现场安装时整体吊装就位。电刷架就位前应先清理集电环表面，除去表面的防锈油脂，用一个保护板缠绕在集电环上以免损伤集电环。

电刷架轴向和径向位置的调整应通过底架的整体移动来实现，轴向位置的确定应考虑转子轴向膨胀量。调整刷盒底部到集电环外径距离（2~4mm），将电刷装入并与集电环配磨使之接触良好。用500V绝缘电阻表测量电刷架对地绝缘电阻值，不低于20kΩ。

底架及电刷架位置确定后，将引线与励磁铜排把合处（共2处）先用0.1×25涤纶玻璃纤维带半叠包1层，再用0.14×20环氧桐马玻璃粉云母带特5440-1半叠包3层，然后用 0.1×25 涤纶玻璃纤维带半叠包 1 层，边包边刷 DECJ0708 环氧室温固化胶。

（七）发电机启动前的检查与试验

测量定子绕组的绝缘电阻和吸收比；在室温（20℃）下用 500V 绝缘电阻表测转子绕组的绝缘电阻，不小于 1MΩ；定子绕组耐压试验，转子绕组耐压试验。

二、主变压器安装方案

（一）设备概况

主变压器型号：SFP–780000/220；型式：户外三相、双绕组、无励磁调压油浸式铜芯变压器。

（二）主变压器设备到场验收

检查本体外表是否有变形、损伤及零件脱落等异常现象。检查变压器运输冲击记录仪，要求纵向、垂直方向冲击值小于等于 3g，横向冲击值小于等于 2g。记录仪在变压器就位后方可拆下。

检查本体（油箱）内的氮气压力应保持在 0.01~0.03MPa，并做好记录。变压器就位后，每天检查一次并做好检查记录。当氮气压力低于 0.015MPa 时应及时补充。如发现氮气压力下降的较快，则说明有非正常的泄漏，要及时找出漏点并处理好。

（三）主变压器安装流程图

主变压器安装流程见图 7–3。

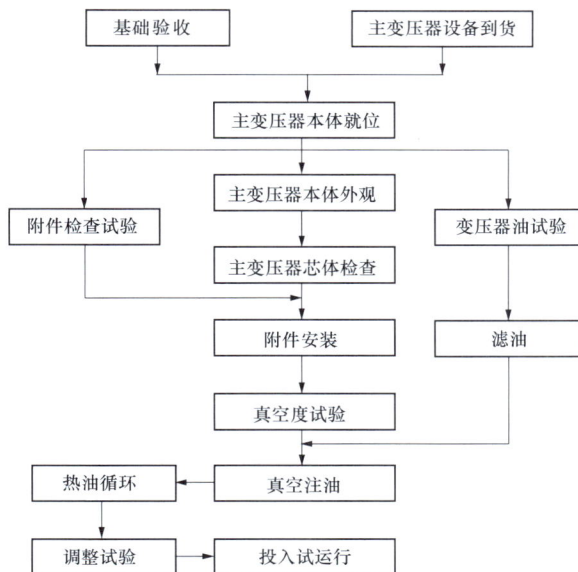

▲ 图 7-3 主变压器安装流程图

（四）主变压器安装程序及技术要求

1. 基础验收

除按照常规对主变压器及其附属设备基础、构架等土建施工项目进行验收外，还应注意：由于主变压器的高、低压侧分别与220kV配电装置架空线和22kV封闭母线连接，所以变压器的基础位置、标高必须准确，以免影响变压器和封闭母线的连接及高压侧架空线的安装。

2. 主变压器就位

（1）主变压器的运输。主变压器由专业运输公司采用轿式运输车组运输到安装现场。运输进厂前应对主变压器的运输方向进行确认，确保运至汽机房A列外道路上时主变压器方向与安装方向相一致（见图7-4）。

▲ 图7-4 主变压器运输进场

（2）主变压器的卸车、顶推平移、就位。主变压器采用液压顶推滑移法卸车、就位，见图7-5~图7-8。

▲ 图7-5 主变压器顶推、就位（一）

▲ 图7-6 主变压器顶推、就位（二）

▲ 图7-7　主变压器顶推、就位（三）

▲ 图7-8　主变压器顶推、就位（四）

3. 注油排氮

按规程要求对厂家来油进行简化分析、气体分析和微水测量，确保来油质量。然后用真空滤油机将来油打入准备好的油罐里，并进一步过滤使油达到规定的标准。

对变压器抽真空，用真空滤油机将绝缘油从底部注入变压器本体内至规定高度，同时打开本体上部排气阀，将氮气逐渐排出并静置12h以上。

用真空滤油机将变压器本体内的绝缘油从底部放油阀排入油罐内，准备进行器身检查，对油继续过滤。

4. 变压器器身检查

根据设备安装说明书由监理、厂家、施工单位协商确定是否进行器身检查及检查方法。对于大型变压器，一般采取人员进入变压器内检查的方法。检查应在无风晴天时进行，周围的空气温度不宜低于0℃、相对湿度应小于75%，器身温度不宜低于周围空气温度。

器身检查内容、测试的试验项目应符合GB 50148—2010《电气装置安装工程　电力变压器、油浸电抗器、互感器施工及验收规范》的相关要求和制造厂技术文件的规定。经监理、厂家、施工单位签证认可后列成表格，逐项检查并记录检查结果。

检查时注意通风，确保入内工作人员的安全。带入变压器内的工具要逐一登记，检查结束进行清点，以防遗漏在变压器内。

5. 主变压器本体及附件安装

变压器本体及附件安装包括变压器内部运输支撑件的拆除、内部引线的连接；冷却器、储油柜、升高座、套管、无励磁调压分接器安装；气体继电器、压力释放阀、测温装置、控制箱等安装；套管及套管TA应进行检查、试验，合格后方可进行安装。根据厂家安装说明书，若有不能承受真空和影响真空注油的附件，应安排在真空注油后安装。

与油接触的金属表面、磁绝缘表面、管道内表面均应用不掉纤维的白布进行擦拭，使其干净、清洁。法兰密封面、密封槽擦拭干净并使其光滑平整，检修后密封垫圈失效的应予以更换。密封垫圈与密封槽、密封面的尺寸应配合完好。对于无密封槽的法兰，将密封圈密封胶粘在密封面上。紧固法兰时应对角交替紧固，保证压紧程度一致。所有电气接头接触面擦净，连接片平直，无毛刺、飞边，紧固螺栓弹垫压紧，确保电接触可靠。

6. 真空注油

在确定相关工作安装结束后，对变压器内部抽真空（若有不能承受真空机械强度的附件应进行隔离）。检查各连接件的密封情况，直到获得规定的真空度。保持24h以上，即开始注入合格的变压器油。注油速度不宜大于100L/min。注油至距油箱顶200~300mm时，停止抽真空，继续注油至满位。

解除真空，对变压器进行补注油并从各排气塞处排气，直到储油柜全部充满油并做密封试验，合格后再从各排气塞处排气，然后将油位调整到正常油位。

7. 热油循环

真空注油后即进行热油循环。真空净油设备的出口温度不应低于50℃，油箱内温度不应低于40℃，循环时间不得小于48h。注油完毕，在施加电压前，静置时间不应小于72h。

8. 整体密封试验

应在储油柜上用气压或油压进行，一般采用加气压（干燥空气或氮气）方法进行。加压前应将变压器油箱及附件表面擦拭干净，便于渗漏检查，采取防压力释放阀误动措施。从储油柜上加压0.03MPa，保持24h，应无渗漏。在加压过程中，应密切关注变压器油箱及附件表面变形情况，如有异常，应立即停止加压，处理后继续试验。

9. 调整试验

在变压器投运前，按照GB 50150—2016《电气装置安装工程 电气设备交接试验标准》及厂家说明书的要求进行调整和试验。试验时，变压器本体应可靠接地。做绕组直流泄漏、介质损耗等试验项目时，应按规程要求选择合适的电压等级。现场试验数据应与出厂试验报告进行比较，若数据超出标准要求，应与厂家、监理、业主分析原因并及时处理。

三、离相封闭母线安装方案

发电机出线封闭母线平面布置见图7-9。

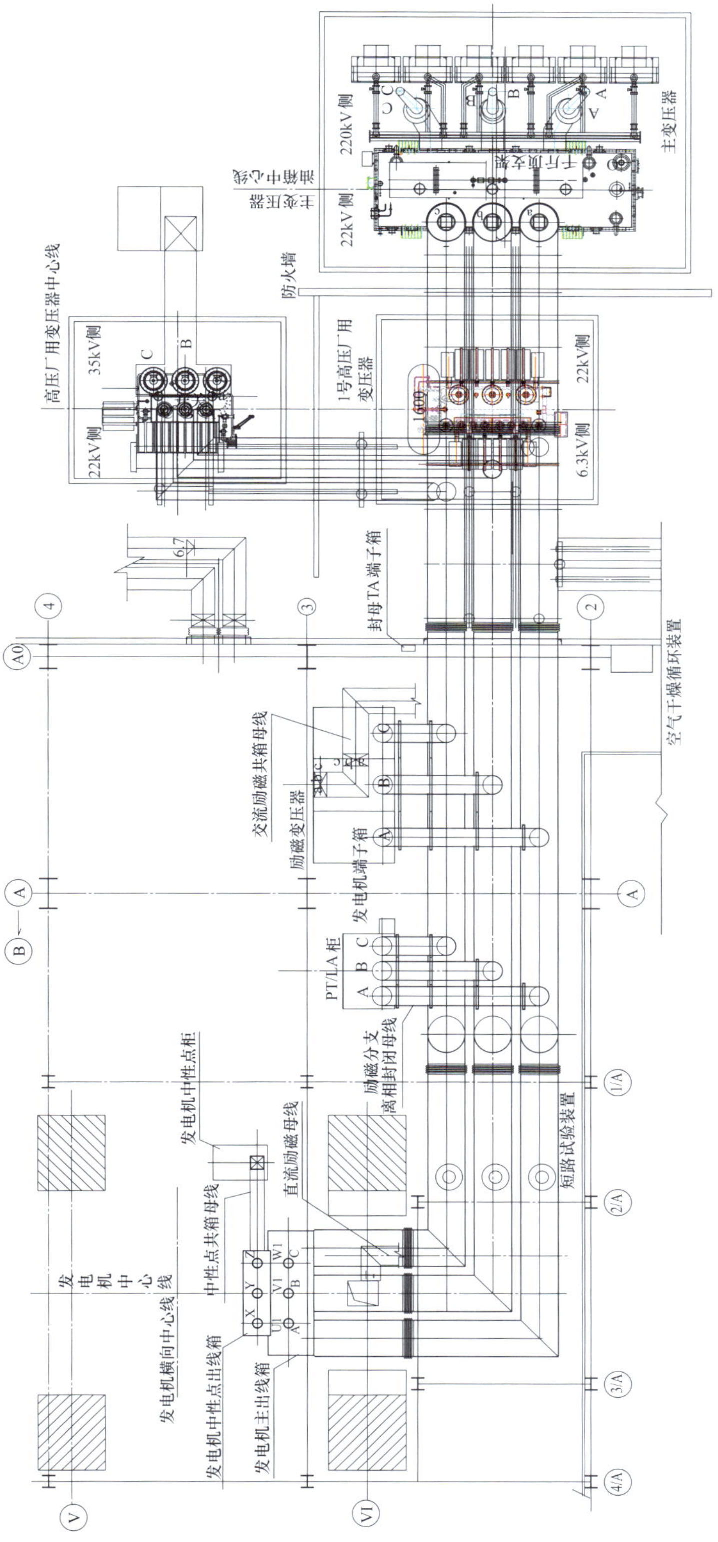

▲ 图7-9　发电机出线封闭母线平面布置图

（一）安装流程

施工准备→开箱验收→基础复查及标高确定→中性点柜安装→封闭母线支架安装→封闭母线安装→TV柜电气设备安装→微正压装置安装→发电机短路试验装置安装→投运前进行的例行试验。

（二）安装程序及技术要求

1. 基础复查及标高确认

与封闭母线安装有关的土建工程已完工并验收合格，核对预埋铁件、钢构架位置、标高等满足安装的相关要求。

发电机、主变压器、高压厂用变压器已安装就位并完成找正工作。主封闭母线的中心、标高以发电机（或出线套管）的中心、标高为基准进行核对。找出TV、BL柜等设备的基础位置及标高并核对无误。

2. 封闭母线支架安装

支架安装前将发电机出线箱、中性点出线箱、中性点接地电阻柜、TV及避雷器柜等电气设备安装到位，以免封闭母线支架安装后封住上述电气设备的通道。

在地面将钢支架适当组装，然后吊装就位。测量、调整钢支架的中心、标高与实际要求的尺寸相符合。固定钢支架，然后进行横梁等的安装。

3. 封闭母线的安装、焊接

母线吊装的顺序应根据坐标及相序，从主变压器、厂用变压器到发电机依次吊装就位。吊装就位后，进行中心位置的调整使其达到设计要求，确保各接口、三相短路铝排、穿墙板、TV柜等处安装尺寸的正确。调整之后，即进行母线端口的连接固定。

母线焊接前用砂轮机打磨坡口，用专用清洗液清洗坡口。采用半自动铝焊机及氩弧焊焊接工艺进行母线的焊接。

4. 封闭母线与设备的连接

封闭母线各段间大部采用焊接连接。封闭母线与发电机、变压器、TV柜、励磁柜等设备端子间使用伸缩节（铜编织软连接件）连接。这一工序应在封闭母线及与其连接的设备安装完，且封闭母线进行绝缘电阻测量和交流耐压试验合格后进行。

在封闭母线中，所有螺栓连接的导电表面均有一层镀银层。因此，安装伸缩节前应先把橡胶波纹管的一端套在封闭母线外壳上，然后用干净的白布蘸酒精或丙酮清洗导电表面，并在导电表面涂上一层较薄的电力复合脂。

5. 封闭母线附件安装

安装封闭母线穿墙件、伸缩节等附件。安装微正压装置，并按照说明书进行调试和充气。

（三）封闭母线安装完成后的试验

封闭母线的现场试验应在安装完成后，与发电机、变压器等设备连接以前进行，且试验时电压互感器等设备应予断开。试验项目有：绝缘电阻测量、额度1min工频干耐受电压试验、户外部分淋水试验、气密封试验。

四、共箱封闭母线安装方案

（一）设备到货验收

设备运输到达现场后根据制造厂提供的封闭母线总装配表、分段装配表、装箱单等对设备箱逐一进行开箱清点和检查。

检查共箱母线外壳有无碰伤、变形，外壳的内外表面油漆涂层是否合格，有无漏刷、爆皮、脱落等现象。检查箱内支持绝缘子应无漏装、损坏、破裂，表面应清洁、无灰尘、油污等。

附件箱内的侧板、底板、固定连接片及连接紧固件等附件的规格、数量与装箱清单相符。

（二）安装流程

施工准备→开箱验收→基础复查及标高确定→支吊架检查及安装→共箱封闭母线就位→共箱封闭母线的校准与清洁→母线的连接→箱体的封闭→接地安装→清扫、检查、封闭→电气试验。

（三）安装程序及技术要求

1. 基础复查及标高确定

根据高压厂用变压器、启动备用变压器低压侧升高座，6kV段进线开关柜进线接口，土建预留孔及支架标高，复核共箱母线全线标高、位置坐标，应与设计院图纸、设备组装图相一致。测量外壳尺寸及箱内导体尺寸，应与变压器本体升高座尺寸、套管接线板尺寸、土建结构预留孔洞尺寸一致。

2. 支吊架检查及安装

对支吊架进行检查，应平直无显著扭曲，规格、尺寸符合设计要求，镀锌层完整。按照设计图纸要求的位置、标高焊接支吊架。

3. 共箱封闭母线就位

根据总装配图，清点、核对箱体排列顺序并在箱体上做出明显的标识。用吊车（厂房外使用汽车吊，厂房内使用行车）或手拉葫芦将箱体就位在支架（或吊挂在吊架上）。起吊时应有防止箱体变形的措施，并注意对内部支持绝缘子等部件的保护。箱体安装应按顺序进行，一般可从任一终端点开始组装，也可在中间90°转弯等不可调节处向两边安装。

4.共箱封闭母线的校准及清洁

调整母线支持绝缘子，校准母线和外壳间的同心度，同时校对段与段间相对位置、距离及轴向同心度。用吸尘器、白布清扫箱体内部的积灰和污物。用白布擦拭母线及支持绝缘子。

5.母线的连接

拆下母线金具端子上的护板螺栓，清洁端子镀银表面、铜编织线接头的镀银表面，然后在端子镀银表面上薄涂一层电力复合脂。装上铜编织线接头，上紧螺栓和螺母板。在与变压器、高压开关柜侧母线连接前应做交流耐压试验，合格后方可连接。

6.箱体的封闭

套上箱体用密封活动套筒及密封橡胶件，并用紧箍箍紧，以实现箱体的密封。

7.接地安装

共箱封闭母线外壳及支持结构的金属部分应与全厂接地网可靠连接。共箱封闭母线箱体各段间应有可靠的电气连接。

（四）共箱封闭母线安装完成后的试验

共箱封闭母线的现场试验应在安装完成后，与6kV段进线开关柜、变压器等设备连接以前进行，且试验时电压互感器等设备应予断开。试验项目有：绝缘电阻测量、额度1min工频干耐受电压试验、户外部分淋水试验、气密封试验。

五、厂用高压配电系统安装方案

（一）设备到货检验及搬运要求

盘、柜到达现场后，应在规定期限内完成检查验收。盘、柜在搬运和安装时，应采取防振、防潮、防止柜体变形和漆面受污损等保护措施。盘、柜应存放在室内能避雨、雪、风沙的干燥场所。制造厂有特殊保管要求的装置性设备和电气元件，应按其规定保管。

（二）安装流程

施工准备→开箱验收→基础型钢安装→开关柜就位→开关柜安装→柜内母线安装→二次回路接线→系统调试→带电试运行→验收。

（三）安装程序及技术要求

1.土建交接条件及准备工作

与高压厂用配电系统有关的建筑物已施工完成，屋顶及楼板施工完毕，地面施工基本结束，门窗安装完毕。预埋件及预留孔符合设计及安装要求。进行装饰工作时有可能损坏已安装设备，或设备安装后不能再进行施工的装饰工作全部结束。空调、通风装置安装完毕，具备投入条件。

现场运输通道畅通。临时施工电源到位、防护措施完善。

2. 基础型钢安装

用水准仪找出室内基础型钢土建预埋件最高点，应符合地面设计标高。以土建预埋件最高点为基准标高，室内所有型钢标高必须一致。基础型钢应按设计图纸或设备尺寸制作，其尺寸应与盘、柜相符。基础型钢安装完毕后，其顶部宜高出最终地面10~20mm。基础型钢每列应有不少于两点明显可靠的接地，及时涂刷油漆。

3. 开关柜就位、找正

对高压开关柜的型号、规格、数量及其安装地点进行清点、确认。用汽车将高压开关柜运输至A0列外，用汽车吊将其吊运至转运平台。在6.9m层用液压叉车（或专用转运托盘）将开关柜按照由里向外的顺序转运至6kV配电间，将开关柜一一对号入座就位至对应的位置。开关柜在运输、就位的全过程中不得倒立或横放。

对照设计图纸核对开关柜安装顺序、位置应正确。找正应从每列柜的进线侧第一个柜开始依次找正。盘柜的漆层应完整，无损伤；固定电器的支架等应采取防锈蚀措施。

4. 柜内母线安装

母线应矫正平直，切断面应平整；矩形母线应进行冷弯。相同布置的主母线、分支母线、引下线及设备连接线应对称一致，横平竖直、整齐美观。母线应尽量减少直角弯，弯曲处不得有裂纹及显著的折皱，多片母线的弯曲度应一致。

5. 小母线安装

对照设计图纸确定每列高压开关柜柜顶小母线数量及规格，如制造厂有特殊要求应按照其技术说明书（或技术服务人员指导）进行安装。小母线连接侧应有标明代号或名称的绝缘标识牌，标识牌的字迹应清晰、工整，不易脱色。

6. 二次回路接线

盘柜电缆接线前应对进入盘柜内电缆的数量、分配、布局进行规划，并根据盘柜内端子排的布置特点及预留接线空间大小，确定接线方案。接线应在确保正确率的前提下，力求整体效果美观、检修方便、便于电缆防火封堵施工。电缆接线正确率是确保电缆整体工艺质量的前提，接线前应仔细核对设计图纸及回路，及早发现问题以减少日后变更改线。

7. 带电试运行

二次回路接线施工完毕后，应检查接线是否正确、牢靠。二次回路的电源回路送电前，应检查绝缘，其绝缘电阻值不应小于1MΩ。带电试运行应在所有安装工作全部完成并经验收合格，所有二次回路调试完毕且动作正确，现场清理干净之后进行。

试运时，母线绝缘应无闪络、放电，断路器等设备声响正常，母线接头无过热，隔离触头及隔离开关外观无损坏、烧灼，断路器分合闸位置指示正确，保护动作正常。

8. 盘柜防火封堵

安装调试完毕后，在电缆进出盘柜的底部或顶部，以及电缆管口处应进行防火封堵，封堵应严密。

六、厂用低压配电系统安装方案

厂用低压配电系统主要包括干式变压器和低压开关柜（PC柜、MCC柜）。低压开关柜的安装类似于高压开关柜，在本节不再叙述。本节主要叙述干式变压器的安装。

（一）干式变压器到货检验

变压器型号、规格、数量符合设计要求，出厂资料齐全。带罩箱的干式变压器出线位置应与盘柜母线位置相对应。变压器附件齐全，绝缘子光滑无裂纹，铭牌及接线标识齐全清晰；铁芯无变形，紧固件紧固良好，铁芯绝缘良好且只有一点接地；绕组绝缘良好，用2500V绝缘电阻表检查其绝缘值应大于10MΩ；引出线绝缘良好，裸露部分间距符合要求且无毛刺、尖角。

（二）土建交接条件

同本节"五、厂用高压配电系统安装方案"部分。

（三）安装程序及技术要求

1. 变压器就位

变压器就位前检查基础槽钢应安装牢固，位置、间距正确，上表面水平；轨道平直，轨距与轮距的误差不大于5mm。电缆进线孔位置与设备相对应。

干式变压器外壳可拆卸的，在就位前先将外壳拆下，拆下时应做好标识以利回装。变压器就位后，把外壳回装到原位。

变压器吊装应使用器身上的吊环起吊。变压器就位时用移运器作为平移工具，移动时人力应充足，统一指挥、用力均匀一致。变压器就位至轨道上后，调整并找正纵、横中心及标高。

2. 变压器母线安装

干式变压器、低压盘柜及其母线为同一制造厂成套供货，按照图纸、技术说明书的要求安装。

3. 变压器安装后的检查

变压器外壳应无变形、脱漆等现象，所有紧固件无松动，外壳应两点接地。绕组绝缘层完整、无缺损。高、低压引出线绝缘包扎牢固、无破损，绝缘距离应符合规范要求。引出线的裸露部分应无尖角毛刺，焊接良好，固定支架牢固。调压分接装置应良好，分接引线位置正确、牢固。

铁芯应无变形，铁轭与夹件间的绝缘垫应良好，检查铁芯只能有一点接地。检查风机、温控设备及其他辅助器件应能正常运行，风机转向正确。

4. 低压盘柜安装后的检查

盘面漆应无损坏，柜内清洁干燥，盘内配置的元器件、仪表齐全完好。电气元件的操动机构动作灵活，不应有操作力过大现象。电器的主、辅触头的通、断可靠、准确。

抽屉或抽出式机构抽拉灵活、轻便，无卡阻和碰撞现象；动、静触头的中心对应一致，触头接触紧密，插入深度符合要求；机械联锁或电气联锁装置动作正确，闭锁或解除均可靠。相同尺寸的抽屉应能方便地互换。当抽屉推入时，抽屉的接地触头比主触头应先接通，另外熔断器的熔芯配置应符合设计要求。

七、高压配电装置设备安装方案

（一）设备及系统概况

该工程 2×660MW 机组采用发电机—变压器—线路组单元接线。每台机组各 1 回共 2 回 220kV 出线，分别接入澹都变电站和岳村变电站 220kV 母线。厂内不设 220kV 母线。启动 / 备用电源从 220kV 澹都变电站 110kV 母线引接。

220kV 及 110kV 配电装置采用屋外 AIS（见图 7-10 和图 7-11）。220kV 配电装置布置于汽机房 A 列外的主道路东侧，冷却塔西侧。主变压器至 220kV 配电装置之间采用架空型式，220kV 出线采用架空型式。110kV 配电装置布置于汽机房 A 列外的主道路西侧、进汽机房两机间道路南侧，紧临启动备用变压器。110kV 进线采用电缆，由厂区北部的澹都变电站接入。

（二）施工准备工作

设备基础、支架，电杆、门型杆施工结束。基础（支架基础）顶端标高、水平符

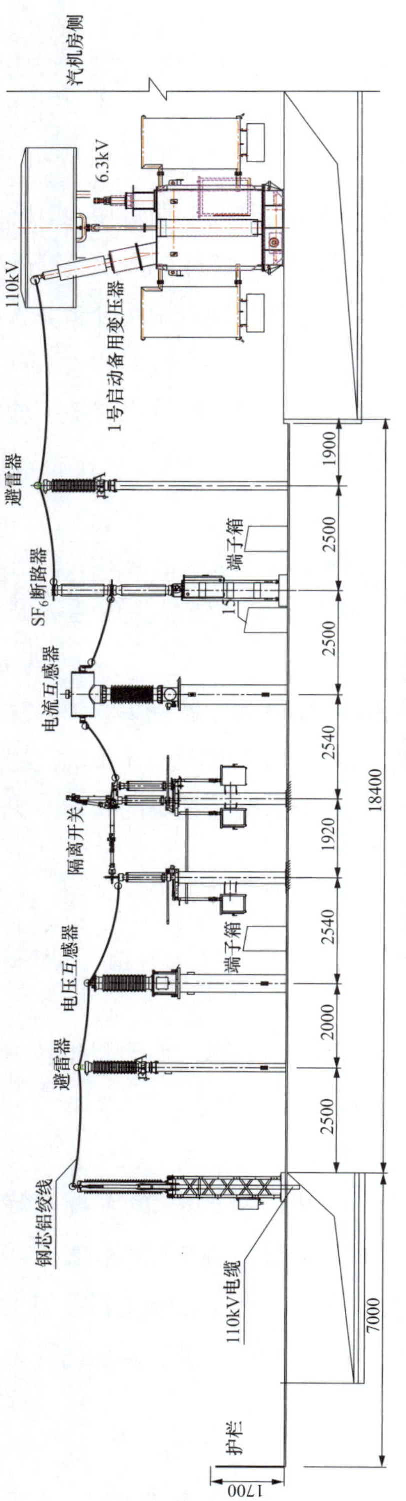

▲ 图 7-10　110kV屋外配电装置断面布置图

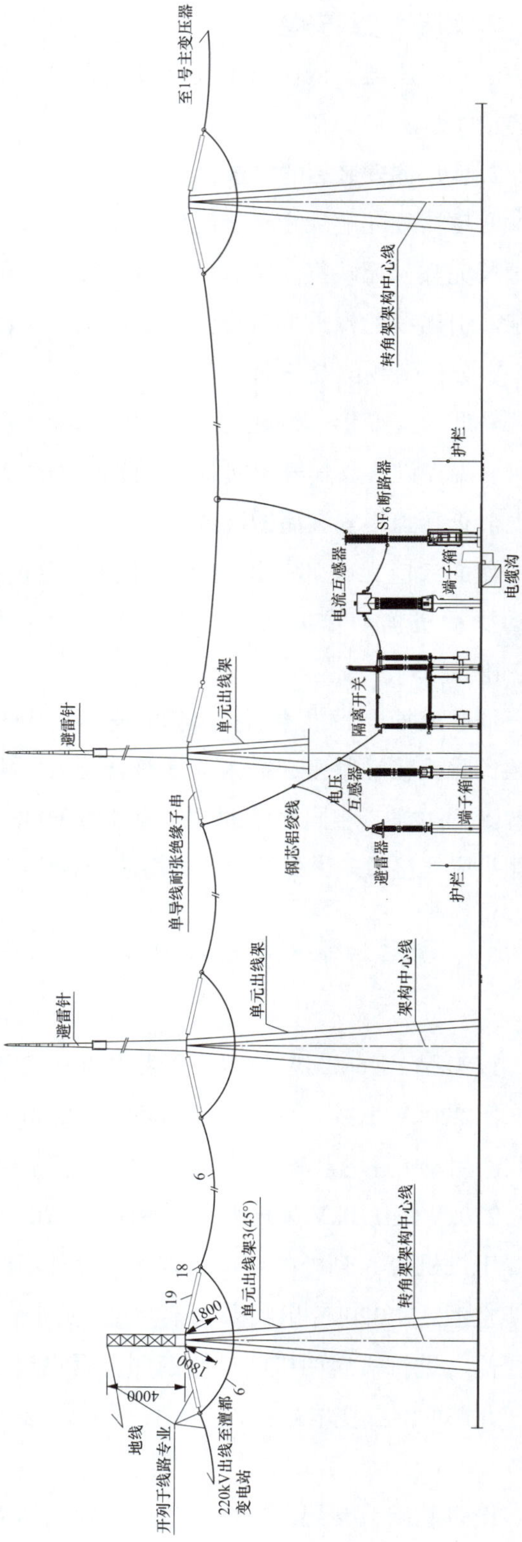

▲ 图 7-11　1号机组220kV屋外配电装置断面布置图

合要求，中心轴线位置与设计一致。站内土方回填、场地平整结束，安装通道形成。土建预埋件施工完毕，满足设计、设备要求。电缆沟道、排水沟道等施工结束。

主接地网安装结束。设备、配件、材料等已到场并清点、验收完毕。

（三）设备安装

1. 断路器安装

SF_6短路器安装流程：基础检查验收、划线→支架安装→支持绝缘子安装→灭弧室及其附件安装→操动机构及其附件安装→控制柜安装→电缆敷设接线→充注SF_6气体→调整试验。

安装工作应在无雨雪、风沙天气下进行，管路连接、充注气体和气体抽样应在晴朗天气下进行。安装中注意机构及灭弧室各连接处密封面应清洁、密封良好。SF_6气体应做微水和抽样全分析试验，充气后进行泄漏检查。

SF_6断路器安装完毕，按规程要求做特性试验，试验合格出具试验报告。

2. 隔离开关安装

隔离开关安装流程为：基础检查验收、划线→底座安装→支持绝缘子安装→主刀动静触头安装→接地开关安装→操动机构安装→电缆敷设接线→手动调整→电动调整。

底座、支持绝缘子安装时，控制水平及垂直误差在允许范围内。电动调整应在手动调整良好后进行。隔离开关安装调整结束后，断口开距、触头接触位置、接触压力、接触电阻、分合时间、机械电气闭锁等均应达到标准、规范要求。

3. 其他设备安装

电流互感器、电压互感器、避雷器、支持绝缘子等安装，应先在支柱上划线打眼，然后吊装、就位固定。安装前，需将绝缘子表面清理干净。安装时，注意保护绝缘子不受损伤。

（四）架空线安装及设备连接

1. 架空线安装

架空线安装流程为：绝缘子检查、耐压试验→组装绝缘子串→压接试验→测量档距→计算下料尺寸→放线→压接→附具安装→架线→测量驰度。

为保证架空线驰度一致、符合设计要求，采用经纬仪测量每根导线的实际挂线距离，并根据绝缘子串长度及金具压接长度计算出下料尺寸。测量绝缘子串长度时，应挂起测量并注意使用时与母线相对应。金具压接试验除应测量压接初伸尺寸外，还应做金具拉力试验。

放线时，平整出一块场地，上铺苇席或彩条布，架起导线盘后在上面放线、测量、切割、压接。用葫芦将导线拉起安装附具，用人力抬至安装跨内（安装位置下方），安装绝缘子串及均压环，准备挂设。放线过程中，注意保护导线不受外力损伤。

挂设架空线时应用汽车吊吊起一端挂好，另一端用卷扬机通过滑轮牵引拉起。架空线安装完成后，进行驰度测量。

2. 设备连接及引下线安装

设备连线安装流程为：测量两设备间接线板距离→计算下料→压接→装间隔棒（如有）→清理接触面→连接。

引下线安装流程为：初步确定下线长度→下料并压接一端→装间隔棒（如有）→上端连接→根据实际连接尺寸裁割→下端线夹压接→与设备连接。

八、全厂接地装置安装方案

（一）设计要求

厂区及主厂房内外的接地装置除充分利用自然接地体外，敷设以水平接地体为主，辅以垂直接地体的复合人工接地装置。

220kV 及 110kV 设备引下线选择—80×8 的扁钢，水平接地体选择—80×7 的扁钢，垂直接地体选择 L50×5 的角钢。全厂其他水平接地线选择—60×7 的扁钢。接地钢材要求做热镀锌处理。

计算机接地系统将采用计算机系统（DCS、网控微机）接地网与主接地网合用接地网的形式。

（二）厂区接地网的敷设

1. 接地网的敷设要求

接地网的埋设深度与间距应符合设计要求。当无具体规定时，接地极顶面埋设深度不宜小于0.8m。水平接地极的间距不宜小于5m，垂直接地极的间距不宜小于其长度的2倍。

接地网敷设的规定如下：

（1）接地网的外缘应闭合，外缘各角应做成圆弧形，圆弧的半径不宜小于临近均压带间距的一半。

（2）接地网内应敷设水平均压带，可按等间距或不等间距布置。

（3）接地网边缘有人出入的走道处，应铺设碎石、沥青路面或在地下装设两条与接地网相连的均压带。

接地线应采取防止发生机械损伤或化学腐蚀的措施，接地线在与道路、铁路或管道等交叉及其他可能使接地线遭受损伤处，均应用钢管或角钢加以保护。接地线在穿过已有建（构）筑物处，应加装钢管或其他坚固的保护套，有化学腐蚀的部位还应采取防腐措施。接地线在穿过新建、构筑物处，可绕过基础或在其下方穿过，不应断开或浇筑在混凝土中。

接地装置由多个分接地装置部分组成时，应按设计要求设置便于分开的断接卡。自然接地极与人工接地极连接处、进出线构架接地线等应设断接卡，断接卡应有保护措施。

2. 垂直、水平接地体制作、敷设

垂直接地体采用 L50×5 热镀锌角钢制作。为了更容易插入地下，角钢接地极可在一端制成尖状，尖点保持在角钢的角脊线上，并使两斜边对称。在距接地极顶端100mm 处焊接一只用镀锌接地扁钢做成的直角卡子，以便与水平接地体连接。水平接地体采用热镀锌扁钢制作。

垂直接地极按照图纸位置在挖好的沟中用大锤将其打入地下。为了防止将接地极顶部打裂，可以制作保护帽套在接地极顶部。在接地极打入地下顶端距地面800mm时，将水平接地扁钢按照要求与接地极上的直角卡子焊接。水平接地扁钢焊好并进行防腐后，将接地极打入要求的深度。

3. 接地成品保护

主接地网敷设完成后，在基础开挖、地埋管道开挖施工中应做好成品保护。开挖时注意对接地装置的保护，如遇挖断，应及时报告、及时恢复，不可私自掩埋。

（三）户内接地母线安装

主、辅厂房内各层接地干线使用热镀锌扁钢，尺寸应符合设计及标准、规范要求。接地干线平铺在粗地坪上时，应配合土建及时施工。

户内接地干线与室外接地网可靠连接，引出线采用热镀锌扁钢连接。为方便设备检修，在断路器室、配电间、母线分段处、发电机引出线等需临时接地的地方，应引入接地干线，并设有专供连接临时接地线使用的接地暗盒。

利用串联的金属构件（如主厂房的钢立柱、电缆沟内固定电缆支架的预埋扁钢等）、金属管道作为接地线时，应在串联部位焊接金属跨接线，保证其全厂为完好的电气通路，满足电气接地要求。

（四）设备接地安装

每个电气设备接地应单独与接地干线相连接，不得多个电气设备串联连接。重要的设备接地点应不少于两点，如主变压器、厂用变压器、启动备用变压器、发电机中性点及 6kV 设备等。

主、辅厂房内低压电气设备可就近采用金属电缆埋管作为设备接地用，但不得利用蛇皮管、管道保温层的金属外皮或金属网，以及电缆金属护层做接地线。电缆埋管一端与电缆沟道内的接地干线或金属桥架连接，另一端焊接一段扁钢与设备接地螺栓

连接，或采用不小于25mm²的铜绞线与设备接地螺栓连接。对于6kV电动机则应单独设接地干线与接地网连接。

装有电子装置的屏柜，应将柜内总接地铜排仅在一点与室内接地干线连接，总接地铜排与屏柜外壳和基础槽钢之间应绝缘。

接至电气设备上的接地线，用镀锌螺栓连接，螺栓必须紧固牢固。扁钢接地线上的螺栓孔应用电钻钻孔，不得用火焰切割。

封闭母线三相套筒外壳之间通过支撑钢梁连接成电气等电位点，然后根据封闭母线厂家要求多点与主厂房接地网连接。

锅炉、电除尘本体构架4角处与主接地网连接，钢结构输煤栈桥、综合管架每个支撑立柱都应与主接地网连接。连接方式为焊接，焊接长度应符合标准、规范的要求。焊接处露出最终地面300mm，焊接扁钢应居中、紧贴钢立柱。

室外安装的燃油、燃气储罐顶应设闭合环形接地体，接地点不少于2处，其架空输出管道也应每隔25m设1处接地点。

（五）避雷针引下线安装

避雷针、高压避雷器宜设两根与主接地网不同地点连接的接地引下线，接地引下线应直接与设备接地端子和钢底座相焊接，再与接地网连接，并在连接处加装集中接地装置。

建筑物上避雷针根部与长扁钢焊接在一起，并在适当处多点引下，尽量远离电气设备，避开发电机出线位置。建筑物应在各引下线距离地面1.5m处设置短接卡，便于测量接地电阻。

（六）接地电阻的测量

施工完毕，测量接地电阻，主接地网接地电阻应小于设计值，防雷集中接地网接地电阻应小于10Ω。如测量数值不符合设计、规范要求，则应增加接地极，减低接地电阻。

第二节　热控安装方案

一、控制盘、台、柜安装方案

（一）安装前应具备的条件

控制室和电子设备间的盘柜安装应在建筑装饰装修基本完成后进行。房间门、过道必须适合房内最大设备的搬运。当设备或设计有特殊要求时，还应满足其要求。

控制盘、台、柜的开箱检验、保管参照电气专业相关要求进行。搬运和安装控制盘、台、柜时，不得损坏其上的设备、仪表，并应采取防振、防潮、防止框架变形和漆面受损等措施。必要时可将装置性设备和易损元件拆下单独包装运输。当产品有特殊要求时，应符合产品技术文件的要求。

（二）盘柜底座制作及安装

控制盘柜的型钢底座应按施工图制作，型钢下料不得用气割，其尺寸与控制盘柜相符。盘柜底座应在地面二次抹面前安装，并应固定牢固，安装后宜高出地面10~20mm。底座接地按照设计要求用扁钢就近连接至接地网，每列底座应保证有两个明显接地点。

（三）控制盘、台、柜的安装

1.控制盘、台、柜安装前的检查

盘面应平整，内、外表面漆层完好。盘、台、柜的外形尺寸、仪表安装孔尺寸、盘装仪表、元件和电气设备的型号、规格、数量应符合设计和订货要求。

2.控制盘、台、柜的安装

成列安装的盘柜在安装时先精确安装并调整好第一块盘柜，再以第一块盘柜为基准依次就位并调整其他盘柜。整列盘柜安装完毕后再次校核安装尺寸及偏差。

控制盘柜安装在振动较大的地方时，应有减振措施。盘柜间应连接紧密、牢固，安装应使用防腐蚀的螺栓、螺母、垫圈。

控制盘柜单独或成列安装时，其垂直度、水平偏差、盘面偏差和盘间接缝的允许偏差应符合相关标准的要求。

3.控制盘、台、柜安装的相关要求

盘柜内不得进行电焊和气焊作业，以免烧坏油漆及损伤导线绝缘，必要时应采取防护措施。盘柜防火封堵应严密，所采用的防火封堵及阻燃材料应符合设计要求。盘柜（包括安装其上的仪表及控制装置）接地应按照 DL 5190.4—2019《电力建设施工技术规范　第 4 部分：热工仪表及控制装置》相关章节的规定进行。

盘、柜、箱、接线盒等的安装，应符合下列规定：

（1）应安装在周围温度不宜高于 45℃，振动小、不受汽水侵蚀，不影响通行，便于接线和维护的地方。

（2）端子箱、接线盒应密封，并应有命名编号，内附接线图。

（3）热电偶的参比端应与冷端温度补偿盒处于相同的环境温度。

（四）盘上仪表及设备安装

1. 控制室仪表及设备安装

控制室仪表及设备安装应符合下列规定：

（1）机柜、显示器安装应在室内建筑装饰工程结束后进行。

（2）电子设备室内机柜上的模件安装应在空调投入后进行，并应采取防静电措施。

（3）模件清理时应用防静电吸尘器进行除尘。模件的编址与对应接插件位置正确，插头接触良好。

（4）大屏幕显示器的安装应符合产品技术文件的要求，支架固定应牢靠。

2. 盘柜内（盘面）仪表的安装要求

（1）仪表安装应牢固、平整。质量较大的仪表应安装托架，避免盘面变形。仪表安装后，盘上不应进行会产生强烈振动的工作。

（2）盘上仪表及设备的标牌、铭牌、端子应完整、正确、清晰，并置于明显的位置。

3. 盘柜内线缆、管路的敷设要求

（1）盘内电缆、导线、仪表管应固定牢固，排列整齐、美观。

（2）盘内部连接导线，除了插件的连接采用单芯多股软线外，其他宜采用单芯单股绝缘线。

（3）导线、仪表管与仪表连接时，不得使仪表承受机械力，并应使仪表便于拆装。

（4）盘内表管不得妨碍仪表设备的拆装，并应单独排列，与导线保持适当距离，以免损伤导线。

4. 盘柜内电气设备的安装要求

（1）继电器、接触器、断路器的触点应动作灵活，接触紧密可靠，无锈蚀、损坏。

（2）盘内电气设备应设置在便于操作、检查和维修的地方，并应排列整齐、固定牢固。

（3）在压力表盘内安装电气设备时，应有防水措施。

5. 抽屉式配电柜的抽屉安装

抽屉式配电柜的抽屉安装应符合下列要求：

（1）抽屉推拉应灵活、轻便、无卡阻现象，同规格、型号的抽屉应能互换。

（2）抽屉的机械闭锁或电气联锁装置应动作正确、可靠，断路器分闸后辅助触头方能分开。

（3）抽屉与柜体间的动力回路、二次回路连接插件接触应良好。

（五）计算机及附属系统安装

（1）计算机及其设备应在控制室门窗、地面、墙壁、吊顶、暖通系统施工完毕后进行安装。

（2）计算机及其设备型号、规格应符合设计，外观完整、无损伤，附件应齐全、完好。

（3）计算机的预制电缆应敷设在带盖板的电缆槽盒中，金属电缆槽盒与盖板应接地良好。

下列信号电缆不应通过计算机电缆槽盒内敷设：

（1）电压不小于 60V 或电流大于 0.2A 的仪表信号电缆。

（2）没有抗干扰措施的开关量输入、开关量输出信号电缆。

计算机预制电缆与其他电缆敷设在同一电缆通道时，计算机预制电缆槽宜布置在最下层；计算机预制电缆与一般控制电缆，允许在带有中间隔板的同一槽中敷设。

二、取源部件安装方案

1. 取源部件安装前的准备

安装前各类管材、阀门、承压部件应进行检查和清理。合金钢部件、取源管安装前、后，必须经光谱分析复查合格，并做好标识及记录。取源部件的材质应与热力设备或管道的材质相符，并应有质量合格证。高温高压取源阀门安装前，应按规定进行检验。

所有热控设备，包括温度、压力、流量、液位等参数的热电偶、热电阻、指示表、变送器、逻辑开关等，在安装前应进行检查、校验。

根据仪表安装图及机务设备、管道安装图逐个核对热控测点的位置、编号，并在现场设备、管道取样点上做出标记。设备及随设备的管道上一般有预留孔，安装前按照设备、设计图纸核对准确。有的孔进行临时性封堵备用，并做好标识；不用（备用）的孔要进行封堵，封堵件及方法要考虑其承压能力。

对于四大管道等外委工厂化配制的管道，在配制前应联合机务与监理、建设单位、配管厂共同确认管道上热控测点的型式、数量、规格、位置、安装方向等，确保配管时不遗漏需开设的孔、装设的热控接座等。

2. 取源部件安装要点

对需要开孔的管道应采用机械方法开孔，开孔后清除口沿的毛刺，清理干净管道内的遗留物。油管道上的取样接座应在管道安装前进行，不得在安装好的油管道上开孔。化学等防腐（衬塑）管道取样接座的安装应在防腐（衬塑）前进行。液位取样装置安装要测量好水平（垂直度），开孔适当放大，以免影响测量效果。

安装在插座上的热电偶、热电阻，在安装前应检查插座外观完好，密封面平整光滑并与螺纹轴线垂直。元件安装时密封面加入处理过的垫片，螺纹上涂抹二硫化钼粉（膏），旋入上紧，确保结合面严密。高温高压管道上一般已安装好的测温接座，安装前应清理接座内部，确保其清洁、螺纹完好、深度与测温元件相匹配。

三、汽轮机保护装置、轴瓦温度计安装方案

（一）保护装置传感器安装的施工条件

传感器的安装应在汽轮机、发电机安装工作基本结束，位置已经找正后才能进行。传感器安装前应进行外观检查，如果条件允许应进行整个通道的校验。

（二）传感器安装的方法和要求

1. 测速传感器的安装

测速传感器主要包括转速传感器和零转速传感器，安装在前轴承箱内1号轴瓦与主油泵之间的专用支架上。测速传感器安装前，用转速校验台校验探头输出值与转速应相符。

将传感器旋入测速支架上对应的螺孔内，用塞尺测量传感器端部与测速齿轮齿顶的间隙，符合要求后将锁紧螺母锁死。

2. 轴偏心（键相）传感器的安装

偏心传感器与键相传感器一起使用，可以测出瞬态转子的中心位置，以此可确定大轴的弯曲度，也可对轴瓦乌金的磨损程度进行辅助判断。

偏心传感器、键相传感器的安装方法与测速传感器的安装方法相同。调整键相传感器间隙时探头所对应的应是转子表面，而不是凹槽的位置。

3. 轴向位移传感器的安装

轴向位移传感器的安装调整支架固定在2号轴承箱内下部中分面附近的凸台上，测量探头垂直于转子凸肩表面。安装时先将转子推靠在推力瓦的工作面，调整传感器与转子凸肩之间的间隙，使之与电气系统的零位对应，然后再将传感器锁紧固定（见图7-12）。

4. 胀差传感器的安装

胀差传感器用来测量汽轮机转子与轴承箱之间的膨胀差（每个轴承箱处胀差的设计变化范围值不同）。胀差传感器与轴向位移传感器的安装方法相同（见图7-13）。

▲ 图 7-12　轴向位移传感器安装照片

▲ 图 7-13　胀差传感器安装照片

5. 绝对膨胀传感器的安装

绝对膨胀传感器（带就地指示）安装在 1、2 号轴承座前部，左右两侧平行于主轴。传感器底座固定在轴承座台板上，探针顶在轴承座压销凸肩前端面。绝对膨胀传感器应在汽轮机处于完全冷却状态下安装并调整零位。

6. 振动传感器的安装

测量大轴振动的传感器安装于轴瓦侧面，探头指向大轴表面。每个径向轴承处安装两只轴振探头，分别位于上部左右侧 45° 位置（见图 7-14）。轴承座振动传感器安装在轴承盖顶部中心位置的精加工平面上。发电机后轴承座、稳定轴承座要求与地绝缘，传感器外壳应对地浮空。

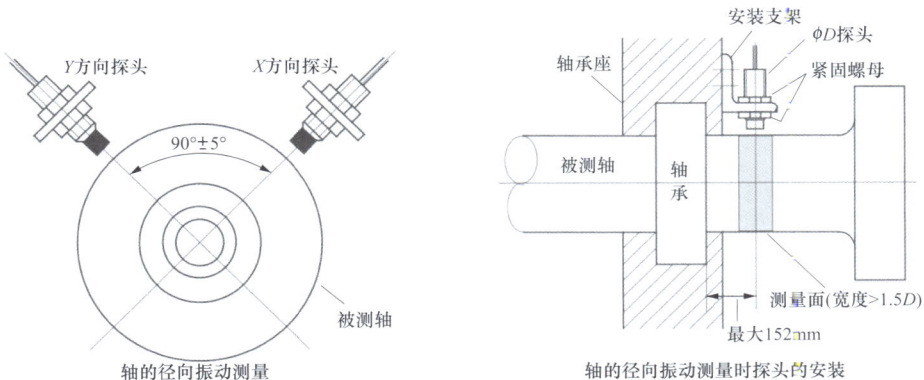

▲ 图 7-14　轴振探头安装示意图

7. 传感器与被测表面间隙值的调整

传感器的安装，首先按照初步的间隙设定值安装在支架上，待调整达到所需要的预定值（或接近预定值）再予以固定。传感器安装就位后，采用电调整的方式进行间隙值的精确调整。

（三）汽轮机轴瓦温度计安装

1.温度计安装前的检验

端面热电阻温度计到货检验后，应送往有资质的单位进行校验。校验后的温度计要分类存放，做好编码标识，防止用错。温度计的性质、型号符合设计要求，绝缘值应合格，外观应完好无损。

2.轴瓦温度计安装孔、固定螺孔及排线槽检查

用白布将温度计安装孔内壁清理干净，用细钢丝配合钢板尺测量孔深，用游标卡尺测量孔的内径。温度计安装压片的固定螺孔和温度计尾线槽道固定螺孔要用相应规格的螺栓进行试装。尾线槽道内应无毛刺，其宽度、深度应能容纳温度计尾线且略有富余。

3.温度计试安装

端面温度计要进行试安装，通过试安装确定或发现端面温度计头部的接触情况和存在的问题。端面温度计是通过弹簧和压片用螺栓固定在测孔内的，安装到位后要使温度计有一定的弹性空间。试装完好后，每一个温度测孔对应的温度计、弹簧、压片、固定螺栓应成组做好标记并妥善保管。

4.温度计正式安装

温度计的安装应与汽轮机本体安装的进度相配合，待轴瓦温度计具备安装条件时即可进行端面温度计的正式安装。温度计正式安装时要按试装时确定的组件对应原位置进行回装。温度计尾线穿出压片处要留有一定的弧度，保证温度计在机组运行状态有膨胀伸缩余量。

5.温度计尾线敷设

温度计尾线安装时要谨慎，防止因温度计尾线受损伤而影响温度计的测量精度。尾线的固定位置要缠绝缘胶带，用专用的压片或卡子压接固定牢固，防止尾线在机组运行中松动。尾线穿出轴承座的位置要使用专用的密封油塞子。导线从密封油塞子中穿出后，用锁紧螺母将套入的橡胶密封圈压紧，这样就可有效防止导线引出处润滑油的渗漏（见图7-15）。

6.温度计接线

引出至轴承座外部的温度计尾线，为防止出现干扰，要通过专用的线槽敷设到接线盒里。温度计尾线的导线较细，应使用专用的剥线钳，剥线时要格外小心，防止线

▲ 图 7-15　轴瓦温度计尾线敷设

芯断丝影响导线截面积。多股线接线时，要压接相同规格的线鼻子，穿入提前打印好的线号管，接线要规范。对于温度计的屏蔽层，要压接合适的线鼻子，统一压接到专用的接地端子上。

7. 安装完毕后测试

温度计安装、接线完毕后，必须进行一次全面的测试以保证安装质量万无一失。测试时要断开至集控室的电缆接线，按安装位置逐一进行，并做好测试记录。如在测试中发现问题，要查找原因并及时处理，防止将问题带入整套启动试运阶段。

四、执行机构安装方案

1. 执行机构安装的施工条件

主体设备及管道、平台的施工基本完成，各楼层地面二次抹面尚未进行。执行机构安装位置周围不再进行大件设备、管件搬运和有可能对执行机构造成损伤的其他各项安装、土建工作。

检查执行机构的型号、规格应符合设计要求。执行机构外观应完整无损，机械动作应灵活，无松动及卡涩现象，电气部分的绝缘良好。

2. 执行机构安装位置的选择

在机务设备安装时就应策划执行机构的安装位置及与机务设备的配合关系。执行机构一般应安装在调节机构附近，不得有碍于通道和调节机构检修，并应便于操作和维护。执行机构与调节机构的连杆长度一般不应大于 5m。执行机构和调节机构的旋臂宜在同一平面内，在 1/2 开度时两转臂均应与连杆垂直。

调节机构随主体设备产生热位移时，执行机构的安装应保证其与调节机构的相对位置不变，并且应考虑到传导热的影响。

3. 执行机构安装

执行机构依照其结构不同有直接安装和间接安装两种。直接安装式直接安装在调节机构上部，安装方法较为简单。

间接安装式执行器与调节机构分别安装，执行器的输出轴通过拉杆与调节机构连接。执行器的拉杆配制前应根据调节机构的开度要求，求出调节机构转臂的长度，该长度满足执行器转臂旋转90°时，调节机构从全开至全关的全行程。调节机构拐臂确定后即可配制拉杆。拉杆安装后，检查各连接关节不松动、不卡涩。

4. 执行机构的调整

将执行机构置于手动状态，进行手动操作。电动执行机构转臂旋转90°或气动执行机构活塞由最低到最高位置时，调整调节机构转臂长度或连杆长度，使其达到全关和全开，并应做到中间位置时其转臂和连杆的夹角为90°。

气动执行机构首次通气前必须将与机构相连接的气源管路接头松开，将气源管路吹扫干净后恢复连接，方可对气动执行机构进行操作。

五、就地仪表、设备安装方案

1. 就地仪表安装的施工条件

安装在现场的变送器、转换器保护柜、箱，需在就地附近的主设备安装完毕后进行。零星安装在现场的变送器和转换器，需在该地附近的主设备安装完毕、保温结束、无其他杂物的情况下进行。安装在现场的测量装置可在保温工作结束后进行。

仪表、设备应在温度为5~40℃、相对湿度不大于60%的仓库内妥善保管。开箱时根据装箱单核对设备、仪表的型号、规格、附件及技术资料应齐全。仪表外观应无缺陷、损伤、变形及锈蚀，不得随意对仪表进行拆卸、调整。搬运仪表、设备应轻拿轻放，不得有倾斜磕碰及重物打击等情况发生。

与机务专业配合检查，确认机务专业施工无误，满足热控设备、仪表的安装条件。

2. 就地指示仪表安装

就地指示仪表的安装方式按照图纸、施工技术规范要求进行。就地仪表应安装在便于维护和观看的地方。仪表刻度盘中心距离地面的高度符合设计的要求，如设计无要求，应符合施工技术规范要求。压力表刻度盘中心高度一般为1.5m，差压计为1.2m。

3. 测温元件安装

测温元件应安装在测量值能代表被测介质温度的地方，不得装在管道和设备的死角处。测温元件应安装在不会受到剧烈振动和冲击的位置。接线盒的进线口应朝下。

采用螺纹固定的测温元件，安装前检查插座螺纹和清除内部杂物、氧化层，在螺纹上涂抹防锈或防卡涩的涂料。测温元件与接座之间的密封垫片应保证接触严密、连续。采用法兰固定的测温元件，安装时保证法兰固定牢固。

4. 液位开关安装

液位开关首先应按照施工图纸、设备说明书、施工技术规范的要求施工。若采用浮球液位计，注意保护浮球液位计的导向管。安装应垂直，不能使之弯曲、变形，并使浮筒位置限制在所测量的量程内。

5. 分析仪表的安装

分析仪表的取样部位按设计和制造厂的要求装在样品有代表性并能灵敏反应介质真实情况的位置。仪表的安装按施工图及制造厂技术说明书的规定施工，特别注意对取样管线的长度和信号线长度的要求。发送器应安装牢固、便于维护。

六、锅炉本体金属壁温安装方案

（一）施工条件

过热器、再热器的壁温测点大部分安装在炉膛顶棚管上部的位置，再通过铠装补偿导线引至炉顶大包外部。壁温集热块的焊接工作必须在水压试验前完成。水压试验结束后安装测温元件，并对其采取妥善的保护措施。热电偶补偿导线敷设在电缆槽盒内，热电偶安装前应经单体校验合格。

（二）安装程序和要求

1. 集热块安装

安装位置以锅炉厂图纸标注的位置为准。安装在过热器、再热器在距顶棚管上部200mm的垂直管段上。当条件不允许时可适当调整壁温元件安装位置，但同一过热器、再热器上各测点位置应在同一水平面上，标高应一致（见图7-16）。

集热块焊接前将对应位置管壁表面的油漆、污锈打磨干净，管壁修整光滑。集热块曲面必须与受热面管壁紧密接触无间隙。集热块的热电偶插孔向下，两侧和上部三面采用氩弧焊进行焊接。根据受热面管材质的不同进行焊前预热和焊后热处理，焊缝成型美观，集热块与管壁接触严密。

2. 热电偶汇线槽安装

热电偶汇线采用镀锌钢质汇线槽、阻燃绝缘玻璃丝布缠绕的保护方法。一般情况下炉顶大包内汇线槽采用环形布置，铠装热电偶元件顺着汇线槽从大包内引出至炉顶，或水平引至炉膛两侧（见图7-17）。

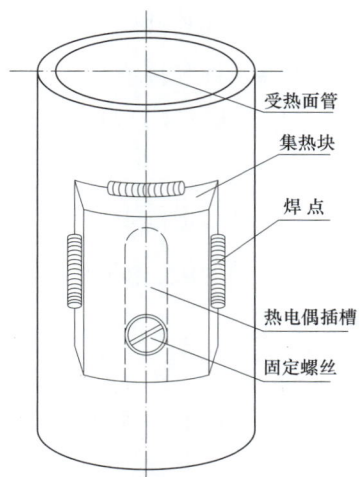

▲ 图 7-16 集热块安装

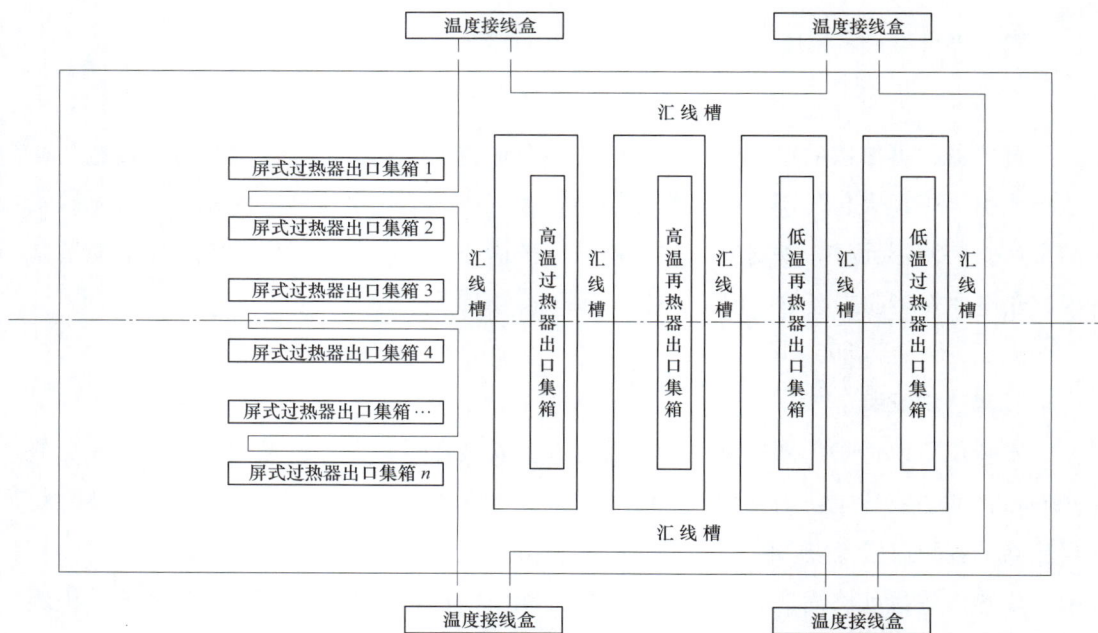

▲ 图 7-17 炉顶汇线槽布置示意图

安装汇线槽时应注意以下方面：

（1）汇线槽需避开保温层 200mm 以上。

（2）汇线槽支架用 Ω 形卡固定在过（再）热器吊杆上，间距视炉顶情况而定，但必须控制在 1.2~1.5m 距离范围内，汇线槽与支架用螺栓连接。

（3）汇线槽引出炉顶大包后要根据锅炉的膨胀量预留相应的断口。

3. 热电偶安装

安装热电偶前，炉顶大包内除保温工作以外其他安装工作应结束。安装前认真核对测点位置与热电偶的编号应一致。导线敷设前应确认其分度号与热电偶的分度号相符，导线外观无损伤，绝缘电阻合格。热电偶安装时，将感温端插入集热块的插槽内并且紧密接触，然后用带防松止退垫圈的固定螺栓固定。

热电偶导线就近弯成 U 形弯后固定，弯曲半径应大于元件半径的 10 倍以上。水平敷设时用不锈钢丝绑扎在管排上，固定间距不大于 300mm。导线应避免被硬物碰伤、电焊击伤，及时将其汇入线槽。导线用石棉布缠绕防护，汇线槽外部分用玻璃丝布紧密缠绕。

热电偶及导线敷设、固定好后，应在测量端与尾线处挂上标志牌。接线端子应紧固，以保证接触良好。接线工序要先校后接，接线完毕后进行复查，以保证接线的正确率。

七、热工仪表管路安装方案

热工仪表管路中，测量管路直接用于信号传递，气源管路为热空仪表或设备提供动力，辅助管路包括伴热、排污及冷却管路等。

（一）安装流程

施工准备→测点核对→路径选择→支架制作→导管弯制→管路敷设→排污安装→管路防腐防冻→严密性试验。

（二）安装程序和要求

1. 测点核对

仪表管路安装前，根据热工系统图，确认测点的安装数量及位置。施工中需注意：取源测点一次阀安装后，短管或者阀门上挂设测点标识，安装前需对测点再次核对。根据热工仪表导管清册，对一次阀及阀后管子的规格进行确认，落实仪表管转接头的规格、数量。

2. 路径选择

仪表导管敷设路径应力求最短，以减少测量仪表的时滞，提高灵敏度。对于蒸汽测量管路不能太短，以使管内有足够的凝结水。

仪表导管敷设应避免在有碍检修、易受机械损伤、腐蚀和振动较大的地方。严禁引入电控楼、集控楼和各类控制室内。油管路严禁平行布置在热体表面上部。与热体表面保温层的距离不小于 150mm。仪表管路应敷设于 –5～+50℃范围内，否则应加装防冻、隔热措施。

差压测量管路其正负压管的环境温度应一致，特别是水位测量，不应靠近热表面，以防止两差压受环境温度影响不一致而产生测量误差。

3. 仪表管弯制

仪表管的弯制一般采用冷弯法，弯曲半径应不小于其外径的 3.5~5 倍。弯制后管壁应无裂缝、凹坑、皱褶等缺陷，管径的椭圆度不应超过 10%。对于部分 $\phi16$ 以上的特殊材质（如 T/P91、92 等）金属导管，可外委热弯加工。

4. 管路敷设的一般要求

仪表管路敷设时，应考虑主设备的热膨胀，以减少管路受力，避免管子断裂，若要在膨胀体上敷设，应加 U 形弯头补偿装置。

管路应尽量集中敷设，整齐美观，且不影响主设备的安装与检修。管路不应放于地面上敷设，必要时放在沟道或保护管内。压力管路水平敷设时应有一定的坡度，其倾斜方向应能保证测量管内部不会存有影响测量的气体或凝结液，否则应在最高点或最低点装设排气或排水阀门。

5. 仪表阀安装

仪表管路上安装的仪表阀，通常布置于仪表架上。阀门成排安装时，相互间要有一定的距离，以便操作和检修。阀门的安装方向（进、出口）与介质流动方向一致，按阀体上标识的方向安装。阀门在焊接前，必须处于全开位置。

6. 仪表管路的连接

管路的截取一般采用锯割法，严禁气割。仪表管路在连接时，一般采用气焊连接（承插式或直接对口）。对口时应防止错口，防止产生大的附加应力。管路分支一般采用三通连接，不得在仪表管路上开孔直接连接。管子连接后应校正平直，当采用活节螺纹连接时，注意密封，减少应力，防止堵塞。相同管径的对口焊接不应有错口现象，不同管径的对口焊接，其内径差不应超过 2mm。

7. 仪表管路的固定

仪表管路在敷设时，应用可拆卸的管卡固定。成排敷设时，管间距离应保持均等，一般距离为外径尺寸。在水平管路敷设时，固定用支架间距应为 1~1.5m，垂直敷设时，间距为 1.5~2.0m。在不允许焊接的设备上固定时，采用 U 形螺栓或抱箍固定。

8. 排污装置安装

从排污门排出的汽、水及脏物，由保温保护箱或仪表架上的排污装置收集并经排污管路排放到指定位置或地沟。排污装置的制作大小应满足污水排放时不致飞溅的要求。排污管路的管径视排污量的多少或变送器集中布置的多少而定。排污管的布置，炉侧可通过钢架、平台等集中排至落水管或雨水槽内，机侧可就近排至地沟。

（三）管路的防腐、防冻

碳钢管路、各类支吊架、保护管、固定卡、设备底座及需要防腐的金属结构，外露部分无防腐层时，均应涂防腐漆和面漆。

当管路或仪表设备内的介质在最低设计环境温度下易冻结或凝固时，管路应有可靠的伴热（伴热方法有蒸汽伴热和电伴热，目前主要以电伴热为主）和保温措施，仪表设备应安装在保温箱内。

（四）管路的严密性试验

仪表管路安装完毕后，应按照相关标准要求进行严密性试验。

第三节 电缆敷设

一、动力电缆敷设及终端头制作

（一）设计概况

主厂房区域电缆敷设主要采用电缆桥架的方式，厂区及辅助厂房主要以零米电缆沟为主，辅以局部架空桥架。高、低压动力电缆使用铜芯交联聚乙烯绝缘聚氯乙烯护套阻燃（耐火）电缆，电压等级为 6/6kV 和 0.6/1kV 两种。

电力电缆终端头根据环境可分为户内式和户外式两种，按电压等级可分为 6/6kV 交联聚乙烯热收缩终端头和 1kV 低压交联聚乙烯热收缩电力电缆终端头两种。

（二）电缆敷设策划

1. 电缆排列

电缆的排列应符合下列要求：

（1）电力电缆和控制电缆不宜配置在同一层上。高低压电力电缆，强电、弱电控制电缆应按顺序分层配置，宜由上而下配置；电力电缆敷设在电缆沟道内电缆支架的 1、2 层，控制电缆敷设在电缆沟道内电缆支架的上起第 3 层开始，电缆支架最下层敷设光缆和数据线缆（设计采用槽盒保护时，可以布置在上层）。

（2）控制电缆在普通支架上，不宜超过 2 层；桥架上不宜超过 3 层。交流三芯电力电缆，在普通支吊架上不宜超过 1 层；桥架上不宜超过 2 层。交流单芯电力电缆，应布置在同侧支架上，并应限位、固定。当按紧贴品字形（正三角形）排列时，除固定位置外，其余应每隔一定的距离用电缆夹具、绑带扎牢，以免其松散。

2.电缆与热力设备、管道的间距控制

电缆与热力设备、热力管道之间的净距，平行时不应小于1m，交叉时不应小于0.5m，当受条件限制时，应采取隔热保护措施。电缆通道应避开锅炉的观察孔和制粉系统的防爆门；当受条件限制时，应采取穿管或封闭槽盒等隔热防火措施。

（三）电缆敷设前的检查和准备

电缆沟、电缆隧道、电缆导管、电缆井、交叉跨越管道及直埋电缆沟深度、宽度、弯曲半径等应符合设计要求。电缆通道应畅通，排水应良好，金属部分的防腐层应完整，隧道内照明、通风应符合设计要求。施工临时设施、模板及建筑废料清理干净，施工通道畅通，沟道盖板齐全。电缆沟、隧道、竖井及人孔等处的地坪及抹面工作结束。

电缆沟排水畅通。检查电缆路径转弯处弯曲半径不小于电缆最小允许弯曲半径。对设计图标定的排管和过路孔进行疏通检查，所用管孔应双向畅通。

电缆额定电压、型号规格应符合设计要求。电缆外观应无压扁、缆绞拧、护层折裂等机械损伤，当对电缆的外观和密封状态有怀疑时，应进行受潮判断。外护套有导电层的电缆，应进行外护套绝缘电阻试验并合格。

根据电缆敷设清单，认真校对规格、型号、电压等级及数量后，把电缆运到敷设起点的施工场地。敷设前应按照设计和实际路径计算每根电缆的长度，合理安排每盘电缆，减少电缆接头。中间接头位置应避免设置在倾斜处、转弯处、交叉路口、建筑物门口、与其他管道交叉处或通道狭窄处。

采用机械敷设电缆时，牵引机和导向机构应调试完好，并应有防止机械力损伤电缆的措施。

（四）电缆敷设

1.电缆支架制作安装、电缆管配制预埋

（1）电缆支架、电缆管制作。按设计要求尺寸下料。电缆支架用钢材必须先经平直校正方可下料，下料应使用型材切割机，不得用电、火焊切割。切口卷边、毛刺应打磨掉。组焊时，应采用样板台组焊，立柱与横撑连接处应满焊，焊缝应均匀。电缆管按现场电气设备就位后的实际地点进行弯制。加工好的支架、电缆管按设计要求进行防腐处理。

（2）电缆支架、桥架安装。电缆支（桥）架应安装牢固，横平竖直；支（桥）架的固定方式应符合设计要求。支（桥）架的同层横挡应在同一水平面上，其高低差小于等于 5mm，支（桥）架沿桥架走向左右偏差小于等于 10mm。

在有坡度的电缆沟内或建筑物上安装的电缆支架，应与电缆沟或建筑物坡度相同。

组装后的钢结构竖井，其垂直度偏差不大于其长度的 2%；支架横撑的水平误差不大于其宽度的 2%；竖井对角线的偏差不大于其对角线长度的 5%。

铝合金、玻璃钢的支架，采用螺栓固定、连接。

（3）电缆支架、桥架接地。电缆支架、桥架之间应用扁钢或铜导线连接。电缆支架、桥架的起始和终点端应与主接地网可靠连接。电缆桥架连接部位采用两端镀锡铜鼻子的铜导线连接。与接地网或接地干线连接的材料，其规格应符合设计和规范要求。

（4）电缆保护管的预埋。根据图纸及电气设备的机构箱、端子箱的实际位置确定电缆管的位置及尺寸。电缆管埋入地下后，可用 U 形卡子固定在花角钢上或用钢管打桩焊接固定。为了不妨碍主体设备的拆卸，引至设备、端子箱、机构箱的电缆管管口位置，应便于与设备连接且不妨碍设备的拆装和进出，两者之间的空挡需加一段金属软管或阻燃塑料管进行过渡。管口离设备电缆接线箱的距离为 300~400mm。并列敷设的电缆管管口应排列整齐。

金属电缆管不宜有中间口，如有中间口应采用螺纹接头连接或套管密封焊接连接。保护管端用塑料带或自粘胶带包裹固定。金属保护管至设备或接线盒之间用阻燃软管连接，两头用相应的接头连接。电缆管预埋敷设或安装完成后，如暂时不穿电缆，应对管口进行临时封闭。

利用电缆保护钢管做接地线时，应先安装好接地线，再敷设电缆。电缆管螺纹连接处应焊接跳线，跳线截面应不小于 $30mm^2$。钢制保护管应可靠接地；钢管与金属软管、金属软管与设备间宜使用金属管接头连接，并保证可靠电气连接。

2. 电缆敷设

（1）电缆敷设。电缆敷设时必须按区域进行，原则上先敷设长电缆，后敷设短电缆，先敷设同规格较多的电缆，后敷设规格较少的电缆。尽量敷设完一条电缆沟，再转向另一条电缆沟，在电缆支架敷设电缆时，布满一层，再布满另一层。

按照电缆清册逐根敷设，敷设时按实际路径计算每根电缆长度，合理安排每盘电缆的敷设根数。敷设完一根电缆，应马上在电缆两端及电缆竖井位置挂上临时电缆标签。

电缆敷设时，至少应加以固定的部位如下：垂直敷设，电缆与每个支架接触处应固定；水平敷设时，在电缆的首末端及接头的两侧应采用电缆绑扎带进行固定；电缆拐弯处及电缆水平距离过长时，在适当位置亦应固定一两处。

电缆敷设时应排列整齐，不宜交叉，电缆沟转弯、电缆层井口处电缆弯曲弧度一致、顺畅自然。

光缆、通信电缆、光纤应按照有关规定穿设 PVC 保护管或线槽。

机械敷设电缆的速度不宜超过 15m/min，牵引的强度不大于 7kg/mm^2，电缆转弯处的侧压力不大于 3kN/m^2。

（2）电缆敷设基本要求。高压电缆敷设过程中为防止损伤电缆绝缘，不应使电缆过度弯曲，注意电缆弯曲的半径，防止电缆弯曲半径过小损坏电缆。电缆拐弯处的最小弯曲半径应满足规范要求，对于交联聚乙烯绝缘电力电缆，其最小弯曲半径单芯为直径的 20 倍，多芯为直径的 15 倍。高压电缆敷设时，在电缆终端和接头处应留有一定的备用长度，电缆接头处应相互错开，电缆敷设整齐不宜交叉，单芯的三相电缆宜放置品字形，并用相色带缠绕在电缆两端的明显位置。

电缆敷设应做到横看成线、纵看成行，引出方向一致、余度一致、相互间距离一致，避免交叉压叠，达到整齐美观。

高压电缆固定间距符合规范要求，单芯电缆或分相后各相终端的固定不应形成闭合的铁磁回路，固定处应加装符合规范要求的衬垫。

电缆敷设完后，应及时制作电缆终端头，如不能及时制作电缆终端头，必须采取措施进行密封，防止潮湿。电缆敷设完且固定后，应恢复电缆盖板或填土，电缆穿墙或楼（地）板处，在其出口处必须用耐火材料严密封堵。

（五）电缆终端头制作的一般规定

（1）电缆终端头制作前，应核对电缆相序或极性。电缆终端头制作时，应遵守制作工艺规程及产品技术文件要求。

（2）电缆终端头制作前，应按设计文件、产品技术要求、标准规范做好检查。

（3）在室内、隧道内或油库、氢库等有防火要求的场所进行电缆终端头制作时，应备有足够消防器材。

（4）电缆终端头制作时，施工现场温度、湿度与清洁度，应符合产品技术文件要求。在室外制作 6kV 及以上电缆终端时，空气相对湿度宜为 70% 及以下；当湿度大时，应进行空气湿度调节，降低环境湿度。110kV 及以上高压电缆终端头施工时，应有防尘、防潮措施，温度宜为 10~30℃。制作电力电缆终端，不得直接在雾、雨或五级以上大风环境中施工。

（5）附加绝缘材料除电气性能应满足要求外，尚应与电缆本体绝缘具有相容性。两种材料的硬度、膨胀系数、抗张强度和断裂伸长率等物理性能指标应接近。

（6）电缆线芯连接金具，应采用符合标准的连接管和接线端子，其内径应与电缆线芯匹配，间隙不应过大；截面宜为线芯截面的 1.2~1.5 倍。采取压接时，压接钳和模具应符合规格要求。

（7）三芯电力电缆在电缆终端头处，电缆铠装、金属屏蔽层应用接地线分别引出，并应接地良好。交流系统单芯电缆金属层接地方式和回流线的选择应符合设计要求。

（8）35kV 及以下电力电缆接地线应采用铜绞线或镀锡铜编织线，其截面积应符合相关标准、规范的规定。

二、110kV 电缆敷设及终端头制作

（一）设计概况

启动 / 备用电源从 220kV 澶都变电站 110kV 母线引接。澶都变电站 110kV 母线至 A 列外 110kV 配电装置之间采用电缆连接。110kV 电缆型号为 YJLW03–110kV–3（1×240^2），敷设于电缆沟内的电缆支架上。

电缆招标采购时，要求供货商同时提供电缆终端头材料，并负责电缆终端头的制作与连接。要求电缆供货商在电缆出厂时安装好电缆牵引头。

（二）电缆敷设

1. 电缆敷设流程

施工准备→敷设通道检查→现场布置→电缆敷设→电缆固定。

2. 施工准备

施工图纸审核，核对电缆敷设路径、位置、固定方式等。核对电缆线路与两端设备相位，确保相位正确。选取合适的电缆输送机、滑车并布置到位。计算电缆敷设过程侧压力、牵引力。转弯处的侧压力应符合产品技术文件的要求，无要求时不应大于3kN/m。

3. 敷设通道检查

电缆沟施工完成并经各方验收，沟道内清理干净、无积水。电缆支架安装完成，检查支架端部应无锐角，以免其划伤电缆外护层。电缆沟进入澶都变电站部分应特别关注，避免电缆在展放过程中有危及变电站安全运行的因素发生。

4. 现场布置

确定电缆输送机布置位置。一般每隔 20m 左右放置一台电缆输送机，每隔 3~4m 放置一个滑车（以电缆不拖地为原则）。在敷设路径转弯、上下坡处应增加电缆输送机，并加设转弯滑车。

牵引机、电缆输送机、电气控制系统全部安装完成后进行试运行，确保所有输送机同步运行，且运行性能良好。

5. 电缆敷设

（1）电缆敷设前的检查。电缆盘运至施工现场后。核对电缆型号、长度，检查电缆外观。将电缆盘吊装到电缆支架上架起。将电缆尾端固定在电缆盘上，人工展放牵引绳，在电缆牵引端和牵引绳之间安装防捻器。

（2）电缆敷设过程中的控制。电缆敷设过程中，电缆盘处设1~2名人员负责检查电缆外观有无破损，协助牵引人员把电缆牵引头从电缆盘上端引出，顺利向下输送并将其导入滑车和电缆输送机上。电缆在人工和电缆输送机的共同作用下向前输送。电缆到达下一台电缆输送机时，重复上述操作。

使用电缆盘制动装置控制电缆盘的停止和转动速度，电缆盘线速度应与电缆输送速度同步。电缆敷设的速度不宜超过15m/min，一般取6m/min。

敷设过程中，如果电缆出现余度立即停机、刹紧电缆盘制动装置，将余度拉直后方可继续敷设，防止电缆弯曲半径过小或撞坏电缆。当电缆脱离滑车时，操作电缆输送机人员在出线方向扶正电缆。发生异常情况时立即停止电缆输送机，排除故障后方可继续敷设。

当盘上电缆剩余2圈时，应立即停机、刹紧电缆盘制动装置。在电缆尾端捆好绳索，将电缆用人力缓慢放入电缆沟内，防止电缆坠落。

（3）电缆敷设后的标识、检查。电缆终端头预留安装余度为1~1.5m。每根电缆都做好标识，将色相带缠绕在电缆两端的明显位置。检查电缆密封端头是否完好，如有问题及时处理。检查电缆外护套是否有损伤，如有损伤，应采取修补措施。

6. 电缆固定

电缆就位后，施工人员用拿弯机具调整电缆的波幅使其符合设计、规范要求。

按设计要求使用电缆固定金具、电缆抱箍和皮垫将电缆固定在支架上。电缆抱箍固定电缆时，橡胶垫要与电缆贴紧，露出抱箍两侧的橡胶垫基本相等。抱箍两侧螺栓应均匀受力，直至橡胶垫与抱箍紧密接触。

（三）110kV电缆瓷套式终端头制作、安装

电缆终端头制作、安装流程如下：

工作棚搭建→附件开箱检查→电缆开线、加温→绝缘层打磨→导体压接→预制件组装→屏蔽处理→质量检验→场地清洁、收尾。

电缆终端头的制作、安装技术要求因产品生产厂家不同而不同，在此不做细述。

三、控制电缆敷设

（一）设计概况

接入电子模件的模拟量信号采用铜芯、聚乙烯绝缘、聚氯乙烯护套、对绞分屏的计算机电缆；开关量信号采用铜芯、聚氯乙烯绝缘和护套、总屏计算机电缆；热电偶信号采用合金丝、氟塑料绝缘、氟塑料护套、对绞分屏加总屏补偿电缆；控制信号电缆选用铜芯、聚氯乙烯绝缘和护套编制屏蔽耐火控制电缆。

电源电缆选用聚乙烯绝缘、聚氯乙烯护套，不带屏蔽的阻燃（耐火）电缆；高温场所选用耐高温电缆或交联聚乙烯绝缘电缆。

（二）控制电缆敷设流程

施工准备→电缆敷设→绑扎整理→电缆头制作→电缆线芯整理及接线→防火封堵。

（三）控制电缆敷设

1. 电缆敷设前应具备的条件

控制电缆敷设应具备的条件与电力电缆基本相同。对于控制电缆的要求包括：就地设备（变送器、执行器、接线盒、电动门、温度计、压力表等）位置大部分已确定，控制盘、台、柜等安装结束。电缆桥架、支架及电缆保护管安装施工完毕。

2. 电缆敷设前的准备工作

（1）编制电缆敷设清单，电缆的领取、检查。根据设计院电缆敷设图和线缆联系表，按照电缆规格、型号、路径等，编制电缆敷设清单。清单中应至少包含电缆编号、型号、规格、数量、起点、终点和走向等信息。统计出各种型号电缆的长度，确定敷设的先后顺序，合理安排每盘电缆。领取需要敷设的电缆，检查电缆是否完好，用绝缘电阻表测量其绝缘值是否符合要求。

（2）电缆标志牌的准备。电缆标志牌应准备临时标志牌和永久标志牌两种，并整理分类。敷设时挂临时标志牌，待接线工作全部结束后，再更换成永久标志牌，以保证电缆标志牌的最终完好。永久电缆标志牌上应标明电缆编号，电缆规格、型号，以及始端设备名称、终端设备名称等信息。永久电缆标志牌用专用电缆号牌打印机打印。

（3）电缆盘的吊运、架设及人员安排。电缆盘的吊运、架设及人员安排和电力电缆敷设的要求基本相同。

3. 电缆敷设

控制电缆敷设和电力电缆敷设的要求基本相同。

电缆在桥架上由上至下的排列顺序为：6/6kV 高压电力电缆、0.6/1kV 低压动力电缆、强电控制电缆、弱电控制电缆、通信（计算机）电缆。

电缆的最小弯曲半径应满足：控制电缆带铠装、铜屏蔽的应为 12D；不带铠装的最小为 6D，其他为 10D（D 为电缆的直径）。

4. 电缆的绑扎整理

垂直敷设或超过 45° 倾斜敷设的电缆在每个支架上固定，水平敷设的电缆，在电缆首末两端及转弯处必须固定。对于控制电缆支持间距，设计有要求的按设计要求做支持，设计没有要求的应按水平 0.6m、垂直 1.0m 做支持间距。

电缆敷设同时应排列整齐，不宜交叉，每敷设一根电缆要及时固定并装设标志牌。电缆在转弯处、设备端部和一些受力大的地方使用黑色尼龙扎带绑扎，在直线段可以用带有塑料护套的黑色绑扎线来绑扎。

5. 电缆头制作

熟悉图纸，将所有变更全部落实，电缆起、始点标记清楚。对照图纸打印编号头，号头正确清楚、大小合适、长度一致。

电缆进盘前，根据接线位置将电缆成束、成把绑扎，间距约 150mm 且均匀。扎带绑扎方向一致（全为顺时针或全为逆时针）。电缆束直径不宜超过 100mm。进入每个盘的所有电缆束弯曲弧度应一致，并与固定角钢垂直。

所有进电子设备间的屏蔽电缆，电缆的屏蔽套与盘外壳绝缘。电缆绝缘外皮开剥，位置整齐一致，不伤线芯。原则上电缆到接线位置再开电缆，统一集中开电缆皮，电缆剥皮下口高度要一致。

电缆头应在外皮开剥处用塑料带及自粘胶带封口，封口高度 10 芯及以下为 25mm，10 芯以上为 30mm。封口无蜂腰鼓肚，应均匀整齐、固定可靠。电缆头制作完毕，用绑线或扎带固定于端子排槽前 150~300mm 处。对于横向排列的端子排，电缆头高度应一致；对于竖向排列的端子排一般不大于 20mm，对于线槽内的电缆不做规定。

在盘内用直径不大于 1.5mm 的扎线绑扎，要求在同一侧的电缆高度一致。其他位置悬挂的标志牌应在同一水平面或断面上。电缆牌应绑在易于查找的地方，并且整齐美观。根据电缆牌的标记，看清电缆去向，如果是去就地的，从外层开始，顺时针方向对照图纸穿编号头，就地接线时必须查线。盘间联络，则必须查线接线，两端号头要一致。

每条线芯用尖嘴钳拉直后，用绑线或扎带把线芯绑好，对照图纸，把线芯分到相应端子排。根据弯曲弧度大小（20 ≤ R ≤ 22）掌握好导线预留长度，把导线用斜口钳剪断，用剥线钳剥去绝缘皮。对于补偿导线，其芯线表面用砂纸除去氧化层，用斜口钳把芯线弯曲成合适的弧度（$20 \leq R \leq 22$），用螺丝刀把线固定在端子上。

线束要整齐，扎带距离一致，横平竖直，成束线无明显扭曲变形。注意号头不要脱落，预留长度要一致。接线螺栓垫圈整齐、牢固。备用芯长度应能达到端子排的最终位置（或盘柜顶部），统一垂直或弯曲，注意线芯切口不得碰及设备或端子。对备用线芯逐一套入标有备用线芯所在电缆编号的号码管和防护帽。

四、电缆防火施工

（一）电缆防火封堵材料的到货检验及保管

1. 电缆防火封堵材料的选用及性能要求

电缆防火封堵材料的选用，应符合设计要求，性能遵守下列国家标准：阻燃性材料的性能符合 GB 23864—2009《防火封堵材料》的有关规定；防火涂料的性能符合 GB 28374—2012《电缆防火涂料》的有关规定；阻燃包带的性能符合 XF 478—2004《电缆用阻燃包带》的有关规定。

2. 到货验收和保管

到场的防火封堵材料应有型式认可证书、产品使用说明书、出厂检验报告、产品合格证等出厂技术文件。产品包装完好，消防产品身份信息标识清晰。

电缆防火封堵材料的现场保管应符合下列规定：

（1）应存放在通风、干燥、防止雨淋和日光直射的地方，储存温度符合产品技术文件要求。

（2）电缆防火涂料应密封完好，避免重压、碰撞、倒置。

（3）防火涂料使用前不得开封，如因需要开封后应及时密封，防止结皮和固化。

（4）无机堵料存放时不得受潮。

（5）超过有效期的材料不得使用。

（二）电缆防火封堵施工

电缆防火封堵施工，应在土建工程施工完毕、电缆敷设基本完成后进行。尚未完成电缆敷设的拟带电部位，应采取临时防火封堵措施。

电缆防火封堵施工可按照 DL/T 5707—2014《电力工程电缆防火封堵施工工艺导则》的要求实施。

第八章

调整试验

第一节　机组的试运和交接验收

一、总则

机组移交生产前，必须完成单机试运、分系统试运和整套启动试运，并办理相应的质量验收手续。按照 DL/T 5437—2022《火力发电建设工程启动试运及验收规程》完成 168h 满负荷试运，机组即移交生产。机组移交生产后，必须办理移交生产签字手续。工程建设项目全部竣工后，进行工程的竣工验收。

机组的试运及其各阶段的交接验收和工程的竣工验收，必须以现行的国家法律、法规和强制性标准、电力行业有关标准，以及该工程的批准文件、设计图纸、有效合同等为依据。每台机组都应达到 DL 5277—2012《火电工程达标投产验收规程》等相关标准的要求。

移交生产的机组，在完成全部涉网特殊试验项目验收、符合并网及商业运行相关规定并办理相关手续之后，可转入商业运行。机组的保修期，按照《建设工程质量管理条例》执行或根据合同约定。

二、机组的试运和交接验收

机组试运前应成立启动验收委员会，组建试运指挥部并成立下设机构，明确各机构、参建单位的职责，明确试运各阶段的任务。安排好各试运阶段的验收、交接工作。

机组的试运和交接验收工作按照 DL/T 5437—2022《火力发电建设工程启动试运及验收规程》中第 3 章的要求执行。

三、机组试运各阶段的划分及流程

机组的试运一般分为分部试运（包括单机试运、分系统试运）和整套启动试运

（包括空负荷试运、带负荷试运、满负荷试运）两个阶段。

分部试运阶段从高压厂用母线受电开始至整套启动试运开始为止。分部试运流程见图8-1~图8-3。

整套启动试运阶段是从炉、机、电等第一次联合启动时锅炉点火开始，到完成满负荷试运移交生产为止。整套启动试运流程见图8-4~图8-6。

机组的考核期自总指挥宣布机组试运结束之时开始计算，时间为6个月，不应延期。

工程已按批准的设计文件所规定的内容全部建成，最后一台机组考核期结束，完成行政主管部门组织的各专项验收且竣工决算审定后，建设单位按规定申请组织工程竣工验收。

第二节　热控、电气专业调试方案

一、分散控制系统受电及复原调试方案

（一）设备及系统概述

分散控制系统（以下简称DCS）基于WINDOWS操作平台，汽轮机数字电液控制系统DEH、给水泵用给水泵汽轮机数字电液控制系统MEH、引风机用给水泵汽轮机数字电液控制系统FMEH与DCS系统硬件一体化。整个控制系统按功能分为数据采集系统（DAS）、模拟量控制系统（MCS）、旁路控制系统（BPS）、炉膛安全监控系统（FSSS）、顺序控制系统（SCS）、汽轮机数字电液控制系统（DEH）、给水泵用给水泵汽轮机数字电液控制系统（MEH）、引风机用给水泵汽轮机数字电液控制系统（FMEH）和电气量监控系统（ECS）、脱硝系统等。

（二）调试范围、目的及内容

1. 调试范围及目的

通过DCS受电及复原调试，完成对DCS各设备受电工作、各控制器及功能站软件恢复工作，并进行系统各项功能试验，使DCS功能满足设计要求。

DCS受电的范围为：1、2号机组DCS和公用DCS。

2. 调试内容

预制电缆、电源电缆、组件就位检查；接地电阻、绝缘电阻测试；电源部件测试，供电电压调整；电源冗余检查；机柜、运行员站、工程师站硬件及基本软件复原调试；

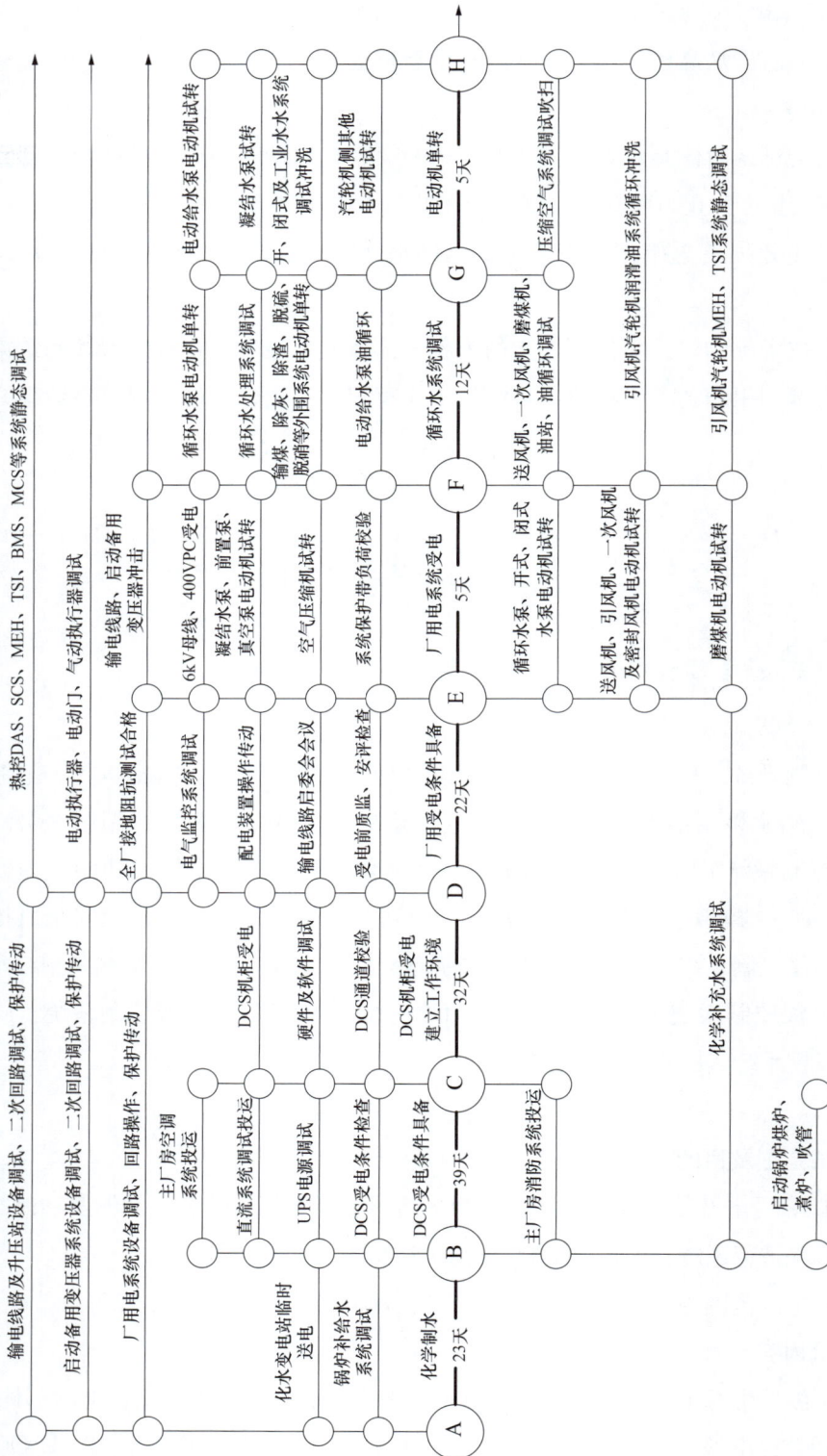

▲ 图8-1 分系统试运流程图（一）

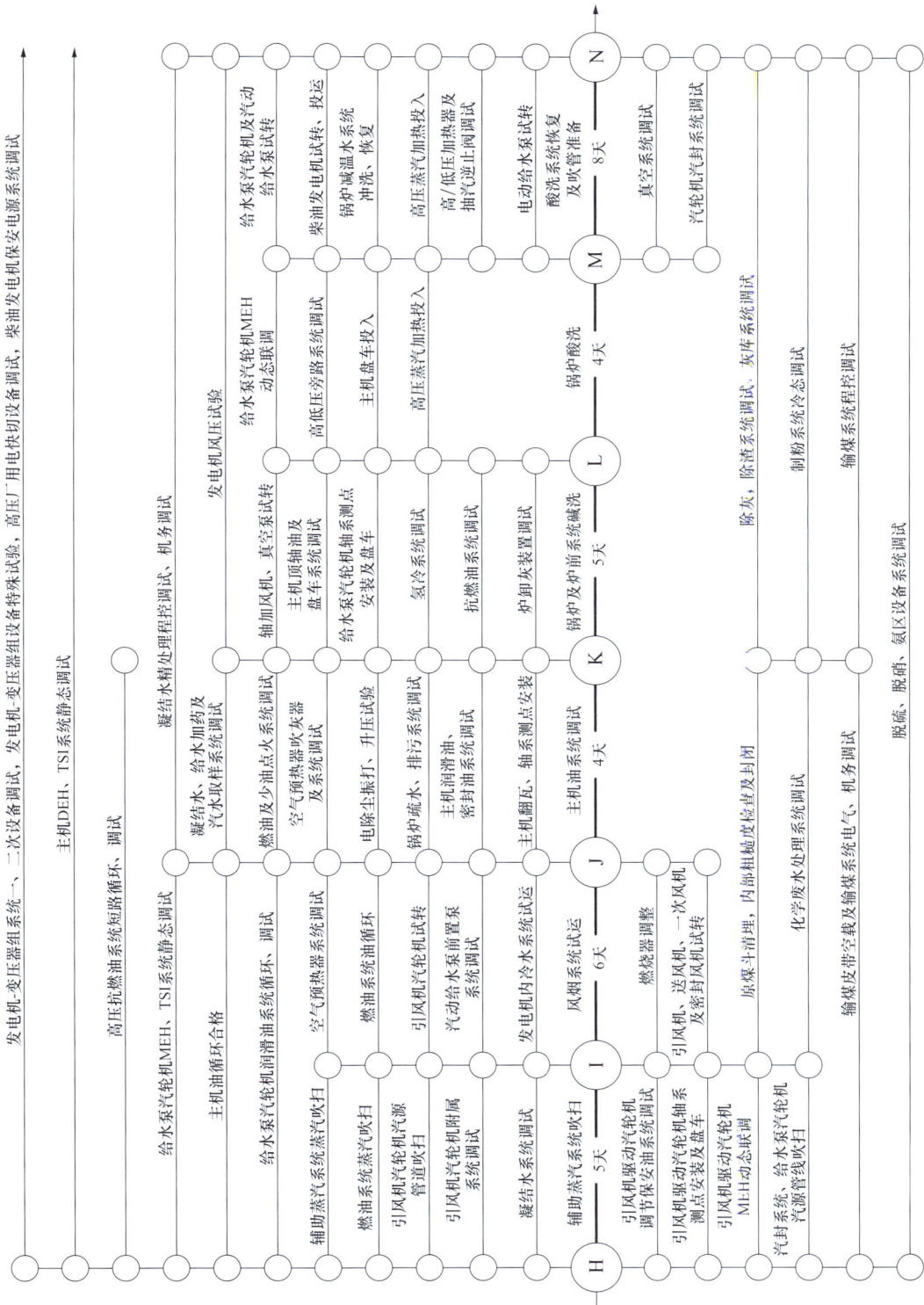

▲ 图 8-2 分系统试运流程图（二）

发电机-变压器组系统、二次设备调试、发电机-变压器组设备特殊试验、高压厂用电快切设备调试、柴油发电机保安电源系统调试

主机DEH、TSI系统静态调试

高压抗燃油系统系统短路循环、调试

给水泵汽轮机MEH、TSI系统静态调试

凝结水精处理程控调试、机务调试

发电机风压试验

给水泵汽轮机MEH、TSI系统静态调试

凝结水、给水加药及汽水取样系统调试

燃油及少油点火系统调试

轴加风机、真空泵系统调试

高低压疏路系统调试

给水泵汽轮机及汽泵试运

给水泵汽轮机及汽泵试运

主机油循环合格

主机油循环合格

空气预热器系统及系统调试

主机顶轴油及盘车系统调试

主机盘车投入

柴油发电机试转

给水泵汽轮机润滑油系统循环、调试

电除尘振打、升压试验

给水泵汽轮机轴系测点安装及盘车

锅炉减温减压水系统冲洗、恢复

辅助蒸汽系统蒸汽吹扫

空气预热器系统调试

燃油系统循环

锅炉疏水、排污系统调试

氢冷系统调试

高压蒸汽加热热投入

高压蒸汽加热热投入

燃油系统蒸汽吹扫

燃油系统循环

引风机汽轮机试转

主机润滑油、密封油系统调试

抗燃油系统调试

高/低压加热器及抽汽逆止阀调试

引风机驱动汽轮机汽源管道吹扫

引风机汽轮机附属系统调试

汽动给水泵前置泵系统调试

主机翻瓦、轴系测点安装

炉卸灰装置调试

电动给水泵试转

引风机汽轮机附属系统调试

引风机汽轮机附属系统调试

主机油系统调试

主机油系统调试

锅炉及炉前系统碱洗

酸洗水系统恢复及吹管

凝结水系统调试

发电机内冷系统试运

风烟系统试运

主机油系统试运

锅炉酸洗

真空系统调试

辅助蒸汽系统吹扫

燃烧器调整

汽封蒸汽系统、给水泵汽轮机汽源管线吹扫

引风机、给水泵汽轮机调节保安汽油系统调试

引风机、送风机、一次风机及密封风机试转

引风机驱动汽轮机轴系测点安装及盘车

原煤斗清堵、内部辐度校验及封闭

化学废水处理系统调试

除灰、除渣系统调试、灰库系统调试

制粉系统冷态调试

汽轮机汽封系统调试

引风机驱动汽轮机MEH动态试调

汽封蒸汽系统、给水泵汽轮机汽源管线吹扫

输煤皮带空载及输煤系统电气、机务调试

输煤系统程控调试

脱硫、脱硝、氨区设备系统调试

H I J K L M N

5天 6天 4天 5天 4天 4天 8天

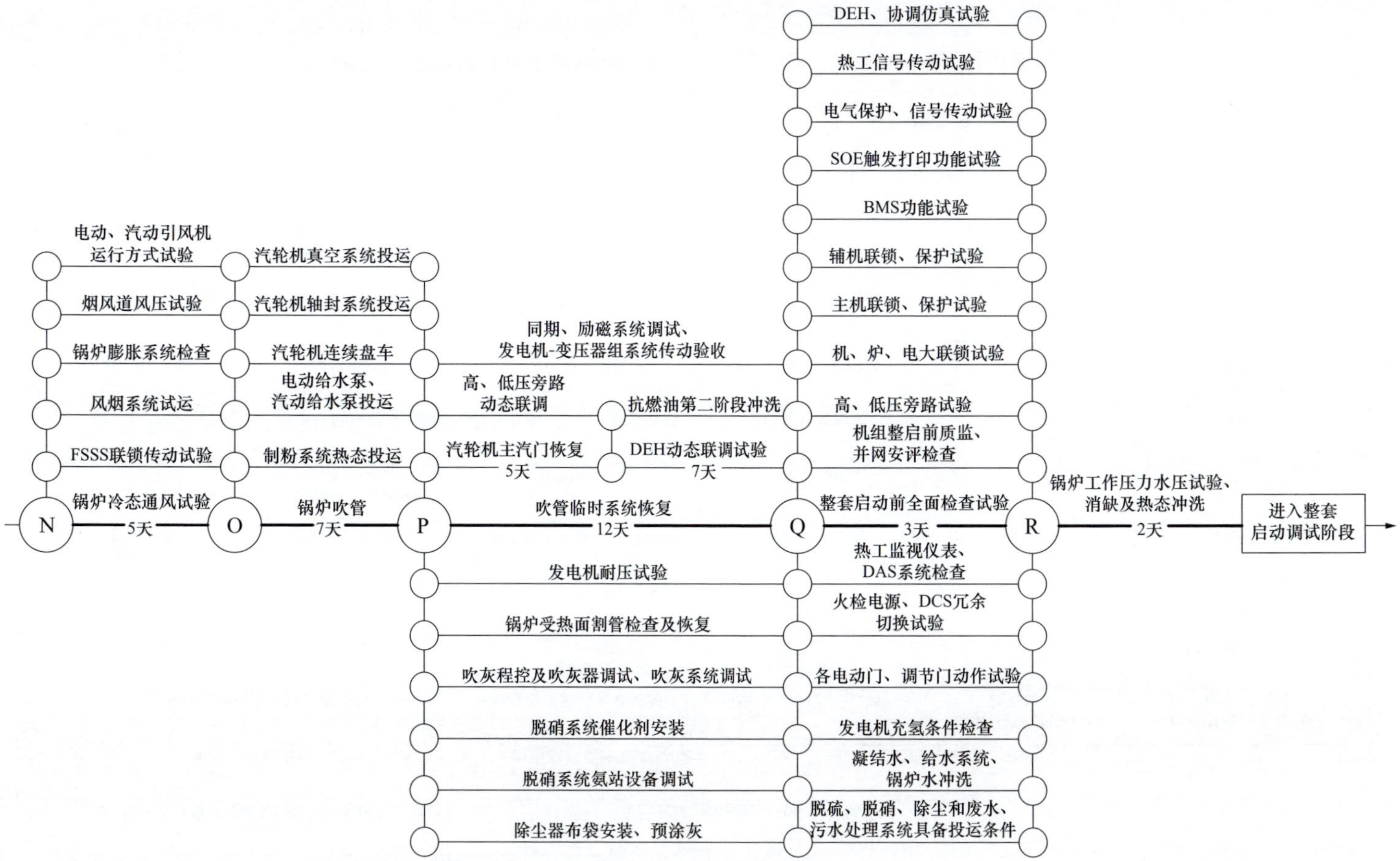

▲ 图8-3 分系统试运流程图（三）

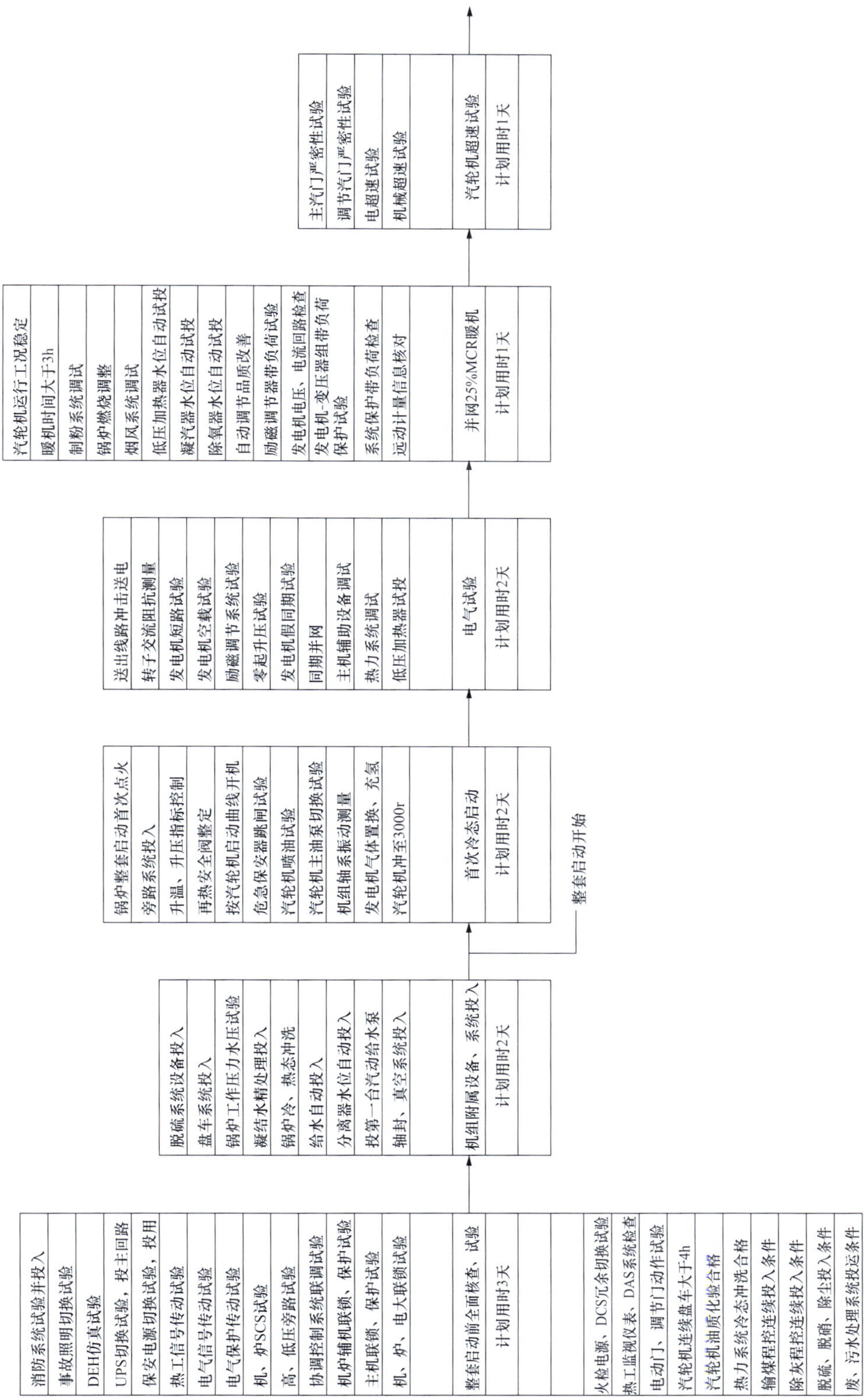

消防系统试验并投入
事故照明切换试验
DEH仿真试验
UPS切换试验、投主回路
保安电源切换试验、投用
热工信号手动试验
电气信号手动试验
电气保护手动试验
机、炉SCS试验
高、低压旁路试验
协调控制系统联调试验
机炉辅机联锁、保护试验
主机联锁、保护试验
机、炉、电大联锁试验

整套启动前全面检查、试验
计划用时3天

火检电源、DCS冗余切换试验
热工监视仪表、DAS系统检查
电动门、调节门动作试验
汽轮机连续盘车大于4h
汽轮机油质化验合格
热力系统冷态冲洗合格
辅煤程控连续投入条件
除灰程控连续投入条件
脱硫、脱硝、除尘投入条件
废、污水处理系统投运条件

脱硫系统设备投入
盘车系统投入
锅炉工作压力水压试验
凝结水精处理投入
锅炉冷、热态冲洗
给水自动投入
分离器水位自动投入
投第一台汽动给水泵
轴封、真空系统投入

机组附属设备、系统投入
计划用时2天

整套启动开始

锅炉整套启动首次点火
旁路系统投入
升温、升压指标控制
再热安全阀整定
按汽轮机启动曲线开机
危急保安器喷闸试验
汽轮机主油系切换油系试验
汽轮机主油泵切换试验
机组轴系振动测量
发电机气体置换、充氢
汽轮机冲至3000r

首次冷态启动
计划用时2天

送出线路冲击送电
转子交流阻抗测量
发电机短路试验
发电机空载试验
励磁调节系统试验
零起升压试验
发电机假同期试验
同期并网
主机辅助设备调试
热力系统调试
低压加热器投入

电气试验
计划用时2天

汽轮机运行工况稳定
暖机时间大于3h
制粉系统调整
锅炉燃烧调整
烟风系统调整
低压加热器水位自动试投
凝汽器水位自动试投
除氧器水位自动试投
自动调节品质改善
励磁调节器带负荷试验
发电机电压、电流回路检查
发电机-变压器组带负荷保护试验
系统保护带负荷试验
运动计量信息核对

并网25%MCR暖机
计划用时1天

主汽门严密性试验
调节汽门严密性试验
电超速试验
机械超速试验

汽轮机超速试验
计划用时1天

▲ 图 8-4 整套启动试运流程图（一）

发电机转子交流阻抗测试
机组再次并网带负荷
灰渣系统调整
锅炉阀门带负荷运行检查
制粉系统投入第二套
热控自动试投
高、低压加热器投入
厂用电切换试验
25%负荷洗硅
25%ECR调试
计划用时1天

制粉系统投入第三、第四套
制粉系统热态调整
给水参数调整，投入第二台汽动给水泵、两台汽动给水泵并列运行
辅助机械切换试验
制粉系统自动试投
风烟系统自动调整
燃烧初调整
锅炉转直流运行
脱硝系统投入调试
空气预热器间隙调整
锅炉除渣、除灰系统调整
50%负荷洗硅
50%ECR调试
计划用时2天

制粉系统投入第五套
制粉系统热态调整
锅炉吹灰程控投入
锅炉吹灰系统调试
锅炉断油试验
主汽压力自动试投
主再热汽温自动试投
自动控制系统细调
协调控制系统试投
电除尘投运及调试
燃烧细调整
真空严密性试验
过热蒸汽系统安全阀活动试验定
汽轮机阀门活动试验
75%负荷洗硅
75%ECR调试
计划用时3天

制粉系统投入第六套
制粉系统热态调整
满负荷运行全面检查与测量
负荷变动试验
自动系统调节品质改善
燃烧调整
100%负荷洗硅
100%ECR调试
计划用时2天

RB试验
甩负荷试验
RB试验、甩负荷试验
计划用时3天

停机试验
惰走时间测量
各系统滤网、设备缺陷全面消除
容器全面清扫
主、辅机油质化验合格
停机消缺
计划用时3天

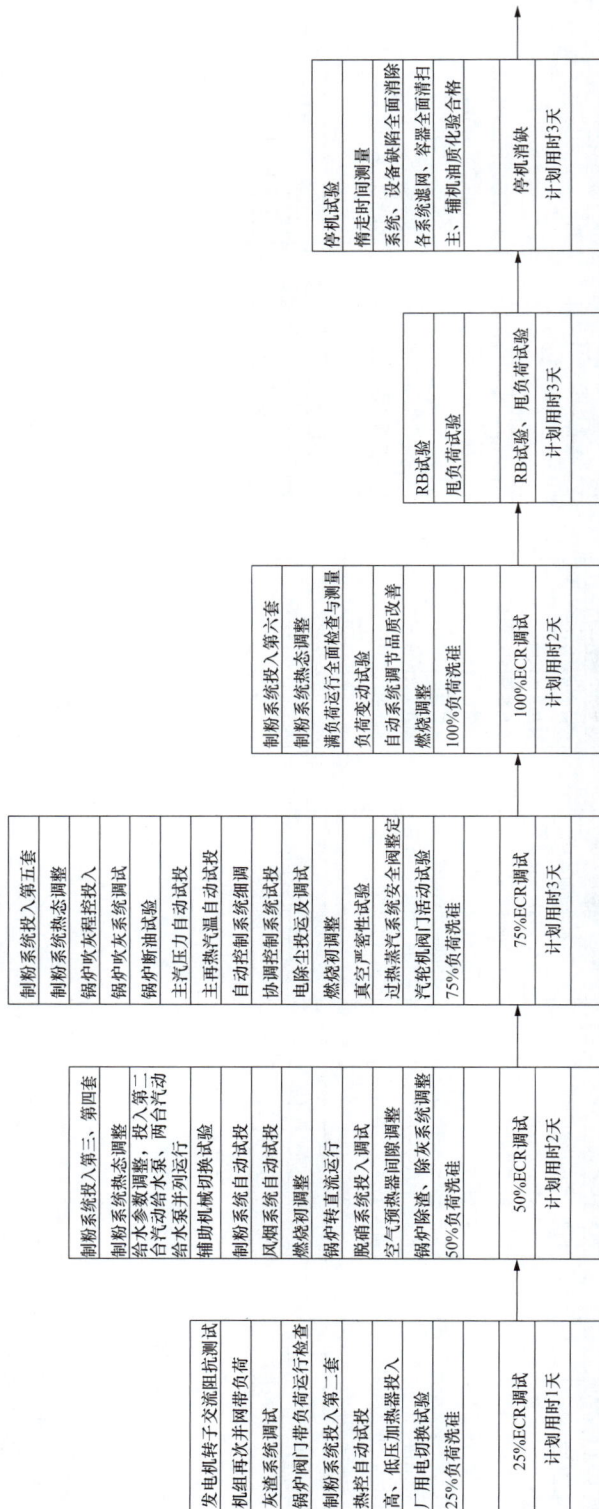

▲ 图8-5 整套启动试运流程图（二）

温态、热态启动试验

启动试验
计划用时2天

发电机达铭牌额定功率660MW
断油全燃煤运行
低压加热器、高压加热器、除氧器已投运
电袋除尘器已投运
锅炉吹灰系统已投运
脱硫、脱硝已投运
精处理已投运，汽水品质合格
热控保护投入率100%
热控自动投入率≥95%，协调已投入
热控测点仪表投入率≥98%，正确率≥97%
电气保护投入率100%
电气自动投入率100%
电气测点仪表投入率≥98%，正确率≥97%
满负荷试运已报调度部门同意
满负荷试运进入条件已登证，总指挥已批准

168h满负荷试运
计划用时8天

机组连续完成168h满负荷试运
平均负荷率≥90%额定负荷
热控保护投入率100%
热控自动投入率≥95%，协调已投入
热控测点仪表投入率≥99%
热控测点仪表正确率≥98%
电气保护投入率100%
电气自动投入率100%
电气测点仪表投入率≥99%
电气测点仪表正确率≥98%
汽水品质合格
机组各系统均已全部试运，并能满足机组连续稳定运行要求
满负荷试运结束，签证总指挥批准

168h满负荷试运结束

调速系统参数测试
一次调频试验
AGC试验
AVC试验
发电机进相试验
PSS投入试验

涉网安全性评价试验
计划用时7天

锅炉热效率试验
锅炉最大出力试验
锅炉额定出力试验
锅炉断油最低出力试验
制粉系统出力试验
磨煤机单耗试验
机组热耗试验
机组轴系振动试验
汽轮机最大额定出力试验
机组供电煤耗测试
污染物排放检测试验
噪声测试
粉尘测试
散热测试
电袋除尘器效率
空气预热器漏风率测试
脱硫、脱硝效率测试

涉网安全性评价试验
计划用时8天

投入商业运行

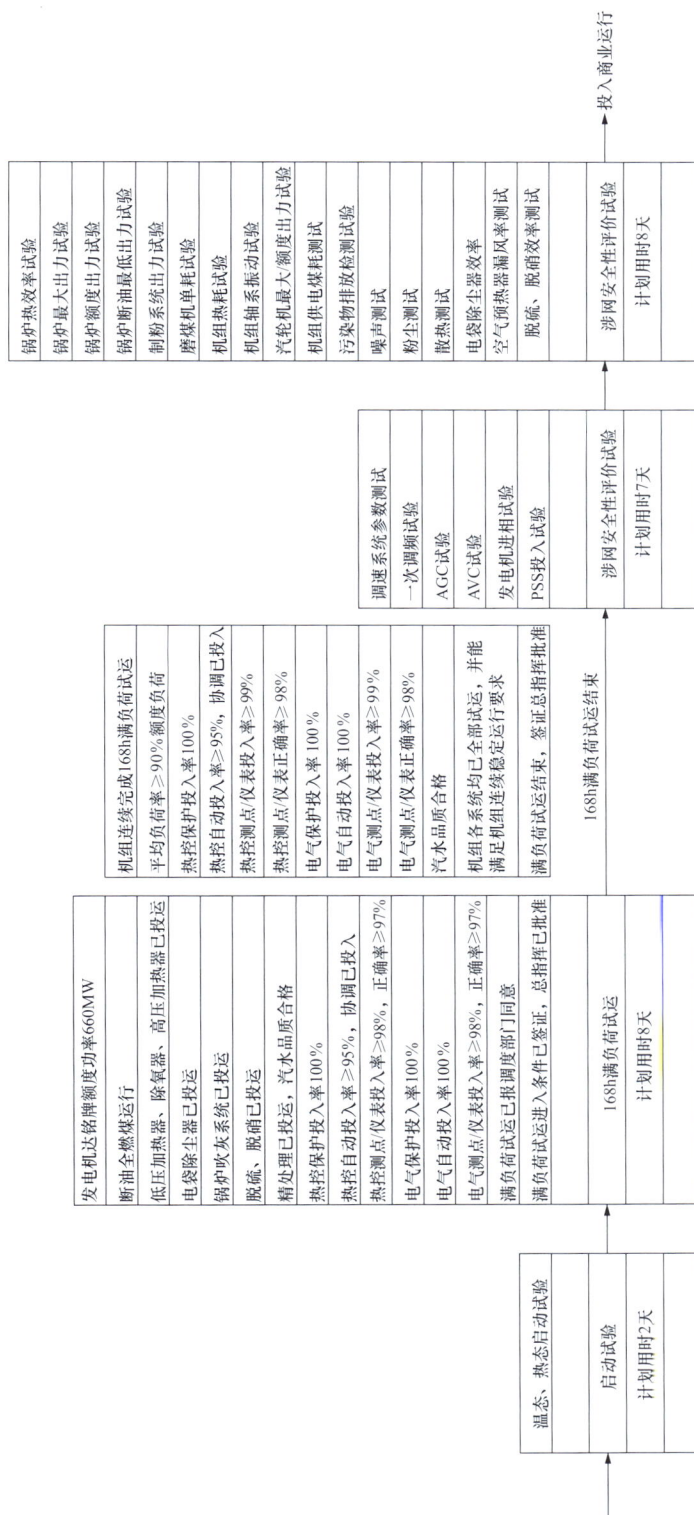

▲图8-6 整套启动试运流程图（三）

中心处理单元冗余检查；输入、输出通道精度测试；事故追忆系统输入、输出信号回路测试，事故追忆功能调试，事故追忆系统打印功能调试。

（三）调试前应具备的条件

（1）集控室、电子设备间、工程师站所有建筑工程施工完毕；空调系统吹扫、试运结束，具备正常投入条件；正式照明已投入使用，照明充足。环境温度为 10~25℃，相对湿度为 40%~70%。

（2）电子间的防尘、防鼠工程已按设计施工完毕，可以正常启用。

（3）正式消防系统已投入使用，或者采取了临时消防措施，满足消防要求。

（4）操作员站、工程师站、历史站及其外围设备、DCS 机柜安装完毕，系统通信电缆等所有厂家提供的预制电缆连接完毕。

（5）机柜绝缘电阻应大于 200MΩ。接地系统按要求施工完毕，并验收合格，机柜接地电阻应小于 0.5Ω。

（6）电气 UPS 不停电电源调试完毕，切换试验正常，输出电压正常，可随时向外部供电。电气保安电源装置调试完毕，切换试验正常，输出电压正常，可随时向外部供电。

（7）DCS 所有设备两路电源电缆安装接线完毕，且标识清楚、准确。

（8）检查电源的熔丝及断路器容量满足设计要求。

（9）专门的安全措施到位。

（四）调试步骤

1. 受电前的准备工作

（1）对照 DCS 厂家及设计院图纸，检查 DCS 所有的供电电源接线正确、可靠。

（2）检查所有 DCS 供电电缆回路的绝缘电阻。用接地/绝缘电阻测试仪进行测量，绝缘电阻应大于 1MΩ。

（3）检查 DCS 接地系统安装完毕，测量 DCS 机柜至接地桩接地电阻应小于 0.5Ω。

（4）检查所有机柜电源模块、处理器模件、通信模件和 I/O 卡件安装位置正确，型号规格等与设计图纸相符，标识清晰。

（5）检查 DCS 操作员站、工程师站、历史站及其外围设备（打印机等）型号规格、安装位置与设计相符。

（6）检查 DCS 通信电缆、预制电缆与设计相符，DCS 盘内接线正确可靠。

（7）检查所有机柜和外设的电源开关在分断位置。

2. 受电步骤

（1）合上电气至 DCS 电源柜电源断路器，在 DCS 电源柜处测量电压值，应在

220±10%之内，极性正确。

（2）合上 DCS 电源柜总断路器，依次合上 DCS 电源柜至各机柜、操作员站、工程师站等分断路器，检查每路电源电压符合要求、极性正确。

（3）交换机柜送电，检查电源模块输出电压正确，交换机状态指示正确。

（4）操作员站、工程师站、历史站及其外围设备送电，检查设备工作状态正常。

（5）控制机柜上电，检查电源模件输出电压正常，处理器模块、通信模块、I/O 模块指示状态正常。

（6）全面检查通信网络，确认相关系统软件能正常启动，确认各功能站正常。

（7）两路电源都受电后，检查同一模件机柜的电源模件 1、2 之间的输出电压值偏差，应小于 5%，若不满足则应进行电压调整或电源模件更换。

3. 软件恢复

（1）从工程师站逐个向各控制器下装控制组态，下装后检查控制器状态是否正常。从工程师站调用控制程序，检查控制组态在线响应正常。

（2）在"机组计算机设备监视"画面上检查各机柜电源、风扇、模件和工程师站、操作员站的通信等状态应正常，无报警和错误信息出现。

（3）在操作员站进行简单的操作，检查操作员站的功能正常。

4. 控制系统冗余切换检查

（1）试验条件。

1）UPS 不停电电源和保安电源经检查正常，且所有电源断路器在合闸位置。

2）全部机柜和外设受电完成。

3）操作员站、历史站、工程师站通信正常。

4）机柜内控制器工作状态正常。

（2）试验步骤。

1）电源冗余方式切换检查。确认 DCS 两路进线断路器均位于合闸状态且供电正常，断开当前供电系统，可观察打印机应无抖动，操作员站、工程师站、历史站等主机不应重启、屏幕不应晃动，记录曲线不应断线。DCS 控制处理器及 I/O 模块供电不得中断，处理器控制功能不得中断或初始化。依次从主电源切换到备用电源，再从备用电源切换到主电源，检查切换过程故障报警功能应正常。

2）网络通信冗余方式切换检查。确认网络正常，任选一网络节点，在任一控制器处将网络 1 断开，检查工程师站、操作员站与处理器通信应正常，操作员站上的画面或数据不应有中断。此项完成后将网络 1 恢复，以同样方法进行网络 2 试验。

3）控制器冗余方式切换检查。确认主、从控制器的状态指示正常，将主控的处理器复位或电源断开，从位的处理器应能自动升至主控。观察控制状态应无改变，记录曲线应无断线。按同样的方法切换至先前主处理器，检查系统控制应是无扰的。

5. I/O 通道校验

（1）模拟量输入通道精度测试。测试方法是用信号发生器模拟现场信号，通过检查操作员站有关画面、工程师站的组态画面，检查每一点均应满足以下要求，必要时进行调整。

1）点名与设计相符。

2）量程（或分度号）与设计相符。

3）转换精度满足要求。

4）在画面上的显示位置与系统要求相符。

5）带报警变色的，其报警变色设置值正确，报警功能正常。

6）模拟量供电方式与设计相符。

（2）开关量输入通道检查。测试方法是用短接线模拟现场信号，通过检查操作员站有关画面、工程师站的组态画面，检查每一点均应满足以下要求，必要时进行调整。

1）点名与设计相符。

2）采样电压与设计相符。

3）在画面上的显示位置与系统要求相符。

4）带报警变色的，其报警变色设置值正确，报警功能正常。

（3）模拟量输出通道精度校验。通过工程师站组态调试工具，在模拟量输出组态功能块置数，用万用表检查其输出毫安值/电压值，检查每一点均应满足以下要求，必要时进行调整。

1）点名及位置与设计相符。

2）量程与设计相符。

3）D/A 转换精度符合要求。

（4）开关量输出通道检查。通过工程师站组态调试工具，在开关量输出组态功能块置数，用万用表（或校验灯）检查其输出接点/逻辑状态，检查每一点均应满足以下要求，必要时进行调整。

1）点名及位置与设计相符。

2）输出继电器动作正确，接点接触良好，接点容量符合设计。

（5）脉冲量输入（转速）通道检查。测试方法是用频率信号发生器模拟现场信号，通过检查操作员站有关画面、工程师站的组态画面，检查每一点均应满足以下要求，必要时进行调整。

1）点名与设计相符。

2）量程与设计相符。

3）转换精度满足要求。

4）在画面上的显示位置与系统要求相符。

5）带报警变色的，其报警变色设置值正确，报警功能正常。

二、机炉电大联锁试验方案

1. 系统概述

机炉电大联锁保护系统有：锅炉跳闸联锁跳闸汽轮机；汽轮机跳闸联锁跳闸锅炉；发电机跳闸联锁跳闸汽轮机；汽轮机跳闸联锁跳闸发电机。

2. 试验范围及目的

通过进行机炉电大联锁试验，检验锅炉和汽轮机，汽轮机和发电机、锅炉，发电机和汽轮机间联锁保护动作的正确性；确保机炉电大联锁功能正常、可靠投运；保证机组的安全运行。

3. 试验前应具备的条件

汽轮机电液调节系统、汽轮机保护系统、锅炉保护系统、电气发电机—变压器组保护系统已经调试完毕，系统间联锁保护信号传递正确。

锅炉具备吹扫条件、MFT联动设备具备试验条件、锅炉专业联锁保护试验已完成。

汽轮机具备挂闸条件、汽轮机阀门具备试验条件、汽轮机跳闸联动设备具备试验条件、汽轮机专业联锁保护试验已完成。

电气发电机–变压器组保护柜工作正常、故障录波仪工作正常且投入使用。发电机–变压器组主断路器、灭磁断路器具备分合闸条件。

4. 调试步骤

定值检查确认；逻辑检查确认；相关系统间信号传动试验；系统检查确认；试验命令下达；进行机炉电大联锁试验。

5. 试验项目

锅炉跳闸，联跳汽轮机；汽轮机跳闸，联跳发电机。

汽轮机跳闸，联跳发电机；发电机已并网（并网延时断开 5s）且负荷大于等于180MW，汽轮机跳闸，联跳锅炉。

汽轮机跳闸，联跳发电机；发电机已并网（并网延时断开65s）且负荷小于180MW，汽轮机跳闸，延时20s后高压旁路或低压旁路仍关闭，联跳锅炉。

发电机跳闸，联跳汽轮机；汽轮机跳闸，联跳锅炉。

6.试验恢复

试验完成后，恢复试验中所做的试验条件，确认系统工作正常后，试验人员撤离。

三、启动电源及厂用电源系统受电调试方案

（一）设备及系统简介

参见"第一章工程概况"中"三、主要设备及系统"电气部分。1号启动备用变压器及高压厂用电系统主接线图见图8-7，1号机组低压厂用电接线图见图8-8。

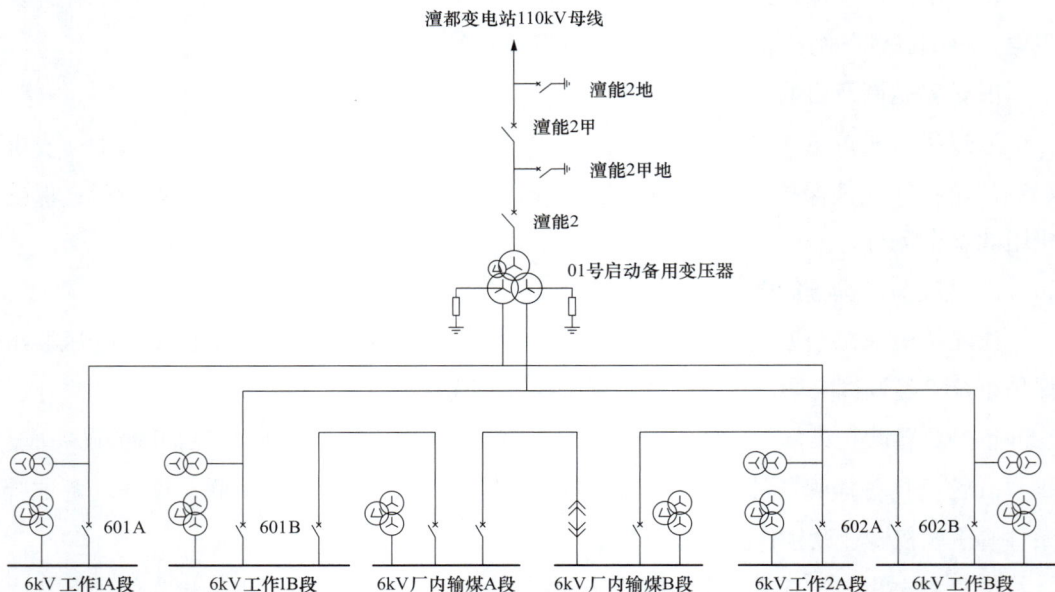

▲ 图8-7　1号启动备用变压器及高压厂用电系统主接线图

（二）调试范围及目的

1.调试目的

通过厂用电系统受电调试，检验110kV线路、1号启动备用变压器、厂用高低压配电装置、保护系统、操作系统等一、二次设备及回路工作的正确性，分析及解决所遇到的技术问题，使机组厂用电系统达到可靠、安全、可用的状态，为机组分部试运打下良好基础。

2.受电范围

（1）110kV线路及1号启动备用变压器。

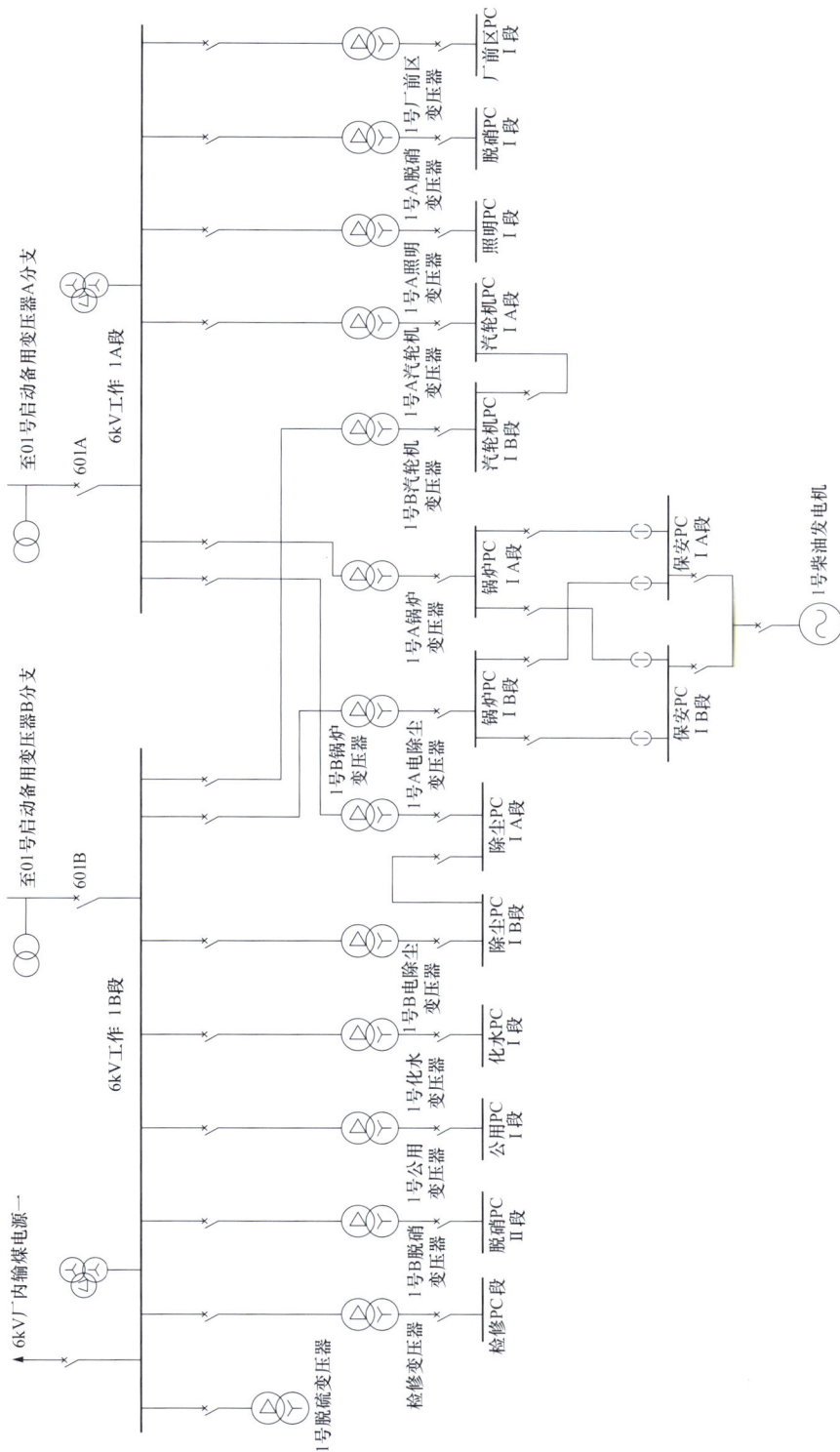

▲ 图8-8　1号机组低压厂用电接线图

（2）1号启动备用变压器低压侧共箱母线至1号机组6kV 1A、1B段、备用进线开关柜（包括分支TV），至2号机组6kV 2A、2B段、备用进线TV；6kV工作段至6kV厂内输煤段。

（3）1号机组及公用系统变压器16台。

（4）1号机组及公用系统400V PC及400V/220V MCC段母线。

3. 调试内容

110kV线路带电后站内AIS设备检查、TV回路及避雷器检查；1号启动备用变压器全压冲击试验；1号启动备用变压器带电条件下有载断路器调压检查；6kV母线、400V PC段及MCC段母线送电；各低压变压器试运行检查；保护测量装置带负荷检查试验；高、低压厂用电系统试运。

（三）调试前应具备的条件

1. 施工、生产准备、调度应具备的主要条件

（1）受电范围内的建筑工程已全部完工，电气设备安装已全部完毕，照明、通信、消防等设施满足受电要求。

（2）受电范围内道路平整无障碍，受电部分与非受电部分隔离措施完善，围栏及各种警示标识已准备齐全并配置到位。

（3）厂用电系统运行准备工作已完成，一、二次设备均按正式名称挂牌且标识清晰，电厂运行与各级调度部门通信畅通。联系调度部门下达110kV线路及1号启动备用变压器试运调度措施。

（4）受电区域内接地网络接地电阻测试合格，受电区域、设备达到办理代保管条件。保护及自动装置定值已正式审批并执行。

厂用受电工作流程图见图8-9。

（5）系统送电准备工作经安全性评价检查合格。通过电力建设质量监督机构受电前监检。

2. 设备系统应具备的条件

（1）110kV澶能线送电试运项目完成，具备1号启动备用变压器线路受电和冲击条件。

（2）按照GB 50150—2016《电气装置安装工程　电气设备交接试验标准》完成受电范围内所有一次设备的调整试验、1号启动备用变压器局部放电试验、绕组变形试验、中性点耐压试验、1号启动备用变压器有载调压分接断路器试验且全部合格。

（3）受电范围内所有二次设备和系统单体调试完毕并投运，且经验收合格。

（4）DCS受电及软件恢复工作完成，厂用电监控系统已投运，受电范围内电气设

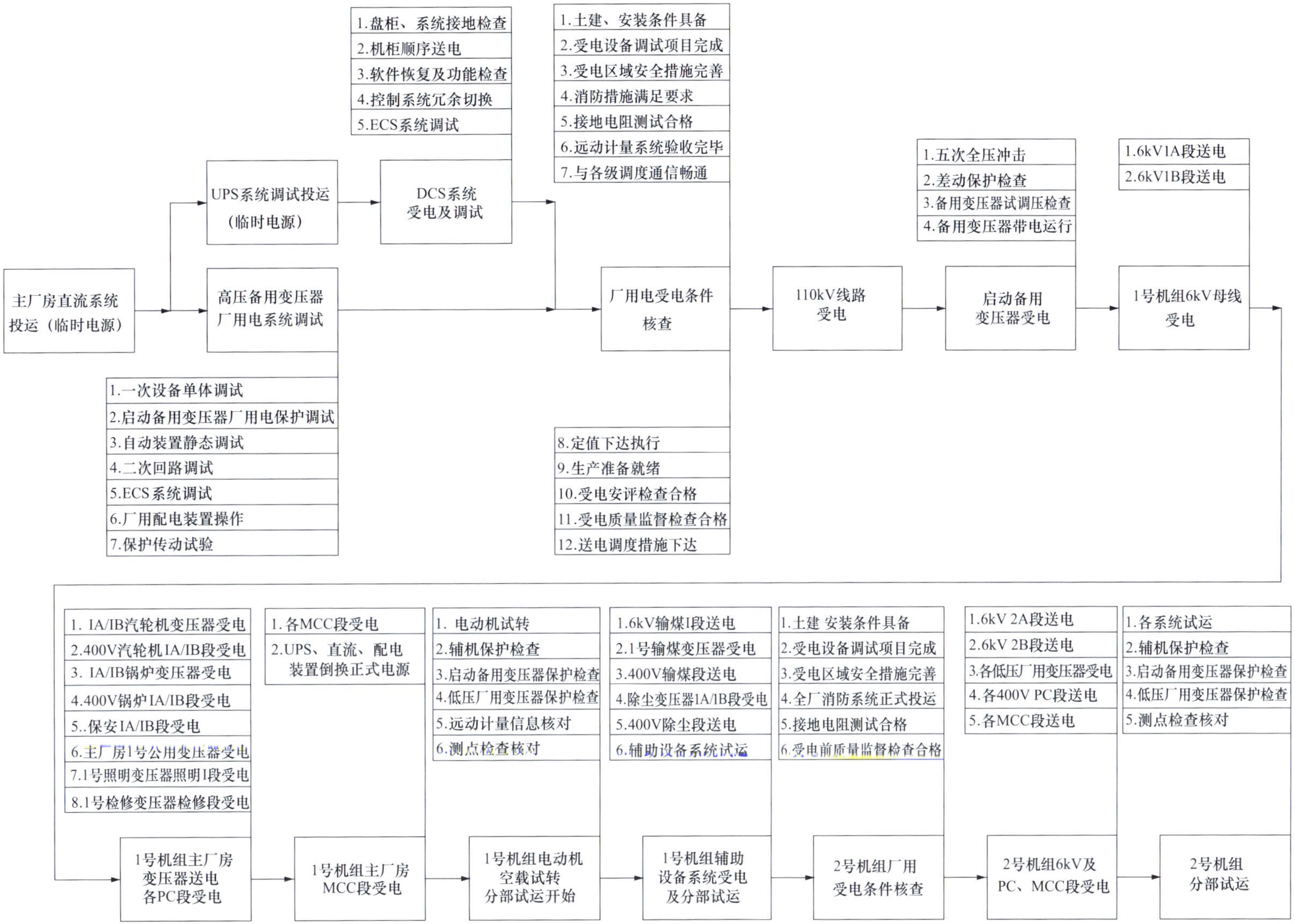

▲ 图 8-9　厂用受电工作流程图

1. 盘柜、系统接地检查
2. 机柜顺序送电
3. 软件恢复及功能检查
4. 控制系统冗余切换
5. ECS系统调试

DCS系统
受电及调试

1. 土建、安装条件具备
2. 受电设备调试项目完成
3. 受电区域安全措施完善
4. 消防措施满足要求
5. 接地电阻测试合格
6. 远动计量系统验收完毕
7. 与各级调度通信畅通

厂用受电条件
核查

1. 五次全压冲击
2. 差动保护检查
3. 备用变压器试调压检查
4. 备用变压器带电运行

启动备用
变压器受电

1. 6kV1A段送电
2. 6kV1B段送电

1号机组6kV母线
受电

110kV线路
受电

8. 定值下达执行
9. 生产准备就绪
10. 受电安评检查合格
11. 受电质量监督检查合格
12. 送电调度措施下达

UPS系统调试投运
（临时电源）

高压备用变压器
厂用电系统调试

1. 一次设备单体调试
2. 400V汽轮机1A/1B段受电
3. 自动装置静态调试
4. 二次回路调试
5. ECS系统调试
6. 厂用配电装置操作
7. 保护传动试验

主厂房直流系统
投运（临时电源）

1. 各系统试运
2. 辅机保护检查
3. 启动备用变压器保护检查
4. 低压厂用变压器保护检查
5. 测点检查核对

2号机组
分部试运

1. 6kV 2A段送电
2. 6kV 2B段送电
3. 各低压厂用变压器受电
4. 各400V PC段送电
5. 各MCC段受电

2号机组6kV及
PC、MCC段受电

1. 土建、安装条件具备
2. 受电设备调试项目完成
3. 受电区域安全措施完善
4. 全厂消防系统正式投运
5. 接地电阻测试合格
6. 受电前质量监督检查称合格

2号机组厂用
受电条件核查

1. 电动机试转
2. 辅机保护检查
3. 启动备用变压器保护检查
4. 低压厂用变压器保护检查
5. 远动计量信息核对
6. 测点检查核对

1号机组电动机
空载试转
分部试运开始

1. 6kV输煤段送电
2. 1号输煤变压器受电
3. 400V输煤段送电
4. 除尘变压器1A/1B段受电
5. 400V除尘段送电
6. 辅助设备系统试运

1号机组辅助
设备系统受电
及分部试运

1. 各MCC段受电
2. UPS、直流、配电
装置倒换正式电源

1号机组主厂房
MCC段受电

1. 1A/1B汽轮机变压器受电
2. 400V汽轮机1A/1B段受电
3. 1A/1B锅炉变压器受电
4. 400V锅炉1A/1B段受电
5. 保安1A/1B段受电
6. 主厂房1号公用变压器受电
7. 1号照明变压器照明1段受电
8. 1号检修变压器检修段受电

1号机组主厂房
变压器送电
各PC段受电

备具备操作条件。

（5）受电范围内所有指示仪表、变送器、电能表、温度计经校验合格。

（6）1号启动备用变压器保护、测量控制等二次回路调试已完成，测温、冷却系统调试、本体有载调压远方操作、整组传动等调试工作已完成。

（7）6kV、400V母线系统、变压器接线检查，二次回路调试，保护、信号动作试验、绝缘监察装置试验已完毕，可正常投运。

（8）厂用电快切、6kV、400V断路器、隔离开关的二次回路试验及整组传动试验已完毕。

（9）具备试运转条件的厂用辅机总容量满足线路保护1号启动备用变压器受电后带负荷校验的要求。

（10）1号启动备用变压器本体（通风及有载调压机构）动力控制系统、直流电源系统、UPS不停电电源系统已提供可靠的临时电源，可保证受电过程中的正常运行。

（四）调试步骤

有关110kV澶能线的操作详细步骤应遵照调度措施执行。

1.110kV澶能线带电后站内AIS设备检查、TV回路及避雷器检查

检查110kV澶能线AIS配电装置绝缘测试合格。由对侧澶都变电站完成110kV澶能线受电操作。冲击前检查AIS设备，冲击时按规范、调度措施要求做好各项数据的测量、记录。

2.1号启动备用变压器全压冲击试验

（1）检查1号启动备用变压器高压侧间隔所有隔离开关、接地开关、断路器在断开位置，无临时措施。投入启动备用变压器风冷系统并确认工作正常。

（2）1号启动备用变压器绝缘测试合格，1号启动备用变压器低压侧1A、1B段各备用分支进线TV及备用分支进线断路器绝缘合格，测试6kV工作1A、1B段母线、TV绝缘合格。检查6kV工作1A、1B段所有断路器、TV均在隔离位置，投入TV一次熔断器，将6kV工作1A、1B段备用分支进线TV推入工作位置，合上TV二次空气开关。

（3）确认1号启动备用变压器中性点接地良好，检查分接头在额定挡位（或调度指定挡位），确认气体继电器内无气体。投入1号启动备用变压器全套保护。

（4）按调度措施完成1号启动备用变压器全压冲击试验前的各项操作。

（5）合上1号启动备用变压器高压侧断路器，进行第一次全压冲击。进行首次带电后检查，低压侧电压显示应正常。第一次受电后持续运行时间不应少于10min。

（6）第1次冲击检查无异常，断开高压侧断路器。断电5min后操作高压侧断路器分别进行第 2~4 次冲击，每次冲击后带电运行 5min，冲击间隔冷却时间为 5min。

（7）第 4 次冲击无异常后，断开高压侧断路器并断开直流控制电源。将 6kV 工作 1A、1B 段备用分支进线断路器推入工作位置。

（8）送上 1 号启动备用变压器高压侧断路器的直流控制电源，合上 1 号启动备用变压器高压侧断路器进行第 5 次冲击。检查无异常后不再断开高压侧断路器。

（9）录取并分析每次冲击 1 号启动备用变压器励磁涌流波形是否正常，检查差动保护是否可靠躲过涌流影响。记录每次冲击送电及断电冷却的时间，监视带电后低压侧电压显示是否正常。

（10）在 1 号启动备用变压器空载条件下进行有载调压检查，试验正常后将分接头放置回额定挡运行，监视并记录各挡位下的 1 号启动备用变压器低压侧电压。1 号启动备用变压器带电空载运行。

3. 1 号启动备用变压器受电后的后续受电工作

1 号启动备用变压器冲击试验及投运工作完成后，依次进行 1 号机组 6kV 系统受电、1 号机组主厂房低压厂用变压器投运及主厂房 400V PC 段母线受电、1 号机组辅助车间低压厂用变压器投运及低压母线受电、1 号机组 MCC 段受电。

4. 1 号启动备用变压器试运行及保护测量装置带负荷检查

（1）1 号启动备用变压器、1 号机 6kV 工作 1A、1B 段母线及主厂房 PC 段受电正常后，应立即组织具备条件的电动机负荷进行试运行，为保护校验创造条件。

（2）厂用电负荷满足要求后，对 1 号启动备用变压器高、低压侧保护进行带负荷检查，线路保护、1 号启动备用变压器保护检查正确后，及时将保护按正常方式投运。由对侧澶都变电站检查 1 号启动备用变压器线路接入线路保护、母差保护装置的 TA 极性正确性，线路保护、母差保护的差流是否正常，将保护按正常方式投入。

（3）在 1 号启动备用变压器带负荷情况下，及时核对受电线路及 1 号启动备用变压器系统关口计量数据、测量数据信号正常。

（4）1 号启动备用变压器额定电压下运行 24h 后，对变压器器身内绝缘油进行一次油中溶解气体的色谱分析，检查报告中各项数据是否符合相关标准的要求。

四、电气整套启动调试方案

（一）调试目的及内容

1. 调试目的

规范机组电气专业整套启动调试工作程序，确定各系统设备整套启动的试验项目和操作步序，明确整套启动各阶段电气专业调试工作的任务，确保机组整套启动工作安全、可靠、顺利地完成。

2. 调试内容

包括发电机空载励磁系统试验、发电机—变压器组短路特性试验、发电机—变压器组空载特性试验、发电机同期系统检查及试验、发电机—变压器组保护带负荷试验、发电机励磁系统带负荷试验、厂用电源切换试验、变压器试运、发电机—变压器组测量及监控系统带负荷试验、电气控制系统调整试验、电气168h满负荷试运行。

（二）调试前应具备的条件

1. 一般条件

机组整套启动试运区域及公用设施区域内，所有土建、安装工作完毕，安全、消防设施完善，道路通畅，照明系统（包括事故照明）完善且正常投入，现场清理干净，无关人员撤离现场。

所有电气设备配电室、专用间名称编号齐全，标识清楚。电气一、二次设备按正式名称标示齐全，危险部位应按安全规程的要求悬挂警示牌。各运行设备间保持通信畅通。

2. 设备及系统条件

（1）220kV线路已竣工并经验收合格。

（2）发电机—变压器组及其附属系统的一次设备已按照GB 50150—2016《电气装置安装工程电气设备交接试验标准》的规定试验合格，具备投运条件。发电机—变压器线路组系统及辅助设备分系统调试合格并通过交接验收，各项特殊试验已完毕。

（3）发电机绝缘过热装置、氢气检漏装置、封闭母线微正压装置具备投运条件。发电机辅助系统（氢、油、水系统）分系统试运完毕，锅炉、汽轮机及其附属系统分系统试运完毕，具备投运条件。

（4）各级厂用电系统、高压厂用电切换、厂用辅机系统单体和分系统调试合格并通过验收，已正常投运。

（5）110V及220V直流电源系统、UPS不停电电源系统、柴油发电机及保安电源系统单体和分系统调试合格并正常投运，柴油机正常投入备用。

（6）数据专网通信、远动、计量装置、GPS对时装置、功角测量装置、信息管理子站设备调试完毕并正常投运。

（7）机、炉、电保护联锁试验已完毕并通过验收签证。

3. 生产管理条件

电气专业正式保护定值已下达并整定完毕。备品备件准备充足。

运行人员上岗，熟悉运行规程及该试验措施。电厂运行与各级调度部门通信畅通。

4. 外部条件

机组整套启动工作已通过质监及安全性评价检查。机组整套启动工作已申请调度部门批准，由调度部门下达220kV线路送电及发电机并网调度措施。

（三）调试内容

1. 调试准备

（1）测量相关设备的绝缘电阻应合格。

（2）断开励磁变压器与发电机封闭母线的连接，从厂用6kV工作段发电机试验电源间隔引一路电源接至励磁变压器的高压侧，作为发电机—变压器组短路、空载试验电源。

（3）远方操作发电机试验电源断路器对励磁变压器送电，测量并记录励磁变压器低压侧电压值和相序，检查正常后励磁变压器退出运行，将发电机试验电源断路器拉至试验位置。

（4）检查主变压器、高压厂用变压器气体继电器已放气，变压器压力继电器已复位，变压器油路已全部打开，变压器冷却器已正常投运。检查主变压器、高压厂用变压器抽头在正确位置。运行方式符合调度要求。

（5）在发电机出口安装短路铜排，截面积应满足发电机额定电流下长期运行需求。

（6）检查6kV工作段工作进线柜安全措施已拆除，工作进线断路器在试验位置，将工作进线TV推入工作位置并合上二次空气开关。

（7）检查确认发电机—变压器组系统一、二次回路所有操作熔断器、TV熔断器正常。各TV一次接地良好。

（8）检查系统所有的电流二次回路无开路，电压二次回路无短路。

（9）准备好电气整套启动试验所需的录波仪、仪表及二次接线、工具、图纸资料和试验表格。

（10）安排对直流、UPS、事故保安电源进行检查，并对柴油机进行启动试验。

（11）检查并投入主变压器、高压厂用变压器非电量保护及复压过流保护等电量保护，保护出口仅跳发电机灭磁断路器。

（12）投入发电机断水、发电机转子接地、定子过负荷、发电机复压过流、发电机过电压、励磁变压器速断过流、励磁绕组过负荷的保护连接片。所有保护出口仅跳灭磁断路器。由于在发电机短路试验过程中发电机差动保护无法投入，所以将发电机复压过流保护电流定值设为1.1倍额定数值，延时缩短为零秒，替代发电机差动作为主保护。

（13）检查确认220kV线路停运，线路全套保护退出。

（14）将电气送至DEH的1号发电机并网信号强制断开，防止短路试验中并网断路器合闸引起汽轮机超速。在励磁调节器处拆除"并网信号"回路。

（15）对参与试验的有关人员进行安全技术交底及危险点分析。生产单位准备好绝缘靴、绝缘手套、绝缘垫、接地线、验电器等安全工器具，准备好相应的操作票。

（16）通知整套启动试验时应到的设备厂家（发电机—变压器组保护、励磁调节器、同期、厂用电快切、发电机、主变压器）技术人员到场。

2. 启动过程中电气系统试验项目

发电机转子交流阻抗测试、发电机三相短路试验、发电机—变压器组短路试验、发电机—变压器组空载试验、励磁系统动态试验、发电机—变压器组带线路零启升压及线路冲击试验、发电机—变压器组假同期试验、发电机自动准同期并网、机组带负荷电气保护检查试验、励磁系统带负荷试验、厂用电电源切换试验、甩负荷试验。

3. 机组带负荷、满负荷试运行

（1）定期监视并记录机组不同负荷下各参数及设备运行情况。记录不同试验阶段发电量、送出电量、厂用电量。统计168h期间的平均负荷率及厂用电率。

（2）在不同负荷下定期对主设备温度测量并记录。测试发电机在不同负荷下的轴电压。

（3）在不同负荷下对发电机—变压器组保护进行带负荷检查。进入168h满负荷试运前统计机组全部电气保护、自动装置的投入率，统计机组全部电气仪表的投入率、正确率。对电气各自动装置定期巡视检查。

（4）对各变压器进行运行检查，对运行24h后的油浸变压器取油样进行色谱分析。

（5）在满负荷下对发电机—变压器组保护进行检查，并对整套启动期间保护动作情况进行统计。

第三节　汽轮机、锅炉专业调试方案

一、循环水系统调试方案

（一）设备及系统简介

见第一章相关部分内容。

（二）调试范围、目的及工作内容

1. 调试范围和目的

循环水系统调试范围主要包括循环水泵、电动机冷却水泵、循环水泵出口液控蝶阀、凝汽器及其相关系统等。通过对循环水系统的调试，保证系统各运行参数正常、联锁保护动作可靠、信号正确，提高凝汽器冷却水管的传热效果，保证机组运行状态良好、经济、安全。

2. 调试工作内容

DCS 操作控制、保护联锁功能试验；循环水泵冷却水管道冲洗；冷却水泵试转；循环水泵试转及系统停运。

电厂供水系统图见图 8–10。

（三）调试前应具备的条件

（1）冷却塔内部清理干净，循环水泵前池及入口流道清理干净，具备上（充）水条件。流道平板滤网完善可靠，转刷网篦清污机已调试完毕，可以受入运行。

（2）所有手动、电动阀门，出口蝶阀开关方向正确、动作灵活，无卡涩。设备、仪表及系统已安装完毕；系统所有管道阀门应挂牌并标注名称。电动阀门就地、远方操作试验合格。

（3）凝汽器灌水、检漏正常，主循环水管道经水压试验合格，循环水进回水主管道内部已清扫干净，各孔、门封堵严密。

（4）控制室具备操作条件，热工测点（电流、温度、压力、流量、水位等）及信号、音响装置调试完毕，热工信号及联锁保护传动试验完毕。

（5）循环水泵电动机试转 8h 结束、各项指标合格；润滑冷却水系统工作正常；电动机推力轴承油室油位正常。

（6）循环水出口母管至辅机冷却水系统阀门关闭。循环水系统充水时，应待系统空气放尽及凝汽器水室放空气门无空气排出后，方可关闭凝汽器水侧空气门。

（四）循环水泵启动前的操作内容

循环水泵出口液控蝶阀活动及联锁试验；冷却水管道冲洗、试转管道泵；循环水系统注水。

（五）循环水泵试转及系统投运

（1）检查循环水系统已完善，开式冷却水系统已隔离，胶球清洗系统已隔离，循环水泵泵体自动排气门开启。

（2）启动冷却水管道泵，检查循环泵轴承及发电机冷却水应畅通。

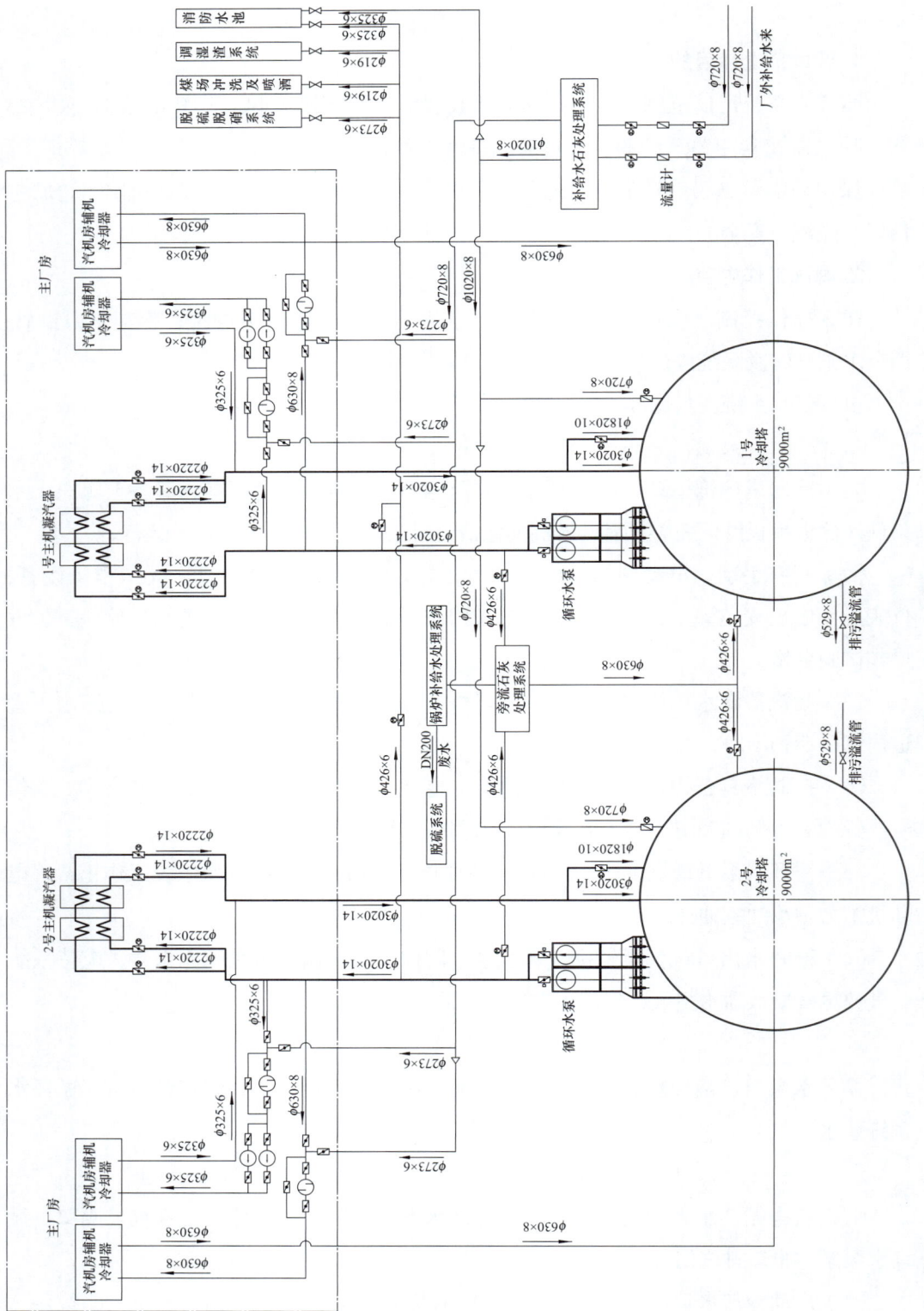

▲ 图8-10 供水系统图

（3）投入循环水泵出口液控蝶阀联锁。送上循环水泵、出口液控蝶阀的动力和控制电源。

（4）启动循环水泵，出口液控蝶阀联锁开启，记录电流返回时间。检查循环水泵组轴承振动、温升、循环水泵出口压力在技术说明书要求范围之内，检查泵内应无异常声音、管道法兰应无泄漏，电流值不大于额定电流。

（5）循环水泵首次启动时，泵组达到全速后停泵，以检查有无异常响声、振动，仪表功能是否正常，系统及循环水泵有无泄漏等情况。

（6）调整轴承和盘根冷却水量，保证轴承温度在正常范围内，盘根漏水量适中。

（7）检查冷却塔配水槽水流情况，冷却塔落水面积大于配水槽落水总面积的 80% 且均匀。

（8）初次启动后应时刻监视前池入口滤网的堵塞情况和前池水位。投入转刷网篦清污机运行。板刷连续运行时，检查网篦前、后水位差应在 20~40mm，最大不应大于 300mm，防止出现滤网堵塞造成水泵汽蚀的情况。

（9）根据情况切换电动机冷却水由外来水源为自供水源。

（六）循环水系统停运

（1）循环水泵运行 8h 后关闭循环水泵出口蝶阀，泵联锁停运。

（2）循环水泵组完全停止后，方可中断润滑冷却水的供给。做好运行参数记录。

（七）注意事项

（1）循环水泵出口液控蝶阀门单体调试结束后，按循环水泵厂家要求测定关闭时间及角度。

（2）循环水泵启动前的管道注水应从循环水塔池管道开始，防止循环水管道因空管而漂浮。

（3）循环水系统投运前，胶球清洗系统的阀门、收球网应静态试验完毕，且能够开关到位。

二、凝结水系统调试方案

（一）设备及系统简介

见第一章相关部分内容。凝结水系统图见图 8-11。

（二）调试范围、目的及内容

1. 调试范围和目的

凝结水及凝结水补充水系统调试范围是凝结水泵相关的管道、滤网、阀门、凝结

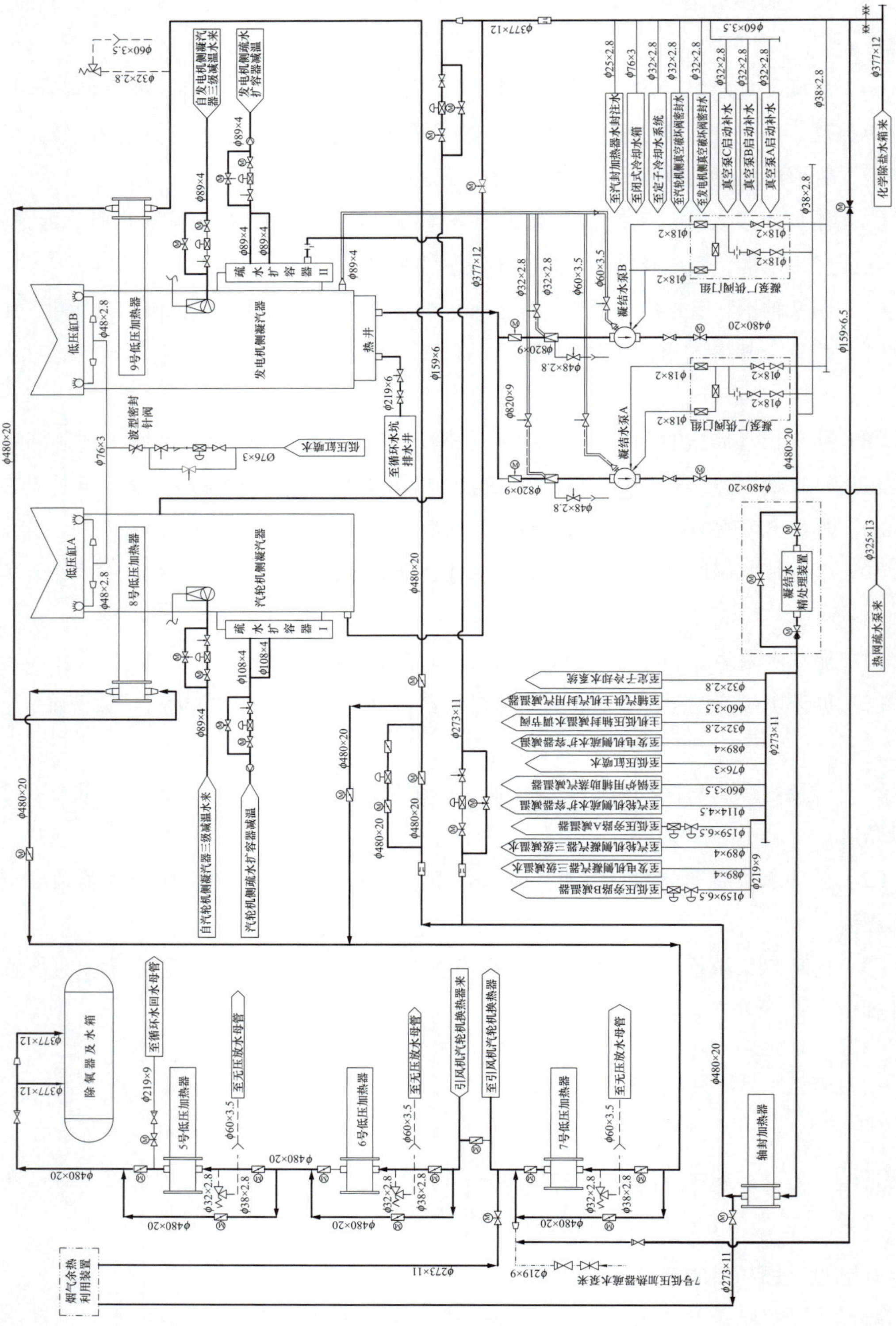

▲ 图8-11 凝结水系统图

水自动补水装置等。通过对凝结水泵及其附属设备的调试，保证系统各运行参数正常，联锁保护动作正常、信号正确、达到程控投运条件，保证机组运行具有良好的经济性和安全性。

2. 调试内容

热工信号及联锁、保护校验；凝结水泵试转及系统调整；凝结水及其补水系统的冲洗；凝结水泵及系统的投运和动态调整。

（三）调试前应具备的条件

（1）系统内的手动、电动阀门调试完毕，开关灵活，无卡涩，限位开关位置正确、指示无误。

（2）有关热工、电气回路的调试工作已结束。热工、电气联锁、保护试验合格，事故按钮试验正常。所有仪表安装齐全并检验合格，就地仪表校验合格可投入，打开仪表一次门。

（3）凝结水补充水系统冲洗及调试工作已结束。

（4）凝汽器冲洗工作已结束，凝汽器上水至高水位。凝结水泵进口管道冲洗合格。

（5）凝结水泵进口滤网已安装，并清洗干净。凝汽器内凝结水管道入口前加装大于5倍凝结水泵入口滤网面积的临时滤网，滤网孔径为3~5mm，滤网底部应有50mm高的挡水板。

（6）发电机单转8h，转向正确，电流、振动、温升等各项指标合格。

（四）调试步骤

1. 热工信号及联锁保护检查试验

热工信号及联锁保护传动试验合格；检查所有凝结水系统管道上的阀门均在关闭位置；凝结水泵电动机控制断路器在试验位置。

2. 凝结水补水系统的冲洗

凝结水补水系统的冲洗应合格。

3. 凝结水泵试运行

（1）启动前的检查。

1）手盘转子应灵活，转动不得少于3圈，轴承油位正常。

2）打开凝结水泵入口门，关闭凝结水泵出水管路电动门和压力表旋塞。开启泵体至凝汽器放空气门，向水泵充水。投入泵密封水（保持压力为0.4~0.6MPa）、轴承冷却水（保持压力为0.25~0.4MPa）系统。

3）检查电气仪表回路正常，电动机绝缘合格。拉合闸试验良好，送动力电源和操作电源。

4）低压加热器、精处理进、出口门关闭，旁路门开启，与系统隔离。除氧器进水喷嘴暂时不装。

5）关闭6号低压加热器进水及旁路电动门，开启化学除盐水至凝结水管路补水门，开启管道放空气门，直至空气排净，关闭放空气门。

（2）凝结水泵变频启动。

1）检查凝结水泵变频器正常，电源侧断路器在工作位置，变频器初始设定值为25Hz。

2）开启凝结水再循环阀门，使凝结水泵处于再循环状态。

3）变频启动凝结水泵，电动机频率应为25Hz，出口电动门应联动打开。

4）检查各仪表读数，手动增加变频器设定值，逐步将电动机频率升至50Hz。升速过程中注意检查泵组振动、电流、出口压力及各轴承温度等运行参数和情况。一切正常后，稳定运行30min。

5）手动降低变频器设定值，逐步将电动机频率降至25Hz，检查泵组运行情况，降速过程中注意泵组振动、电流、出口压力及各轴承温度。一切正常后，逐步将电动机频率升至50Hz，检查管道及法兰处无泄漏，泵组振动无异常。

6）将凝结水泵的密封冷却水切换为自供冷却水。

7）监视凝汽器水位，若水位下降，应及时向凝汽器补水。

8）凝结水泵连续正常运行8h后停止。

（3）凝结水泵工频启动。

1）开启凝结水再循环阀门，使凝结水泵处于再循环状态。

2）启动凝结水泵，出口电动门应联动打开。

3）注意监视凝结水泵电动机电流不应超过额定值。检查各仪表读数和密封水管供水情况。运行正常后，将凝结水泵的密封冷却水切换为自供冷却水。凝结水泵出口门关闭的情况下，运转时间不应超过2min。

4）监视凝汽器水位，若水位下降，应及时向凝汽器补水，运行中注意监视电动机的振动、温升及电流。凝结水泵运行时检查泵、管道及法兰等处无泄漏、振动现象。

5）凝结水泵连续正常运行8h后停止。

4. 凝结水系统试运行

凝结水系统试运行的目的是对整个凝结水系统进行冲洗和通水检查，并初步了解凝结水泵的性能及检查其工作状态。机组运行中，变频泵运行，工频泵投入备用；工频泵运行时，变频泵切为工频备用。

（1）系统冲洗。凝结水系统在进行通水检查及投入机组整套启动前应进行水冲洗。在冲洗阶段，冲洗水走各低压加热器旁路、精处理装置旁路，除氧器进水喷嘴暂时不安装。

（2）在冲洗时，注意以下事项。

1）在可以维持除氧器水箱水位及凝结水泵电流不超限的情况下，尽量开大除氧器水位调节旁路调节阀。检查管道应无振动、泄漏等情况，水冲洗直至合格为止。

2）当主凝结水主管冲洗完毕后，冲洗凝结水杂用水母管（母管在端头处引临时排放管至地沟）。冲洗时不装滤网、拆除喷嘴，对凝结水各用户支管逐一冲洗，水质清澈后恢复正式系统。

3）冲洗完毕后，清扫除氧器水箱、凝汽器及凝结水泵入口滤网及临时滤网，恢复正式系统。

（3）加热器的通水检查。加热器通水检查是在凝结水管路冲洗结束后进行的，其目的是通过对低压加热器水侧通水试验，检查是否泄漏并对其清洗。通水检查路线与水冲洗基本一致，只是低压加热器不走旁路，而精处理装置仍走旁路。通水检查过程中要注意检查各加热器的汽侧水位，如有升高应停泵检查并予以处理。

三、汽动给水泵组及其系统调试方案

（一）设备及系统简介

见第一章相关部分内容。主给水系统图见图 8-12。

（二）调试范围及目的

汽动给水泵组及其系统的调试范围包括汽动给水泵、汽动给水泵前置泵、滤网及其附属设备和系统。通过对汽动给水泵组及相关系统的调试，保证给水参数正常，系统保护、联锁、信号正确。

给水泵汽轮机调节、保安系统静态调试；热工信号及联锁、保护校验；给水泵前置泵试转；给水泵汽轮机单机试转；汽动给水泵组带再循环试转；高、低压减温水管道冲洗；汽动给水泵组带负荷试转；汽动给水泵组振动、温度等参数测量、记录。

（三）调试前应具备的条件

（1）设备、仪表及系统已安装完毕，验收合格且无影响试运的尾工。泵组轴系安装工作结束。

（2）手动、电动及气动阀门动作方向正确且动作灵活，无卡涩。

除氧器给水箱

一号机电动给水泵低压给水来

二号机电动给水泵低压给水来

接二号机电动给水泵再循环管道

汽动给水泵前置泵

汽动给水泵前置泵

至无压放水母管

至无压放水母管

两台机组公用

电动启动给水泵两机公用

至无压放水母管

再热器事故减温器

再热器事故减温器

锅炉厂设计供货范围

至二号机

至一号机

至二号机

至一号机

至高旁减温水

汽动调

前置给水泵

汽动调

前置给水泵

至无压放水母管

至无压放水母管

(中间抽水)

(中间抽水)

过热器一级减温器 过热器一级减温器 过热器一级减温器 过热器一级减温器

锅炉厂设计供货范围

省煤器出口联箱

省煤器进口联箱

蒸汽冷却器

1号高压加热器

2号高压加热器

3号高压加热器

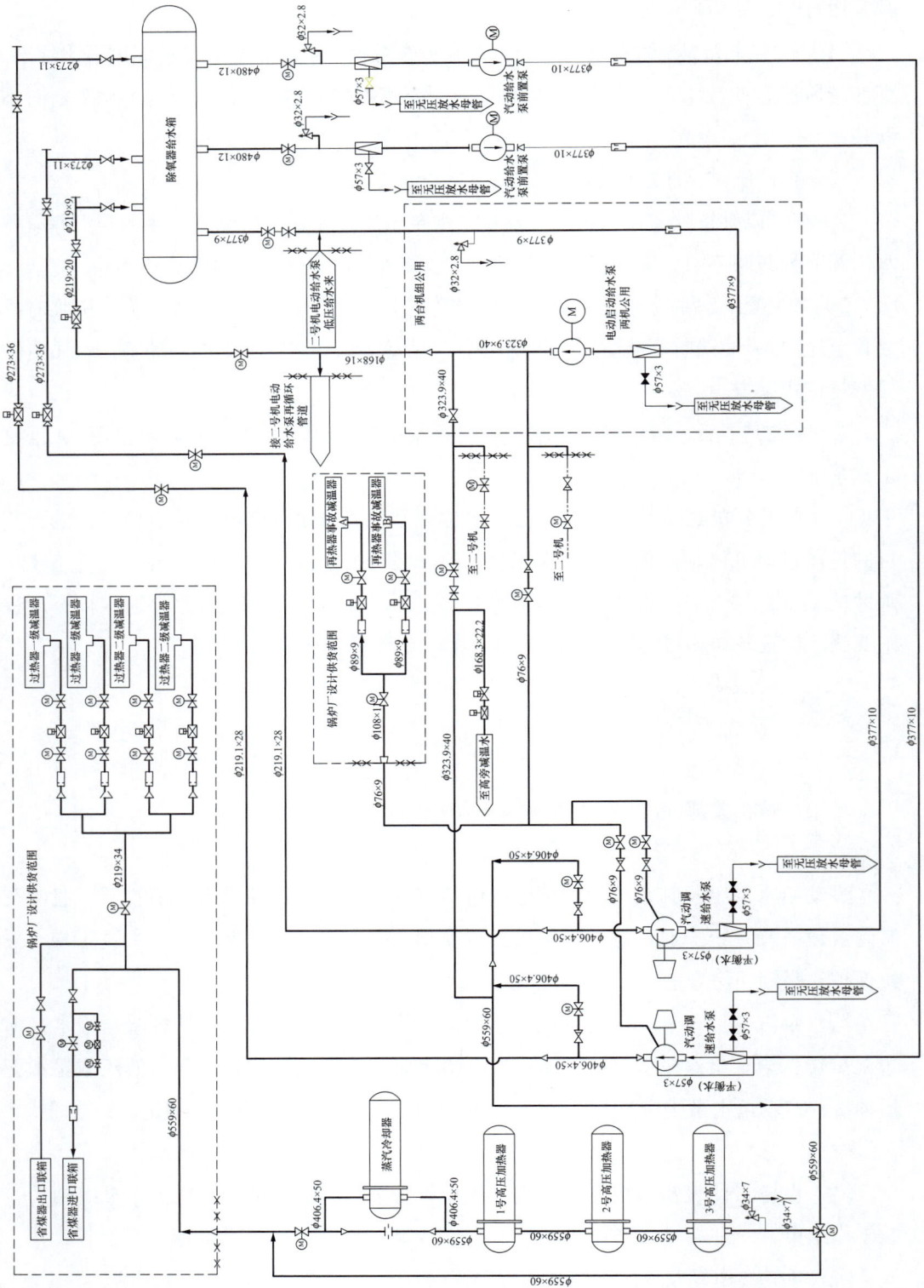

▲ 图 8-12 主给水系统图

（3）给水泵汽轮机润滑油系统油循环结束，油质化验合格，能投入使用。主机抗燃油系统及供给水泵汽轮机抗燃油循环结束，油质化验合格，液压系统相关的各组件试验结束。

（4）LCD具备操作条件，热工测点（电流、温度、压力、流量、水位等）调试完毕，指示值与就地表计相符。热工信号及联锁保护传动试验完毕。

（5）与汽动给水泵组有关的系统包括：凝结水系统、除氧器系统、循环水系统、开式冷却水系统、闭式冷却水系统、真空系统、主机盘车、主机油系统、主机抗燃油系统、辅助蒸汽系统、汽封系统等均已调试完毕，并可投入运行。

（四）调试步骤

1. 盘车系统投运

（1）盘车投入前的工作。热工信号及联锁保护传动试验合格。汽动给水泵组润滑油系统循环冲洗结束，油质化验合格，各轴承润滑油压维持在0.15~0.20MPa。

在盘车投入以前，润滑油系统投入运行且工作正常。TSI转速小于等于140r/min发出。

（2）高速盘车装置对控制逻辑的要求。静态投入远程控制；泵组冲转后盘车自动停止；泵组停运，转速降到设定转速时盘车自动投入；手动盘车时自动盘车禁止投入。

（3）投入给水泵汽轮机盘车运行后，倾听给水泵汽轮机内部是否有摩擦声，记录原始偏心值。

（4）盘车装置脱开。机组冲转后，转速大于盘车转速时，盘车装置离合器脱开。

2. 调节保安系统静态调试项目

（1）切换阀、调节阀LVDT整定；调节保安系统挂闸、遮断、阀门活动试验、超速保护功能试验。

（2）带油动机的动态模拟试验。给水泵汽轮机的挂闸、打闸试验，转速控制功能试验，超速试验，主汽阀活动试验，电磁阀试验。

（3）进行主汽阀、切换阀、调节阀关闭时间的测定。

3. 前置泵单体试转

（1）启动前的操作。

1）LCD上有关汽动给水泵前置泵系统的DAS测点完善，显示正确，各阀门调试完毕，各阀门开关状态显示正确。

2）前置泵及电动机轴承润滑油已加注且油位正常，手盘前置泵转子转动灵活，机械密封冷却水投入，电动机绝缘合格。

3）给水泵汽轮机一台主油泵投入正常运行，另一台油泵投"联锁"，润滑油系统运行正常。

4）除氧器水位正常，汽动给水泵出口门关闭，打开汽动给水泵系统最小流量阀及其前后阀门，开启前置泵入口门，汽动给水泵系统注水、放空气完毕。

（2）启动与停止。

1）系统检查完毕后，在LCD上启动前置泵。

2）检查前置泵的运行情况，测量轴承振动及电动机电流；调整轴承冷却水量，控制轴承温度。

3）前置泵启动正常后，可操作有关阀门，对系统进行冲洗。

4）试转及冲洗结束、各项运行参数记录无误后，停前置泵。

4.给水泵汽轮机单机试转

（1）试转前的准备工作。

1）检查主汽轮机、给水泵汽轮机缸壁温度、TSI，以及系统其他DAS测点投入完善，显示正确。压力开关整定完毕，电磁阀、伺服阀工作正常。

2）投入主机循环水系统，开、闭式冷却水系统，凝结水系统；投入轴封加热器水侧，投入主机低压缸喷水。

3）启动主机润滑油泵、顶轴油泵，投入主机盘车并连续运行。

4）给水泵汽轮机与给水泵的联轴器已有效脱开。

5）启动给水泵汽轮机油箱排烟风机，油箱内维持微负压。

6）启动一台主油泵，检查给水泵汽轮机调节油压、润滑油压正常；油系统滤网前后压差低于0.05MPa；进行两台主油泵、直流油泵的动态联锁试验正常后，投入油泵"联锁"备用状态。

7）投入给水泵汽轮机盘车运行，倾听内部应无机械摩擦声音。冲转前保持连续盘车不少于1h。

8）启动真空泵，主机抽真空；启动一台轴封加热器风机，投入轴封加热器运行。

9）汽轮机、给水泵汽轮机送汽封，汽封母管压力为0.027MPa，温度为150~180℃。检查轴封供、回汽管道疏水系统应畅通，轴封系统减温水系统工作正常，低压汽封供汽温度为121~177℃。

10）开启辅汽集箱至给水泵汽轮机调试用汽电动门及给水泵汽轮机供汽电动门，暖管到主汽阀前。检查主汽阀前疏水畅通，检查给水泵汽轮机本体疏水开启。

11）当汽轮机真空达90kPa以上时，开启给水泵汽轮机排汽蝶阀旁路电动门，给水泵汽轮机开始抽真空。检查给水泵汽轮机真空度与汽轮机真空度相差不大时，开启给水泵汽轮机排汽真空蝶阀。

12）汽轮机冲转前，检查给水泵汽轮机联锁保护投入。

13）投入电超速、轴向位移、低油压、轴承温度、轴承轴振等保护（低真空保护暂时不投），其他有关汽动给水泵、前置泵的保护暂时不投。

（2）给水泵汽轮机冲转及升速。

1）全面检查给水泵汽轮机各系统处于正常状态，操作工具齐全，运行人员到位。

2）给水泵汽轮机首次冷态启动冲转、升速、暖机时间应按照制造厂技术文件的要求执行。

3）按"挂闸"按钮，机组挂闸成功。

4）按"运行"按钮，开启主汽阀，检查画面上"主汽阀全开"信号发出。

5）选择转速自动控制方式。设定目标转速为500r/min，升速率为200r/min/min。机组按给定的升速率增加转速，当转速大于盘车转速时，盘车装置应自动脱开，否则立即打闸停机。

6）升速至500r/min时，对机组进行全面检查。主要检查动、静部分是否有摩擦，振动是否超标，轴向位移及各轴瓦金属温度是否正常等。转速在500r/min停留时间不超过5min。

7）检查合格后，选择目标转速为1000r/min，升速率为200r/min/min。转速升至目标转速值时，进行低速暖机40min。对机组进行全面检查，如振动、轴向位移、内部声音、油压、油温、汽压、汽温等。

8）低速暖机结束后，按原升速率升速至1800r/min时进行中速暖机10min。

9）中速暖机结束后，按原升速率升速至2840r/min，转速升至目标转速值。

10）在热态启动状态，当转速达到500r/min以后，可按400r/min的升速率升至2840r/min。在临界转速范围，给水泵汽轮机升速率自动转为2000r/min/min。

（3）升速过程中应注意的事项。

1）在升速过程中，应逐渐提高排汽缸真空，必要时可启动3台真空泵。

2）升速过程中要及时调整润滑油温，保持冷油器出口油温在40~45℃之间；认真做好振动、轴向位移、油温、油压、真空、排汽缸温度等参数的记录；注意观察机组运行应平稳，无异常声响。

3）第一次启动，应实测第一临界转速。过临界转速时，应较快平稳越过，不得停留；前后轴振（峰—峰值）应小于0.20mm，其他转速下小于0.10mm。

4）升速过程中，若振动增大，应降速暖机，直至振动降至合格范围内再升速；若振动不能降低，应立即停机查找原因。过临界转速时，若振动超标不能硬闯，应立即打闸停机。

5）注意凝汽器、轴封加热器水位在正常值。汽封供汽压力、温度调整在额定范围内。

（4）在2840r/min暖机后，进行给水泵汽轮机超速试验。

1）给水泵汽轮机升速至2840r/min，分别就地、远方各停机一次，观察主汽阀、调节阀应能迅速关闭。在停机过程中进行主汽阀、调节汽阀严密性试验，当给水泵汽轮机转速能够降到300r/min以下时，即认为给水泵汽轮机"汽门严密性试验"合格。

2）电气超速试验。以200r/min/min的升速率，缓慢提升给水泵汽轮机转速至5500r/min左右。此时在MEH控制面板上，选择"电气超速试验"按钮，选择"投入"，然后设定目标转速为6300r/min，升速率为200r/min/min，按下"进行"按钮。给水泵汽轮机开始升速，当转速升到6250r/min时，MEH发出"电超速保护"信号动作电磁阀，使给水泵汽轮机跳闸，所有主汽阀和调节阀关闭。电气超速试验完毕，将"电气超速试验"按钮置为"切除"。

3）超速试验时，在控制盘上升速，就地和控制室均安排打闸人员，当任何一块转速表达（快显挡）6300r/min时，立即打闸停机。

4）试验前，应检查机组振动情况良好，各项参数符合要求。试验时，给水泵汽轮机两旁不得有人站立或走动。试验过程中统一指挥，统一行动；发现异常情况及时汇报，遇紧急情况果断打闸停机。

（5）停机。

1）给水泵汽轮机试验全部结束，一切正常后，逐渐降低转速至3000r/min。

2）就地手打危急遮断器按钮，使主汽阀、调节阀迅速关闭，记录惰走时间。转速降到140r/min后，自动投入盘车装置。用真空破坏门逐渐降低真空或停真空泵；真空到零，停主汽轮机和给水泵汽轮机汽封，切断汽源。盘车期间，润滑油温控制在40~45℃。

5.汽动给水泵组的试转

（1）启动前的准备工作。

1）给水泵汽轮机与给水泵的联轴器已连接，联轴器防护罩固定良好。

2）LCD上有关给水泵汽轮机、汽动给水泵、前置泵系统的DAS测点完善，并显示正确；给水泵汽轮机TSI、ETS系统正常；各阀门调试完毕，各阀门开关状态显示正确。

3）前置泵及电动机轴承润滑油已加注且油位正常。机械密封冷却水投入，电动机绝缘合格。

4）给水泵汽轮机一台主油泵启动正常，备用油泵投"联锁"，汽动给水泵系统油压正常。

5）除氧器水位正常，汽动给水泵出口门关闭，打开汽动给水泵系统最小流量阀及前、后电动门，开启前置泵入口门，汽动给水泵系统注水、放空气完毕。

6）开启给水泵汽轮机主汽电动阀阀前疏水及给水泵汽轮机本体疏水，开启给水泵汽轮机进汽电动阀。

7）给水泵汽轮机润滑油温度维持在 40~45℃ 之间。

（2）启动。

1）启动前置泵，检查其本体及系统运行参数正常。

2）投入轴向位移、振动、低油压、轴承温度等汽动给水泵组的全部保护。

3）按上部分检查给水泵汽轮机符合启动条件后，启动给水泵汽轮机，升速率为 200r/min/min，分别在 500、1000、1800、2840r/min 进行检查及暖机。重点检查给水泵组的轴承温度、轴承振动，以及其他运行参数；对汽动给水泵组进行全面检查，记录运行参数。

4）继续提高转速，当出口压力达 25.0MPa 时停止升速，在此压力下稳定运行 2h，进行全面检查和测量。及时调整前置泵、主泵的机械密封、冷油器冷却水，并记录全套读数，值班记录单应间隔 15min 填写一次。

5）提升泵组转速，使给水泵出口压力达 30MPa，运行一个短时间间隔，并记录全套读数。

6）汽动给水泵试转正常后，降速达到 3000r/min 备用。

（3）汽动给水泵组停止。

1）手打危急遮断器，主汽阀、调节阀关闭，给水泵出口门联锁关闭。

2）停真空泵，真空到零后停轴封供汽，关闭给水泵汽轮机后汽缸喷水阀，关闭给水泵汽轮机排汽管道上的真空蝶阀。停给水泵汽轮机过程中，记录转子惰走时间，绘制惰走曲线。

3）停机后，维持润滑油温为 35℃ 左右。

（4）泵组的正常投运。

1）第一次启动按冷态启动，在满负荷停机后，停机小于 12h 再启动按热态启动，停机在 12~72h 按温态启动，停机大于 72h 按冷态启动。

2）汽动给水泵组应在无其他特殊情况下，均采用"转速自动控制"方式启动。升速率设定为：冷态启动为 200r/min/min、温态启动为 300r/min/min、热态启动为 400r/

min/min。按 500、1000、1800、2840r/min 设定目标转速。对于热态启动在 500r/min 短时停留检查后,直接以升速率 400r/min/min,升速至 2840r/min。

3)当给水泵汽轮机转速升至 2840r/min,满足锅炉自动控制条件时,汽轮机的控制方式通过软件自动平稳地从转速自动切换到锅炉自动。

4)投入锅炉自动控制方式,必须满足下列条件:MEH 处于转速自动控制方式;锅炉控制系统来的锅炉给水流量信号在 2840~5945r/min 之间;实际转速和锅炉控制系统来的锅炉给水流量信号相差在 ±10r/min;MEH 接收到 CCS 请求信号。

5)满足以上条件,且全面检查泵组运行状况正常后,在 MEH 盘上确认:"锅炉自动控制",然后按"CCS 控制"按钮,选择"CCS 控制投入",给水泵汽轮机转速由 CCS 指令控制。此后,给水泵汽轮机转速随 CCS 来的给水量要求而变化,锅炉自动控制后,控制器的远方指令使升速率被限制在 1000r/min/min。

6)以下任一条件成立,给水泵汽轮机退出"CCS 控制方式",控制系统可无扰切换:按"CCS 控制"按钮,选择"CCS 控制切除";给水泵汽轮机 CCS 请求指令消失;给水泵汽轮机 CCS 给定信号故障。

7)若"遥控故障"指示灯亮,将自动无扰切换到"转速自动控制"方式运行。

当主机负荷上升至 40% 左右时,关闭给水泵汽轮机汽缸和蒸汽管道的全部疏水阀门,当主机负荷下降至 30% 额定值时,打开给水泵汽轮机汽缸和蒸汽管道的全部疏水阀门。

(五)注意事项

(1)汽动给水泵进行油循环时应经常对滤网和油箱进行清扫,油循环结束后进行翻瓦检查。

(2)系统进行冲洗时经常清扫除氧水箱和泵的滤网。

(3)汽动给水泵的各冷却器用冷却水管和密封冷却水管应冲洗干净。

(4)给水泵汽轮机的排汽蝶阀进行调试时应进人检查并标定其开关位置,确保阀门关闭严密,以防止漏真空。

(5)汽动给水泵试运结束后,建议对其最小流量阀进行解体清扫,以防止阀门盘片堵塞。

四、汽轮机整套启动调试方案

(一)调试范围、目的及内容

1.调试的范围和目的

整套启动调试,通过对机组空负荷、带负荷和满负荷三个阶段的主、辅机运行参数调整试验，使火电机组达到机组调试质量验收规程规定的技术指标。本方案内容对汽轮机整套启动试运给出了基本的调试流程。

2. 调试工作内容

（1）整套启动前应具备的条件检查，如主、辅机的联锁保护试验等。

（2）汽轮机冲转至额定转速，各部分油压值的监测与调整。汽轮机启动过程中轴承振动在线监测。

（3）汽轮机空负荷试验与调整的主要内容。汽轮机旁路系统投运试验；按启动曲线进行升速、暖机；轴系临界转速的核准与测定；喷油试验；主汽门、调节汽门严密性试验；超速试验；汽轮机运行参数控制与调整。

（4）汽轮机带负荷试验与调整的主要内容。投入回热设备和抽汽系统；调节系统带负荷试验；主汽门、调节汽门及补汽阀活动试验；真空系统严密性试验；配合协调控制系统负荷变动试验；甩负荷试验。

（5）汽轮机组 168h 额定负荷试运行。

（二）汽轮机启动前应具备的条件

1. 环境条件

（1）厂房试运区域设备清洁，地面干净平整，沟道、孔洞盖板铺好。照明充足，事故照明能及时、自动投入。通信设施齐全。试运区域的通道应保持畅通，无用、易燃的脚手架已拆除。

（2）供水及厂内、外疏排水设备可靠，能正常投运，保证地沟排水畅通，疏水排放符合设计要求，阀门操作方便。

（3）厂房应妥善封闭，厂房温度一般不低于5℃，确保设备、管道不被冻坏。

（4）确认各密闭容器、设备、系统内部清洁无杂物，人员已全部撤出，封闭合格。

（5）调整试验及试运行区域应设警戒区，悬挂警示标识。试运区悬挂"禁止烟火"明显标志，应按消防要求配备消防器材和设施，且保持处于完好状态。配备专人负责消防、保卫工作。

2. 设备及系统条件

（1）汽轮发电机组及其辅助设备安装工作全部完毕，验收合格。

（2）需保温的设备、管道保温工作结束，设备及管道油漆工作结束，管道色环及介质流向标注正确。

（3）各压力容器及系统管道水压试验合格。辅助设备、机械经分部试运正常，热工、电气保护、程控联锁动作正常，信号正常。分部试运记录完整并已办理签证，代保管手续已办理。

（4）主蒸汽、再热蒸汽管道、高/低压旁路、汽封供汽、给水泵汽轮机蒸汽管道、除氧器加热蒸汽、厂用辅助蒸汽集箱等需蒸汽吹扫的管道、设备，经蒸汽吹扫洁净。

（5）循环水管道清理干净。开式冷却水管道、闭式冷却水管道、主给水管道、凝结水管道系统冲洗洁净，临时管道拆除、系统恢复正常。

（6）主机润滑油系统、抗燃油系统、调节保安油路系统、发电机密封油系统、汽动给水泵油系统等油循环冲洗合格。各轴承进口临时滤网经检查确认已拆除。

（7）空气压缩机分部试运正常，仪用、杂用压缩空气系统吹扫洁净。

（8）发电机 H_2、CO_2 系统吹洗干净，发电机风压试验合格。发电机定子冷却水系统冲洗洁净，水质化验合格。

（9）有关油、水、汽系统中的滤网、过滤器在分部试运后，重新清扫干净并恢复。

（10）凝汽器灌水试验、吹洗合格，真空系统严密性试验合格，真空系统静态抽真空试验合格。

（11）汽轮机调节保安系统静态试验完毕，试验结果符合厂家要求。

（12）各系统安全门校验合格。

（13）各系统电动门、调节门、手动门、气动止回门开关试验正常，挂牌标注名称正确。设备名称编号正确、统一。

（14）主机热工、电气程控、保护、联锁、信号、音响试验正常，各指示、显示仪表指示准确可靠，具备投入条件。

（15）机组整套启动前，锅炉、汽轮机、发电机的主保护联锁静态试验动作正确，各辅机联锁静态试验动作正确。

（16）DCS、DEH、MEH、TSI 系统调试结束，数据准确。SOE 功能齐全，DCS 报警及操作功能正常。

（17）与启动有关的锅炉、电气、热工、化学、输煤、脱硫（硝）等专业的调试工作已完成。

（18）高、低压厂用变压器及厂用 UPS 直流电源系统工作正常，启动备用变压器状态正常，柴油发电机自动投入试验正常后投入备用状态。保安段工作正常。

3. 生产管理条件

（1）试运人员分工明确，指挥统一。

（2）生产单位已按要求配备了各岗位的运行人员，并有明确的岗位责任制。运行操作人员已经培训考试合格。

（3）运行人员交接班记录本、操作卡、工作票准备齐全，熟知运行规程及整套启动调试方案，并在试运现场备齐运行规程、系统流程图册、控制及保护逻辑图册、设备保护整定值清册、制造厂家的设计、运行和维修手册等有关技术文件。

（4）施工单位配备足够的设备维护及检修人员，并有明确的岗位责任制。维护人员应熟悉所在岗位的设备系统性能，并能在整套试运组统一指挥下胜任维护、检修工作。

（5）调整试验及试运行的安全技术措施完备，专业工器具和劳动防护用品配备齐全。调试单位在试运前向参与试运的各有关单位人员进行技术交底，在试运现场张挂整套启动试运曲线图和锅炉点火、升压曲线图等图表。

（三）汽轮机整套启动操作步骤

1. 锅炉点火前的主要操作

（1）检查 DEH、MEH 及主汽轮机、给水泵汽轮机 TSI 机柜电源正常，且处于正常控制状态。汽轮发电机组的主、辅机联锁保护已经试验完毕，功能正确。

（2）仪用、杂用压缩空气系统正常投入。

（3）检查循环水池水位正常，启动一台循环水泵，循环水系统投入运行。同时向下列系统供冷却水：汽轮机主机冷油器；A、B 给水泵汽轮机润滑油冷却器；闭式循环冷却水热交换器；发电机定子冷却水热交换器；真空泵冷却器；电动给水泵电动机空冷器、油站冷油器。

（4）启动一台开式冷却水泵和一台闭式冷却水泵，向各冷却水用户设备提供冷却水。

（5）启动化学水系统的除盐水泵，向凝汽器补水，水位补至正常偏高水位。投入凝结水系统。

（6）润滑油、抗燃油系统投运，发电机密封油系统投运，定子冷却水系统投运。发电机充氢，主机投盘车。

（7）启动锅炉向汽轮机辅汽集箱供汽，辅汽集箱暖箱。

（8）启动电动给水泵，投入除氧器辅汽加热系统，维持除氧水箱水温为 70~80℃。

（9）关闭真空破坏阀，启动两台真空泵抽真空。

（10）检查汽轮机低压缸喷水减温系统；A、B 凝汽器疏水扩容器减温水系统正常投入。

（11）开启汽封系统相关疏水阀，汽封系统暖管至高、中、低压汽封进汽分门前。汽封系统投入。

（12）根据锅炉需要，向锅炉上水冲洗。高压加热器水侧注水排空气结束后，投高压加热器水侧运行。

（13）开启主汽、再热蒸汽管道疏水阀，就地确认阀门状态正确。将旁路系统压力、温度控制投自动，检查低压旁路三级减温水阀开启，通知锅炉点火。

2. 锅炉点火后的操作

（1）旁路系统的操作。旁路系统投"自动"。当高压旁路投自动后，高压旁路最小开度为20%，之后随着主汽压力的升高，依次处于"最小压力控制""压力斜坡控制""定压控制"方式。低压旁路阀投自动后，运行人员设定低压旁路前压力给定值，低压旁路定压运行。

（2）汽轮机暖缸、主汽阀预暖。

（3）汽轮机冲转前，检查机组各项相关保护应投入。检查并记录相关参数。

3. 汽轮机首次冷态启动及带初负荷

启动方式选择中压缸冷态（长期停机）启动曲线进行启动。

高压主汽门、中压主汽门自动开启，对高、中压主汽门阀体进行暖体。检查供热蝶阀应全开。

启动过程中的调试内容有：中速暖机（转速为1500r/min，暖机160min，升速期间通过850~1051r/min的临界转速区域）；过临界转速（1603~2163r/min区域），然后将转速提升至2350r/min，暖机70min；升速至3000r/min（升速期间通过2446~2647r/min的临界转速区域）；汽轮机升速至2550r/min时，顶轴油泵联停，投备用状态；3000r/min定速后打闸试验（就地及远方打闸停机各一次）。

3000r/min定速后对机组进行全面检查。

汽轮机转速稳定在3000r/min，进行相关的试验，试验项目有：危机遮断器喷油试验，主遮断电磁阀在线动作试验，汽轮机主汽门、调节汽门严密性试验，预超速保护试验和电气超速保护通道试验。

4. 机组并网及带负荷

（1）并网及带初负荷。电气试验结束后，发电机并网，机组带3%的初始负荷。投发电机跳闸联锁停机保护，暖机60min。汽轮机带初始负荷阶段，低压缸排汽温度要求低于52℃。

（2）汽轮机高、中压汽缸切换。高、中压汽缸切换期间，机组以30MW/min的升负荷率增加负荷，当高压旁路全部关闭后，高、中压汽缸切换完成，此时机组负荷升到120MW。暖机30min。

（3）升负荷、暖机。以 3MW/min 的升负荷率，将机组负荷升至 170MW，暖机 4h 以上。之后减负荷与电网解列，转速在 3000r/min 稳定后，全面检查机组正常。

（4）汽轮机超速试验。超速试验分为机械超速试验、电气超速（TSI 超速、DEH 超速）试验。

5. 机组带负荷阶段的操作和试验

机组负荷率升至 20%，暖机 30min，进行除氧器投运试验及相关操作；机组负荷率升至 25%，暖机 15min，进行高压加热器投运试验及相关操作；机组负荷率升至 30%，暖机 60min，投第 2 台汽动给水泵；机组负荷率升至 50%，暖机 60min，2 台汽动给水泵并列运行，并进行汽动给水泵汽源切换试验；机组负荷率升至 60%，汽封进入自密封运行状态；机组负荷率升至 70%，进行汽轮机阀门活动试验（包括"松动试验"和"全行程活动"两种，阀门活动试验要逐个进行，不能同时进行）；机组负荷率升至 75%，进行"机跟随""炉跟随"及"CCS 协调控制试验"等功能试验；机组负荷率升至 80%，进行汽轮机真空严密性试验；机组在 85% 负荷率稳定运行，各自动控制系统投入正常情况下，进行协调控制系统负荷变动试验。

机组负荷率升至 100% 稳定运行时，对机组各系统进行一次全面性检查，记录并监测下列运行参数：主油泵出口油压、润滑油压、润滑油进油温度、抗燃油压、密封油压、发电机氢压、氢气温度、发电机定子冷却水温度和电导率、定子铁芯温度、汽轮机轴向位移、高压胀差、中压胀差、绝对膨胀、各瓦温度（金属温度、回油温度）、汽缸壁温差。汽轮机带负荷运行蒸汽参数表见表 8-1。

▼ 表 8-1 汽轮机带负荷运行蒸汽参数表

机组负荷	40% 负荷以前	40%~100% 负荷
运行方式	定压运行	滑压运行
主蒸汽压力（MPa）	8.0	8.0~28
主蒸汽温度（℃）	370~450	450~600
再热蒸汽压力（MPa）	0.8 左右	0.8~5.206
再热蒸汽温度（℃）	320~440	440~620

6. 汽轮机温态、热态、极热态启动操作

（1）机组启动状态划分。汽轮机中压缸启动，根据高压内缸第 1 级汽缸内壁金属温度 T_1 判断启动状态：

$T_1 \leqslant 240℃$，则为冷态中压缸启动；

$240℃ < T_1 < 360℃$，则为温态中压缸启动；

$360℃ \leqslant T_1 < 480℃$，则为热态中压缸启动；

$T_1 \geqslant 480℃$，则为极热态中压缸启动。

汽轮机不同状态下冲转参数见表 8-2，汽轮机并网后升负荷率及暖机时间见表 8-3。

▼ 表 8-2　　　　　　　　　　汽轮机不同状态下冲转参数

状态	冷态	温态	热态	极热态
主汽压力（MPa）	8.0	8.0	11	11
主汽温度（℃）	370	400	480	505
再热压力（MPa）	0.8	0.8	1.1	1.1
再热温度（℃）	320	350	465	490
升速率（r/min/min）	100	150	300	300

▼ 表 8-3　　　　　　　　　　汽轮机并网后升负荷率及暖机时间

负荷（MW）	升负荷率（MW/min）				暖机时间（min）				氢压（MPa）	内冷水压（MPa）
	冷态	温态	热态	极热态	冷态	温态	热态	极热态		
20					50	50			0.35	0.2
20~33	33	33							0.35	0.2
33							1	1	0.35	0.2
33~53	33	33	33	33					0.45	0.2
53					5	5				
53~86	3.3	3.3	33	33						
86							2	2		
86~198	3.3	3.3	6.6	6.6						
198					20	15	10	7		
198~660	3.3	4.95	11.55	13.2					0.45	0.2
660					140	80	15	15		

（2）汽轮机温态、热态、极热态启动注意事项。

1）汽轮机温态、热态、极热态启动过程重点在于避免主机金属部件过度冷却，以保证汽轮机寿命；控制高、中、低压胀差的缩小（负胀差），以防出现动静摩擦。汽轮机冲转时主、再热蒸汽温度至少有 50℃ 过热度，且主、再热汽温分别比高、中压缸内壁温度高 50~80℃。

2）做好机组启动的各项准备工作，协调好各辅机启动时间，尽快冲转、升速、并网接带负荷至与汽轮机高压缸第一级内缸内壁温度相对应的负荷水平。控制各金属部件的温升率，上下缸温差和高、中、低压胀差不超过限值。

3）第一台汽动给水泵尽早冲转，建议在冲转前用辅汽冲至定速；机组为 30% 左右负荷时，第二台汽动给水泵冲转升速。

4）温热态启动，必须先送汽封后抽真空，注意轴封蒸汽温度与汽缸金属相匹配。

5）如果汽轮机冲转前，汽轮机尚处于惰走阶段，则必须确认汽轮机转速不在临界转速区域。

7. 甩负荷试验

在主机试运基本正常且满足甩负荷试验条件后，机组带 50%、100% 负荷进行甩负荷试验。

（四）168h 连续满负荷试运行

（1）汽轮机进入满负荷整套试运应满足以下条件：

1）发电机达到铭牌额定功率值，锅炉已断油，低压加热器、除氧器、高压加热器已投运，除尘器已投运，锅炉吹灰系统已投运，脱硫、脱硝系统已投运，凝结水精处理系统已投运，汽水品质合格。

2）热控保护投入率为 100%，热控自动装置投入率不小于 95%，热控协调控制系统已投入，且调节品质达到设计要求。热控测点/仪表投入率不小于 98%，指示正确率分别不小于 97%。

3）电气保护投入率为 100%，电气测点/仪表投入率不小于 98%，指示正确率分别不小于 97%；电气自动装置投入率为 100%。

4）满负荷试运条件已经各方检查确认签证、总指挥批准。连续满负荷试运已报请调度部门同意。

（2）汽轮机满负荷整套试运质量标准如下：

1）连续运行时间大于等于 168h，连续平均负荷率大于等于 90%。

2）热控自动装置投入率大于等于 95%，热控保护投入率为 100%，热控测点/仪表投入率大于等于 99%，热控测点/仪表指示正确率大于等于 98%。

3）电气保护投入率为 100%，电气自动装置投入率为 100%，电气测点/仪表投入率大于等于99%，电气测点/仪表指示正确率大于等于98%。

4）汽水品质合格。

5）机组各系统均已全部试运，并能满足机组连续稳定运行的要求，机组整套启动试运调试质量验收签证已完成。

6）满负荷试运结束条件已经多方面检查确认签证、总指挥批准。

（3）168h试运期间对各系统、设备进行及时检查和调整，热控投运自动调节装置。

（4）168h试运期间认真做好各主要运行指标的记录，同时也要做好对试运行过程的记录，以及异常运行的处理和设备缺陷的检查、记录，并注意收集负荷运行曲线。

（五）停机操作

1.正常停机

（1）汽轮机减负荷停机过程中，蒸汽温度下降变化率控制在1.0~1.5℃/min，负荷、蒸汽参数、高中压缸的金属温度变化率应始终处于受控状态，并符合停机曲线。滑参数停机时，主、再热汽温、汽压应按规定的变化率降低，并始终保持足够的过热度。在减负荷过程中，机组负荷低于35%，根据锅炉情况投入旁路系统（旁路也可不投）。

（2）在停机前应试验交、直流润滑油泵、顶轴油泵及盘车电动机，给水泵汽轮机备用主油泵和直流油泵均工作正常并投备用。确认辅汽汽源可靠，做好汽封辅助汽源、除氧器备用汽源的暖管工作。

（3）负荷降至360MW以下时，自密封供汽系统切为辅汽供汽封。负荷降至200MW以下时，停一台汽动给水泵。负荷降至150MW以下时，切除高压加热器汽侧。负荷降至120MW以下时，除氧器汽源切换为辅汽供汽，投入低压缸喷水及疏水扩容器喷水。当CV阀流量指令小于20%时，进行切缸操作，VV阀联锁开启。

（4）减负荷过程中注意高、中、低压缸胀差的变化，如胀差太大应放慢减负荷速度，当胀差达到报警值时停止减负荷，若继续增大且采取措施无效，应快速减负荷到零。减负荷过程中应注意各部位温差在允许范围内，否则应减小降负荷率。

（5）在负荷减到60MW后，检查高压管道疏水阀开启。联系电气、锅炉做好停机准备。汽轮机打闸，逆功率保护动作发电机解列，注意汽轮机转速不应上升，检查各MSV、RSV、CV、ICV、补汽阀应立即关闭，各抽汽止回阀、高压排汽止回阀、供热蝶阀关闭，VV阀开启。记录汽轮机惰走曲线。

（6）转速至2500r/min，检查顶轴油泵应联锁启动，各顶轴油压正常。

（7）转速下降过程中，注意倾听汽轮机内部声音，应特别注意通过临界转速附近时汽轮发电机组的振动情况。记录汽轮机惰走时间、壁温、盘车电流及转子弯曲值。

（8）转子静止，投入盘车。若电动盘车投运不上，则应设法手动间断盘车180°，禁止用机械手段强制盘车。当发生严重动静摩擦，不能投入连续盘车时，应做好转子停止盘车时的位置标记并记录时间。关闭汽缸所有疏水，控制上、下缸温差，监视转子弯曲度，定期手动盘车180°，确认摩擦消除后可投入连续盘车。

（9）停机后，如汽动给水泵已停运，可停抗燃油泵和破坏主机真空，凝汽器真空到零，停运轴封系统。

（10）关闭汽轮机本体疏水，检查高、低压旁路减温水门关闭严密，以防止冷汽（气）进入汽缸，注意除氧器及凝汽器水位，以防止冷水进入汽缸。

（11）高压内缸上半内壁温度降到200℃左右时，可改用间歇盘车，每0.5h旋转180°，温度降到150℃以下可停盘车，停顶轴油泵，8h后可以停润滑油泵。

（12）在盘车时如果有摩擦声或其他不正常情况，应停止连续盘车改为定期盘车，若有热弯曲，应用定期盘车的方式消除热弯曲后再连续盘车8h以上。

（13）根据停机时间长短，决定是否排氢。盘车状态下，应注意不能停密封油供油。

（14）其他辅助设备操作按电厂运行规程执行。

2. 紧急停机

汽轮机紧急停机后，检查各MSV、RSV、CV、ICV、补汽阀应立即关闭。各抽汽止回阀、高压排汽止回阀关闭。VV阀开启。

（1）处理原则。

1）若因厂用电失去而停机，应立即启动直流润滑油泵。

2）机组发生事故时，应立即停止故障设备的运行，并采取相应措施防止事故扩大化，必要时应保持非故障设备的运行。

3）事故处理应迅速、准确、果断。事故的处理，应以保证人身安全、不损坏或尽量少损坏设备为原则。

4）应保留好现场特别是事故发生前和发生时的仪器、仪表所记录的数据，以分析原因。

5）事故消除后，运行值班人员应将观察到的现象、当时的运行参数处理经过和发生时间进行完整、如实地记录，以便分析事故。

（2）下列任一情况出现，应打闸后破坏真空紧急停机。

1）汽轮机转速超过3330r/min，危急遮断器拒动；机组突然发生强烈振动，轴振达保护动作值，保护拒动；汽轮机、发电机内有清晰金属摩擦声和撞击声；汽轮机发生水冲击。

2）任一轴承回油温度升至75℃或任一轴承断油冒烟时；任一汽轮机支持轴承金属温度升至121℃或推力轴承金属温度升至107℃，保护未动作时；轴封或挡油环严重摩擦，冒火花；润滑油压力低至0.07MPa，启动润滑油泵无效；主油箱油位降至低油位停机值以下，经补油无效时；油系统着火。

3）轴向位移超过跳闸值，而轴向位移保护拒动；高、中压胀差或低压胀差增大，调整无效超过极限值，而保护拒动。

4）循环水中断不能立即恢复。

（3）下列任一情况出现应不破坏真空停机。

1）主、再热蒸汽管破裂，机组无法正常运行；主、再热蒸汽温度在10min内急剧降低50℃以上；高压缸排汽室内壁金属温度大于440℃，而保护不动作。

2）凝结水泵故障，凝汽器水位高，而备用泵不能启动；凝汽器压力大于25.3kPa（a）以上。

3）DEH系统和调节保安系统故障，无法维持正常运行。

五、机组化学清洗调试方案

（一）设备及系统简介

1.锅炉汽水系统、炉前热力系统

参见本书前述相关部分，此处不再赘述。

2.清洗系统设备部件特征参数

清洗系统设备部件特征参数见表8-4和表8-5。

▼ 表8-4　　　　　　　　　　参与清洗设备、系统水容积

序号	设备名称	水容积（m^3）	序号	设备名称	水容积（m^3）
1	省煤器系统	118	5	除氧器给水箱	150（低水位）
2	低温省煤器系统	34	6	炉前系统及管道	106
3	水冷壁系统	70	7	临时系统	≈ 9
4	启动分离器及管线	15		合计	≈ 502 m^3

▼ 表 8-5 　　　　　　　　　清洗系统、设备部件的流速及特性

设备名称		管径（mm）	数量（根）	通流截面积（m²）	0.3m/s 时流量（m³/h）	主要材质
省煤器		$\phi 51 \times 8.5$	768	0.70	756	SA-210C
低温省煤器		$\phi 38 \times 4$	12	0.01	10.8	ND 钢、20 钢
水冷壁	螺旋段管	$\phi 38.1 \times 7.5$	492	0.21	226.8	15CrMoG
	垂直段管	$\phi 31.8 \times 7$	1476	0.37	399.6	12Cr1MoVG
		$\phi 76.2 \times 20$	48	0.05	54	12Cr1MoVG

（二）调试范围及目的

1. 调试目的

通过化学清洗工作，除去新锅炉及其系统在轧制、加工过程中形成的氧化皮，以及在存放、运输、安装过程中所产生的腐蚀产物、油污、焊渣和泥沙等污染物，并在其表面形成良好的钝化保护膜，保证清洗过程中腐蚀速率及腐蚀总量达到相关验收规程的要求。提高热力系统水汽品质，防止受热面因结垢、腐蚀引起事故，保证机组顺利启动和安全、经济运行。

2. 调试内容

（1）系统与设备的检查，清洗条件的确认。

（2）清洗药品质量鉴定，小型试验。

（3）制作腐蚀指示片和清洗监视管。

（4）系统水冲洗及严密性试验、系统升温试验。

（5）配制清洗液、循环清洗及化学分析监督。

（6）腐蚀指示片检查，清洗效果鉴定，检查钝化膜质量。

3. 化学清洗质量指标

化学清洗质量指标见表 8-6。

▼ 表 8-6 　　　　　　　　　化学清洗质量指标

检验项目	单位	质量标准		检查方法
		合格	优良	
腐蚀速度	g/（m²×h）	小于等于 8		挂试片
腐蚀总量	g/m²	小于等于 80		挂试片
清洗效果		基本洗净，基本无残物	清洗干净，无残留物	目测
保护膜形成		保护膜基本形成	保护膜完整，无点蚀及二次锈	目测

（三）清洗范围及清洗介质

1. 清洗范围

根据 DL/T 794—2012《火力发电厂锅炉化学清洗导则》的要求和锅炉制造厂说明书，并考虑提高初次启动及试运行阶段的水汽品质，保证机组初次启动就处于较高质量的工质下运行，在条件允许的前提下，尽可能地扩大清洗范围。该工程化学清洗的范围如下：

（1）H_2O_2 除油清洗。凝汽器汽侧，高/低压加热器、蒸汽冷却器汽侧及疏水管道，凝结水系统，除氧器给水箱，高/低压给水系统，省煤器系统，水冷壁系统，汽水分离器。碱洗系统清洗水容积约 $1292m^3$。

（2）EDTA 铵盐清洗。省煤器系统，低温省煤器系统，水冷壁系统，汽水分离器，凝结水系统主管线，高/低压给水系统主管线，除氧器给水箱，高/低压加热器、蒸汽冷却器水侧及旁路。高/低压加热器水侧的清洗采取适当推迟进药时间、避开腐蚀高峰的方法来减轻其腐蚀。酸洗系统清洗水容积约 $571m^3$。

采用酸洗法进行锅炉化学清洗时，应注意不锈钢部件的保护，防止不锈钢的晶间腐蚀。

主清洗剂为：3%~6% EDTA（根据垢量和试验确定）；复合缓蚀剂为：EDTA 清洗专用复合缓蚀剂（小型试验确定）。

2. 清洗系统清洗水水容积

清洗系统清洗水水容积见表 8-7 和表 8-8。

▼ 表 8-7　　　　　　　　　　碱洗系统碱洗清洗水容积

序号	清洗部位	水容积（m^3）	序号	清洗部位	水容积（m^3）
1	凝汽器汽侧	700	6	省煤器系统	118
2	凝结水系统	50	7	水冷壁系统	70
3	高/低压加热器汽侧及疏水管道	90	8	启动分离器及管道	15
4	除氧器给水箱	220	9	临时系统	9
5	高/低压给水系统	20		合计	1292

▼ 表 8-8　　　　　　　　　　酸洗系统酸洗清洗水容积

序号	清洗部位	水容积（m^3）	序号	清洗部位	水容积（m^3）
1	凝结水系统主管道	50	6	省煤器系统	118
2	高/低压加热器水侧及旁路	100	7	水冷壁系统	70
3	低温省煤器	34	8	启动分离器及管道	20
4	除氧器给水箱	150	9	临时系统	9
5	高/低压给水系统主管道	20		合计	571

3. 清洗回路及划分

机组化学清洗分以下三个回路完成：

（1）第一回路。除氧器给水箱→清洗泵（汽动给水泵前置泵）→给水泵出口管→3、2、1号高压加热器、蒸汽冷却器水侧及旁路→省煤器→螺旋管圈水冷壁→垂直上升水冷壁→启动分离器→临时管→轴封加热器（含烟气余热旁路）→9、8、7号低压加热器、引风机给水泵汽轮机换热器，6、5号低压加热器水侧及旁路→除氧器给水箱（H_2O_2除油清洗、EDTA清洗）。

（2）第二回路。凝汽器→凝结水泵（或用低压临时泵）→1号高压加热器危急疏放水阀→1号高压加热器（汽侧）→正常疏水管道→2号高压加热器（汽侧）→正常疏水管道→3号高压加热器（汽侧）→3号高压加热器危急疏放水管→凝汽器（H_2O_2除油清洗）。

（3）第三回路。凝汽器→凝结水泵（或用低压临时泵）→临时管→抽汽管道→5~7号低压加热器汽侧→危急疏水管道→凝汽器（H_2O_2除油清洗）。

机组化学清洗系统图见图8–13。

4. 清洗工艺

（1）采用双氧水除油清洗工艺，主要控制参数如下：

清洗剂浓度：0.05%~0.1% H_2O_2；

清洗温度：常温；

清洗方式：循环，浸泡；

清洗时间：循环3h，浸泡12h。

（2）采用EDTA铵盐清洗工艺，主要控制参数如下：

清洗剂浓度：3%~6% EDTA铵盐；

清洗缓蚀剂：0.3%~0.5% YKH–01型EDTA专用缓蚀剂；

清洗助剂：2000mg/L N_2H_4；

清洗液pH值：8.5~9.5；

清洗温度：（120±5）℃；

清洗时间：10~24h（根据化验结果定）。

5. 主要清洗设备

主要清洗设备见表8–9。

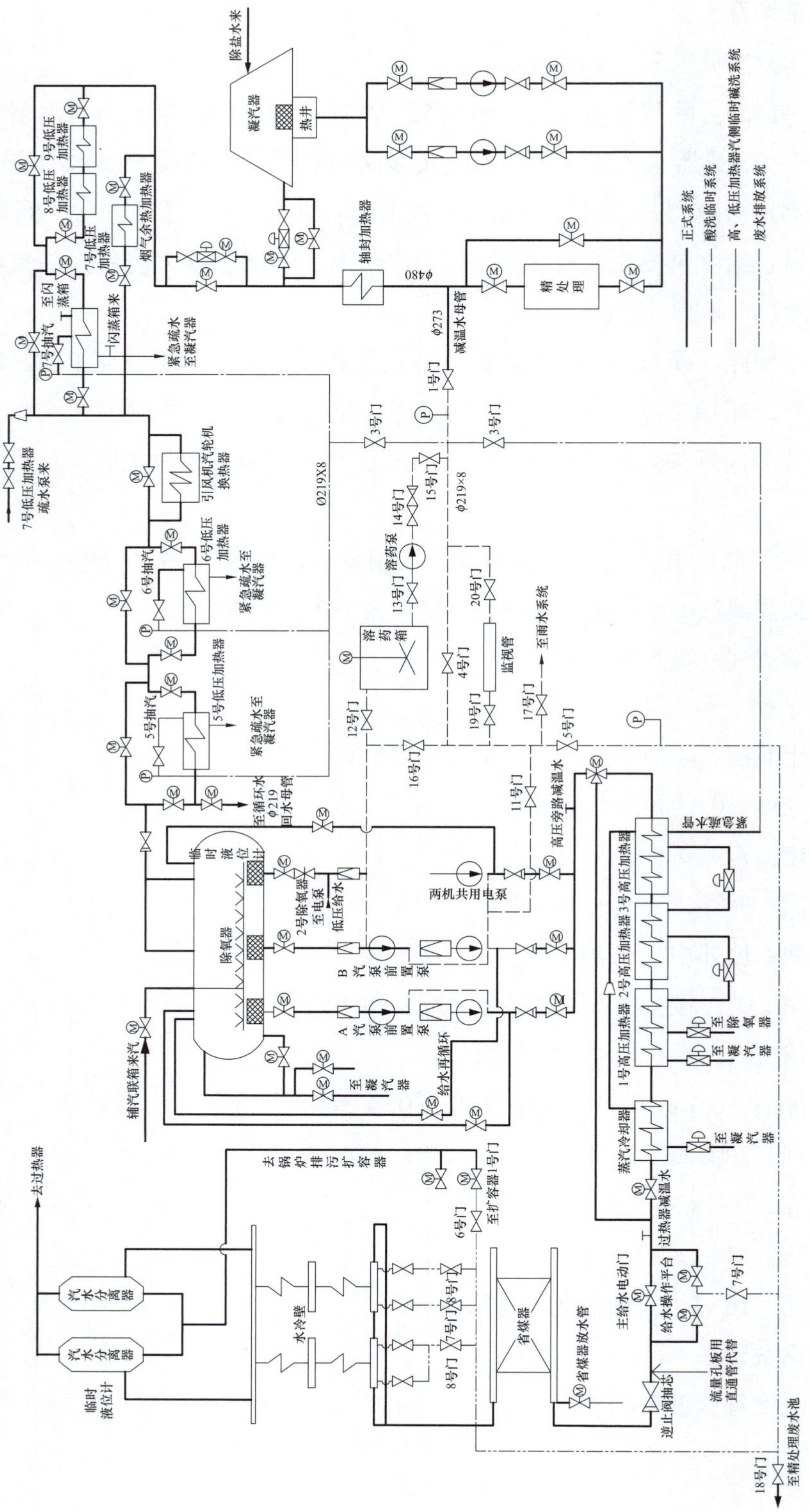

▲ 图8-13 机组化学清洗系统图

▼ 表 8-9 主要清洗设备一览表

序号	需要清洗设备	清洗设备选用	单位	数量
1	配药箱	临时溶药箱　$V=2m^3$	台	1
2	清洗箱	除氧器给水箱　$V=220m^3$	台	1
3	配药泵	汽动给水泵前置泵　$H=137mH_2O$，$Q=1135m^3/h$	台	2
		临时溶药泵　$H=120mH_2O$，$Q=50m^3/h$	台	1
4	清洗泵	汽动给水泵前置泵　$H=137mH_2O$，$Q=1135m^3/h$	台	2
5	碱洗泵	汽动给水泵前置泵　$H=137mH_2O$，$Q=1135m^3/h$	台	2
		凝结水泵　$H=373mH_2O$，$Q=1508m^3/h$	台	2
6	冲洗泵	凝结水泵　$H=373mH_2O$，$Q=1508m^3/h$	台	2
		汽动给水泵前置泵　$H=137mH_2O$，$Q=1135m^3/h$	台	2

6. 清洗用药品及水量估算

清洗用药品及水量估算见表 8-10 和表 8-11。

▼ 表 8-10 清洗药品用量表

序号	药品名称	单位	用量
1	双氧水 H_2O_2（医用级，33%~40%）	t	7
2	EDTA（H_4Y 大于等于98%）	t	25.0
3	液氨	t	7.0
4	复合缓蚀剂（YKH-01 型）	t	2.0
5	$N_2H_4 \cdot H_2O$（40%）	t	4.5
6	$NH_3 \cdot H_2O$（25%）	t	1.0

▼ 表 8-11 清洗用水量估算表

序号	清洗过程	单位	用量
1	碱洗及随后的水冲洗	t	8000
2	酸洗及随后的水冲洗	t	2000
3	钝化用水	t	1000
4	总用水量	t	11000
合计		t	21000

（四）对参与清洗的系统采取的主要措施

为了防止清洗液误入其他不参加清洗的系统和减少清洗系统的死区，保证清洗过程的顺利进行，系统的隔离与安装应按下述原则进行：

（1）过热器水压堵板清洗期间不拆除；过热器疏水管断开一根，利用该管道在清洗前给过热器充满含氨和联氨的保护液；关闭与其相关的所有阀门或封堵所有敞口管路，使过热器系统成为"盲肠"死区。

（2）再热器系统疏放水应畅通，冷段和热段水压堵阀清洗期间不拆除。

（3）采用正式系统的除氧水箱作为清洗液储箱，除氧器应密封良好。汽动给水泵前置泵作为循环配药泵，并配备一套容积约 $2m^3$ 的临时溶药箱（带搅拌器）及溶药泵（化工泵）。

（4）清洗采用两台汽动给水泵前置泵作为清洗泵，汽动给水泵用 $\phi 273 \times 8mm$ 临时管路旁路掉。

（5）3 根给水泵出口再循环管道参与清洗。再循环管道上的 3 个止回阀不装或阀芯拆除，调节阀（3 个）暂不装，或者阀芯拆除。

（6）电动给水泵入口管道参与化学清洗，因此电动给水泵入口管道断开预留，不与电动给水泵连接。

（7）启动分离器在 361 阀（暂不装）前，电动截止阀后（另一路电动截止阀关闭）用 $\phi 273$ 临时管道（带阀门）连接至凝结水主管线（凝结水精处理之后）；在该临时管道上添加临时手动门，在联络管上安装排污总管。排污总管一路去地沟用于排放冲洗水，另一路排至废液收集系统。

（8）启动分离器储水罐水位计安装临时液位计。

（9）高压给水管在给水操作平台旁路（旁路暂不连通）引一 $\phi 219 \times 6mm$ 临时无缝钢管至地沟，待高、低压给水系统冲洗合格并经检查确认后恢复，以免炉前系统杂物带入炉本体。主给水操作平台后管道上止回阀芯拆除。

（10）螺旋水冷壁进口集箱 4 个排水口端部割开接 $\phi 108 \times 4mm$ 临时排污管至废液排放管。省煤器疏水管用临时管引入废液排放管。

（11）高压旁路减温水管在紧靠凝结水母管处断开加堵板。杂用水母管预留，接 $\phi 219 \times 6mm$ 临时管分别至 1 号高压加热器危急疏水和 5~7 号低压加热器抽汽管道。

（12）高、低压加热器疏水管道上的调节阀暂不装，或者阀芯拆除。

（13）凝结水烟气余热旁路（低温省煤器）在锅炉侧，两台升压泵旁路对换热器水侧进行酸洗。

（14）正式系统内流量孔板、流量喷嘴等暂不安装；热工仪表取样、测点应封死；主给水旁路调节门暂不安装。

（15）在除氧器给水箱内的下水管口处加装临时滤网（网孔为 $\phi 3 \sim \phi 5$），要求滤网的通流截面积大于下水管截面积的 5 倍以上。取出除氧器内的喷嘴（喷嘴在机组化学清洗结束后装入）。辅助蒸汽可以向除氧器给水箱正常供汽加热。

（16）所有与清洗相关的系统阀门安装前仔细检查阀门应完好无损，安装过程中避免杂物进入，确保不漏，且应开关灵活。

（17）临时系统安装时，应尽量缩短管道长度，减少弯曲，以减小系统阻力。临时系统应设置可靠的支吊架，应尽量使死区范围减小到最低限度。在各段系统的盲肠死区或最低处应安装必要的排放点，排废管道安装要求有一定坡度，保证清洗废液尽可能排净。

（18）安装临时系统时，临时管道内应进行清扫，管内不得有砂石和其他杂物，临时系统的安装质量要求与正式系统相同。

（19）清洗系统内所有临时管道应采用无缝钢管，阀门采用铸钢阀门。

（20）炉前系统、凝结水系统，以及低压给水管线等需要解除或隔离的阀门、管道等，待这些系统水冲洗后再恢复。

（21）从闭式泵出口母管引一路 DN15 管道与凝结水供前置泵密封水管道相并联，并加手动门进行隔离。

（22）汽动给水泵前置泵入口滤网无压放水管道（$\phi 57$）与排污总管相连，作为排放酸液用。

（五）清洗前应具备的条件

（1）清洗所用化学药品已按要求备齐并经化验合格，缓蚀剂静态小型试验已完成且缓蚀效率合格。腐蚀指示片、监视管已准备完毕，系统连接完好。

（2）清洗中所需化验仪器、药品、记录表格等准备就绪，化验人员经考核合格，现场化验室具备使用条件。

（3）现场清理工作结束，现场通道、照明、扶梯、孔洞盖板、脚手架符合作业要求，沟道、孔洞已采取防护措施。化学清洗区域应设置警示标识，无关人员不得进入。

（4）现场通信联络器材已备好，能满足清洗通信联络要求。急救药品已备好，现场医务人员到岗。

（5）清洗组织指挥系统已落实，各岗位工作人员到岗，清洗技术负责人向参加清洗的工作人员进行技术交底，参加清洗的工作人员已熟悉清洗方案中的各项要求和说明。

（6）搬运药品、执行操作、设备检修及现场指挥等人员已配齐必要的劳动防护用品，检修人员已备好检修所用材料及工器具。

（7）锅炉补给水制水系统能有效充足地供水，并按连续运行方式配齐各岗位值班人员及化验分析用品，备足化学除盐水及制水消耗材料。

（8）锅炉已具备点火条件，与之有关的调试项目均已结束，燃油备足。

（9）启动锅炉调试完成，可向机组的辅助蒸汽集箱供汽，供汽管道系统吹扫结束。

（10）凝汽器内部人工清理干净，验收合格，具备储水条件。

（11）清洗（配药）泵等转动机械经试转合格。

（12）与清洗相关的电动门等已调校完毕且试验正常，能随时投入使用。

（13）参加清洗的各系统在DCS上能实现控制和监视。

（14）清洗范围内所涉及的设备和管道已安装完毕，严密性试验合格。阀门、法兰、水泵盘根严密无渗漏。

（15）系统管道支吊架安装完毕，弹簧吊架应处于水压试验状态。临时管道所用的临时支撑、吊架应有足够的强度且满足清洗热膨胀的要求。

（16）高温介质管道保温完毕并做明显标识，清洗范围内正式系统应按设计要求进行保温完毕，临时系统参照正式系统进行保温。

（17）除氧器就地水位计、正式温度表，以及水冷壁、过热器等温度测点已按要求安装完毕并指示正确。

（18）电除尘升压、气流均布试验完成。脱硫、脱硝系统与化学清洗有关的部分安装完毕。锅炉冷态通风（或动力场试验）试验完毕。

（19）与清洗无关的仪表及管道已完全隔离，并悬挂"禁止操作"警示牌，与清洗系统有关的设备、阀门编号及挂牌完毕，清洗系统图应在现场悬挂。

（20）废液排放系统能正常排放，废液处理系统已具备处理条件。雨水井畅通，冲洗水具备排放条件。

（六）清洗程序及化学监督

1.清洗系统水冲洗

用除盐水泵、汽动给水泵前置泵向清洗系统上水，并大流量、变流量进行冲洗。冲洗时应分段进行，避免将杂物带入炉内；若排放水清澈则冲洗即可结束，若冲洗水混浊，则继续冲洗至排水清澈。

（1）水冲洗路径。

1）除盐水泵→凝汽器→排放。

2）凝汽器→凝结水泵→轴封加热器→低压加热器旁路→除氧器给水箱→排放。

3）凝汽器→凝结水泵→轴封加热器→低压加热器水侧和烟气余热加热器→除氧器给水箱→排放。

4）凝汽器→凝结水泵→凝结水系统→除氧器给水箱→汽动给水泵前置泵→高压给水系统（高压加热器走旁路）→排放。

5）凝汽器→凝结水泵→凝结水系统→除氧器给水箱→汽动给水泵前置泵→高压给水系统（走高压加热器水侧）→排放。

6）凝汽器→凝结水泵→凝结水系统→除氧器给水箱→汽动给水泵前置泵→高压给水系统→省煤器系统→水冷壁系统→启动分离器→排放。

7）凝汽器→凝结水泵→低压加热器汽侧→低压加热器正常疏水及事故放水管→凝汽器→排放。

8）凝汽器→凝结水泵→高压加热器汽侧→高压加热器正常疏水及事故放水管→凝汽器→排放。

（2）冲洗用水：除盐水。

（3）冲洗控制标准：出口清澈无杂物。

2.过热器系统充保护液

检查过热器系统支吊架安装质量符合厂家及 DL 5190.2—2019《电力建设施工技术规范 第 2 部分：锅炉机组》的要求。

在清洗配药箱内配制氨—联氨保护液，pH 值为 9.5~10，联氨含量为 200~300mg/L。

启动汽动给水泵前置泵经启动分离器向过热器充保护液，直至注满保护液。

3.双氧水清洗

（1）双氧水除油清洗工艺参数。

清洗剂浓度：0.05%~0.1% H_2O_2；

清洗温度：常温；

清洗方式：循环，浸泡；

清洗时间：循环 3h，浸泡 12h。

（2）凝汽器、高/低压加热器汽侧及疏水管道清洗后水冲洗。

1）排放。凝汽器中的双氧水废液通过临时泵及管道送至工业废水系统。

2）水置换。当双氧水废液排完后，向凝汽器中加除盐水至高水位（冷凝管上 100mm），启动凝结水泵，循环运行 20min，然后停泵，并通过临时泵及管道进行排放。

3）人工清洗及水冲洗。用带压水枪（压力为0.4~0.6MPa）对凝汽器的表面及内部进行自上而下的冲洗，冲洗完成后进行底部垃圾的清理并称重记录。

（3）锅炉及炉前系统清洗后水冲洗流程。双氧水清洗结束后，将炉本体及炉前给水系统、凝结水系统直接排空。

1）凝汽器→凝结水泵→轴封加热器→低压加热器旁路→除氧器给水箱→排放。

2）凝汽器→凝结水泵→凝结水系统→除氧器给水箱→汽动给水泵前置泵→高压加热器旁路→高压给水主管线→临时管线→排放。

3）凝汽器→凝结水泵→凝结水系统→除氧器给水箱→汽动给水泵前置泵→高压给水系统→省煤器系统→水冷壁系统→启动分离器→排放。

（4）冲洗流量。启动凝结水泵、汽动给水泵前置泵，调整流量为200~300m³/h，向炉本体进水，当进水完成、空气排出后，调至大流量水冲洗。

（5）终点判断及垃圾称重。冲洗至排水双氧水浓度为零，对除氧器进行人工清理垃圾并称重记录。

4. 模拟升温试验

初期可投入除氧器加热蒸汽，根据清洗工艺确定锅炉点火加热措施和控制模拟清洗温度。锅炉点火升温速度按照不超过1℃/min控制燃烧，待升温到120℃左右时，调整燃烧工况，使清洗系统中炉本体各温度测点温差在3~5℃范围内。在此期间要分别检查水位、取样装置是否良好，同时进行补水或补加药试操作，当确认系统具备清洗条件后停炉降温。

检查与清洗无关的系统是否可靠隔离，消除升温试验过程中所发现的缺陷。当锅炉不能满足清洗工艺要求时，应分析原因并予以解决，问题解决后应重新做升温试验直至合乎要求。

5. EDTA清洗

（1）药品配制。在除氧器给水箱内注入150m³除盐水，投入加热蒸汽，启动配药泵进行循环加药，先加入YKH–01型EDTA清洗专用缓蚀剂，再加入氨水和EDTA，并补水至220m³，搅拌均匀。测其pH值并调整至9.0~9.5范围内，最后加入$N_2H_4 \cdot H_2O$，直至EDTA全部溶解，搅拌均匀后即为EDTA铵盐清洗液。

（2）清洗系统上药。除氧器水箱内药品溶解，药液经循环搅拌均匀后，即可向清洗系统上药。

（3）系统循环。当清洗系统药液上好，调整好除氧器给水箱的液位后，开始锅炉点火升温，并使系统进行循环（循环方式同清洗回路一）。

（4）清洗工艺参数。

清洗剂浓度：3%~6% EDTA 铵盐；

清洗缓蚀剂：0.3%~0.5% YKH-01 型 EDTA 清洗专用缓蚀剂；

清洗助剂：2000mg/L N_2H_4；

清洗液 pH 值：8.5~9.5；

清洗温度：（120±5）℃；

清洗时间：10~24h（根据化验结果确定，全铁含量、残余 EDTA 浓度均稳定）。

（5）有关说明。

1）采用锅炉点火加热作为主要升温手段，蒸汽加热作为辅助升温手段。

2）清洗的循环方式为，炉本体和炉前系统的强制循环。

3）清洗过程中保持除氧器低液位，利用除氧器给水箱作为调节水箱。

4）系统补水采取用除盐水箱向凝汽器补水作为主要方式。

6. 钝化

根据化验结果和监视管的清洗状况决定清洗是否进入钝化阶段，维持清洗液的 pH 值不小于 8.5，残余 EDTA 的浓度为 0.5%~1%，维持温度为（95±5）℃，钝化 4~6h 即可。

7. 清洗过程中的化学监督项目

清洗过程中的化学监督项目见表 8-12。

▼ 表 8-12　　　　　　　　　清洗过程中的化学监督项目

序号	测定项目	取样间隔（h）
1	H_2O_2	根据需要
2	总 EDTA	根据需要
3	全铁	1
4	剩余 EDTA	1
5	pH 值	1
6	温度	1h 记录一次
7	联氨	根据需要

8. 废液排放

钝化结束后停炉降温（清洗泵继续运行），当温度降至 75℃左右时，打开系统空气门，将废液排至废液收集池内进行处理。

9. 清洗后水冲洗

（1）冲洗水应加入氨和联氨，保持联氨浓度为 50～100mg/L，pH 值大于等于9.0。

（2）冲洗结束转入循环状态后联氨浓度升高到 200～300mg/L，加热到温度 90℃时，维持 2h。

（3）打开系统空气门，将废液排至废液收集池内进行处理。

（4）系统排空后，应利用余热干燥清洗表面。

（5）根据具体情况对锅炉进行停用保护。

（七）清洗废液的处理

（1）含 NH_3 废液用 HCl 中和，工业废水处理站内处理。

（2）含 N_2H_4 废液用 ClO_2 分解，工业废水处理站内处理。

（3）含 H_2O_2 废液，工业废水处理站内曝气处理。

（4）EDTA 清洗废液集中存放在废液收集池内，机组启动阶段采用焚烧处理。

（5）化学清洗后的废液处理和排放必须符合 GB 8978—1996《污水综合排放标准》的规定。

（八）清洗后检查与评定

（1）清洗结束后，迅速取出腐蚀指示片测定其腐蚀速率。

（2）清洗结束后，应尽快取下监视管，沿轴线方向割开，然后放在干燥器中备查（加工过程中禁止手摸清洗表面，并不得使用润滑剂）。鉴定清洗效果，根据监视管清洗情况，确定是否需要割管检查。

（3）检查炉前系统管子内表面的清洁程度。

（4）检查除氧器给水箱内壁的清洁程度，并清扫沉积物。给水箱内壁的清洁程度不作为评价清洗质量的依据，因其清洗条件与受热面的清洗条件不同。

（5）检查水冷壁下集箱内壁清洁程度，清扫沉积物。

（6）对化学清洗各个阶段的分析化验结果进行分析评定。

（7）根据上述各项检查结果进行总评。

六、锅炉冷态通风及动力场试验方案

（一）设备及系统简介

见第一章相关部分内容。

（二）调试范围及目的

1. 调试目的

通过锅炉冷态通风试验，确认送风系统、磨煤机入口风量及流量测量装置的风量系数标定；一次风调平试验；轴流风机喘振保护动作试验；风烟、制粉系统热工测点准确性检查和确认；炉膛正、负压保护动作试验。

绘制磨煤机入口风门、二次风挡板调节特性曲线；保证同层一次风速偏差小于5%。

通过锅炉冷态炉膛空气动力场试验，验证锅炉燃烧器安装正确；确认各风门挡板位置正确，操作灵活；确认测点准确，保证燃烧器喷口气流分布合理，为热态运行调整提供依据。

2. 调试内容

二次风流量测量装置风量系数标定；磨煤机入口风量测量装置风量系数标定；一次风速调平；轴流风机喘振保护动作试验；风烟、制粉系统热工测点准确性检查和确认；启动送、引风机，实际进行炉膛正、负压保护动作试验；燃烧器安装质量检查；挡板、测点传动试验；燃烧器内二次风、外二次风冷态调整；燃烧器喷口气流分布测试。

3. 调试质量指标

（1）风门挡板内、外、远方开关方向一致，定位正确，操作灵活。

（2）风流量标定后显示正确，偏差小于5%。

（3）燃烧器安装到位，喷口标高为 ±5mm，水平安装角度小于等于5°。

（4）同层燃烧器一次风速偏差小于5%。

（5）燃烧器出口气流有稳定的回流区，扩散角合适，无贴边现象。

（6）喘振保护试验满足运行要求。

（7）炉膛正、负压保护动作正常，定值准确。

（8）测点显示准确，就地与DCS显示一致。

（三）调试前应具备的条件

（1）试验用临时测量平台、围栏搭设检查合格，平台梯子不影响气流流场的变化；临时测点安装完毕。炉内36V照明正常，电源稳定可靠。

（2）磨煤机出口煤粉管道各调节缩孔置全开位，并挂牌编号。给煤机上插板门关闭。

（3）锅炉本体及风烟系统、制粉系统安装工作结束，内部清理干净，人孔门完整，封闭严密。风烟系统周围杂物清理干净，脚手架已拆除，地面平整，道路畅通，平台、梯子、栏杆齐全。

（4）风烟系统、制粉系统所有风门、挡板（包括烟气调节挡板）安装完毕、单体调试完毕。

（5）电动、汽动引风机、送风机、一次风机、密封风系统试转完成，风压试验合格。

（6）风烟系统、制粉系统的压力、流量、温度、风速测点和回路安装调试完毕，可正常监视。

（7）干式除渣机安装完毕；油枪、点火枪安装完毕，油枪、点火枪定位正确。

（8）各试验系统、设备附近没有易燃、易爆物，消防设施齐全，试运区域照明充足。

（四）调试步骤

1. 试验准备

（1）调试人员设计、指导临时测点安装，检查燃烧器安装角度、水平度。

（2）依次启动引风机、送风机、一次风机、密封风机，调整引风机、送风机、一次风机出力和各相关风门开度，保持送风机出口压力为1kPa、一次风机出口压力为6kPa，维持炉膛负压为-100Pa左右，对炉膛及烟风道系统至少吹扫2h。

（3）全面检查验证风烟、制粉系统的温度、压力、流量测点齐全，安装位置正确，指示正常。

（4）试验风烟、制粉系统风门，动态检查阀门定位准确，操作灵活，位置正确。

（5）燃烧器内二次风、外二次风冷态调整。燃烧器内二次风、外二次风调整以每排燃烧器6个燃烧器为一组进行，进行风速调平时兼顾调整内二次风、外二次风配比。内二次风、外二次风的调整通过燃烧器挡板、调节器实现。

2. 燃烧器喷口气流分布测试

燃烧器喷口气流分布测试选取一层燃烧器进行，有条件则可以多做几层。

燃烧器按1:8风量通入一次风、二次风，风量调整到设计风量的60%以上。在燃烧器喷口处对射流进行测量：①沿燃烧器圆周方向测量内、外二次风气流是否分布均匀；②测量射流扩散角。根据测量结果判断燃烧器出口气流空气动力工况是否正常。

3. 风量测点标定

用标准皮托管测量每个风量，与风量测量装置显示值进行比较，得出流量修正系数。标准皮托管测量风量采用网格法，每个风量的标定都选取三个工况进行校核（见表8-13）。

▼ 表 8-13　　　　　　　　　　标定的风量测点表

序号	测点名称	测点数量
1	二次风总风箱左右侧风量	12
2	A、B、C、D、E、F层煤粉燃烧器风箱两端二次风量	48
3	前墙燃尽风风箱两端风量	16
4	后墙燃尽风风箱两端风量	16
5	A、B、C、D、E、F磨煤机入口一次风总风量	24

4. 一次风调平

一次风调平以每排燃烧器 6 个一次风管为一组进行。调整磨煤机风量，在缩孔全开的条件下使一次风管风速达到 15m/s 以上，用标准皮托管同时测量 6 个一次风速，以最低一次风速为基准，根据风速偏差调整一次风缩孔使 6 个一次风速相等。

5. 磨煤机入口风门、二次风挡板特性试验

（1）磨煤机入口风门特性试验。维持磨煤机入口风门压力不变，磨煤机入口风门依次调至 0%、25%、50%、75%、100%，系统稳定 3min 后，记录每个开度下磨煤机风量、入口压力、出口压力、风温，绘制磨煤机入口风门调节特性曲线。

（2）二次风箱入口风门特性试验。维持二次风箱入口压力不变，风门开度依次调至 0%、25%、50%、75%、100%，系统稳定 3min 后，记录每个开度下风量、风箱压力、风温，绘制二次风挡板调节特性曲线。

6. 轴流风机喘振试验

当风机开度最小时，用一根 U 形管与风机机壳上的皮托管相连，测出这一工况的压力值，然后将该值加上 2000Pa，相加后的值即为差压开关的动作值。如果测出的压力值为正值，则取 2000Pa 为差压开关的动作值。

7. 炉膛正、负压保护动作试验

缓慢关小引风机静叶，逐渐开大送风机动叶，直到炉膛压力达到保护值动作后停止操作。负压保护用上述相反的方法进行调节校验。

七、锅炉过热器、再热器系统及蒸汽管道吹管方案

（一）设备及系统简介

见第一章相关部分内容。

每台机组配 2 台 50%BMCR 的汽动调速给水泵，两炉共用一台 30%BMCR 的电动

定速给水泵。给水操作台主给水管道设置一只电动闸阀，启动旁路布置一只30%BMCR的电动调节阀。

（二）吹管范围及目的

1.吹管目的

通过锅炉蒸汽系统吹管调试工作，以清除设备、系统在制造、运输、保管、安装等过程中存留其内部的砂砾、焊渣、高温氧化皮及腐蚀产物等各种杂质，防止机组运行中受热面堵塞爆管、汽轮机叶片冲击损伤、叶片断裂等重大事故发生，并为机组整套启动汽水品质尽早合格创造条件。

2.吹管范围

锅炉过热器、再热器系统；主蒸汽管道，再热蒸汽冷、热段管道；汽轮机高压旁路管道；汽轮机周围蒸汽管道。

3.吹管质量标准

过热器、再热器的吹管系数大于1.0。

连续两次更换靶板检查，无0.8mm以上的斑痕，且0.2~0.8mm范围的斑痕不多于8点。

（三）吹管工艺

1.吹管方法

锅炉吹管采用一段稳压法，一、二次汽串联吹扫。第一阶段吹管结束后停炉冷却并拆除在一、二次汽间加装的集粒器；再次启动吹扫若干次至靶板合格，中间至少停炉2次。吹管全过程投煤粉，用减温水控制蒸汽温度。

2.吹管参数

吹管参数的选择必须要保证在蒸汽吹管时所产生的动量大于BMCR工况时的蒸汽动量。根据锅炉各受热面及吹管范围内各管道的设计参数，在保证吹管系数的前提下，通过计算选取稳压吹管参数如下：

分离器压力：6.5~7.0MPa；

过热器出口温度：380~420℃；

再热器出口温度：480~530℃；

给水温度：30~50℃；

吹洗流量：1200~1400t/h；

排汽口压力：0.10~0.30MPa；

排汽口温度：480~530℃。

3. 吹管蒸汽流程

吹洗流程为：汽水分离器→各级过热器→过热器集汽集箱→主蒸汽管道→主汽门临时假阀→临时管→临控阀→临时管（集粒器）→高压旁路管道→再热冷段管路→各级再热器→再热热段管路→中压主汽门临时假阀→临时管（靶板）→消声器→排大气。

4. 吹管临时措施

（1）汽轮机两只主汽门安装假阀，从假阀上法兰盖引出 2 根临时管，中间装设吹管临时控制门（2 只），门后临时管道汇合成一根母管，接至高压旁路阀后低压侧管道上（再热冷段管路在高压排汽止回阀后加堵板）。

（2）汽轮机两只中联门安装假阀，从假阀上法兰盖引 2 根临时管汇合成一根母管后引出厂房作为排汽管，排汽口加装消声器。

（3）排汽管引至汽机房 A0 列外地面合适位置。在排汽口处加装消声器，消声器要求为：蒸汽通流量为 1400t/h，压力不小于 1.0MPa，温度不小于 530℃；支撑牢固，能承受吹管蒸汽对管道的反推力。消声器、排汽口周边加装安全防护围栏，加挂警示标志，防止人身、设备损伤。

（4）集粒器安装在尽量靠近再热器入口的水平管道直管段上。集粒器制作要求为：通流面积不小于所连接管道截面积的 6 倍，阻力小于 0.1MPa，孔眼不大于 12mm，孔边间距为 3~4mm，设计压力不小于 6MPa、450℃工作参数；集粒器在第一阶段吹管结束后拆除。

（5）吹管期间高压旁路阀应被隔离，高压旁路阀前高压侧管道不参加吹管，在合适处断开加装堵板，主蒸汽来临时管道直接接至高压旁路后低压侧管道上。

（6）低压旁路系统不参加吹洗，在热段至低压旁路合适处（靠近热段主路）断开加装堵板。

（7）靶板器制作应保证靶板更换方便、快捷，强度满足吹扫要求，操作灵活，周围搭设临时平台围栏。靶板为铝质材料，准备靶板 40 块。靶板制作要求为：宽度为靶板安装处管道内径的 8% 且不小于 25mm，厚度不小于 5mm，长度纵贯管道内径，靶板表面粗糙度应达到 Ra100。

（8）靶板器装设在排汽管的直管段上，前直管段长度宜为管道直径的 4~5 倍，后直管段长度宜为管道直径的 2~3 倍，并尽可能靠近正式管道末端。靶板器前所有临时管道安装前应喷砂处理，焊口均需采用氩弧焊打底。

（9）长距离的管道应有 0.2% 的坡度，并在低处设置疏水。汽轮机侧主蒸汽管道疏水、高压旁路疏水和再热冷段管道疏水、再热热段管道疏水、临时管道疏水分成高压部分和低压部分，分别引一根不小于DN150mm、壁厚不小于6mm的临时疏水管排至厂房外并加固。临时疏水管排出口不可上翘。

（10）从化学除盐水箱至凝汽器增加一路临时补水系统，系统包括两台出力为500t/h、扬程为50m的水泵和不小于DN350mm的除盐水管道，每台泵出口设置一个手动门。

（11）所有临时管道通径不小于所连接正式管道接口通径。主汽门到临时控制门前临时管道按16MPa、450℃工作参数设计，临时控制门后到高压旁路低压侧临时管道按6MPa、450℃的工作参数设计，中联门后排汽管道按2.0MPa、530℃的工作参数设计。

（12）吹管临时控制门采用两只公称直径不小于DN300、P_N为16MPa的电动门，工作温度为450℃以上，临时控制门应设有一只不小于DN50、$P_N \geq 16MPa$、$t \geq 450℃$的旁路门。临时控制门具备开、关、停三种功能，用红绿灯表示阀门开关状态，操作按钮安放在集控室，以便于操作和联系。

（13）至汽轮机疏水扩容器的所有疏水管道吹管期间全部隔离。

（14）所有临时管路要求保温、支撑牢固、能自由膨胀。临时连接管及排汽管支架设置合理、加固可靠。

（15）系统中未参加吹扫的管路，包括高压缸排汽管道、再热冷段管道（部分）、高压导汽管、中压导汽管、高压旁路阀入口管道、低压旁路管道等。在安装（或恢复）前应对内部进行清理，确保干净无杂物，封闭时经联合验收检查合格，并办理验收签证。

（16）恢复管道时连接管道内要进行清扫干净，切割时的焊渣应清理干净，水平管口应及时封堵，防止二次污染。每一管口对接时均应联合检查，施工完毕应办理验收签证。

5. 吹管用水量、燃料量估算

考虑直流锅炉每次启动必须进行大流量清洗，直至水质合格并考虑吹管有效时间按2h计，吹管期间约需化学水20000t。稳压吹管每次吹洗前需在除盐水箱内准备足够的除盐水，吹管期间需准备燃油1000t、燃煤2000t。

（四）吹管前应具备的条件

1. 一般性条件

（1）锅炉本体及主、再热蒸汽管道、汽轮机侧相关的汽水管道等安装工程全部结束，锅炉酸洗后管道恢复、容器清扫完毕，检查验收合格并办理验收签证。

（2）吹管临时系统应由有设计资质的单位设计。吹管临时管道安装结束，经验收符合吹管的要求。支吊架可靠，管道、支架热膨胀确认。排汽口 50m 内设立警戒区，标明危险区域。

（3）吹管用临时控制门调试结束，开关灵活到位就地操作方便，远方操作正常。消声器通流面积应满足吹管参数、降噪和阻力要求。

（4）检查锅炉受热面、烟风道及炉膛内部应清洁无杂物，人孔门封闭。

（5）锅炉减温水管道清洗合格，系统恢复正常，吹管期间可投入使用。

（6）空气预热器辅汽吹灰、火灾报警、消防系统调试完毕，吹管期间可投入使用。

（7）照明、通信设备符合设计要求，安装完毕，事故照明系统应能可靠地投入。

（8）化学水系统能够连续供给合格的除盐水，并有充足的储水量。

（9）锅炉、汽轮机平台、梯子、栏杆齐全，孔洞盖板完整，脚手架已拆除，道路畅通。锅炉、汽轮机运转层及零米地面施工结束，沟道畅通无杂物，沟道盖板完整。

（10）正在施工的系统与试运系统已可靠隔离。

（11）蒸汽吹管时，汽轮机投盘车，真空系统应具备投运条件。

（12）生产准备工作就绪，设备和阀门已挂牌编号。运行人员经过培训和考试合格，并已上岗。运行规程及系统图已编制完成并经过审批生效，运行所需工具用品已准备齐全。

（13）试运指挥机构已健全，明确岗位职责及联系制度，试运、检修人员上岗。方案措施经过审批，并向有关人员进行技术交底。

（14）消防、保卫及医务人员应安排到位、职责明确，并进入现场值班。

2. 设备及系统投入条件

锅炉启动前对机组进行全面检查，确认下列设备、系统分部试运工作完成，并办理完验收签证。

（1）汽轮机部分。循环水系统、开式水系统、闭式水系统、汽水系统电动（调节）门、辅助蒸汽系统、疏放水系统、电动给水泵系统、汽动给水泵系统、给水系统、凝结水系统、真空系统、盘车系统、润滑（顶轴）油系统、密封油系统、控制油系统、汽封系统。

（2）锅炉部分。压缩空气系统、火检冷却风系统、烟风系统电动（调节）门、送风系统、引风系统、引风机汽轮机系统、一次风系统、暖风器系统、空气预热器系统、空气预热器吹灰器、点火油系统、减温水系统、制粉系统、燃烧系统、密封风系统、低温省煤器系统、除灰系统、除渣系统、锅炉及管道膨胀系统、疏放水系统。

（3）外围部分。燃油系统、输煤系统、电袋除尘器系统、消防系统。

（4）化学部分。加药系统、汽水取样系统、凝结水精处理系统、除盐水系统。

（5）热控部分。火焰电视、炉膛烟温探针、DAS系统、SCS系统、FSSS系统。

（五）锅炉吹管操作步骤

1. 锅炉冷态清洗

除氧器上水正常后，投入除氧器加热，保证水温为50~100℃，启动电动给水泵向锅炉上水。当分离器见水位后，通过储水罐361阀进行排放，根据361阀排水能力尽可能提高给水流量对高压给水系统及锅炉省煤器、水冷壁、分离器、储水罐、排水管道进行冷态清洗。清洗过程中定期变化给水流量，以利于排出系统内的空气和杂质。在储水罐出口水质Fe含量大于500μg/L期间，锅炉开式清洗，储水罐排水直接外排，不进行回收。储水罐出口水质Fe含量小于等于500μg/L后，储水罐排水回收至凝汽器，维持给水流量为500t/h进行循环清洗。清洗过程中投入精处理，当省煤器入口水质Fe含量小于等于100μg/L、导电度小于1μs/cm、pH值为9.3~9.5时，锅炉冷态清洗合格。

冷态清洗结束后，对吹管临控阀上游管段的正式系统及临时系统进行吹管工作压力下的水压试验，以检验临控阀前系统的严密性。

2. 锅炉点火升温升压

（1）点火前的准备。

1）锅炉点火前12h投入电除尘器的振打及加热装置。

2）炉底水封建立，启动刮板捞渣机运行。

3）A、B、D、E磨煤机煤仓各上200t燃煤。

4）燃油辅助蒸汽系统及空气预热器辅汽吹灰管道系统暖管。

5）锅炉冷态清洗合格，建立锅炉点火给水流量为500t/h。

6）锅炉过热器、再热器疏水打开，主蒸汽管道、再热蒸汽管道疏水打开。

7）检查锅炉辅机保护全部投入。

8）检查锅炉MFT主要保护投入。炉膛压力高、炉膛压力低、给水流量低、给水流量低低、引风机全停、送风机全停、空气预热器全停、一次风机全停、火检冷却风丧失、炉膛全火焰丧失、炉膛风量低、给水泵全停、手动锅炉MFT、全部燃料失去、水冷壁出口过热度高、MFT继电器柜动作。

（2）锅炉点火。

1）依次启动两侧空气预热器、引风机、送风机；启动一台火检冷却风机，另一台投入备用。以大于30%BMCR风量对炉膛吹扫5min。

2）投入炉前油系统进行循环，做燃油系统泄漏试验；试验合格后，将油压调整到

3.0MPa。

3）投入空气预热器连续吹灰。空气预热器火灾报警必须正常投入，并严密监视空气预热器烟气温度。

4）启动一次风机、密封风机。A制粉系统通风，点燃风道燃烧器，逐步投A层少油油枪，必要时投入B、C、D层点火油枪助燃。油枪着火正常后，投入A制粉系统。

（3）升温升压。按锅炉冷态启动曲线控制升温、升压速度。启动过程中锅炉本体及临时系统监视膨胀情况，发现膨胀异常应立即停止升温升压，并采取相应措施将问题消除后方可继续升温升压。

3. 热态清洗

锅炉热态清洗在点火升压阶段进行。分离器压力达到1.25MPa、炉水温度达到190℃时，维持此温度和压力，开始热态清洗。清洗工艺与冷态清洗相同，维持给水流量为500t/h，同时适当开启临时控制门满足过热器所需冷却蒸汽量。当储水罐出口水质Fe含量大于500μg/L时，锅炉开式清洗；当Fe含量小于等于500μg/L，锅炉循环清洗。当省煤器入口水质Fe含量小于等于50μg/L时，锅炉热态清洗结束。

4. 锅炉吹管

（1）热态清洗期间启动一台汽动给水泵，另一台热态备用。

（2）热态清洗结束后，继续升温、升压，控制水冷壁升温率不大于2℃/min。通过临时控制门和燃料量的配合来控制升压速度。总的原则是点火前把临时控制门开度放在10%，锅炉压力建立后根据需要逐步开启临时控制门，到吹管压力后临时控制门全开。

（3）正式吹管前，分离器压力为2.5、3.5、4.5MPa时试吹管三次，并对临时系统进行检查。

（4）吹管过程中逐步增加燃料量和给水流量，分离器压力增加，逐步开大吹管临时控制门，直至吹管临时控制门全开。

（5）当过热器、再热器吹管系数大于1，稳压吹管开始计时，记录有效吹管时间。根据凝汽器补水情况确定每次吹管时长。

（6）随着燃料量的增加，锅炉转为微干态运行，应控制好水煤比。分离器出口过热度应控制在10℃以内，控制好锅炉受热面各处不超温。

（7）锅炉第一次吹洗结束后停炉冷却12h以上。在此期间拆除集粒器，以短管替换。

（8）再次启动进行吹扫，直至靶板合格。

（9）整个锅炉蒸汽吹管过程中停炉冷却不少于两次，每次冷却12h以上，以保证吹管效果。

（10）吹管结束后拆除临时系统并按正式系统要求恢复管道。

（11）上述工作全部结束，验收合格后办理吹管验收签证。

吹管系统图见图8-14。

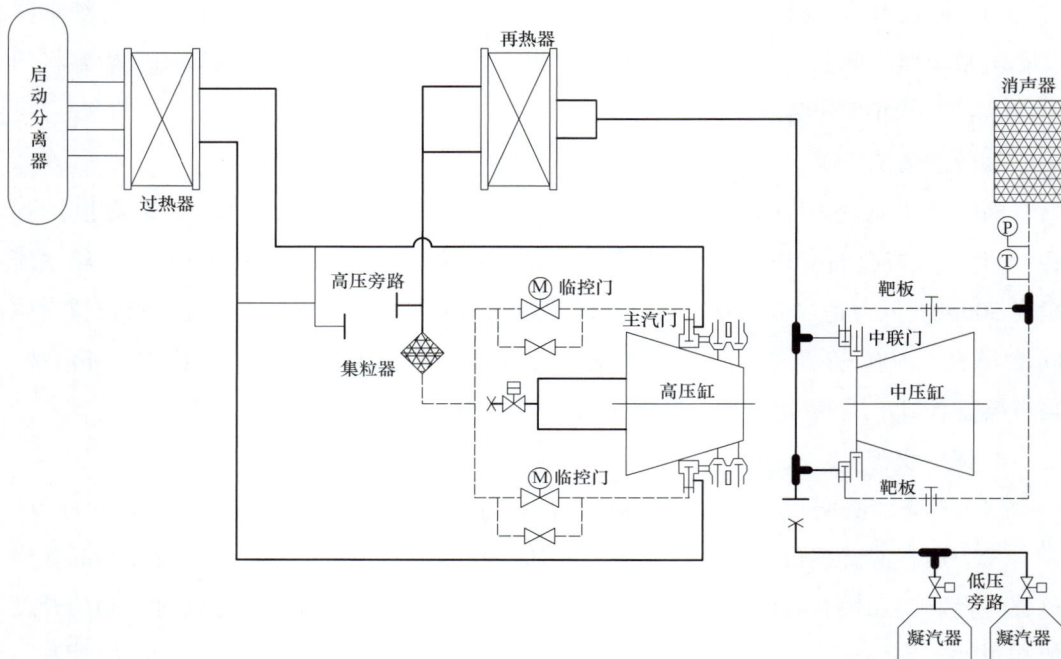

▲ 图8-14　吹管系统图

5. 吹管过程控制要点

（1）压力的控制。吹管中的升压过程一般会出现大负荷低压力工况，有可能会导致水冷壁传热恶化。如果出现这种情况，在升压前期应按锅炉滑压曲线进行，当流量达到一个较安全的数值后再把压力降到吹管要求。

（2）汽温的控制。过热蒸汽、再热蒸汽温度在吹管期间主要通过各减温水进行控制。因此，吹管前，各减温水管道应清洗合格，确保吹管时正常投用。通过减温水严格控制过热器出口汽温不超过427℃、再热器出口汽温不超过530℃，另外还应注意减温后蒸汽温度至少保持10℃过热度。

（六）吹管后割管检查

1. 割管检查的目的

高温过热器、高温再热器、屏式过热器入口集箱设置有节流孔。锅炉投入运行后，受热面内部的杂物将逐渐汇集到高温过热器、高温再热器、屏式过热器入口集箱的中部节流孔区域，并部分或全部堵塞节流孔，使得管内流量下降，增加爆管几率。因此，在吹管后对高温过热器、高温再热器、屏式过热器入口集箱中部进行割管检查，以发现和清理杂物。

对于省煤器、水冷壁系统、低温过热器、低温再热器等的集箱，也应采取割管检查的方式确认内部是否集存有杂物并将其清除。

2. 杂物检查的范围、检查方法

（1）集箱的检查。屏式过热器入口、出口集箱，高温过热器入口、出口集箱，高温再热器入口、出口集箱，低温过热器入口、出口集箱，低温再热器入口、出口集箱，省煤器入口、出口集箱，水冷壁下集箱及过渡段集箱，下降管分配头等集箱内部均应采取不同的手段进行检查。

集箱内部的检查采用割管、内窥镜检查并清理。低温过热器、低温再热器、过渡段集箱采用抽检方式，如发现杂物则增加相邻集箱的割管检查。如仍存在杂物，则再扩大检查、清理范围。集箱割管检查和清理的部位见表 8-14。

▼ 表 8-14　　　　　　　　　集箱割管检查和清理的部位

检查部位	割管（检查）部位	检查部位	割管（检查）部位
水冷壁下集箱	集箱端盖	吊挂管过热器集箱	连接管
集中下水管分配集箱	集箱疏水	顶棚过热器集箱	管接头
过渡段混合集箱	集箱疏水	省煤器进口集箱	左、右端盖
螺旋水冷壁出口集箱	连接管	低温再热器进口集箱	管排、连接管
垂直段水冷壁进口集箱	连接管	高温再热器进口集箱	手孔盖
水平烟道底部集箱	集箱疏水	过热器一级减温器	连接管
水平烟道侧包墙进口集箱	连接管	屏式过热器进口分配集箱	手孔盖
水平烟道侧包墙出口集箱	连接管	屏式过热器至高温过热器管段	连接管
后烟道侧包墙上集箱	连接管	高温过热器进口集箱	手孔盖
后烟道前、后包墙上集箱	连接管	高温受热面管	管子
后烟道中隔墙上集箱	连接管		

（2）垂直管段的检查。对高温过热器、高温再热器、屏式过热器材质为奥氏体不锈钢的，垂直管段的底部弯头处所聚集的杂物采用专用氧化皮检测仪进行拍片检测，

对弯管内部堆积氧化皮严重的可疑部位以数字射线检测（彩色）作为校核补充手段。

对高温过热器、高温再热器、屏式过热器材质为非奥氏体不锈钢的，垂直管段的底部弯头处所聚集的杂物采用专用的 X 射线直接成像（彩色）技术进行检查。

3. 割管检查后的恢复

（1）对于切割下来的手孔盖、端盖应做好标记，防止恢复时错用。

（2）清理检查合格后，必须保证集箱内部清洁无杂物，及时封闭管接头和集箱口。

（3）在管子、手孔、端盖恢复前，必须对焊条型号及材质进行检查复核。

（4）焊接恢复时，必须严格按照相应焊接规程和焊接工艺进行焊接。焊接、热处理完成后，必须对焊口进行 100% 无损检测并合格。

（七）其他

（1）第一次吹管结束后，对凝汽器、除氧器进行人工清扫。

（2）低压旁路、高压缸排汽管道等不参加吹洗的管道在组装前应进行人工清理，确保系统清洁，防止整套启动过程中出现阀门卡涩、内漏、滤网堵，以加快洗硅进程、减少停机次数、节约燃料。

八、锅炉整套启动调试方案

（一）调试目的及要求

1. 调试目的

通过锅炉整套启动调试，发现并消除由于各种原因造成的设备和系统中存在的缺陷，检验和考核机组的设计、制造、安装质量和性能，使机组达到 DL/T 5210.6—2019《电力建设施工质量验收规程　第 6 部分：调整试验》的规定，最终使机组能以安全、可靠、稳定、高效的状态移交生产。

2. 调试内容

锅炉整套启动试运分为"空负荷调试、带负荷调试和满负荷试运"三个阶段。

（1）整套启动前进行机、炉、电大联锁试验；分系统的投运；进行锅炉冷态清洗和过热器系统工作压力下的水压试验。

（2）空负荷调试阶段完成锅炉点火、升温升压、热态清洗、再热器安全阀整定；配合汽轮机冲转至 3000r/min 空负荷试验；配合电气空负荷试验、发电机并网及带负荷试验。

（3）带负荷调试阶段完成低负荷调试、制粉系统热态调试、带负荷调试及燃烧调整、疏水放空气及排污系统调试、烟风系统带负荷调试、断油稳燃试验、过热器安全阀整定及蒸汽严密性试验、MFT 动作试验；配合热工进行自动投用试验及负荷变动试验；配合汽轮机进行甩负荷试验。

（4）满负荷试运阶段完成机组 168h 连续试运行。

（二）锅炉整套启动前应具备的条件

1. 一般条件

（1）试运指挥机构健全，运行、试运、检修人员上岗，调试方案已经过批准并进行交底。运行规程及系统图经过审批生效，运行所需工器具、用品已准备齐全。

（2）建筑、安装工程已验收合格，满足试运要求。分部试运阶段发现的问题、缺陷已处理完毕。分部试运中采取的临时措施已恢复。

（3）必须在整套启动试运前完成的分部试运项目，已全部完成并经验收签证。所有参加整套启动试运的设备和系统均达到代保管的要求，并办理完代保管手续。保温、油漆及管道色标完整，设备、管道和阀门等已有正式命名和标志。

（4）试运用的燃煤、燃油、除盐水、化学药品已准备充足，质量合格。

（5）试运区域照明充足，地面平整清洁，沟道盖板、楼梯平台栏杆齐全；妨碍运行、影响膨胀和有着火危险的脚手架及障碍物已拆除，确保试运人员能安全通行；试运机组与运行或施工机组及其有关系统已采取可靠的隔绝或隔离措施。

（6）露天布置的锅炉及其辅助设备有可靠的防雨、雪措施；在严寒季节试运，设备、管道及仪表管路有可靠的防冻措施，主厂房内温度不低于 5℃，确保设备不冻坏。

（7）上、下水道畅通，保证满足供水和排水的需要，且排放符合环保的要求。

（8）具备充足可靠的照明、通信和消防设施，消防通道畅通。消防系统经消防部门验收、电梯经技术监督部门验收合格后投入使用。消防、保卫及医务人员到位，并进入现场值班。

2. 需确认具备整套启动条件的设备、系统

需确认具备整套启动条件的设备、系统见表 8-15。

▼ 表 8-15　　　　　　　锅炉整套启动条件一览表

序号	项目名称	要求
1	汽水系统电动门、调节门	开关试验正常，显示正确，标识齐全、正确
2	烟风系统电动门、调节门	开关试验正常，显示正确，标识齐全、正确
3	炉膛烟温探针	进退正常，可投入使用
4	燃烧器	燃烧器冷态调整完好；油枪、点火枪定位正确、伸缩自如；风门调整正确

序号	项目名称	要求
5	开式水系统	通水正常,能满足运行需要
6	闭式水系统	通水正常,能满足运行需要
7	启动锅炉系统	系统试运正常,联锁、保护正常
8	空气预热器系统	系统试运正常,联锁、保护正常
9	送风系统	系统试运正常,联锁、保护正常
10	汽动、电动引风系统	系统试运正常,联锁、保护正常
11	一次风系统	系统试运正常,联锁、保护正常
12	暖风器系统	系统试运正常,联锁、保护正常
13	燃油系统	泄漏试验合格,快关阀功能可靠,油枪投退正常,雾化良好,点火枪打火正常
14	制粉系统	系统冷态调试完毕,联锁、保护正常
15	脱硝系统	系统试运正常,可以投入使用
16	除尘器系统	空载升压合格,振打、加热可以投入使用
17	低温省煤器系统	系统试运正常,可以投入使用
18	减温水系统	系统试运正常,可以投入使用
19	本体及空气预热器吹灰系统	冷态调试完毕,可以投入使用
20	火检冷却风系统	系统试运正常,联锁、保护正常
21	密封风系统	系统试运正常,联锁、保护正常
22	除灰系统	系统调试完毕,联锁、保护正常
23	除渣系统	系统调试完毕,联锁、保护正常
24	输煤系统	系统试运正常,联锁、保护正常
25	疏水、放空气及排污系统	系统试运正常,无泄漏,管路通畅
26	安全阀及 PCV 阀	冷态调校完毕,记录齐全
27	锅炉及管道膨胀系统	经联合检查符合设计要求,膨胀间隙正确,滑动支点无卡涩;临时限制件已去除;膨胀指示器在冷态调至零位
28	火焰工业电视	调试好,可投入使用
29	锅炉报警信号功能	功能试验正常、完整
30	SCS 系统	功能试验正常、完整
31	FSSS 系统	功能试验正常、完整

续表

序号	项目名称	要求
32	给水泵及给水系统	系统试运正常，可投入使用
33	旁路系统	调试合格，冷态试验正常
34	压缩空气系统	系统试运正常
35	辅助蒸汽系统	能正常投用，提供合格蒸汽
36	加药、取样系统	系统试运正常，药品准备充足

（三）锅炉整套启动调试步骤

1.启动前的检查与试验

（1）启动前的检查。

1）确认设备、系统已具备整套启动条件。

2）对锅炉本体、烟风道、除尘器进行全面检查，确认内部无人、无杂物，各处人孔门、检查孔完整并关（封）闭好。

3）对所有辅机设备、系统进行全面检查，确认系统完整、无人工作，各转动机械润滑油（脂）正常，冷却水正常。

4）检查制粉系统内部洁净，无人工作，人孔门、防爆门完整可靠。

5）输煤、除尘、除灰、除渣、脱硫、脱硝系统已做好启动准备工作。

6）集控室控制台、盘上各种操作、显示装置完整，信号正常。

7）压缩空气供应正常；厂用蒸汽压力、温度正常；燃油系统已建立炉前大循环，油温、油压正常。

（2）启动前的试验。

1）对锅炉烟风挡板进行操作试验且合格。

2）对电动门、气动门、调节门进行操作试验，并按运行规程要求置于正确位置。

3）进行信号报警试验、SCS功能试验、FSSS功能试验（包括点火程控、制粉系统程控、MFT等）、燃油系统泄漏试验。

2.锅炉冷态清洗

机组整套启动前，必须对锅炉进行清洗以去除沉积在受热面上的杂质、盐分和因腐蚀生成的氧化铁。锅炉清洗分为冷态清洗和热态清洗两个阶段：冷态清洗在点火前进行，热态清洗在锅炉升温升压阶段进行。

3. 锅炉工作压力水压试验

根据 DL/T 5190.2—2019《电力建设施工技术规范 第2部分：锅炉机组》中13.5.2的要求：锅炉机组整套启动试运前，锅炉应进行工作压力下的水压试验。

4. 锅炉首次冷态启动空负荷运行调试

（1）点火前的准备。

1）锅炉点火前12h投入电除尘器的振打及加热装置，布袋除尘器进行预涂灰。

2）炉底液压关断门放下，启动刮板捞渣机运行；锅炉除灰系统投运正常。

3）启动锅炉点火，辅汽系统压力正常。

4）检查锅炉空气门均打开，检查锅炉过热、再热蒸汽系统疏水阀全部打开。

5）锅炉上水，上水温度为60℃以上，至储水罐正常水位。

6）锅炉冷态清洗。锅炉冷态清洗合格后，建立锅炉点火给水流量为500t/h。

7）检查锅炉辅机保护全部投入。

8）检查锅炉MFT保护全部投入。

（2）锅炉点火。

1）依次启动两侧空气预热器、引风机、送风机；启动一台火检冷却风机；启动一台脱硝稀释风机；以大于30%BMCR风量对炉膛吹扫5min。

2）投入炉前油系统进行循环，做燃油系统泄漏试验。投入空气预热器连续吹灰。

3）汽轮机高、低压旁路投入自动控制。

4）启动一次风机、密封风机，A制粉系统通风，点燃风道燃烧器，逐步投A层少油油枪，必要时投入B、C、D层点火油枪助燃。油枪着火正常后，投入A制粉系统。

（3）锅炉升温升压。

1）按锅炉冷态启动曲线控制升温、升压速度。

2）启动过程中监视膨胀情况，发现膨胀异常，应立即停止升温升压，并采取相应措施进行消除后方可继续升温升压。

（4）锅炉热态清洗、再热器安全阀整定。顶棚出口汽温升至190℃时，锅炉停止升温升压，进行热态清洗。当省煤器入口水质Fe < 50μg/L、电导率小于1μS/cm、pH值为9.3~9.5时，锅炉热态清洗结束。锅炉继续升温升压，利用高、低压旁路控制再热器压力，进行再热器安全阀整定。

（5）配合汽轮机冲转及相关试验。

1）按汽轮机要求调整蒸汽参数，主蒸汽温度、压力逐步升至8.0MPa、370℃；再热蒸汽参数调整到0.8MPa、320℃。配合汽轮机冲转至3000r/min。

2）汽轮机转速稳定在 3000r/min 运行，配合电气进行并网前试验。

3）电气并网前试验结束后，配合发电机并网带 20%~30% 额定负荷，汽轮机暖机。

4）汽轮机暖机 3h 以上，发电机解列，调整蒸汽参数配合汽轮机做超速试验。

5. 锅炉带负荷运行调试

（1）配合汽轮机重新冲转，发电机再次并网。机组按定—滑—定方式增加负荷，在负荷为 0~30%THA 阶段机组定压运行，在负荷为 30%~90%THA 阶段机组滑压运行，在负荷为 90%~100%THA 阶段机组定压运行。

（2）机组带负荷到 20%THA 时，投入第二套制粉系统（D）。

（3）机组带负荷到 30%THA 时，启动第三套制粉系统（B）运行，开始逐步退出油枪，并增加给煤量，出现燃烧不稳时，及时增投油枪助燃。

（4）机组带负荷到 40%THA 时，启动第四套制粉系统（E）运行。出现燃烧不稳时，及时增投油枪助燃；在该负荷下稳定一段时间，逐步退出剩余投运油枪，投入电除尘。

（5）机组带负荷到 60%THA 时，启动第五套制粉系统（F）运行，投入除灰系统。

（6）机组带负荷到 75%THA 时，启动第六套制粉系统（C）运行，整定过热器安全门。机组带负荷到 100%BRL。

（7）在升负荷的各个阶段均需稳定一段时间，完成有关的调试项目。

6. 锅炉满负荷 168h 连续试运行

锅炉满负荷 168h 连续试运行见表 8-16。

▼ 表 8-16　　　　　　　　　　　锅炉自动调节系统投入计划表

序号	自动调节系统名称	属性	投运计划
1	A 磨煤机风量控制系统	DCS	30%THA 前，系统运行稳定
2	A 磨煤机出口温度控制系统	DCS	30%THA 前，系统运行稳定
3	B 磨煤机风量控制系统	DCS	50%THA 前，系统运行稳定
4	B 磨煤机出口温度控制系统	DCS	50%THA 前，系统运行稳定
5	C 磨煤机风量控制系统	DCS	100%THA 前，系统运行稳定
6	C 磨煤机出口温度控制系统	DCS	100%THA 前，系统运行稳定
7	F 磨煤机风量控制系统	DCS	100%THA 前，系统运行稳定
8	F 磨煤机出口温度控制系统	DCS	100%THA 前，系统运行稳定
9	E 磨煤机风量控制系统	DCS	50%THA 前，系统运行稳定

序号	自动调节系统名称	属性	投运计划
10	E 磨煤机出口温度控制系统	DCS	50%THA 前，系统运行稳定
11	D 磨煤机风量控制系统	DCS	30%THA 前，系统运行稳定
12	D 磨煤机出口温度控制系统	DCS	30%THA 前，系统运行稳定
13	炉膛压力控制系统	DCS	空负荷阶段
14	一级过热器出口温度控制 A 系统	DCS	大于等于 40%THA
15	一级过热器出口温度控制 B 系统	DCS	大于等于 40%THA
16	二级过热器出口温度控制 A 系统	DCS	大于等于 40%THA
17	二级过热器出口温度控制 B 系统	DCS	大于等于 40%THA
18	再热器调温挡板控制系统	DCS	大于等于 40%THA
19	再热器事故减温水控制 A 系统	DCS	大于等于 40%THA
20	再热器事故减温水控制 B 系统	DCS	大于等于 40%THA
21	燃油压力控制系统	DCS	系统投运时
22	燃料控制系统	DCS	大于等于 60%THA，燃烧稳定
23	一次风压控制系统	DCS	风机运行正常
24	送风量控制系统	DCS	锅炉运行，系统稳定
25	储水箱水位控制系统	DCS	系统投运时
26	给水自动控制系统	DCS	系统投运时

（四）锅炉的停运操作

根据不同的目的和条件，锅炉分为正常停炉和紧急停炉。机组正常停运时，采用滑压方式停炉；若出现 MFT 条件或有危及设备和人身安全的故障则采取紧急停炉。

1. 正常停炉

锅炉 6 台磨煤机运行，带 BMCR 负荷时停炉步骤如下：

（1）全面检查锅炉，对发现的问题做好记录，待停炉后消除。建立炉前燃油循环，检查所有油枪可用。减少燃烧率，机组开始降负荷。减小磨煤机出力，待前一台磨煤机停运后，再减小下一台磨煤机出力。

（2）当负荷降低到约 95%BMCR 负荷时，切停第 6 台磨煤机（C）。当负荷降低到约 85%BMCR 负荷时，切停第 5 台磨煤机（F）。当机组负荷降低到约 70%BMCR 负荷时，切停第 4 台磨煤机（E）。

（3）当机组负荷降低到50%BMCR负荷时，维持负荷10min运行，此时有3台磨煤机在运行，后墙中层油枪逐步投入运行。锅炉仍在纯直流工况运行，启动分离器内蒸汽处于过热状态，为了便于锅炉转为再循环模式，应调整煤水比，降低分离器蒸汽过热度。

（4）当负荷降到40%BMCR时，维持10min后，投入相应点火油枪，开始切停第3台磨煤机（B）。

（5）油枪投入后，空气预热器加强吹灰，退出电袋除尘器。

（6）主汽压力降至15MPa左右时，首先关闭361阀暖管管路，开启361阀至疏水箱的闸阀，储水罐出现水位后由361阀自动调节。

（7）逐步降低负荷，负荷从30%BMCR开始降低时，切停第2台磨煤机（D）。当机组负荷降到15%BMCR时，维持第1台磨煤机（A）在最低煤量运行。

（8）开启旁路控制系统继续降低负荷。机组负荷降到5%BMCR，锅炉打开疏水。机组负荷减至0时，汽轮机停机，锅炉熄火。

（9）停炉后停止锅炉上水。

（10）保持炉膛压力及30%~40%BMCR风量，进行炉膛通风，吹扫5~10min后停止送风机、引风机运行；关闭烟、风系统的有关挡板。炉膛出口烟温低于150℃时，停运火检冷却风机。

（11）停炉后继续保持空气预热器运行，待进口烟温低于100℃时，方可停止运行。

2. 锅炉的停炉保养

锅炉停炉保养的方法原则上可分为湿法保养和干法保养。

（1）湿法保养是锅炉停炉后，锅炉汽水系统和外界严密隔绝，用具有保护性的水溶液充满锅炉受热面，防止空气中的氧进入锅内。湿法保养可分为：氨—联氨保养法、氮压保养法等多种方法。

（2）干法保养是使锅炉内表面始终处于干燥状态，以达到防腐蚀的目的。干法保养可分为充氮保养法、余热烘干法、钝化加热炉放水法、干空气吹扫保养法等。

第九章 工程管理

第一节　职业健康、安全、环境管理

一、安全工作方针和目标

1. 安全工作方针

安全生产工作应当以人为本、生命至上，把保护人的生命安全摆在首位。坚持**"安全第一，预防为主，综合治理"**的方针，从源头上防范化解重大安全风险。

2. 安全目标

（1）不发生人身死亡和重伤事故，轻伤事故率控制在 0.1% 以下。

（2）不发生恶性未遂事故。

（3）不发生经济损失在 10 万元及以上的设备事故（含施工机械事故）。

（4）不发生经济损失在 10 万元及以上的火灾事故。

（5）不发生负同等及以上责任的交通事故。

（6）不发生坍（垮）塌事故。

（7）不发生环境污染事故。

（8）不发生大面积传染疾病和食物中毒事故。

二、安全组织机构及职责

为了认真贯彻**"安全第一，预防为主，综合治理"**的方针，加强对工程建设的安全管理和统一领导，建立健全工程建设安全施工的保障体系和组织机构，并充分发挥其领导、协调和督促作用，确保工程建设的安全、顺利进行，根据中华人民共和国《安全生产法》和国家电监会《安全生产工作规定》，结合工程建设需要，成立基建期间安全生产委员会。

（一）安全生产委员会组成人员

主任由公司总经理担任，副主任由公司书记、基建副总经理担任。

成员由公司其他领导班子成员、公司各部门主任，总监理工程师，主体设计院项目经理，各施工单位、EPC 总承包单位项目经理组成。

（二）安全生产委员会办公室

安全生产委员会下设安全生产委员会办公室，具体负责日常事务管理，安全生产委员会办公室设在公司安监部。

（三）安全职责

1. 安全生产委员会职责

（1）贯彻国家、行业、集团和地方政府有关安全、职业健康、环境管理工作的方针、政策、法律、法规，决定工程建设中安全、职业健康、环境管理工作的重大事项。

（2）通过并发布基建期安全、职业健康、环境管理工作规定。

（3）决定工程建设过程中重大安全、职业健康、环境管理问题的解决方案，并做到人员、责任、资金、时间四落实。

（4）协调各施工单位之间涉及安全、文明施工问题的关系，对各施工单位的安全、职业健康、环境管理工作进行检查、考核。

（5）组织或参加人身死亡事故和重大及以上事故的调查、分析、处理，及时了解各施工单位发生事故的情况，本着"四不放过"（事故原因不清楚不放过，事故责任者和应受教育者没有受到教育不放过，没有采取防范措施不放过，应该处理的责任人没有处理不放过）的原则，认真分析，制定措施，改进安全施工管理工作。

（6）监督检查施工单位的安全文明施工管理。对安全文明施工严重失控的施工单位，采取经济处罚、停工整顿或清退出场等处理手段。

2. 安全生产委员会办公室职责

（1）安委会办公室负责监督公司各部门、各参建单位对安全生产委员会决议的执行情况；对施工中的重大安全问题提出处理意见交安委会决定；建立与各部门、各参建单位安全机构的联系制度，共同保证安委会各项决议的落实。

（2）由公司安监部牵头，监理、各参加单位安监部门参加组成安全监督体系，对日常的安全文明施工进行监督管理，参与施工协调工作，定期向安委会报告各参建单位安全文明施工情况。

（3）负责监督各项安全标准、规章制度、安全技术措施、反事故措施和上级有关安全生产指示的贯彻执行情况。

（4）负责监督检查施工设施的安全技术状况、人身安全防护设施状况，并重点监督安全工器具、起重机具及运输设备的管理工作。

（5）参加或协助组织事故调查，监督"四不放过"原则的贯彻落实。

（6）负责监督安全技术及劳动保护措施计划、反事故措施计划的落实。

（7）总结分析工程建设过程中的安全薄弱环节和带倾向性的安全施工问题，提出整改和控制意见，对事故隐患、危险点，做到超前预防。

（8）组织安全文明施工大检查，对监督检查中发现的问题和隐患及时提出整改要求，发出安全文明施工整改通知单，监督其限期整改，必要时书面向有关单位和部门发出安全文明施工考核通知单。

（9）及时应用通报、快报、简报等形式进行事故（隐患）反馈，配合有关部门采用各种形式和手段对职工进行安全宣传教育。

3. 其他单位安全职责

发电公司各部门、勘察设计单位、监理部、施工单位项目部、分项总承包单位、调试单位等凡进入电厂区域参与基建工作的所有单位均应明确并制定安全职责。

（四）安全会议

安委会应在工程开工前召开第一次全体会议，以后每半年召开一次由安委会主任主持的安委会会议。在安委会上总结分析工程项目安全生产情况，部署安全生产工作，协调解决安全生产问题，确定施工过程中安全、文明施工的重大措施。安委会会议应保留会议原始记录，编写会议纪要并分发有关单位。

年初召开安全工作会议，总结上一年度的工作成绩和存在的问题，提出本年度安全工作计划和目标任务，表彰安全生产先进集体和先进个人。

建设单位安监部每月组织召开安全生产例会，协调解决施工中存在的安全生产问题。根据现场实际情况不定期组织安全生产专题会议，解决某些专项安全生产问题。

施工单位项目部应每周召开安全生产例会，协调解决施工中存在的安全生产问题。

施工班组（队）应每天组织班前"站班会"，检查作业人员衣着、个人安全防护用品和精神状态，在布置施工任务的同时，做好安全技术交底。

三、施工安全管理

（一）施工安全管理总则

建设单位对工程建设过程中的安全施工负有全面管理和监督责任。建设单位及所有参建单位必须遵守安全生产法律、法规、标准、规程的规定，履行国务院《建设工程安全生产管理条例》、电监会《电力建设安全生产监督管理标准》规定的各责任主体的安全责任。接受国家、地方政府主管部门的监督和检查，接受集团公司、股份公司各职能部门的管理和监督。

各参建单位必须组织、建立、健全安全保证体系和监督体系，按照"谁主管谁负责""管工程必须管安全"的原则检查并不断完善体系的运转。统筹安排，协调管理，认真做好安全工作的计划、布置、检查、考核、总结等事项。

各参建单位建立、健全以各级行政正职为第一安全责任人的各级安全施工责任制，制定适合工程项目建设的规章制度和作业规程，加强教育与培训，保证工程项目建设必需的安全投入，依法落实"主体责任"和"负责制"为内容的电力建设工程安全工作基本责任标准。

（二）施工安全责任制

各参建单位项目部的项目经理是本项目部安全管理的第一责任人，对本单位的安全管理工作负全面领导责任。项目副经理、项目总工程师及项目部其他领导应在各自分管的业务范围内对安全管理工作负直接的领导责任。

参建单位的各职能部门负责人及专业人员应在各自主管的业务范围内对安全管理工作负责。参建单位的员工应在各自的工作范围内对安全工作负责。

所有参建单位的各级各类人员应主动接受各级安全管理部门及安全管理人员在安全工作方面的检查和监督管理。

监理部对项目工程建设过程中的安全工作实行监督管理。监理部和监理工程师应当按照法律、法规和工程建设强制性标准实施监理，并对建设工程安全生产承担监理责任。总监理工程师对监理工作负直接领导责任。

勘察、设计单位对提供的勘察、设计文件的真实性、准确性和合理性负责，满足建设工程安全生产的需要。在设计中对提出保障施工作业人员安全和预防安全事故的措施建议负责。设计单位的注册建筑师等注册执业人员应当对其设计负责。

总承包单位（脱硫工程、厂外卸煤区工程承包商）对承包范围内的安全生产负总则。总承包单位依法将工程分包给其他单位的，分包合同中应当明确各自在安全生产方面的责任、权利、义务。总承包单位和分包单位对分包工程的安全生产承担连带责任。分包单位应当服从总承包单位的安全生产管理，分包单位不服从管理导致生产安全事故的，由分包单位承担主要责任。

施工承（分）包单位是现场职业健康、安全、环境保护工作的责任主体，依法对各自承包工程范围的安全、职业健康、环境保护工作负全面责任。

（三）法律法规、标准的执行及安全制度

各参建单位应及时识别、获取适用的安全生产法律法规、标准规范，建立清单，

动态更新、发布。各施工单位应严格按照国家法律法规、现行标准规范执行并对法律法规执行情况进行合规性评价。

各参建单位应制定安全生产管理制度，落实到责任部门及岗位。建设、监理、施工、调试单位应建立的基本安全管理制度参照 DL 5009.1—2014《电力建设安全工作规程　第1部分：火力发电》中的附录 A 执行，包括但不限于其中规定的内容。

监理和施工单位应结合各自工作的实际建立相应的安全管理台账。施工单位在开工前编制安全技术措施费用计划，报送监理部审查后，交建设单位安监部备案。

施工单位要确保安全技术措施计划所需资金的投入，监理部和建设方相关部门要加强对实际投入资金的审查和考核，并建立相关的管理台账。

（四）进场管理

1. 进场组织管理

建设方与各施工单位签订"安全文明施工协议"，将责任落实到各施工单位、项目部及有关人员。

施工单位必须针对其承包的工程范围编制"标段施工组织设计"和"安全文明施工策划"并报送监理部、建设方安监部和工程部审核、批准。

安委会应落实现场安全、消防、防汛和保卫管理体系。安监部应督促施工单位建立与之相应的管理标准和应急预案，报送监理部和建设方安监部审定备案。

2. 施工机械进场管理

施工单位采购、租赁的安全防护用具、机械设备、施工机具及配件，应当具有生产（制造）许可证、产品合格证，并在进入施工现场前进行查验。施工现场的安全防护用具、机械设备、施工机具及配件必须由专人管理，定期进行检查、维修和保养，建立相应的管理档案，达到使用期限的按照国家有关规定及时退役或报废。

进场大型施工机械必须持有主管部门核发的安全检验合格证书，其安装必须编制作业指导书和安全措施并逐级审批，报送监理审签交底后方能实施，安装单位应具备相应的资质。

施工单位在使用施工起重机械和整体提升脚手架、模板等自升式架设设施前，应当组织有关单位进行验收，也可以委托具有相应资质的检验检测机构进行验收。使用承租的机械设备和施工机具及配件的，由施工总承包单位、分包单位、出租单位和安装单位共同进行验收，验收合格的方可使用。《特种设备安全监察条例》规定的施工起重机械，在验收前应当经有相应资质的检验检测机构监督检验合格。

施工单位应当自施工起重机械和整体提升脚手架、模板等自升式架设设施验收合格之日起 30 日内，向建设行政主管部门或者其他有关部门登记。登记标志应当置于或者附着于该设备的显著位置。

3. 施工人员进场管理

施工单位的所有进场人员（含分包单位）都必须经过施工单位的安全教育培训、考试和身体健康检查合格，并做好记录台账，方可进入施工现场。所有进场施工人员必须统一着装并佩戴公司配发的胸卡。

施工单位应当向作业人员提供安全防护用具和安全防护服装，并书面告知危险岗位的操作规程和违章操作的危害。施工现场的安全防护用具、机械设备、施工机具及配件必须由专人管理，定期进行检查、维修和保养，建立相应的管理档案，到达使用期限的按照国家有关规定及时报废。建设单位、监理部应监督施工单位按要求实施。

施工单位因工程施工需要必须招用合同工、临时工、农民工（"三工"）时，必须符合下列要求：

（1）签订正式用工合同，按规定购买相应保险。

（2）进行体检及三级安全教育、考试合格。

（3）分到施工班组并由正式员工带领，佩戴附有照片的上岗证件，纳入本单位员工范围进行安全管理。

（五）安全教育培训

各参建单位（建设、监理、设计、施工、调试）主要负责人、项目负责人和专职安全生产管理人员应具备相应的安全生产知识和管理能力，取得相应安全资格证书。各单位应明确安全教育培训主管部门或责任人，定期识别安全教育培训需求，制订安全教育培训计划并实施。

新入场人员上岗前，必须按规定经过三级安全教育培训和考核，考核合格后方可上岗，岗前安全培训时间不得少于 72 学时，每年接受再培训的时间不得少于 20 学时。

特种作业人员必须按照国家有关法律、法规的规定接受专门的安全技术培训，经体检、考核合格，无妨碍从事相应特种作业的生理缺陷和禁忌症，取得特种作业操作资格证书方可上岗作业。

施工单位应当对管理人员和作业人员每年至少进行一次安全生产教育培训，其教育培训情况记入个人工作档案。作业人员进入新的岗位或者新的施工现场前，应当接受安全生产教育培训。未经教育培训或者教育培训考核不合格的人员，不得上岗作业。

施工单位在采用新技术、新工艺、新设备、新流程、新材料时，应当对作业人员进行相应的安全生产教育培训。

各参建单位应对外来人员可能接触到的危害进行告知，对应急处置方法和相关安全规定进行交底，做好监护工作。

各参建单位应做好安全教育培训记录，建立安全教育培训台账，对培训效果进行评估并改进。积极开展安全文化建设。

（六）安全检查与考核

1. 基本要求

各参建单位应定期组织安全检查与隐患排查，包括日常检查、综合检查、专项检查、季节性检查、节假日检查。安全检查与隐患排查应有策划、有检查、有措施、有整改，做到闭环管理。

涉及人身、设备安全的一般事故隐患应立即监督整改。重大事故隐患应制定整改方案，限期整改，整改过程应进行监督，整改完成应进行验收。事故隐患不能立即整改的，应采取保证安全的临时措施。

2. 季度安全检查

每季度在安委会会议前由建设单位安监部和监理部组织进行季度安全文明施工检查。参加人员有：公司分管安全（基建）的副总经理，安监部人员，工程部有关人员，监理部总监、安全副总监及安全管理人员，施工（调试）单位项目经理、安全负责人等。检查结果在安委会会议上公布并作为年终安全文明施工竞赛评比的依据。

3. 月、周安全检查

每周在安全例会前由监理部组织一次有安监部专职、各施工单位安监负责人参加的周检查。每月最后一周的安全检查为月度安全检查，参加人员根据需要可扩大。

4. 安全检查的主要内容

（1）基础管理资料和台账检查。重点检查标准、规范是否齐全、完善，施工组织中职业健康、安全、环境控制措施是否合理，各种应急预案是否可行，查账、表、卡、记录等是否符合要求。

（2）施工现场检查。重点查交叉作业区的隔离设施、脚手架、高处作业、大型施工机械安全防护装置、井字架、施工用电、现场动火作业、安全设施、人员的违章行为、文明施工环境等。

5. 施工单位的安全检查

各施工单位要建立定期职业健康、安全、环境检查制度，做到每天巡查、定期检查和专项检查相结合。对可能存在事故隐患的场所要经常检查并建立管理台账，发现事故隐患要及时整改并记录，整改合格后办理反馈手续。

6. 监理部的安全检查

监理部应经常对各施工单位安全管理进行监督检查，填写"安全、环境检查登记表"；对检查中发现的违章作业，职业健康安全、环境隐患，下达"监理工程师通知单"，令其在规定的时间内进行整改。对可能给工程建设质量留下重大隐患，危及设备、人身安全的问题，监理部除令其暂停施工外，要及时通报建设单位安监部、工程部，并立即下达"监理工程师通知单"令其整改（必要时停工整顿）。施工单位需在整改、自检合格后向监理部提交"隐患整改反馈单"，经项目监理复核检查、确认已整改合格后，在"监理工程师通知反馈单"上签署"复查意见"。

停工整顿的必须在下达复工命令后，相关施工单位才能继续施工。"监理工程师通知单"和"监理工程师通知反馈单"应经公司安监部确认并予以保存。

监理部应在开展监督、检查的同时做好季度、年度安全管理工作总结并制订下一季度、年度的安全管理工作计划。安全管理工作计划、总结应报建设方安监部及公司领导。

7. 建设方安监部的安全检查与考核

根据安全检查的情况，建设方安监部应根据职业健康安全和环境管理体系的要求对相关单位进行考核评价，作为建设方对参建单位安全考核的依据。考核评价结果上报集团作为建立、调整合格供方的依据。

建设方安监部应定期或不定期检查施工单位是否对可能造成工程安全影响的施工、设备、设施、场所采取纠正和预防措施。

建设方各部门应严格按照规定要求开展安全管理工作，并做好相应的记录，当出现不符合情况时应及时采取措施，防止事故的发生。

监理部按照合同中规定的服务范围，在公司的领导下进行安全监督、检查工作。

建设方建立施工安全文明的奖惩标准，奖优罚劣；安监部应保存"安全施工奖励记录"和"违章处罚登记表"等相关记录。

（七）施工分包单位的安全管理

1. 对施工单位分包的基本要求

各施工单位不得将主体工程进行分包，对于确需分包的施工项目在分包时应遵守国家、行业相关法律法规、规章制度及工程合同的要求。

施工单位应对拟分包单位按相关制度的要求，进行严格的资质、能力、业绩等审查，并报监理和建设方审查或备案。施工单位应采用招标的方式择优选择分包方，并与分包单位签定分包合同和安全生产协议书，明确双方在安全生产方面的权利、义务与责任，然后分包单位方能进入施工现场。施工单位应对分包单位人员和分包工程实施全过程管控。

分包单位安全资质不合格的严禁录用。各施工单位严禁将工程多次分包，重要临时设施、重要施工工序、特殊作业项目和危险作业项目不得分包。

2. 分包单位资质的审查

建设方、监理、施工单位应对分包单位资质进行审查，分包单位资质和人员资格应符合现行国家、行业规定。

3. 分包单位的管理

（1）施工分包单位必须认真贯彻执行国家、行业有关职业健康、安全、环境保护的法律法规、方针政策、标准、规程，服从建设方和监理部的监督管理。

（2）施工单位必须将分包单位的全体员工纳入其管理范围，组织进行安全教育和考试。凡增补、换人、换岗必须进行安全教育和考试。考试合格后方能上岗，考试成绩报监理部。

（3）施工分包单位对所分包的施工项目必须编制安全文明施工措施。施工分包单位对大型独立施工项目应编制施工组织设计，对重要工序、特殊作业、危险作业项目应编制施工作业指导书（或专项施工方案），经发包单位审批，然后报监理部、建设方工程部审查合格，安监部备案后方能执行。

（4）施工单位和分包单位对分包工程的安全生产承担连带责任。分包单位应当服从发包单位的安全生产管理，分包单位不服从管理导致生产安全事故的，由分包单位承担主要责任。

（八）应急救援和安全事故的调查处理

1. 应急预案与响应

（1）总的要求。建设方组织监理、设计、施工、调试等单位建立以总经理为首的工程项目应急管理体系。建设方、施工单位建立项目应急组织机构和应急救援队伍，明确责任，按规定配备合格的应急救援设备、设施、工具、器材。

各参建单位根据该工程项目特点、地域特征、自然环境，建立自然灾害预警机制，制定预防措施并实施。建设方根据工程特点、现场环境，制定并发布突发事件综合应急预案。施工单位根据施工特点、施工环境，结合综合预案编制专项预案和现场处置方案。

（2）建设方的职责。建设方应组织落实应急救援经费、医疗、交通运输、信息、物资、治安和后勤等保障措施，应急设施、设备等应定期进行检查、维护和测试，其功能应完好可靠。

建设方每年应至少组织一次施工单位工程项目部负责人和相关人员参加的应急管理能力和应急知识培训。

（3）施工单位的职责。施工单位应当制定本单位生产安全事故应急救援预案，建立应急救援组织、配备应急救援人员，配备必要的应急救援器材、设备。施工单位应当根据施工任务的特点、范围，对施工现场易发生重大事故的部位、环节进行监控。

（4）应急预案管理。应急预案编制层级如下：

1）根据建设工程施工特点、范围，制定综合应急预案。

2）针对施工过程中存在的危险源，制定专项应急预案。

3）识别施工现场易发生事故的部位、环节，制定现场处置方案。

应急预案应定期进行评审，并根据评审结果修订和完善。

建设方每年至少组织一次应急预案演练，施工单位每半年组织一次现场处置方案演练，并对演练效果进行评估。应急预案演练前应对演练过程中的风险进行评估，制定保证安全的措施并实施。

发生突发事件，责任单位应立即启动相关应急预案。

2.事故报告、调查和处理

（1）事故上报。事故发生后，事故现场有关人员应当立即向本单位现场负责人和安全管理部门报告。

本单位现场负责人接到事故报告后应当按照国家有关伤亡事故报告和调查处理的规定，及时、如实地向发生地县级以上人民政府负责安全生产监督管理的部门、建设行政主管部门或者其他有关部门报告。特种设备发生事故的，还应当同时向特种设备安全监督管理部门报告。

紧急情况下可越级上报。

生产安全事故报告应当及时、准确、完整，任何单位和个人对事故不得迟报、漏报、谎报或者隐瞒，报告内容应包括：①事故的时间、地点和工程项目有关单位名称；②事故的简要经过；③事故已经造成或者可能造成的伤亡人数，包括下落不明的人数和初步估计的直接经济损失；④事故的初步原因；⑤事故发生后采取的措施及事故控制情况；⑥事故报告单位或报告人员；⑦事故报告后出现新情况，应及时补报。

（2）事故处置。事故发生单位现场负责人接到事故报告后，应根据事故分级启动相关事故应急预案或采取有效措施，组织抢救，防止事故扩大，减少人员伤亡和财产损失。

有关单位和人员应当妥善保护事故现场以及相关证据，任何单位和个人不得破坏事故现场、毁灭相关证据。需要移动现场物品时，应当做出标记和影响、书面记录，妥善保存现场重要痕迹、物证。

（3）事故调查。在事故调查期间，事故发生单位的现场负责人和有关人员不得擅自离开现场，应随时接受事故调查组的询问，如实提供有关情况。

生产安全事故调查和处理，应做到事故原因未查清不放过、责任人未处理不放过、整改措施未落实不放过、有关人员未接受教育不放过（四不放过）。

各参建单位应建立生产安全事故档案。

四、文明施工管理

（一）文明施工的组织管理

以建设方总经理为主任、主管安全的副总经理为副主任，监理单位和各参建单位行政正职参加的"安全生产委员会"负责现场文明施工的组织、领导、协调工作。

各施工单位成立以项目经理为首的安全文明施工组织机构，明确文明施工的负责部门，制定文明施工管理的规章制度，形成项目部、工地、班组三级安全文明施工管理网络。各施工单位的组织机构、管理网络由监理部汇总报建设方安监部备案。

文明施工的综合管理归口建设方安监部，负责文明施工管理的考核和施工现场文明施工督察，建设方其他部室协助抓好文明施工工作。

施工单位安监部门负责本标段现场文明施工的管理和检查工作，监理部受建设方委托负责现场文明施工的监督管理工作。各级安全文明施工管理人员必须严格按照施工组织总设计确定的总平面管理原则实施动态管理，确保总平面符合文明施工要求。

施工单位在工程开工前必须制订详细的安全文明施工措施和办法，并经施工单位主管部门审核、主管领导批准后认真执行。施工班组月度计划任务书中也应写入文明施工要求。任何施工项目做到图纸、措施、设备材料、机具、劳动力五落实才能开始施工。

施工现场文明施工按照划分统一管理，分区负责，职能部门每日深入现场检查指导，定期评比。

（二）文明施工目标

文明施工的总目标为：施工总平面模块化；物资材料摆放定置化；现场设施标准化；作业行为规范化；环境卫生经常化；文明区域责任化；工作施工程序化。

工程建设期间应做到：设施标准、行为规范、施工有序、环境整洁。

（三）施工准备阶段的文明施工管理规定

1. 文明施工区域管理要求

各功能区域实施模块化封闭式管理，分别用围栏、围墙、安全警示带等进行隔离、封闭，保卫人员上岗执勤。施工区道路畅通、路面平整，照明充足。

施工单位必须实施现场文明施工定置管理。参建单位的大门、岗亭、临时围墙，以及各区域的通道均按统一设计图纸施工。在区域大门口设立整齐、大小适宜、色彩醒目的"五牌二图"。"五牌"是：工程概况、施工单位名称牌；安全生产纪律牌；文明施工守则牌；防火须知牌。"二图"是：施工总平面图；工地安全、文明施工管理体系图。

土建与安装施工范围划分明确，分割衔接清晰，无重叠及"三不管"区域。随着施工的进展适时调整施工区域的划分。施工办公区、生活区与施工现场要分开布置，并有明显的隔离设施。

施工临建设施完整，布置得当，环境清洁。办公室、工具间等场所内部整洁，布置整齐。有关职责、标准、规定上墙。

2. 文明施工实施管理要求

施工现场统一规划土方临时堆放、周转场地。土方开挖、回填不得在作业面附近隔夜堆放土方。

施工中垃圾、废料定点堆放，并定期清除。现场执行"随做随清、随做随净"标准，必须达到"一日一清、一日一净"。

材料、设备等堆放合理，各种物资标识清楚，整齐标准，并要符合安全防火要求。主要设备存放要有防雨防晒等措施。库房，易燃、易爆材料物品存放处，必须有符合规定的防火、防爆、防盗措施。

施工用电及力能管道系统布置合理、安全，场地排水与消防设施完备。

不具备文明施工条件的工程项目不准开工。

（四）施工阶段文明施工管理规定

1. 施工区域管理

建设方工程部设置施工总平面专（兼）职管理人员，对施工总平面实行统一的动态管理。各施工单位设专职管理人员，严格按照建设方制定的施工总平面管理制度，全过程做好所辖区域施工平面管理工作。合理布置、按图用地，确保施工总平面管理符合文明施工要求。

施工总平面实行分区隔离管理，各分隔区域均应挂牌，严格区分施工区域、加工区域、仓储区域、生活区域、办公区域和施工通道，保证各区域相对独立且有机联系。

规范并严格执行施工现场门卫管理制度，禁止闲杂人员进入现场，外来人员必须进入现场时，凭证件办理登记手续。

现场的各类临时建筑物按统一标准搭建，保持现场整体视觉效果。现场禁用石棉瓦、脚手板、模板、彩条布、油毛毡、竹笆等材料搭建工棚。

2. 施工道路及水、电管理

施工区域的道路、电源、上水、下水、消防水严格按照施工组织总设计原则布置，经批准后按图施工，杜绝随意开挖和修改。凡因施工需要断路、停电、停水时，施工单位必须提出申请，经监理部和建设方主管部门批准后方可实施，并限期复原。

所有道路由建设方工程部编制路名标志，主干道路均为混凝土路面。施工单位在各自范围内的施工、生活、仓储区域道路应保证全过程畅通。规划车辆通行路径，实施进、出通道分离。履带式起重机、推土机通过路面要采取防止压损路面的措施。

厂区主干道两侧应设置路标、交通标志、限速标志和区域警戒标识。

根据文明施工责任区划分，各施工单位应确定专人负责道路的清洁和维护保养。每天清扫道路，及时清理道路上散落的泥土、砂浆和其他落物。

各参建单位必须保持现场消防通道、安全通道的畅通，严禁侵占。现场必须按消防规定设置足够的消防设施，要放在明显处和便于取用的地方。

3. 文明施工设置管理

在施工总平面范围内按设计合理布置水冲式临时厕所。厕所由责任单位派专人管理并及时清理、保持整洁。下水道由专人负责定期清淤疏通，保持排水畅通，确保现场没有各种原因引起的积水。

在施工现场适宜的位置设置吸烟室与饮水点，并明确专人管理。吸烟室与饮水点应设置桌、椅，保持室内清洁和饮水卫生。

4. 施工车辆管理

所有进入施工区域的车辆必须保持干净整洁，按指定的道路和限定的时速安全行驶。施工现场车辆行驶时速不得超过15km，超限车辆时速不得超过5km。未经批准，道路上不得随意停车装卸货物，经批准临时停车装卸货物的车辆，驾驶员不得离开车辆。

在施工生活区、办公区按规划设置停车棚（停车位），所有摩托车、电动自行车、自行车、三轮车、手推车必须放入指定车棚（停车区），杜绝乱停乱放。现场机动车辆应保证车况完好，按标识牌限速行驶，防止飞扬沙尘和碎石伤人。进场车辆（包括非机动车辆）必须按标识路线行驶和指定区域停放。

运输有可能引起扬尘的货物时车厢应加盖防尘布，保证车箱严密、无泄漏。进出现场的车辆由专人负责冲洗车轮，监督车斗的泄漏情况，确保现场内外道路的清洁，无泥泞和尘土。

5. 施工废弃物管理

施工与办公活动产生的废料和垃圾要分类存放，由施工单位规划分类场所和统一存放设施样式，并悬挂统一制作的标识牌。

施工单位须设置污水沉淀池、蓄积池，对建筑施工和生活废水进行沉淀处理；设置污水检测口进行水质监控，设立噪声检测点对施工产生的声量进行监控；设置防渗池防止各类油料及化学试剂外溢造成环境污染；对废油料等废液在移交社会专业部门处理以前设置专门的回收存放设施。

（五）现场设施标准化管理

1. 配电箱与电缆敷设标准化

施工单位应在建设方指定的地点接入施工用电系统，并全权负责连接点以下的电气设备保护和人身安全。施工用电采用三相五线制（TN-S 系统），从箱式配电室引出到一、二级电源柜。一、二级电源柜及内部配置由建设方或施工单位统一规划设计，专业生产厂家定制，或按统一标准购买成品。二~四级盘内均应装设漏电保护器，定期校验。移动电源盘采用便携式卷线盘，放线长度不超过 20m，电源盒进出线处有可靠的电线防拉脱措施。配电盘、柜插座电压等级、开关负荷名称标志清楚，一、二级盘、柜上锁。

电缆敷设采用直埋（或架空）集中敷设，电缆路径地面应设明显标识。电缆、电线走向布置合理，铺设整齐、美观并标示清楚；施工现场严禁用接零代替接地保护。

电气作业必须由施工单位的专职电工进行。

2. 临时照明及配电装置标准化

施工现场照明均应先规划、设计，后施工安装。照明全部以管线架空固定设置，安装统一的照明灯具，灯具电源线不得随意敷设。建设方在汽机房东北、东南方位、炉后、煤场等五处布置照明灯塔，为全现场提供广域照明。

3. 电焊机箱及气瓶工棚标准化

现场和厂房内电焊机采用集装箱布置，并配套二次线通道和快速插头，电焊机二次线必须使用软橡套电缆。电焊机电线、气管确保不破损及不出现裂纹。

施工单位在现场搭建统一规格和标识的氧气、乙炔气瓶工棚，放置在现场规定位置。所有电焊机、气瓶管线走向不交叉，排列整齐。气瓶均涂刷气体介质色标，全部加装防护帽、防振圈和经计量检验合格的压力表，乙炔气瓶有阻火器。气瓶摆放符合安全距离。

4. 危险品库房的标准化

施工单位必须设置专用危险品、放射源库房且标识醒目，做好防盗措施。对危险品及危险废品要集中存放，并按相关规定做好危险品的处理工作。

5. 脚手架标准化

现场脚手架必须采用钢管搭设。钢管应全部除锈，按规范要求涂刷油漆、色标。脚手架的搭设应符合要求，应经搭设人、使用人和专职安全员验收合格，并挂牌表明允许的最大载荷、使用期限及责任人。脚手架在有效期内拆除或维修均须经过规定的程序，工作完成后应及时拆除。汽机房、锅炉房零米层、运转层、通道，以及大面积电缆敷设区等有条件的区域可采用吊挂脚手架的形式，以保证道路畅通和环境整洁。如须搭设非钢管特殊脚手架，须由使用部门申请报监理部审核，经建设方安监部批准后实施。

6. 安全防护设施标准化

施工单位应按照统一要求设计，制作标有统一色标的孔洞盖板和防护栏杆，所有的孔洞均覆盖牢固的保护盖板，所有的缺口均安装可靠的双层防护栏杆。如施工需要临时拆除孔洞盖板、防护栏杆的，必须架设防护绳索并布置警示标识，特别危险的临时作业点必须指定专人监护，工作结束后必须立即恢复。

7. 废弃物收集设施标准化

在锅炉房零米、汽机房零米、集控楼等各施工区域设置足够数量的垃圾收集箱。垃圾收集箱每天由专人清理垃圾并转运到施工总平面指定的垃圾堆放区，定期清运出施工现场。施工过程中产生的废钢筋、碎砖头、散落废弃的灰砂、混凝土、电缆线头、保温废料、废管材等，每天或工作结束后随即由施工人员自行清理并带出作业区域，做到工完、料净、场地清。施工班组应负责对责任区的现场清理工作，确保文明施工标准化。

8. 现场警示标识标准化

现场加工修理车间、工具间、组合场等区域及现场施工所有的加工、起重、机械设备、焊机等，全部张挂安全操作规程牌，各区域的设备定置点全部划线固定，所有机械设备必须编号。汽轮机本体安装区域设置统一标识的封闭式隔离带。禁止无关人员进入集控室、电子设备间、工程师站、电缆层、开关室、蓄电池室等重要区域。所有安全警示牌、操作规程标牌张挂在规定位置。现场主要文明施工标志、交通安全标志等应设置"荧光安全标识牌"。

（六）文明施工区域责任化管理

各施工单位应根据建设方和监理部划定的文明施工责任区，建立文明施工分区、分级管理标准并落实文明施工责任人。各文明施工责任区应制定文明施工包干管理标准，明确本责任区的目标、措施、责任人等，设置统一明显的管理标志牌。对文明施工责任区进行定期考核评比。

各文明施工区责任单位对本责任区的安全设施、标牌、标识，安全设施及施工材料、机具的标准化放置实施管理和监督。对进入责任区的所有材料、设备及时安装到位，现场存放的材料、设备一般不得超过48h。对开箱和安装后的包装材料等废弃物应及时清理至指定区域。安装就位的设备必须采取相应的防护措施。

施工现场道路设定统一的路名标牌，由各文明施工包干单位设专人负责清扫维护，保证道路路况良好畅通。

（七）作业行为规范化管理

1. 人员行为的管理

进入施工现场的所有人员必须穿着符合安全要求的工作服，正确佩戴安全帽，高处作业系好安全带。禁止穿拖鞋、凉鞋、高跟鞋和带钉鞋进入施工现场。施工现场严禁在吸烟室以外的任何地点吸烟。

进入施工现场人员必须注意各种安全标示牌，自觉遵守现场安全文明施工纪律、规定。施工人员在工作结束或暂时离开施工地点时，应做好场地的清扫工作，对所有工器具、材料归拢整齐，电缆线头、废铁、灰浆、油漆滴痕等废弃物清扫干净。全员做到工完、料尽、场地清，所有物品严禁乱抛、乱放。

2. 防止二次污染

各施工单位必须制定防止二次污染的控制措施，采用集尘箱、隔离板、防护罩等形式进行防护，杜绝二次污染。

转动设备、机械等凡需加油检修的，须在其下部铺垫塑料布和安装接油盘，检查不漏油时方可撤去，以确保不污染基础及楼面。

安装就位的各类转动设备、辅机、仪表等设备，搭设统一标识的防护棚、罩，用"三防"油布覆盖保护。仪表盘柜、精密设备，混凝土梁、柱等施工结束后，必须采取覆盖保护措施。

现场需少量拌和混凝土和砂浆作业时，严禁在路面、地坪或各层楼面上落地拌制，确需拌制的，应先铺垫铁皮或其他防污染的材料，剩余的砂浆必须由施工人员及时处理出现场。

禁止在设备、管道和建筑物上乱涂、乱画，保持设备、管道和建筑物表面清洁。不准随意在设备、结构、墙板、楼板上开孔或焊接临时结构，必要时要取得主管技术人员的认可，并出具书面通知后实施。

保温材料应随用随运，在现场存放不得超过 24h，施工中必须有防止散落的措施，每天工作结束后将现场清扫干净。

五、职业健康管理

（一）总则

职业健康管理工作依法保护劳动者职业健康及相关权益，控制和减少职业危害因素、防止职业病的发生。职业健康管理工作坚持"预防为主、防治结合"的方针，依据源头治理、科学防治、精细管理、严格考核的原则，各参建单位实行分级管理、相关部门协同的工作机制，管理工作做到制度化、规范化。

依据《中华人民共和国安全生产法》《中华人民共和国职业病防治法》《工作场所职业卫生监督管理规定》（国家卫生健康委员会令第 5 号）等有关职业健康的法律法规、标准及相关规定开展职业健康管理工作。

（二）管理职责

1. 建设单位管理职责

建设单位对各参建单位的职业健康工作采取宏观管理、分级管控模式，安全生产委员会为职业健康管理工作的领导协调机构。

建设单位总经理是职业健康管理的第一责任人，分管基建的副总经理具体负责职业健康管理工作的落实，其他领导对其分管业务范围内的职业健康管理工作负责。安监部为职业健康工作的归口管理部门，负责检查各参建单位职业健康工作的执行情况，以及日常的控制管理工作，并建立相应的档案。

2. 参建单位职责

各参建单位是职业病防治的责任主体，并对本单位产生的职业病危害承担责任。各参建单位应当为劳动者创造符合国家职业卫生标准和卫生要求的工作环境和条件，并采取措施保障劳动者获得职业卫生保护。

各参建单位项目经理（项目负责人）是职业健康工作的第一责任人，保证职业健康工作资源配置，统筹协调职业健康和各项工作的关系，对职业病防治、职业健康管理工作全面负责。主管安全生产项目副经理组织开展职业健康管理工作，对职业健康工作负直接领导责任。

3.监理单位职责

监理单位负责监督施工单位工程建设期间职业健康工作的开展情况。参与施工组织设计（方案）职业健康安全技术措施计划的审查，并对执行情况进行监督检查。做好日常巡检工作，随时掌握职业健康安全的动态情况。

在实施职业健康安全监理过程中，发现施工场所存在职业健康安全隐患的，有权要求施工单位进行整改，并及时向主管领导（或建设单位）汇报；情况严重的，应当要求施工单位暂时停止施工。监督检查施工单位职业健康安全整改情况。

（三）职业健康工作目标

劳动者职业卫生培训率达到 100%；

职业病危害项目申报率达到 100%；

工作场所职业病危害告知率和警示标识设置率达到 100%；

工作场所职业病危害因素监测率达到 100%；

粉尘、毒物、放射性物质等主要危害因素监测合格率达到 100%；

可能产生职业病危害的施工项目预评价率达到 60% 以上，控制效果评价率达到 65% 以上；

从事接触职业病危害作业劳动者的职业健康体检率达到 100%；

接触放射性工作人员个人剂量监测率达到 85% 以上；

有劳动关系的劳动者工伤保险覆盖率达到 100%。

（四）职业健康各项工作基本要求

1.职业健康危害辨识、评价

（1）职业病辨识、评价的原则。预防职业病，排除和控制职业危害。

（2）职业病辨识、评价的范围。职业危害风险辨识的范围应包括施工工艺与安全技术管理；施工作业人员操作活动；施工作业环境条件；设备设施安装、运行、维护；化学危险品的储存与使用等。

（3）职业病辨识、评价的方法。以《职业病分类和目录》（职业病的分类和目录由卫计委、人资部、安监总局、总工会）（十类 132 种）和《职业病危害因素分类目录》（十类）为基础，对照项目的作业环境、施工工艺、使用的器具等进行对照检查。

2.职业健康体检的分类及对象

（1）上岗前职业健康检查。拟从事接触职业病危害作业的新录用劳动者；包括转岗到该作业岗位的劳动者，发现职业禁忌症。

（2）岗中职业健康检查。用人单位应当根据劳动者所接触的职业病危害因素，定期安排劳动者进行在岗期间的职业健康检查。对在岗期间的职业健康检查，用人单位应当按照GBZ 188—2014《职业健康监护技术规范》等国家职业卫生标准的规定和要求，确定接触职业病危害的劳动者的检查项目和检查周期。需要复查的，应当根据复查要求增加相应的检查项目。

（3）离岗检查。对准备脱离所从事的职业病危害作业或者岗位的劳动者，用人单位应当在劳动者离岗前30日内组织劳动者进行离岗时的职业健康检查。劳动者离岗前90日内的在岗期间的职业健康检查可以视为离岗时的职业健康检查。

（4）应急体检。出现下列情况之一的，用人单位应当立即组织有关劳动者进行应急职业健康检查：

1）接触职业病危害因素的劳动者在作业过程中出现与所接触职业病危害因素相关的不适症状的。

2）劳动者受到急性职业中毒危害或者出现职业中毒症状的。

3. 职业危害告知

（1）设立公示栏。产生职业病危害的用人单位，应当在醒目位置设置公告栏，公布有关职业病防治的规章制度、操作规程、职业病危害事故应急救援措施和工作场所职业病危害因素检测结果。

（2）作业现场警示。各单位对产生职业病危害的作业现场（岗位），应当在其醒目位置，设置警示标识和警示说明对作业人员进行告知。警示说明应当载明产生职业病危害的种类、后果、预防、应急救治措施等内容，以及作业现场职业病危害因素检测、评价结果。

（3）设备危害告知。设备制造企业提供可能产生职业病危害的设备，要提供中文说明书，并在设备醒目位置设置警示标志和中文警示说明。警示说明载明设备性能、可能产生的职业病危害、安全操作和维护注意事项、职业病防护措施等内容。

（4）材料危害告知。向用人单位提供可能产生职业病危害的化学品、放射性同位素和含有放射性物质的材料的，应当提供中文说明书。说明书应当载明产品特性、主要成分、存在的有害因素、可能产生的危害后果、安全使用注意事项、职业病防护，以及应急救治措施等内容。产品包装应当有醒目的警示标识和中文警示说明。储存上述材料的场所应当在规定的部位设置危险物品标识或者放射性警示标识。

（5）岗前告知。将施工过程中可能产生的职业危害因素及产生的后果、职业危害防护措施及相关权益如实告知施工人员。因工作岗位或者工作内容变更，应向员工如实告知现从事的工作岗位、工作内容所产生的职业病危害因素。

4. 职业健康应急管理

（1）应急预案的编制。

1）应急预案的主要内容。总则（编制目的、编制依据、适用范围、工作原则、预案体系）、风险分析、组织机构及职责、预防与预警、应急响应、信息发布、后期处置、应急保障、培训和演练、奖惩、附则、附件。

2）专项处置方案。

——总则：编制目的、编制依据和适用范围。

——事件特征：可能发生的职业健康危害类型，发生的区域、地点或装置，可能造成的危害程度、事前可能出现的征兆。

——应急组织及职责：应急组织形式及人员构成、职责。

——应急处置：现场应急处置程序、现场应急处置措施、事件报告流程。

——注意事项：个人防护器具、抢险救援器材、救援对策或措施、现场自救和互救、人员安全防护、应急救援结束后等各方面的注意事项及其他需要注意的事项。

——附件：有关应急部门、机构或人员的联系方式，应急物资装备的名录或清单，关键的路线、标识和图纸。

（2）应急预案的评审。应急预案评审采用符合、基本符合、不符合三种意见进行判定。对于基本符合和不符合的项目，应给出具体修改意见或建议。

（3）应急演练。各参建单位应根据本单位实际情况组织桌面或实战演练，并根据演练结果对预案进行修订。

5. 职业健康培训的基本要求

各参建单位每年组织相关部门对从业人员进行职业病危害预防控制的培训、考核，使每位施工人员掌握职业病危害因素的预防和控制技能。

各参建单位应增强职业卫生培训的针对性和实用性，加强对接触职业病危害施工人员上岗前和在岗期间的职业卫生培训，通过师傅带徒弟、实际操作等有效做法，把职业病防治知识与日常管理措施结合起来，使施工人员熟悉职业病危害及防范措施，提高自我防护能力。

施工生产班组应充分利用班前、班后会及安全日活动，开展经常性的职业卫生知识教育培训。

6. 职业健康危害场所防护设施管理

（1）有职业病危害的作业场所应符合以下要求。

1）职业病危害因素的强度或浓度符合国家职业卫生标准。

2）有与职业病危害防护相适应的设施。

3）施工现场布局合理，符合有害和无害作业分开的原则。

4）施工场所与生活场所分开，工作场所不得住人。

5）有配套的更衣间、洗浴间、休息室等卫生设施。

6）设备、工具、用具等设施符合保护劳动者生理、心理健康的要求。

7）法律、行政法规和国务院卫生行政部门、安全监管部门关于保护劳动者健康的其他要求。

（2）建立维修保养制度。对职业病防护设施的检查、维修、保养，应根据产品的性能、使用频率做出具体的规定。

（3）职业危害防护设施设计包括以下内容。

1）职业病危害因素分析及危害程度预测、周边环境分析。

2）设计依据：涉及的法律、法规、标准和技术规范等。

3）拟采用的防护设施：对拟采取的防尘、防毒、防暑、防寒、防噪声、减振、防非电离辐射与电离辐射等职业病防护设施的名称、规格、型号、数量、分布及控制性能进行分析和设计。

4）拟采取的应急设施：对应配备的事故通风、救援装置、防护设备、急救用品、急救场所、冲洗设备、泄险区、撤离通道、报警装置类型、规格型号、数量、存放地点等内容进行设计。

5）职业健康警示标志的设置：对存在或者产生职业病危害的工作场所、作业岗位、设备、设施设置警示图形、警示线、警示语句等警示标识和中文警示说明，并对存在或产生高毒物品的作业岗位设置高毒物品告知卡的数量和位置进行设计。

7. 作业过程中的控制

（1）进行具有职业危害的作业活动前，应编制防范职业危害的专项实施方案、控制措施，对参与施工作业的员工进行交底。

（2）每班作业活动开始之前，对作业环境条件进行确认，应对从业人员进行职业危害防范措施的教育。对职业危害防护设施、员工劳动防护用品的佩戴进行全面检查。

（3）对作业场所散发出的有害物质，应加强通排风，并采取回收利用、净化处理等措施，未经处理不得随意排放。

（4）对可能发生急性职业损伤的有毒、有害工作场所，应设置报警装置，配置现场急救用品、冲洗设备，设置应急撤离通道和必要的泄险区。

（5）防尘、防毒设施，必须加强维修管理，确保完好和有效运转。对可能产生有毒、有害物质的工艺设备和管道，要安排专人加强维护，定期检修，保持设备完好，杜绝跑、冒、滴、漏。

（6）工作场所职业病危害因素不符合国家职业健康标准和要求时，应立即停止职业病危害因素的作业，采取相应的治理措施，达标后方可作业。

（7）若改变产品原材料或工艺流程，可能使尘毒等危害增加，要采取可靠的预防性措施，按照变更管理的要求进行管理。

（8）对具有职业危害作业的，应安排专人进行监控，并应开展巡视检查。

（9）安全管理部门要定期开展对防尘、防毒、防噪声设备、设施和工作环境条件的监督检查，采取综合措施，消除尘、毒、噪声危害，不断改善劳动条件。

8. 个人保护用品管理

（1）基本要求。各单位应按照规定给接触职业危害人员配备满足要求、符合国家标准的个人防护用品并督促其正确使用。个体防护用品是单位免费发给员工个人保管使用的劳动防护用品，是保护员工在生产过程中免遭或减轻职业病危害的一种辅助措施。

（2）个人防护用品类型。防护呼吸器（防护口罩）、防护面罩和眼镜、防护服、防护手套、护耳器。

六、环境保护管理

（一）总则

电力建设工程项目环境保护是针对在建设过程中可能对环境（大气、水体、土地、野生动植物、矿藏、自然遗迹、人文遗迹、自然保护区、风景名胜区、城市、乡村等自然因素的总体）造成的影响，应采取的组织和技术性环境保护措施，以满足国家、地方有关环境保护法律、法规、标准的要求。

（二）管理职责

建设单位应执行电力建设项目环境影响评价制度和环境保护设施与主体工程"三同时"的规定。施工承包商在编制施工组织设计时，应根据施工过程中或其他活动中产生的污染气体、污水、废渣、粉尘、放射性物质，以及噪声、振动等可能对环境造成的污染和危害，单独编制环境保护措施。

参建单位应将环境保护教育纳入教育培训计划。在组织安全教育培训时，应针对工程的实际，将环境保护的措施和要求，以及环境保护的法律、法规知识作为教育培训的重要内容，对职工进行培训教育。

（三）环境保护实施方案

1. 总体要求

工程现场的办公区、生活区应采取绿化措施，改善生态环境。现场应设置足够数量的废料、垃圾箱和水冲式厕所，并由专人清扫，保持现场施工环境的卫生。

工程施工过程中产生的建筑垃圾和生活垃圾，应及时清运到指定地点集中处理，防止对环境造成污染。

施工、生活用水，应按清、污分流方式，合理组织排放。污水应经处理达到标准后排放，并优先安排在施工现场的复用。工程施工期间挖、填、平整场地，以及土石方的堆放，必须按施工组织设计确定的方案和施工时间段，严格管理，防止局部水土流失。

施工过程中及竣工后，应及时修整和恢复在施工过程中受到破坏的生态环境，并尽可能采取绿化措施。

对违反环境保护相关法律、法规，以致造成环境破坏或污染事故的单位和个人，应由参建单位项目经理、技术负责人组织有关部门、人员对事故进行调查处理，追究事故责任。对环境保护工作做出显著成绩的单位和个人，应及时给予表彰和奖励。

2. 大气污染物排放的控制

大气污染物的产生主要包括：施工现场粉尘飞扬，施工过程产生的有毒、有害气体等，职工食堂烟气的排放。

在食堂烟气出口前安装油烟分离器，减少对大气的污染。

定期对施工场地、施工道路洒水，防止扬尘。

油漆和稀释剂要密封保存好，防止挥发，并采用环保型油漆。在产生有毒有害物质和气体的场所装设通风装置和排气设施。

水泥应采用罐装运输和储存。袋装水泥在运输过程中应采取封盖措施，装卸时应小心，轻拿轻放。尽量减少扬尘。砂石料的运输应采用专用封闭车辆。混凝土搅拌站的料场应采取封闭措施。

喷砂除锈作业应在专用的车间（喷砂房）内进行，配备专用的喷砂及粉尘抑制设备，作业人员配备相应的防护装具。

3. 废、污水排放的控制

（1）生活污水排放的控制。提倡节约用水，避免长流水。施工区、生活区、办公区均实行雨水、污水分流及排放。厕所污水设置两级化粪池处理达标后排放，或联系社会单位抽吸外运、处理。生活污水排放至临时设置的污水处理系统处理后达标排放。

（2）施工废水排放的控制。应采用水污染排放量少的清洁生产工艺，加强管理，减少水污染物的产生。不得使用国家禁止的严重污染水环境的施工工艺。不得采购和使用国家禁止使用的严重污染水环境的设备。

存放可溶性有毒废渣的场所，必须采取防水、防渗雨、防流失的措施。储存过油类或有毒污染物的车辆和容器不得用水清洗。向水体排放含热废水时，应采取措施，保证水体的水温符合水环境质量标准，防止热污染。

禁止向水体排放和倾倒工业废渣、垃圾及其他废弃物。显影液收集后交有环保资质的单位处理。

混凝土搅拌站混凝土生产、设备冲洗过程中产生的废水应经沉淀澄清、过滤后达标排放。锅炉及热力系统化学清洗产生的废水，必须经有针对性的处理工艺处理后方可达标排放。

一般性施工废水通过管网排向指定的场所，处理后排放。

4. 环境噪声污染防治内容和排放标准

（1）环境噪声污染防治内容。在工程施工活动期间主要声源为挖土机、推土机、混凝土搅拌机、打桩机、起重机、电焊机等工作时产生的噪声，机组试运行期间设备运行、系统冲洗、锅炉吹管等产生的环境噪声排放。

工程建设施工中的环境噪声排放标准不得高于 GB 12523—2011《建筑施工场界环境噪声排放标准》，并采取控制措施，尽量减少环境噪声排放。

（2）环境噪声污染防治要求和措施。各施工单位在施工机械、设备选配、采购时应考虑设备运行的噪声限值。设备的安装与调试严格按照设备说明书进行。机械设备必须定期保养，保持良好的技术性能，运行中发现异常噪声时，应停机检查，排除故障后再运行。

对噪声源的重点设施、设备采取合理安排布局，加强设备润滑和维护保养等有效措施，并按设备操作规程，以减少噪声对周围环境的影响。

施工过程中产生噪声较大的作业流程，施工单位应对参与施工的人员进行控制噪声的相关和操作技能的指导。对特殊施工作业（如管道蒸汽、空气吹扫）产生的噪声采取隔声和消声措施。建筑、安装、调试中出现短期异常环境噪声污染，应采取措施减少环境噪声的排放影响。

七、应急管理

（一）总则

为确保工程建设突发重大安全事故的应急救援工作高效有序地进行，最大限度减轻事故造成的危害和损失，保障参建人员的生命安全，确保安全稳定施工，根据《安全生产法》《建设工程安全生产管理条例》《电力建设安全健康环境管理工作规定》，由建设方安监部具体负责组织编制该工程的各项应急预案，并在工程建设期间组织、监督实施。

（二）管理职责

建设方公司总经理或分管副总经理负责工程项目重特大事故指挥、协调和相应领导工作。

建设方安监部负责组织确定可能发生的紧急情况的应急预案，并会同其他部门对紧急情况进行分析，提出控制方案并组织演练，评审、检验应急预案的有效性，必要时组织修订。负责事故现场应急措施的组织协调。

建设方其他部门对事故情况的处理按原分工的要求密切配合，并履行本部门的职责。

施工单位负责本单位应急预案编制及准备和响应工作。

监理单位负责监督施工单位应急预案的编制、演练和响应工作。

（三）应急救援小组

建设方成立应急救援小组，组长由总经理担任，副组长由分管副总经理担任，成员为各部门负责人和各施工单位负责人。应急救援小组下设抢险救援、安全警戒、后勤保障等应急专业组。

各施工单位也应成立各自的应急救援组织机构，负责编制应急预案、培训、演练和应急救援工作。

（四）主要的应急处置方案

根据施工现场实际情况，需编制相应的应急处置方案。

施工单位也应结合所承担的施工任务编制相应的应急预案及应急处置方案并付诸实施。

第二节　工程质量管理

为实现濮阳豫能电厂2×660MW超超临界机组工程的质量总体目标，公司将在设计、制造、施工、调试等主要阶段，严格执行优化设计、招标投标、工程监理、造价控制、达标投产等基本建设程序，健全完善质量保证体系，对各参建单位实施科学的全过程管理，并建立层层负责的质量责任制，使工程质量始终处于良好的受控状态。

一、质量方针和目标

（一）质量方针

百年大计，质量第一；科学严谨，精益求精；达标投产，争创鲁班。

（二）质量目标

1.建筑工程质量目标

（1）单位、分部、分项工程质量合格率为100%。

（2）墙面、地面、屋面无裂纹、不空鼓、无积水，平整光洁，不渗不漏，表面平整度、立面垂直度等优于设计、规范要求。

（3）排水沟、电缆沟、管沟排水通畅，沟内地面无积水，整洁干净，无杂物，沟盖板牢固、齐全、平整、严密、周边顺直。

（4）混凝土结构工程：混凝土表面无露筋、明显凹痕、鱼鳞片；几何尺寸准确，外形美观；混凝土结构内实外光、棱角平直、接茬平整；标号和强度符合设计要求，达到优良等级。

（5）消防、照明工程：工艺优良，试运达到设计要求，在机组整套启动前通过验收，投入运行。

（6）烟囱、水塔工程：垂直度偏差、中心偏差控制在最小范围，曲线顺滑，混凝土内实外光，无扭转、偏移，表面无露浆，接缝平顺、美观，内表面大面平整，创一流水平。

（7）所有建筑工程启动前达到移交水平，168h后所有建筑工程达到设计要求，不留尾工。168h试运结束45天内移交全部竣工资料。

2.安装工程质量目标

（1）单位、分部、分项工程质量合格率为100%。

（2）受监焊口一次检验合格率大于等于98%。

（3）保温外护金属板及保温抹面工艺美观，炉顶密封良好，符合标准要求；全厂油漆色泽均匀，不起皱，无流痕。

（4）电缆敷设：工艺、排列整齐美观，标志清晰，接头正确牢固。

（5）所有安装工程启动前达到移交水平。168h试运结束45天内移交全部竣工资料。

（6）实现十个"一次成功"：厂用电系统受电、锅炉整体水压试验、锅炉及热力系统化学清洗、锅炉点火吹管、制粉系统投入、除尘器升压及投运、脱硫系统投运、汽轮机冲转、发电机并网发电、机组168h满负荷试运。

（7）设备、系统消除"八漏"，即：烟、风、煤、粉、水、油、汽、灰。

（8）实现六个"零目标"：质量事故零目标、大件设备返厂零目标、移交生产缺陷零目标、投产后半年内非停零目标、投产后基建痕迹零目标、投产后一年内重大技改项目零目标。

3. 调整试验质量目标

（1）单体调试、单机试运、分系统试运验收全部合格。

（2）满负荷试运进入条件：断助燃油、投高/低压加热器、投除尘器、投脱硫脱硝装置，汽水指标（二氧化硅、铁、溶解氧、pH值等）合格，完成全部试验项目。

（3）机组168h满负荷试运指标。

1）机组连续运行时间大于等于168h，机组平均负荷率大于等于95%，连续满负荷运行时间大于100h，机组累计满负荷运行时间大于140h。

2）热控仪表投入率为100%，热控保护投入率为100%，热控自动投入率为100%。

3）电气仪表投入率为100%，电气保护投入率为100%，电气自动投入率为100%。

4）机组真空严密性试验值小于0.3kPa/min，发电机漏氢量小于5m³/d，机组最大轴振小于76μm，机组最大瓦振小于等于30μm。

5）汽水品质（二氧化硅、铁、溶解氧、pH值等）达到优良值。

6）完成50%、100%甩负荷试验。

4. 机组性能指标

（1）锅炉热效率、锅炉最大出力、锅炉额定出力、制粉系统出力、汽轮机最大连续出力、汽轮机额定出力的测试值达到或超过合同值。

（2）锅炉不投油最低稳燃出力、磨煤机单耗、汽轮机热耗的测试值不超过合同值；机组供电煤耗的测试值不超过设计值。

（3）污染物排放的测试值满足设计值；噪声的测试值满足合同值、规范值和设计值。

（4）散热的测试值不超过设计值；保温外护的表面温度不超过设计、规范值。

（5）粉尘的测试值满足设计值。

（6）厂用电率测试值不超过初步设计审定值；机组水耗的测试值不超过设计值。

（7）除尘器效率的测试值达到合同值；除尘器排烟尘浓度的测试值达到合同值。

（8）排烟温度的测试值达到设计值。

（9）CO_2、SO_2、NO_x 排放浓度的测试值达到设计值。

（10）空气预热器漏风率的测试值达到合同值。

二、质量管理体系及职责

为确保该工程建设成为"国内一流、省内最优"，确保机组高标准完成"168h 满负荷试运行"目标，争创鲁班奖，应严格过程控制，强化质量风险预控，把严格的质量管理贯穿于设计、采购、施工、调试的全过程。根据《建设工程质量管理条例》《火电工程项目质量管理规程》，结合工程建设需要，建立濮阳豫能发电有限责任公司基建期间质量管理体系。

（一）质量管理委员会及组成人员

主任由公司总经理担任，副主任由公司书记、基建副总经理担任。

成员由公司其他领导班子成员、公司各部门主任，总监理工程师、质量副总监理工程师，主体设计院项目经理、工地总代表，各施工单位、EPC 总承包单位、调试单位项目经理、总工程师担任。

（二）质量管理办公室

质量管理委员会下设质量管理办公室，具体负责日常质量管理工作；质量管理办公室设在公司工程部，主任由工程部主任担任。

（三）质量职责

1.质量管理委员会职责

（1）全面负责工程建设质量管理工作。认真贯彻"百年大计，质量第一"的方针，严格执行国家、行业和企业有关的质量法律法规、标准、规程、规范、导则和规定。

（2）组织设计、监理、施工、调试、生产运行等单位，建立工程项目的质量管理组织机构和全过程质量控制管理网络。组织检查各参建单位质量管理体系的建立和运行情况。

（3）负责工程质量管理的领导工作，批准工程质量管理工作计划，明确工程建设质量目标，并督促各参建单位具体落实。

（4）负责审查各项质量管理规划和措施，工程完工严格按有关标准、规程、规范进行验收、评价。

（5）严格过程控制，监督检查施工过程中质量管理措施的落实情况。督促各施工单位及时整改在质量检查过程中发现的各种质量问题。对施工质量失控的施工单位进行经济处罚、停工整顿或清退出场等处理。

（6）发生工程质量事故时，应采取防止事故扩大的措施，并及时上报，组织事故调查、分析原因，防止类似事故的再次发生。组织相关责任单位进行事故补救工作。

2.质量管理办公室（工程部）职责

（1）根据工程建设质量总目标进行分解，并制订具体的质量管理制度、实施措施及质量监管计划，明确质量责任。

（2）负责指导、督促各单位建立完善的质量管理体系，并检查其体系运转处于正常状态；负责督促各参建单位制定及实施质量管理制度、细则。

（3）负责监督公司各部门、各施工单位执行质量管理制度、措施；建立与各部门、各施工单位质量管理机构的联系制度，共同保证各项决议的落实。

（4）对内负责协调、组织项目各标段、公司各部门质量管理工作，传达有关文件、会议精神，按要求、按期向上级主管部门、公司领导汇报本单位质量管理工作情况。

（5）负责按有关规定对重点部位、重点阶段组织进行检查验收，确保工程质量达到预定的目标。加强全过程质量控制及主控项目的监管，实施短周期的检查与测量，提高工程质量一次合格率。组织质量评价单位实施工程项目的单项、单台、整体工程的质量评价。

（6）处理工程建设过程中发生的有关质量问题，必要时向质量管理委员会提出处理意见和建议。

（7）按照国家、行业有关档案管理规定，建立项目档案管理制度，组织收集、整理项目文件，并及时归档。

3.其他单位质量管理职责

需制订质量管理职责的单位有：发电公司各部门、勘察设计单位、监理部、施工单位项目部、分项总承包单位、调试单位等。凡进入电厂区域参与基建工作的所有单位均应明确并制订质量管理职责。

三、工程质量验收

（一）质量验收及其遵循的验收规程

建筑、安装、调试工程在施工（调试）单位自行进行质量检查合格的基础上，由工程质量验收责任方组织，参与建设活动的有关单位共同对工程的质量进行抽样检验（复验），对技术文件进行审核，并根据设计文件和相关标准以书面形式对工程质量是否达到合格做出确认。

质量验收所遵循的验收规程主要包括：

DL/T 5210.1—2021《电力建设施工质量验收规程 第 1 部分：二建工程》；

DL/T 5210.2—2018《电力建设施工质量验收规程 第 2 部分：锅炉机组》；

DL/T 5210.3—2018《电力建设施工质量验收规程 第 3 部分：汽轮发电机组》；

DL/T 5210.4—2018《电力建设施工质量验收规程 第 4 部分：热工仪表及控制装置》；

DL/T 5210.5—2018《电力建设施工质量验收规程 第 5 部分：焊接》；

DL/T 5210.6—2019《电力建设施工质量验收规程 第 6 部分：调整试验》；

DL/T 5161—2018（所有部分）《电气装置安装工程质量检验及评定规程》。

工程质量验收除应执行上述规程外，还应执行国家、行业现行有关标准、规范的规定。

（二）质量验收范围划分

工程开工前，应由施工（调试）单位根据所承担的工程范围，按工程具体情况编制工程质量验收范围划分表。质量验收范围划分表应报监理部审核，并由监理部汇总并编制划分说明，最后报建设单位批准执行。质量验收范围划分表实行动态管理，在工程实施过程中可根据实际情况进行调整。

公用系统宜纳入首台机组验收，但确需与后续投产机组共同验收的，可纳入后续投产机组验收。需增加或删减的分部工程、分项工程及检验批，在质量验收范围划分表中的工程编号可续编或缺号，但不得变更原编号。

（三）质量验收

1. 质量验收程序

工程施工质量验收应在施工单位自检的基础上进行。工程的观感质量应由验收人员通过现场检查，并应共同确认。

土建工程质量验收程序为：检验批质量验收、分项工程质量验收、分部（子分部）工程质量验收、单位（子单位）工程质量验收、标段工程质量验收。

安装工程质量验收包括锅炉机组、汽轮发电机组、热工仪表及控制装置、电气工程。验收按检验批、分项工程、分部工程、单位工程依次进行。

焊接质量外观检查数量应符合设计文件和 DL/T 5210.5—2018《电力建设施工质量验收规程 第 5 部分：焊接》中的相关要求。焊接质量验收按照检验批、分项工程、分部工程单位工程依次进行。

调试工程质量验收按照 DL/T 5210.6—2019《电力建设施工质量验收规程 第 6 部分：调整试验》的规定执行。

2. 施工质量出现不符合时的处理

当工程施工质量出现不符合时，应进行登记备案，并按下列规定处理：

（1）经返工重做或更换器具、设备的检验项目，经自检合格后应重新进行验收。

（2）经返修处理后能满足安全使用功能要求的检验项目，可按技术处理方案和相关文件（协商文件）进行验收。

（3）因设计、设备、施工原因造成的不符合项，经返工或返修处理后，仍未完全满足标准规定，但经鉴定机构或相关单位鉴定，不影响内在质量、使用寿命、使用功能、安全运行的项目，经建设单位会同设计单位、制造单位、监理单位、施工单位共同书面确认签字后，可做让步处理。经让步处理的项目不再进行二次验收，但应在验收结果栏内注明，书面报告应附在该验收表后。

（4）经有资质的检测单位检测鉴定达到设计要求的检验批，应予以验收。经有资质的检测单位检测鉴定达不到设计要求、但经原设计单位核算认可满足结构安全和使用功能的检验批，可予以验收。经返修或加固处理仍不能满足安全使用功能的分部工程、单位（子单位）工程，严禁验收。

（四）隐蔽工程验收

1. 隐蔽工程验收程序

（1）施工单位自检。当需隐蔽的施工项目施工完成后，施工单位的施工工地（班组）首先进行自检。施工单位项目部组织进行内部三级检查验收。

（2）验收时间及参加人员。施工单位应提前48h书面通知监理部，由监理部通知有关单位并确定验收时间。各有关单位应派人员按时到达现场参加验收。参加人员：工程部专业工程师、监理部分管的监理工程师、施工单位质检员和技术负责人、设计院工代或专业设计代表（必要时）。

（3）验收资料的提交。隐蔽工程验收前，由施工单位向监理部报送"隐蔽工程验收记录表"并提交相关资料。

（4）隐蔽工程的验收及转序。参加验收的所有人员在预定时间对现场实际情况进行联合检查（包括资料、施工记录等）。工程验收合格后参加各方做出评价并签证确认，该工序即可隐蔽，进行下道工序作业。隐蔽项目一经签证，施工单位不得自行变动部件尺寸、位置及影响隐蔽工程质量的相关作业。

2. 隐蔽工程验收的相关要求

（1）被确定为见证点的项目，监理部未在约定的检查时间内按时组织人员到场检查验收，施工单位可自行隐蔽，但必须做好记录。被确定为停工待检点的项目，必须等待监理工程师及相关人员检查验收后方可隐蔽。

（2）施工单位未按规定向监理部报验而自行隐蔽的，监理工程师有权要求开挖、剥露或解体，施工单位必须按要求办理，其检查费用和有关的施工费用由施工单位承担。隐蔽工程验收时，施工单位对经检查发现的问题不按要求进行返工和处理的，监理部和工程部有权通知施工单位停工，停工损失由施工单位承担。

（3）隐蔽后，如对其中质量提出疑问，无论监理部或工程部（含工程质监站）是否参加隐蔽前的验收，当其提出对已经隐蔽的工程重新检验的要求时，施工单位应按要求进行剥露，并在检查后重新覆盖或恢复。检验后如质量合格，由建设单位承担由此发生的经济费用，赔偿施工单位的损失，必要时相应顺延工期。如检验后质量不合格，施工单位须全面剥露，修复或返工后重新检验，并承担所发生的一切费用和影响工期的责任。

（4）隐蔽工程验收签证所用表式，施工单位根据 DL/T 5210—2018《电力建设施工质量验收规程》系列各标准提出样式报监理部确认。

四、工程质量控制

（一）设计质量控制

勘察设计作为工程建设的灵魂、质量的龙头，也是工程建设质量的基础保证。工程设计质量是质量管理的重要关口，对整个工程项目的质量起着决定性、前瞻性的作用。勘察设计成果的质量高低和好坏，直接影响建设工程项目的市场效益和投资效益。没有好的设计，就不可能有高品质的建设成果。只有具备优秀的设计，才能创建优质的工程。

（1）加强全员质量教育，树立质量安全观念。工程质量、百年大计、生命攸关，而设计质量作为工程质量的龙头，任何时候都不能有丝毫的麻痹大意。每个设计人员和设计流程的全过程，都应该把质量安全放在第一位，要牢固树立质量第一的思想，始终牢记设计质量终身责任制。设计差错不一定会造成设计质量事故，但设计质量事故的发生一定是设计差错造成的，这是毋庸置疑的辩证观点。

（2）加强管理，确保质量保证体系的有效运行。设计院要严格按照质量管理体系的要求，规范流程、明确责任，用过程质量保证总体质量。加强设计过程的监管，在设计活动过程中，各级负责人必须真正重视，把"设计质量是生命"落到实处，按照事先指导、中间检查、事后把关、优质服务的要求对待每一个设计远程。要抓好工序管理，让每一个工程参与者明确责任并各负其责。从项目一开始就落实好项目负责人、专业主设人、设计人。

要重视方案论证阶段，避免工程设计的先天不足，以免造成返工。对于工程设计的各个阶段，技术负责人应对主要设计原则加以明确，对主要技术加以指导。在设计过程中，遇到重点、难点或疑难技术问题，应尽早提请专业（主任）工程师或设计院专业负责总工组织有关人员进行论证决策。重大技术问题应向项目负责人汇报，由其组织分管总工和有关人员讨论，集思广益，做到科学决策。

图纸应严格执行校审制度，杜绝走过场。要求校核人对设计成果进行认真校核，从规范的采用、设计条件、设计参数、结构型式到每个尺寸、每个细部都要校核到。做到设计成果不出现大的错误，将小的缺陷控制在较小的合理范围内。

专业间的配合问题必须重视，对其他专业所提条件应逐一落实。本专业给其他专业提供的条件发生变化时，应立即书面通知相关专业修改，并保证落实，以免造成设计错误。

严格落实设计会签制度，对于本专业提出的配合要求，应逐项核对落实，核对无误方可会签。每位设计人员都要高度重视自校工作，只有通过自校的图纸才能交给会校。对已经通过校审准备出版或已经出版的设计成果进行抽查，以此了解设计成果质量，提出改进措施，并起到督促作用。

（3）做好设计交底，加强工代服务。通过设计交底，设计人员解释设计意图，对涉及工程安全质量的重点环节着重说明。建设、施工和监理方人员通过熟悉图纸，提前掌握设计内容，提出对设计的有关疑虑。加强沟通，有利于工程的推进，也能降低工程出现差错的几率。对重大危险源应列出清单，提出应对措施。

在现场施工过程中，往往还会出现图纸的设计差错，或者由于现场情况的变化而需修改图纸，这都需要及时做出处理。设计工代服务是整个设计工作的重要组成部分，设计院要按工代管理的有关规定为工程建设提供优质服务。

（4）增强精品意识，提高设计水平。树立设计创优的思想，提高设计人员对设计创优重要性的认识。每一位勘察设计人员不仅要严格按照有关规程规范的要求做好勘察设计，精心推敲，提出合理的设计方案，还要重视细部和功能设计，推行优化设计和精细化设计，提高设计技术水平，创出设计精品。

（二）施工质量控制

1.施工前的质量控制

施工单位根据所承担工程范围，按照《电力建设施工质量验收规程》系列标准的要求，编制所承担项目的"施工质量验收范围划分表"和质量检验计划，明确质量标准和验收范围，以及施工项目见证点（W点）、停检点（H点）、旁站点（S点），并报监理部审核、工程部批准后执行。

施工单位必须配备足够的符合要求的质量检验和试验人员，建立完善的质量检验和试验系统，并配置相应的检测、试验设备，检验、试验人员持证上岗。

施工单位在每个单位工程开工前，必须将开工申请报告提交给监理公司审批。监理工程师审核开工报告时应确认该单位工程设计已交底、图纸已会检、施工方案已编制并审批完成、质量检验计划包括各工序质量控制点的设置已完成，施工机具已到位、原材料或设备已检验，人员已进场并完成质量、安全学习，特殊工种资格已验证，质量、安全、环境等施工保证措施已落实。

2. 施工过程中的质量控制

施工单位在施工过程中应主动控制影响质量的五大因素，即"人、机、料、法、环"，确保每道工序质量正常稳定，防患于未然；施工单位的质检部门应监督、检查其质检人员的到位、检测，以及验收工作是否正常进行。

监理工程师应及时对工程施工中的特殊过程实施有力的控制，对特殊过程的实施人员、组织机构、施工设备、材料、施工工艺、操作方法、检验手段等进行严格的监督控制，确保符合国家和行业相关标准、规程、规范、导则的要求。

施工单位应做好各专业、工种施工交接时的质量把关工作，未经检验或检验不合格的工序，不能转入下一工序的施工，上道工序不合格的，下道工序不接收、不可进行下道工序的施工。施工单位按其质量检验计划检验各道工序达到符合"标准"的程度，并及时完成质量控制点的见证和签证。

施工单位对已完工程的成品保护要制订管理办法和措施并付诸实施，防止对已完工程的破坏和表面的污染。对在已完工程上造成损坏和有意破坏的，除进行必要的返工外，还应给个人和单位处以相应的经济处罚。

3. 施工质量缺陷、事故的处理原则

对施工过程中所发生的与设计、施工有关的质量缺陷、事故，工程部、监理部、施工单位应共同分析原因，落实责任，制定切实可行的整改措施并付诸实施，整改完毕后按原验收流程进行验收。质量事故的处理必须贯彻"三不放过"原则，采取必要的措施防止在后续的施工中不发生类似问题。质量缺陷、事故的处理不得使工程最终质量受到影响。

施工单位对所承担的工程，不论是否经过监理部和工程部质量验收，对所发生的施工质量问题均应负责，不能以已经验收为理由，提出增加费用或推迟总进度的要求。

在任何情况下，都不能使最终工程质量受到影响，造成隐患，否则工程部有权要求施工单位返修、返工，所发生的费用由施工单位负责。

（三）调试质量控制

调试单位在调试工作开展前编制调试大纲，分系统、整套启动、调试措施、方案，编制"调试质量验收范围划分表"、调试质量验收计划，并报监理部审核、建设方批准。

在调试过程中针对启动试运燃油量、真空严密性、发电机氢系统漏氢量、锅炉最低稳燃负荷、机组振动、空气预热器漏风率、汽水品质平均合格率、强迫停机次数、供电煤耗、补水率等重点考核指标，应制定相应的调试质量保证措施。

机组调试质量必须达到 DL/T 5210.6—2018《电力建设施工质量验收规程　第6部分：调整试验》要求的质量标准。机组技术指标达到《火电机组达标投产考核标准（2006版）》的要求，主要参数达到设计值，系统投入完整，机组运行稳定。

五、质量通病防治

工程质量通病是指在工程建设过程中经常发生、普遍存在且不易根治的工程质量问题。此类问题如果不彻底根治，将会对建筑物的结构安全、使用功能造成很大隐患，设备及系统无法正常运行甚至发生安全事故。质量通病严重者可能给业主造成巨大的经济损失，对国家和人民的生命、财产构成巨大威胁。

1. 质量通病防治的要点

从基础环节抓起：也就是说从源头抓，抓每一个细小环节，设计、施工、监理、建设单位都要注重各自业务范围内质量通病的预防和治理工作。

从基础素质抓起：80%的质量通病是由施工环节引起的，施工环节的组织、施工人员的素质、施工水平的高低、施工过程的控制直接影响工程质量通病的发生率。

从技术进步抓起：实践证明，选用成熟的经过时间实践检验的技术，质量通病的发生会相对较少。提高施工中技术含量、施工科技水平有助于减少通病的出现。

从施工人员抓起：质量通病现状是由于施工人员的技术水准比较低，责任心不强，技术更新比较慢。在当前工程施工中手工作业占据主导的形势下，我们只能减少或降低工程质量的发生与发展，难以彻底消除质量通病。要加强施工人员的技术培训，完善技术交底的管理和实效。

2. 质量通病防治组织机构

组成由建设单位总经理任组长的质量通病防治领导小组，由建设单位基建副总经理任主任的质量通病防治办公室（设在工程部），办公室下设质量通病防治专业组。

质量通病防治专业组分为建筑专业组、锅炉专业组、汽轮机专业组、电气专业组、热控专业组、化学专业组、燃料专业组。

3. 质量通病防治管理流程

确定质量通病防治目标，并将目标进行分解。质量通病防治专业组确定本专业的质量通病防治项目、标准、措施。

各施工单位按照防治措施实施完成后，首先进行自检，达到质量通病防治项目的质量标准后，填写"质量通病防治质量检查申请单"，交质量通病防治办公室。

质量通病防治办公室组织进行检查，如达到规定的质量标准，按规定进行奖励。如达不到标准，则制定措施并进行整改，然后再组织检查并直至合格。

六、工程质量评价

（一）基本规定

1. 工程质量评价定义

工程质量满足规范要求程度所做的核查、量测、试验检验等活动。评价内容包括工程过程质量控制、原材料、施工工艺、功能性能、工程实体质量和工程资料等。

2. 工程质量评价基础

建设单位、各参建单位在工程开工前（进场前）应健全质量管理体系，制定质量计划，落实质量责任，完善控制手段，加强过程控制，强化各阶段质量验收，强化质量保证能力和持续改进能力。

质量评价应对原材料、设备和施工过程的质量控制和结构安全、功能效果进行检验、核查。重点核查施工操作依据、施工控制文件、现场验收检查原始记录和质量验收文件资料的完整性、有效性。

质量评价应核查超过一定规模的危险性较大的分部分项工程专项施工方案论证报告的有效性，检查典型的重大施工、调试方案的执行情况。

质量评价应依据国家现行有关规定，核查工程参建单位相关资质、现场及第三方实验室资质，检查试验及其他特种作业人员资格等。

3. 工程质量评价的组织

工程开工之初建设方需确定质量评价单位，委托其开展质量评价工作。质量评价单位在现场组建质量评价组，派驻各专业质量评价工程师进行现场评价。各参建单位配合质量评价组开展质量评价工作。

4. 质量评价过程记录

各参建单位按照 DL/T 5764—2018《火电工程质量评价标准》中规定的质量评价核查项目进行阶段性自评价，在质量评价表中预先填写针对该工程核查项目的"设计值/保证值"及"项目文件号/档案号"等自评价记录。

质量评价应对工程"重要部位、关键工序、主要试验检验项目"的工程实体质量和工程项目文件进行全面核查，并形成评价记录。

（二）工程质量评价

质量评价按照工程部位（系统）、专业工程、单台机组、整体工程四个阶段进行。具体实施按照 DL/T 5764—2018《火电工程质量评价标准》中的相关规定执行。

（三）核查项目档次及分值区间

依据国家现行法律、法规、标准有关规定及设计、设备文件等要求，对工程实体质量和工程项目文件进行核查、比对，判定其质量程度档次，并按相应档次分值区间进行评分。

每项核查项目按一档、二档、三档评定档次，档次分值区间分别为 100%~90%（含90%）、90%~80%（含80%）、80% 以下。

档次的评定标准按照 DL/T 5764—2018《火电工程质量评价标准》中"3.3 评价方法"执行。

七、达标投产验收

达标投产验收是指：采取量化指标比照和综合检验相结合的方式对工程建设程序的合规性、全过程质量控制的有效性，以及机组投产后的整体工程进行质量符合性验收。

（一）达标投产验收规划

按照 DL 5277—2012《火电工程达标投产验收规程》的要求，工程开工前建设单位应制定工程达标投产规划，各参建单位编制达标投产实施细则。由于该工程在前期准备阶段即确定了创建电力优质工程及鲁班奖的目标，所以未针对达标投产编制规划文件及实施细则，而是统一编制了"达标创优规划"，各参建单位编制了"达标创优实施细则"。

（二）达标投产验收程序

1. 基本要求

达标投产验收分为初验和复验两个阶段。初验以单台机组为单位进行，公用部分纳入首台机组进行初验。复验可按单台或多台同时进行申请，多台申请时，应逐台进行复验，公用部分纳入首台投产的机组复验。后续投产机组配套的公用系统与后续投产机组同步复验。

2. 达标投产初验

初验应在机组整套启动前进行。

初验由建设单位负责验收，监理、设计、施工、调试、生产运行等单位参加。

初验按照 DL 5277—2012《火电工程达标投产验收规程》规定的"职业健康安全与环境管理""土建工程质量""锅炉机组工程质量""汽轮发电机组工程质量""电气热工仪表及控制装置质量""调整试验、性能试验和主要技术指标""工程综合管理与档案"7 个部分的检查验收内容逐条检查验收，并分别填写检查验收表和强制性条文检查验收结果表。初验不具备检查验收条件的"检验内容"在复验时进行。

初验结束后，验收单位应编制初验报告，并附以下文件：

（1）7 个部分的检查验收表。

（2）7 个部分强制性条文检查验收结果表。

（3）让步处理报告（如有）。

3. 达标投产复验

复验应在机组移交生产后 12 个月内进行。

建设单位向复验单位提出申请，填写达标投产复验申请表。

通过达标投产复验的机组（工程），现场复验组编制达标投产复验报告。复验单位应对复验报告及所附项目文件进行审核，审核通过后以公文的形式批准机组（工程）通过达标投产验收。

八、工程竣工验收

在每台机组投产前，必须及时进行启动验收，在工程全部竣工后，必须及时进行竣工验收。竣工验收是全面检查工程项目完成情况、工程质量、机组效率、投资效益，结束基本建设工程的最后步骤。通过竣工验收，总结经验，改进基本建设工作。

工程的竣工验收由整套启动与验收移交、试生产、工程总体竣工验收三个阶段组成。

（一）竣工验收准备

（1）本期工程全部完工、具备竣工验收条件时，总监理工程师组织监理工程师对施工单位提交的竣工验收申请报告、竣工资料和质量保修书进行审查，提出监理意见。

（2）总监理工程师组织各专业监理工程师、建设单位、施工、设计、制造厂代表对工程进行全面检查，进行工程盘点，对影响竣工验收的问题下达监理通知书，指令责任单位限期整改。对没完成的项目列出尾工清单。

（3）工程符合竣工验收条件及标准后，总监理工程师签署监理意见，通知建设单位准备正式竣工验收。

（二）竣工验收必备条件

（1）实施竣工验收，在工程进度方面应具备以下条件。

1）批复的设计文件所规定的内容全部建设完成并投入使用，两台机组按规定完成整套试运、性能考核试验、达标投产考核。

2）按 DL/T 1616—2016《火力发电机组性能试验导则》规定完成了所有试验内容，机组主要性能指标满足设计或合同要求的保证值。

（2）应完成的专项验收项目。

1）应完成的专项验收项目有：安全设施、劳动卫生设施、环境保护设施、消防设施、水土保持设施、工程档案、起重机械、压力容器、特种设备等。专项验收项目均需报政府相关管理部门验收合格，并取得验收合格证书。

2）其他需经政府相关部门验收的项目已经验收，并取得相应的验收合格证书。

（3）实施竣工验收，在准备工作方面应具备以下条件。

1）备品、备件及专用工具清单编制完毕，并已移交给生产单位。

2）工程建设（建设、设计、施工、调试、监理、性能试验）总结及投产后生产总结已经编制完成。

3）施工单位已与建设单位签署了工程质量保修证书。

4）达标投产验收工作完成。

5）工程结算已完成并经审计通过。

（三）竣工验收

（1）竣工验收委员会由建设单位负责组建，验收委员会人员代表由建设单位与有关单位和所在地政府协商，提出代表名单，上报上级部门批准，负责工程竣工验收。

（2）监理单位及设计、施工、调试等各参建单位参与竣工验收，向竣工验收单位汇报情况。

（3）验收委员会提出验收评价意见并主持办理竣工验收签字手续。

（4）对验收中提出的整改问题，监理单位应要求有关单位进行整改，并负责监督实施并验收。

（5）监理单位按监理合同的规定向建设单位移交工程监理资料，督促其他单位及时向建设单位移交竣工资料。

（6）建设单位应当自竣工验收合格之日起15天内，负责向建设行政主管部门备案。

（7）电力质量监督部门对竣工验收实施监督。

（8）建设单位在竣工验收范围内的各项基本条件具备、各单位相关工作已完成、全套总结汇报材料已编写印刷完毕后，及时向集团提出正式申请报告，同时报送总结汇报材料。

第三节　工程技术管理

一、施工组织设计编制与审批管理

（一）施工组织设计的划分

按照 DL/T 5706—2014《火力发电工程施工组织设计导则》的规定，施工组织设计分为施工组织总设计、标段施工组织设计、专业施工组织设计。

（二）施工组织设计的编制依据

（1）工程施工合同、招标文件和与工程有关的其他文件，建设单位发布的有关工程管理文件、制度。

（2）初步设计、施工图及有关技术文件，工程概算和主要工程量清单。

（3）设备技术说明书、图纸及有关文件。

（4）现场情况调查资料。

（三）施工组织设计编制内容及应遵循的原则

施工组织设计编制内容及应遵循的原则按照 DL/T 5706—2014《火力发电工程施工组织设计导则》的规定执行，同时还应符合各参建单位本部的要求。

（四）施工组织设计的编制、审核、批准

1.施工组织总设计的编、审、批

施工组织总设计由建设方工程部负责组织编写，经组织相关单位、人员审核并修改后，报总经理批准。参加审核的单位有：公司相关部门、监理部、设计院，必要时可邀请上级主管部门派人参加。批准后的施工组织总设计上报集团备案。

2.施工组织设计（专业设计）的编、审、批

施工单位根据标段划分，结合工程部的具体要求，负责编写合同范围内的标段施

工组织设计和专业设计。在工程施工前，施工单位必须编制好施工组织设计（专业设计）并完成内部审批，然后填写标段施工组织设计（专业设计）报审表提交监理部、工程部组织审核。

施工单位编制的标段施工组织设计会审工作，由工程部主持。参加人员有：建设单位有关部门、监理部、施工单位和设计单位有关人员。会审后，由工程部形成会议纪要，经参会人员签字后交施工单位对原标段施工组织设计做必要的修改、调整。修改、调整后的标段施工组织设计由建设单位基建副总经理批准。

施工单位编制的专业施工组织设计会审工作，由监理部主持。参加人员有：建设单位有关部门、监理部、施工单位有关人员，必要时邀请设计单位工地代表参加。会审后，由监理部形成会议纪要，经参会人员签字后交施工单位对原专业施工组织设计进行修改、调整。修改、调整后的专业施工组织设计由工程部主任批准。

二、施工作业指导书（施工方案）管理

1. 施工作业指导书（施工方案）编制依据

（1）国家、行业有关标准、规程、规范。

（2）质量、职业健康、安全、环境管理方针、目标和特殊要求。

（3）施工合同，施工图纸和设计变更，设备图纸和技术文件。

（4）已批准的专业施工组织设计，类似工程的施工作业指导书（施工方案）、工程总结、施工经验。

（5）现场条件，施工装备。

2. 施工作业指导书（施工方案）主要内容

施工概况、编制依据、施工计划、施工准备、施工程序方法、施工安全保证措施、工艺和质量要求、环境保护及绿色施工、其他。

3. 施工作业指导书（施工方案）的编制、审核、批准

施工单位应在施工作业正式开工前完成施工作业指导书（施工方案）的编制，并按内部管理程序完成审核、批准。施工单位填写"施工作业指导书（施工方案）报审表"报监理部监理工程师审核，建设单位工程部专业工程师认可，然后施工单位付诸实施。

对于监理工程师、工程部专业工程师所提出的意见施工单位应认真执行。如施工单位编制的施工作业指导书（施工方案）有较大缺陷或修改内容较多，则视具体情况重新编制、审核、批准并上报监理和工程部。

三、危险性较大的分部分项工程专项施工方案管理

（一）"危大工程"专项施工方案编制

依据《建设工程安全生产管理条例》（国务院〔2003〕第393号）、《危险性较大的分部分项工程安全管理规定》（住房和城乡建设部令〔2018〕第37号）、《关于实施〈危险性较大的分部分项工程安全管理规定〉有关问题的通知》（建办质〔2018〕31号）、DL 5009.1—2014《电力建设安全工作规程　第1部分：火力发电》的相关要求，对于危险性较大的分部分项工程（简称"危大工程"）应编制专项施工方案并进行审核、论证。

（二）"危大工程"的范围

"危险性较大的分部分项工程范围"和"超过一定规模的危险性较大的分部分项工程范围"见《关于实施〈危险性较大的分部分项工程安全管理规定〉有关问题的通知》（建办质〔2018〕31号）的附件1和附件2。

（三）"危大工程"现场安全管理

1."危大工程"现场安全技术管理

施工单位应当在施工现场显著位置公告危大工程名称、施工时间和具体责任人员，并在危险区域设置安全警示标志。

专项施工方案实施前，编制人员或者项目技术负责人应当向施工现场管理人员进行方案交底。施工现场管理人员应当向作业人员进行安全技术交底，并由双方和项目专职安全生产管理人员共同签字确认。

施工单位应当严格按照专项施工方案组织施工，不得擅自修改专项施工方案。因规划调整、边界条件变化、设计变更等原因确需调整的，修改后的专项施工方案应当重新审核和论证。

2."危大工程"实施中的现场管理

施工单位应当对危大工程施工作业人员进行登记，项目负责人应当在施工现场履职。

项目专职安全生产管理人员应当对专项施工方案实施情况进行现场监督，对未按照专项施工方案施工的，应当要求立即整改，并及时报告项目负责人，项目负责人应当及时组织限期整改。

施工单位应当按照规定对危大工程进行施工监测和安全巡视，发现危及人身安全的紧急情况，应当立即组织作业人员撤离危险区域。

3."危大工程"实施中监理的职责

监理单位应当结合危大工程专项施工方案编制监理实施细则，并对危大工程施工实施专项巡视检查。

监理单位发现施工单位未按照专项施工方案施工的，应当要求其进行整改；情节严重的，应当要求其暂停施工，并及时报告建设单位。施工单位拒不整改或者不停止施工的，监理单位应当及时报告建设单位和工程所在地住房城乡建设主管部门。

4."危大工程"实施中的监测

对于按照规定需要进行第三方监测的危大工程，应当委托具有相应勘察资质的单位进行监测。

监测单位应当编制监测方案。监测方案的主要内容应当包括工程概况、监测依据、监测内容、监测方法、人员及设备、测点布置与保护、监测频次、预警标准及监测成果报送等。监测方案由监测单位技术负责人审核签字并加盖单位公章，报送监理单位后方可实施。

监测单位应当按照监测方案开展监测，及时向建设单位报送监测成果，并对监测成果负责；发现异常时，及时向建设、设计、施工、监理单位报告，建设单位应当立即组织相关单位采取处置措施。

5."危大工程"的验收

对于按照规定需要验收的危大工程，施工单位、监理单位应当组织相关人员进行验收。验收合格的，经施工单位项目技术负责人及总监理工程师签字确认后，方可进入下一道工序。

危大工程验收合格后，施工单位应当在施工现场明显位置设置验收标识牌，公示验收时间及责任人员。

6."危大工程"实施过程中的应急处置

危大工程发生险情或事故时，施工单位应当立即采取应急处置措施，并报告工程所在地住房城乡建设主管部门。建设、勘察、设计、监理等单位应当配合施工单位开展应急抢险工作。

危大工程应急抢险结束后，建设单位应当组织勘察、设计、施工、监理等单位制定工程恢复方案，并对应急抢险工作进行后评估。

四、施工图设计交底与图纸会检管理

施工图设计交底与图纸会检是将图纸中的质量隐患与问题解决在施工之前，使施工图更符合现场的具体要求，从而避免返工浪费。

1. 施工图阅审

建设单位、监理部及施工单位在收到施工图纸后，分专业以分册为单位对施工图纸进行详细阅审，并提出书面意见。监理将意见汇总后填写"阅审记录单"，由施工总监或副总监审核签发，并送交工程部、有关施工单位、监理部备存。

对施工图纸的阅审，应在图纸正式出版交付后至"设计交底与图纸会检"会前进行。

2. 设计交底与图纸会检

（1）设计交底与图纸会检会议由监理部主持。首先由设计单位介绍设计意图、图纸内容组织、卷册划分情况、设计依据、工艺要求、工艺布置及结构特点、施工技术措施与有关注意事项。

（2）各有关方提出对图纸中的疑问、存在的问题和需要解决的问题；设计单位代表进行答疑。

（3）对各单位关心的问题进行研究与协商，拟定解决问题的办法，并统一意见，需要设计回复而设计代表当场又无法做出结论的，应在纪要中约定回复时间。

（4）凡直接涉及设备制造商的工程项目施工图纸，可邀请设备制造厂家代表到会，与设计单位的代表一起进行设计交底。

（5）会议结束后由监理部编制图纸会检纪要，经会议各方同意后由与会各单位参会人员签字。纪要一式六份，设计单位、施工单位、监理单位、工程部各存一份，档案室留存两份原件以备归档。图纸会检纪要视为设计文件的组成部分。

（6）为了体现设计交底作用，在施工图会检纪要中应包括设计交底、答疑方面的有关内容和条文。对会检中已决定必须进行设计修改的，由原设计单位按设计变更管理程序提出修改设计和审签后，交建设单位、监理、施工单位执行。如经会检，对设计没有提出任何问题，也应做出会检纪要，以示对该设计的认可。

3. 其他要求

施工图到场后，监理部应马上组织阅审和主持交底／会检，不能因图纸会检不及时影响工程施工进度。

经过会检的施工图，施工单位方可据以执行。

五、设计变更（变更设计）管理

（一）设计变更（变更设计）定义

1. 设计变更

指勘察设计方对其原施工图纸和设计文件中所表述的设计标准、状态的改变和修改，包括由于设计工作本身的漏项、错误或其他原因而修改、补充原设计的技术资料等。

2. 变更设计

指非勘察设计方（建设单位、监理部、施工单位等）原因造成的对原施工图纸和设计文件中所表达的设计标准状态的改变和修改。

（二）设计变更（变更设计）的提出原因

设计变更一般由以下原因引起：

（1）设计图纸有差错或设计内容深度不够。

（2）由于其他原因引起设计条件变化需要变更设计。

（3）现场条件所限，采用的材料规格、品种、质量不能完全符合设计要求，经有关部门审查、批准确需变更材料。

（4）上级单位或建设方要求变更设计。

（5）施工错误造成有关图纸需要修改。

（6）为节约投资、改善运行检修等原因要求修改。

（7）技术改进、合理化建议。

（三）设计变更（变更设计）的审批

1. 设计变更的提出和确认

设计变更由设计单位提出，经内部相关专业会签和设总审签、批准。"设计变更通知单"不得跨专业，不得跨分册，按专业统一编号。

监理部对"设计变更通知单"提出监理意见，再由建设单位工程部和经营部确认。小型设计变更由工程部主任批准后生效；一般设计变更由公司主管副总经理批准后生效；重大设计变更须经公司总经理批准方可生效。

2. 变更设计的提出及审批

施工单位根据现场施工的实际情况，提出对原设计进行变更的理由和变更设计内容（方案），并填写"变更设计核定单"。监理部审核变更设计的必要性和可行性，并提出施工监理意见。工程部专工审核变更设计方案的必要性和可行性。

变更设计的意见和内容（无论何单位提出），由工程部（或监理部）组织相关单位、部门、人员进行讨论后提交领导批准。

变更设计的意见和内容是否可行，最终须由原设计单位对变更设计方案进行确认。

（四）设计变更通知单的执行

"设计变更通知单"按照程序审批后，由建设单位工程部统一归口管理。档案室留存两份原件，其余（或复印件）下发相关施工单位、监理部和公司相关部门、人员。

设计变更的内容如果涉及两个或多个施工单位，由建设单位工程部协调分发，并明确施工的界限，材料、设备的供应方式等。

施工单位在接到有关设计变更后，应立即停止原设计的施工，然后按"设计变更通知单"进行施工。施工单位不按变更进行施工，由此而造成的返工损失及拖延工期等造成的损失由施工单位承担。

六、施工技术交底管理

1. 技术交底的目的和要求

（1）施工技术交底的目的是使管理人员了解项目工程的概况、技术方针、质量目标、计划安排和采取的各种重大措施；使施工人员了解其施工项目的工程概况、内容和特点、施工目的，明确施工过程、施工方法、质量标准、安健环措施、节约措施和工期要求等，做到心中有数。

（2）施工技术交底是施工工序中的重要环节，应认真执行。未经技术交底不得施工。

（3）技术交底必须有的放矢，内容应充实，具有针对性和指导性。要根据施工项目的特点、环境条件、季节变化等情况确定具体办法和方式。交底应注重实效。

（4）工期较长的施工项目除开工前交底外，至少每月再交底一次。危大工程项目，在施工期内，宜逐日交底。

（5）技术交底必须有交底记录。交底人和被交底人要履行全员签字手续。

2. 施工交底责任

（1）技术交底工作由各级生产负责人组织，各级技术负责人交底。重大和关键施工项目必要时可请上级技术负责人参加，或由上一级技术负责人交底。各级技术负责人和技术管理部门应督促、检查技术交底工作进行情况。

（2）施工人员应按交底要求施工，不得擅自变更施工方法和质量标准。施工技术人员、技术和质量管理部门发现施工人员不按交底要求施工可能造成不良后果时应立即劝止，劝止无效则有权停止其施工，必要时报上级处理。必须更改时，应先经交底人同意并签字后方可实施。

（3）施工中发生质量、设备或人身安全事故时，事故原因如属于交底错误，则由交底人负责；属于违反交底要求者，由施工负责人和施工人员负责；属于违反施工人员"应知应会"要求者，由施工人员本人负责；属于无证上岗或越岗参与施工者，除本人应负责任外，该施工项目负责人和技术负责人亦应负责。

七、技术检验管理

（一）技术检验目的和依据

（1）技术检验是用科学的方法对工程中的设备和使用的原材料、成品、半成品、混凝土，以及热工、电工测量元（部）件并包括施工用各类测量工具等进行检查、试验和监督，防止错用、乱用和降低标准，以保证工程质量的重要环节。

（2）检验的内容、方法和标准应按国家和行业颁发的有关技术标准、规程和规定；按制造厂技术条件及说明书的要求执行。进口的设备和材料按供货合同中的规定或标准执行。

（二）职责

执行谁采购、谁负责、谁送检的原则。

（1）施工单位采购的原材料、成品及半成品；有关（试验）人员负责按规定取样；向监理单位上报原材料合格证件与现场复验报告。

（2）现场试验室负责按标准的检验、试验方法进行检验，出具客观、科学、公正的试验报告。

（3）监理部负责审查出厂合格证件和现场复验报告，批准同意使用，并对现场取样进行见证，对现场试验室进行考核与监督。

（4）建设单位有权检查施工单位、试验单位、监理部的技术检验工作。

（三）选择、确定检测和试验单位

（1）根据工程建设承包合同和原材料、半成品、加工配制件的具体情况，在工程开工前，由建设单位、监理单位和主要承包商共同确认检测和试验单位。同时应得到行业与地方政府质量监督机构的认可。

（2）承担检测和试验工作的检测机构必须具有相应的检测资质，其试验人员必须持有有效的专业检测资格证书。承担检测试验的设备必须满足现场工程检测需要，检测设备必须具有检定证书并在有效期内。检测机构必须建立适应工程建设需要的各项管理制度、责任制，确保检测试验工作的正常、规范开展。

（四）原材料、半成品、加工配制件的检验

1. 确定原材料、半成品、加工配制件的质量标准

根据工程施工承包合同及材料、设备合同、施工图纸、技术说明、设计变更通知及制造厂的产品技术条件等有效文件，由监理部、建设单位和施工承包商共同确定原

材料、半成品、加工配制件采用的质量标准。

2. 确定原材料、半成品、加工配制件的检验项目、检验方法、检验程度

（1）根据国家、行业和地方颁发的有关施工验收规范、质量验收标准确定原材料、半成品、加工配制件检验项目、检验方法、检验程度。

（2）土建工程检验按 DL/T 5710—2014《电力建设土建工程施工技术检验规范》执行，其他项目按国家、地方及行业有关技术检验的规定执行。

（3）安装工程按国家标准、DL/T 5190（所有部分）《电力建设施工技术规范》、DL/T 5210（所有部分）《电力建设施工质量验收规程》、设计图纸文件、DL/T 438—2016《火力发电厂金属技术监督规程》等有关规定执行。

3. 原材料、半成品、加工配制件的报验

（1）对不需要进行现场复验，仅需进行书面检验的原材料、半成品、加工配制件，先由施工单位对原材料、半成品、加工配制件的出厂质量证明和出厂试验报告进行审核。审核合格，向监理部提交报验单。

（2）对需要进行外观检验、理化检验和无损检验（即需要进行现场复验）的原材料、半成品、加工配制件，承包商对原材料、半成品、加工配制件的出厂质量合格证明和出厂试验报告进行审核，并进行外观自检和审查。自检合格，通知监理工程师到现场进行外观检验、见证取样、送样复验；承包商向监理单位提交报验单。

（3）对国外进口的材料、半成品、加工配制件，除应符合合同规定的有关国家、行业的技术标准以及生产厂家的技术文件外，还必须有商检部门的检验报告。

4. 报验过程的监理职责

（1）监理工程师审查承包商提交的原材料、半成品、加工配制件报验单及相关支持性资料，签署监理意见。

（2）监理工程师应检查原材料、半成品、加工配制件的现场使用情况，并进行跟踪监督。监理部应定期向建设单位汇报技术检验情况。

5. 原材料、半成品、加工配制件质量监督

（1）进场原材料、半成品、加工配制件未经检验，已过质量保证期的材料、质量可靠性有怀疑的和复验不合格的一律不得发放、加工、使用。

（2）当某些检验项目或特殊检验项目承包单位（现场）试验室无资格与能力进行检验时，应上报监理单位，委托建设方认可的社会检测机构进行检验。

（3）监理部将按有关规定按一定比例进行平行检验，检验费用由建设单位承担。对工程所用原材料、半成品、加工配制件的规格、型号、性能、质量等产生疑问时，监理部有权要求承包单位将其送到其指定的检测单位进行复试。若复试合格，费用由建设单位负责；否则，由承包商负责。这种复试进行前，应征得建设单位同意。

（4）经检验或试验某一项指标不符合产品质量标准要求时，应将该产品做上标识并隔离堆放，根据有关技术检验规定和建设、监理单位的要求进行处理。

（五）土建工程原材料及混凝土检测

为保证试件能代表母体的质量状况和取样的真实性，根据《房屋建筑工程和市政基础设施工程实行见证取样和送检的规定》（建建〔2000〕211号），该工程质量检测中实行见证取样和送检制度。

见证取样和送检是指在建设单位或监理单位人员见证下，由施工单位的现场试验人员对工程中涉及结构安全的试块、试件和材料在现场取样，并送至建设行政主管部门对其资质认可和质量技术监督部门对其计量认证的质量检测单位进行检测。

见证取样的方位、数量和送检程序依照国家、行业相关标准、规范执行。

八、设备、材料技术管理

（一）设备、材料采购管理程序

1. 招标组织机构

工程之初按照集团的要求组建招标组织机构。招标组织机构包括招标领导小组、招标工作组、评标委员会（评标小组）等。

2. 采购计划的编制

工程部根据工程进度对资源（含设计配合资料交付）的需求，编制设备、材料需求计划，经公司主管工程副总经理审核同意后，提交物资部开展采购工作。施工单位提出的物资需求（如属业主采购）和生产准备部提出的物资需求，由工程部归口管理。

物资部依据设备、材料需求计划，编制物资采购计划。

3. 招标采购程序

招标采购程序包括：技术规范书的编、审及提交，招标文件的编、审及潜在供应商的推荐，评标人员的确定及招标会议的组织，开标、评标和定标，预中标单位公示，合同谈判等主要过程。

4. 对施工单位采购的监控

施工单位负责采购的重要、大宗物资，其过程必须接受监理部和建设单位的监督。

施工单位将"设备、材料采购报审表"及相关资料，向建设方工程部、计划物资部和监理部报批，经审核同意后方可进入招标程序。必要时，建设单位可组织有关部门参与施工单位招标工作，并对中标单位予以确认。施工单位的采购合同需向建设单位报备。

（二）设备技术规范书编制、评审

设计院负责编写、修改设备技术规范书，对设备技术规范书的全面性、正确性负责。工程部根据工程进度需求，督促设计院编写设备技术规范书，并负责组织生产、相关专家等对设备技术规范书进行评审。监理部负责参与对设备技术规范书的评审。主管领导监督设备技术规范书的编、审及评审意见的落实，组织并参加重大、重要设备的技术规范书评审，负责设备技术规范书的签发。

设备技术规范书评审的方式分为传递评审和会议评审。一般采用传递评审方式，对于重大、重要设备、材料和领导认为有必要的设备采取会议评审。

（三）设备监造

通过招标的方式择优选择设备监造单位。招标及合同签订时注意，监造单位的服务范围应以 DL /T 586—2008《电力设备监造技术导则》为参照，结合工程的特点来确定。对于《导则》中未涉及的设备及监造项目应予以补充、完善。

对于监造单位及其人员的要求，相关单位（建设单位、监造单位、制造单位）的职责和权限，监造工作的实施（监造合同的签订、监造工作准备、现场监造工作、监造资料整理）按照《导则》的要求并结合该工程的特点实施。

（四）设备、材料到货检验

1. 接货和卸车

（1）物资到货计划。计划物资部、物资代保管单位应随时了解、掌握设备发货动态，根据供货合同规定的设备交货期，按月编制"设备发货到货（预报）清单"，及时向施工单位、监理部和工程部通报到货情况。

（2）接货准备。代保管单位负责组织接货，根据合同供货范围核对"设备发货到货（预报）清单"，如发现问题及时与计划物资部、供货单位联系，确认无误后做好接货准备。

（3）到货物资的初步检查。物资到达指定交货地点后，代保管单位应立即对货物包装外观进行初步检查，填写"基建物资验货单"。包装外观检查无问题的，及时卸车并与运输单位办理货物交接手续。如发现缺损等异常情况，应及时通知承运单位、监理部、计划物资部及供货单位并做好记录。各方共同对受损物资进行检查、清点并填报物资缺损件清单。计划物资部督促厂家及时补供或修理受损设备。

（4）物资的卸车。物资运抵工地后，代保管单位负责将物资卸至指定地点。对于超大、超重或特殊件应直接运输至安装地点附近由设备安装单位负责卸车，避免二次搬运。设备合同有规定的按照合同执行。

2. 设备的检查与清点

（1）卸车前的检查。设备到达现场卸车前，检查以下主要内容：

1）供货商（或制造商）名称、收货单位、合同号、货签、货号、部套号、名称、图号，数量、规格型号、质量、到货时间、发货日期等。

2）防腐包装、外部包装或设备外表面状况。

3）运输中的防冻、防震、防雨雪、防倾倒、防沙尘、防潮、防锈蚀等措施。

4）进口设备，应根据供货合同（协议）的规定进行检查、清点和商检。

（2）设备的清点、开箱检查。设备卸车后，维护保管单位组织有关单位、部门，在合同规定的期限内进行清点、开箱检查。

设备开箱时，应按合同规定，检查其装箱单、供货清单、说明书、技术资料、质量证明文件、图纸是否齐全，并按清单检查设备的数量、规格、防腐包装和外观质量。如发现问题，应按 DL/T 855—2004《电力基本建设火电设备维护保管规程》的相关要求做好记录，并会同供货商共同分析原因，查明责任及时处理，重大问题应及时向建设单位汇报。

到现场后安装前不宜打开防腐包装的设备，代保管单位宜在设备出厂前进行包装时派人参加清点、检查，也可由建设单位委托监造工程师在厂内包装时对其进行清点、检查。

（3）随设备供应的技术资料的移交、保管、发放。随设备供应的技术资料、质量证明文件、说明书、图纸等资料应做好登记，及时移交建设单位档案室（资料室）保存并按合同规定的份数向相关单位发放。

（4）设备清点开箱检查后的入库保管。设备经开箱检查、清点后，按 DL/T 855—2004《电力基本建设火电设备维护保管规程》的要求分类入库仓储保管。设备入库后及时建立设备资料台账，按相关规定和厂家说明书要求定期检查和维护保管。

设备冬季入保温库时，宜在移入库内24h后再开箱，以免设备表面结露，引起锈蚀。

3. 设备开箱验收中发现问题的处理

（1）资料（证件）供应不及时的处理。资料等未到或不齐全时，由计划物资部负责及时向供货单位索取，工程部配合。只有当应供的资料、证件到齐后方能对该批设备进行最终的到货验收。

（2）设备质量、数量不符的处理。数量短缺，应查对核实，做好记录，由计划物资部向供货单位交涉补供。

发现质量缺陷时，计划物资部应及时与供货单位交涉，办理退货、换货。规格不符或错发时，做好验收记录由计划物资部办理换货。不符的货物由仓库暂时单独存放、妥善保管。

到货后开箱验收或施工前检验不合格时，计划物资部依据不合格记录，负责向供货单位交涉处置或索赔，工程部配合。

（3）设备运输过程损坏的处理。凡属承运单位造成的货物数量短缺或外观包装严重残损等，应凭接运提货时索取的"货运记录"向承运部门索赔。

（五）仓库设施及设备维护保管的要求

仓库设施及设备维护保管的要求按照 DL/T 855—2004《电力基本建设火电设备维护保管规程》中的相关要求执行。设备制造厂对设备的保管、维护有特殊要求的按照其要求执行。

第四节　达标创优规划

一、前言

本工程项目名称为濮阳龙丰电厂"上大压小"新建项目。为建设"技术先进、节能高效、环保和谐、效益显著"的现代化发电厂，在工程前期确定了达标投产、创建鲁班奖的目标。为此，特制定本规划。

本规划适用于参与本工程项目的建设、监理、设计、施工、调试及运行等各单位创建鲁班奖工程的管理及实施。各参建单位按照本规划提出的建设目标、工作思路、保证措施和工作安排，制定本单位具体、可操作的措施和实施细则。

二、编制依据

与本工程相关的国家法律、条例，行业标准、规程、规范、导则等；

与本工程建设相关的其他现行国家、行业颁发的施工及质量验收标准、规程、规范；

《中国建设工程鲁班奖（国家优质工程）评选办法》（最新版本）；

《中国电力优质工程奖评选办法》（最新版本）。

本部分内容应每间隔半年更新一次。

三、项目概况

（略）。

四、达标投产、创优组织机构及职责

1. 达标创优组织机构

工程之初即组建达标创优组织机构。

达标创优领导小组：组长由公司总经理担任，副组长由公司副总经理担任，成员由公司高管、各部门主任、总监理工程师、设计院项目经理、各施工单位项目经理组成。

达标创优的具体工作由达标创优办公室负责。办公室主任由公司基建副总经理担任，副主任由工程部主任担任，成员由工程部、安监部、计划部、财务部相关人员，设计院各专业主设人，监理部副总监、专业组长，各施工单位总工程师组成。

专业管理小组：根据《火力发电工程达标投产验收规程》的六个考核方面和本工程创优组织机构，成立工程创优六个专业管理小组，即：安全健康与环境管理组、建筑工程质量与工艺组、安装工程质量与工艺组、调整试验及技术指标组、工程档案管理组、工程综合管理组。

2. 达标创优组织机构职责

达标创优领导小组、达标创优办公室、专业管理小组应编制各自的职责。

各参建单位根据各自承担的任务不同，也应成立达标创优组织机构并明确职责。

五、创建鲁班奖（国家优质工程）工作路线

1. 通过达标投产验收

每台机组投产前通过达标投产预验收。机组168h满负荷试运结束后按照DL 5277—2012《火电工程达标投产验收规程》的要求通过达标投产验收。

2. 工程质量评价

在工程建设过程中各参建单位根据国家标准、行业标准及时进行施工质量验收。在验收合格基础上按照GB/T 50375—2016《建筑工程施工质量评价标准》、DL/T 5764—2018《火电工程质量评价标准》进行质量自评价，最后由有资质的单位进行质量评价验收。由于本工程的目标是获得"鲁班奖（国家优质工程）"，质量评价总得分

必须达到 93 分及以上。

3. 获得"中国电力优质工程奖"

按照《中国电力优质工程奖评选办法》的要求，在高标准通过达标投产验收、高等级完成工程质量评价的基础上，组织申报"中国电力优质工程奖"。

申报鲁班奖的电力工程应经过不少于两次的地基基础、主体结构中间检查，并通过地基及结构专项评价。

4. 申报鲁班奖（国家优质工程）

在高排序获得中国电力优质工程奖后，由中国电力建设企业协会向中国建筑企业协会推荐并申报"中国建设工程鲁班奖（国家优质工程）"。

六、创优工作目标

1. 工程建设总目标

建设"技术先进、节能高效、环保和谐、效益显著"的现代化发电厂，高水平达标投产，高分值通过工程质量评价，确保中国电力优质工程奖，创建鲁班奖工程。

2. 造价目标

发电工程静态总投资；×××亿元；发电工程动态总投资 ×××亿元；每千瓦静态 / 动态造价：××× / ××× 元 / 千瓦。

3. 工期目标

总工期和关键节点进度控制在里程碑节点计划之内，实现同类工程先进水平，1 号机组在 2017 年 7 月 25 日投产；2 号机组在 2017 年 9 月 25 日完成 168h 试运转。

4. 工程安健环、质量目标

工程安全、职业健康、文明施工与环境管理、质量目标见本章相关部分的内容。

七、创优全过程控制工作重点和措施

（一）创优工作的管理措施

创优工作需要所有参建单位的共同努力，必须在工程中营造创优工作氛围，让每一个参建人员明确工程的建设目标和要求。不断强化创优思想意只，使之融入工程管理的各个环节。在现场形成规范施工、验收严格、"比学赶超"的局面。

组织创优学习培训，多方位加强创优氛围和舆论宣传。落实创优目标、分解创优责任、感受创优压力，保证责任到位、压力到位。

制定创优工作计划，在工程建设的不同阶段，通过内部自查、互查，定期检查和邀请中电建协组织专家咨询检查等多种手段，保证创优工作落到实处。

开展"样板引路""创建亮点"等一系列多样化活动提升工程质量。开展阶段性评优活动，表彰优胜单位。多方位调动各参建方的积极性，创造各参建方"共赢"的氛围。

过程检查：在每周的质量检查中、每月的质量例会上对创优工作进行检查、落实。

（1）施工单位严格执行"三级质量检验制度"，每月对工程实体质量和实施细则的执行情况进行自我评价。

（2）监理单位严格按照达标创优实施细则进行检查和预检，每月对工程实体质量和实施细则的执行情况进行评审。

（3）结合工程进度节点，按照达标创优规划和实施细则，有计划地组织检查，对各相关专业达标创优工作执行情况进行指导和评价。

（4）严格按照电力工程质量监督检查大纲的要求做好质量预控、自检和迎检工作。

（二）设计创优保证措施

突出设计龙头作用，在整体设计中，强调人性化的设计理念；始终坚持节能环保的设计原则；提前做好设计优化；严格执行设计交底、图纸会检等有效控制设计疏漏的措施；及时发现设计缺陷，避免工程返工现象。

（三）设备质量控制措施

（1）规范招标工作程序，采取公平、公正、公开的原则，选用国内、外成熟可靠的设备。

（2）做好设备监造的策划、实施工作。压力容器和承压设备检验工作采取在制造厂检验和工地抽检相结合的办法，尽量在生产过程中发现问题，将设备缺陷消灭在制造厂内。

（3）对重要设备实施设备厂家代表在工地监督、指导安装的措施。处理好设备制造、开箱验收、安装和调试过程中出现的缺陷和问题，确保设备质量。

（4）加强设备催、交、运工作，确保设备到货与安装同步。加强进口设备的到货、商检、质检、索赔等管理工作。设备到达现场后的管理，按照《电力基本建设火电设备维护保管规程》的要求执行维护保管。

（5）对重要设备常见质量问题预先制定应对措施。

（四）建筑、安装工程施工质量控制措施

建筑、安装工程施工质量主要采取以下几个方面的措施进行重点控制：样板引路；编制工程创优项目清单表，在工程过程中对实施情况进行监督检查；加强对一般项目

的质量管控，做到不留死角；编制适合于本工程的《质量通病防治措施》，施工过程中严格控制质量通病的发生；按照《防止电力生产重大事故二十五项重点要求》编制本工程的发电厂反重大事故措施，并制定计划组织实施；消除影响结构安全和耐久性的质量问题。

（五）调试质量控制措施

调试单位在施工阶段就提前介入，熟悉工程条件和技术资料，做好调试策划工作。确定重要的分系统调试和整套启动调试原则、方案，做好各项试运前的准备工作。组织好调试大纲、调试方案的编制和评审工作。

及时组建启委会和试运指挥部，明确试运过程中的组织分工和各单位职责。

要提前妥善安排好其他单位（如环保、消防、电网等部门）承担的试验、调试项目和设备供应商主持、参与的项目。提前安排好本工程要求的特殊试验项目。

试运过程中严格检查节点条件，把住入门关，切实落实分部试运、整套启动、带负荷试运、进入 168h 等各阶段试运应具备的条件。试运中发生的问题及时解决，保证在试运结束后不留尾巴。加强过程控制，严格执行调试管理制度，做到整个调试工作不漏项、不甩项。

在机组热态调试中，认真做好记录和试验数据分析，高质量、高标准地完成各项指标，顺利完成 168h 试运。加强调试资料管理，做到试验规范、数据真实可靠、结果明确、报告完整。

组织好试运过程中的缺陷管理和消缺完善工作，力争 168h 满负荷试运完成后零缺陷移交生产。

（六）绿色施工、水土保持及节能减排

1.绿色施工措施

实施绿色施工，明确参建各方的职责，编制绿色施工方案，从施工策划、材料采购、现场施工、调整试运、工程验收等各阶段进行控制。建设单位对绿色施工进行总体协调，加强对整个施工过程的管理和监督。

绿色施工由"施工管理、环境保护、节材与材料资源利用、节水与水资源利用、节能与能源利用、节地与施工用地保护"六个方面组成，这六个方面涵盖了绿色施工的基本指标，同时包含施工策划、材料采购、现场施工、调试运行、工程验收等各阶段的指标。

2.水土保持管理、防护措施

（1）水土保持管理措施。贯彻执行国家的预防为主、全面规划、综合防治、因地

制宜、加强管理、注重效率的方针。结合项目建设特点，积极合理地配置各种水土流失防护措施，将因开发建设活动带来的人为水土流失减少的最低程度，以改善建设区生态环境作为最终目标。聘请水土保持检测单位和监理单位，对工程水土保持实行监督管理，确保水土保持的各项工作落到实处。

（2）水土保持防护措施。合理规划施工总平面，合理布置施工场所，尽量减少施工占地。减少地表植被破坏面积。

所有建筑工地排水、设备清洗要集中处理，做到一水多用，重复利用；对施工现场、路面进行洒水，抑制扬尘。

厂区施工中场地平整应与地下建筑施工相结合，统筹调配土方工程量，杜绝重复挖填，土石方运输避免对流乱流。施工过程中厂区的土方及其他砂石等建筑材料合理安排堆放。各区域施工期产生的建筑垃圾要及时清运、堆放至指定场所，并及时外运。

厂外排水、热网等埋地管线等施工尽量避开雨季，施工中尽量减少扰动地表的面积。

3. 节能减排

为打造真正的"绿色电厂"，实现"超净排放"的目标采取的措施如下：

（1）采用高效电袋除尘器、高效烟气脱硫系统，同步建设 SCR 烟气脱硝装置，还原剂采用尿素。

（2）在施工过程中按照绿色施工导则的要求控制污染物的排放、材料的消耗等。

（七）强制性条文实施

工程各参建单位应按照《工程建设标准强制性条文》的要求制订实施计划和措施，明确职责并认真执行。监理对强条的实施进行指导，对实施情况进行过程检查验收。

（八）发电机组并网安全性评价

发电机组并网安全性评价是电力安全生产监督管理工作的重要组成部分，对全面诊断和评价并网发电机组安全稳定运行能力、确保电网和并网发电厂的安全稳定运行非常重要。

建设单位是并网安评工作的责任主体，按照《发电机组并网安全性评价管理办法》（国能安全〔2014〕62号）的要求和 GB/T 28566—2012《发电机组并网安全条件及评价》组织各参建单位：执行国家能源局派出机构制定的并网安评工作计划；按照并网安评标准开展自查、自评工作；选择符合要求的中介机构开展并网安评工作；配合并监督中介机构现场查评工作；及时整改评价中发现的问题和隐患。

（九）机组达标投产管理

按照 DL 5277—2012《火电工程达标投产验收规程》的要求，制定达标投产工作计划，实行过程达标投产的检查与管理。

（十）工程质量评价

质量管理一节已对工程质量评价工作进行了详细论述，在此不再复述。

八、创优成果

1. 单项验收成果

2018 年 11 月 6 日完成职业病防护设施"三同时"建设单位评审。

2019 年 4 月 26 日完成竣工环境保护验收。

2019 年 5 月 20 日完成消防验收。

2019 年 6 月 28 日完成档案专项验收。

2019 年 10 月 8 日河南省电力建设工程质量监督中心站出具证明：濮阳龙丰电厂"上大压小"新建项目在工程建设期间未使用国家明令禁止的技术、设备和材料。

2019 年 11 月 21 日完成水土保持设施验收。

2019 年 12 月 15 日濮阳市环境保护局工业园区分局出具证明，证明濮阳龙丰电厂"上大压小"新建项目在基建期间未发生任何环境污染事故和环保纠纷事件。

2020 年 1 月 6 日濮阳市应急管理局出具《关于濮阳豫能发电有限责任公司安全生产事项审查意见》，内容为：经审查，你公司濮阳龙丰电厂"上大压小"新建项目自开工以来未发生涉及安全生产"一票否决"的事项，未发生因违反安全生产法律法规而受到行政处罚的情况。

2. 质量评价

2020 年 2 月 28 日，完成"整体工程质量评价"。工程整体评价总得分 93.6+ 奖项加分 5 分。

3. 新技术应用

在工程中推广应用国家重点节能低碳技术推广目录 19 项。

在工程中推广应用建筑业 10 项新技术 10 大项 29 子项。

在工程中推广应用电力行业五新技术 65 项。自主创新及研发项目 16 项。

2019 年 6 月，获得河南省建筑业新技术应用示范工程金奖。

2020 年 4 月 13 日，河南中电工程咨询有限公司出具"电力建设新技术应用专项评价报告"。

2020 年 4 月 13 日，通过了"电力建设绿色施工"专项评价，获得"河南省绿色施工优良示范工程"。

4. 获奖情况

2017 年 1 月 20 日，获得河南省建设工程质量监督总站颁发的"河南省结构中州杯工程证书"。

2019 年，获得中国电力规划设计协会颁发的"2018 年度电力行业优秀工程设计一等奖"荣誉证书。

2020 年 9 月，获得中国电力建设企业协会颁发的"2020 年度中国电力优质工程"证书。

2021 年 12 月 14 日，获得中国建筑业协会颁发的"2020—2021 年度中国建设工程鲁班奖"证书。